中等职业教育课程改革国家规划新教材
全国中等职业教育教材审定委员会审定

# 机械制图与计算机绘图

## （通 用）

主　编　陈　丽　任国兴
副主编　李宗义
参　编　史建华　张　林　李丽红
主　审　窦忠强　李　超

机 械 工 业 出 版 社

本书是中等职业教育课程改革国家规划新教材，是根据教育部于2009年发布的《中等职业学校机械制图教学大纲》编写的。本书共分为六个单元，包括手工绘制平面图形、计算机绘图技能训练、运用三视图表达几何图形、零件的表达、零件的测绘和运用AutoCAD绘制装配图。全书以工作任务为中心，以完成工作任务为课程模式，在机械制图教学的同时融入计算机绘图的操作技能的教学，真正做到“学以致用”。本书按照任务驱动编写思路组织工作项目所涉及的内容，做到理论学习有载体，技能训练有实体，变被动学习为主动学习，在掌握知识的同时，获得成就感，有利于激发学生的学习积极性。将计算机绘图有机地融合到制图教学中，也大大提高了学生学习制图的兴趣。

为便于教学，本书配套有电子教案等教学资源，选择本书作为教材的教师可来电（010-88379934）索取，或登录www.cmpedu.com网站，注册、免费下载。与本书配套使用的《机械制图与计算机绘图习题集（通用）》（书号：ISBN 978-7-111-31390-8）与本书同期出版。

本书可作为中等职业学校工程技术类各专业教学用书，也可作为工程技术人员岗位培训教材。

**图书在版编目(CIP)数据**

机械制图与计算机绘图：通用/陈丽，任国兴主编．—北京：机械工业出版社，2010.4(2023.2重印)

中等职业教育课程改革国家规划新教材

ISBN 978-7-111-29913-4

Ⅰ.①机…　Ⅱ.①陈…②任…　Ⅲ.①机械制图—专业学校—教材②计算机绘图—专业学校—教材　Ⅳ.①TH126

中国版本图书馆CIP数据核字(2010)第036004号

机械工业出版社(北京市百万庄大街22号　邮政编码100037)
策划编辑：汪光灿　责任编辑：张云鹏　责任校对：刘志文
封面设计：姚　毅　责任印制：常天培
北京机工印刷厂有限公司印刷
2023年2月第1版第15次印刷
184mm×260mm·15.5印张·381千字
标准书号：ISBN 978-7-111-29913-4
定价：46.00元

电话服务　　网络服务
客服电话：010-88361066　　机　工　官　网：www.cmpbook.com
010-88379833　　机　工　官　博：weibo.com/cmp1952
010-68326294　　金　书　网：www.golden-book.com
**封底无防伪标均为盗版**　　机工教育服务网：www.cmpedu.com

# 中等职业教育课程改革国家规划新教材
# 出 版 说 明

为贯彻《国务院关于大力发展职业教育的决定》（国发［2005］35号）精神，落实《教育部关于进一步深化中等职业教育教学改革的若干意见》（教职成［2008］8号）关于“加强中等职业教育教材建设，保证教学资源基本质量”的要求，确保新一轮中等职业教育教学改革顺利进行，全面提高教育教学质量，保证高质量教材进课堂，教育部对中等职业学校德育课、文化基础课等必修课程和部分大类专业基础课教材进行了统一规划并组织编写，从2009年秋季学期起，国家规划新教材将陆续提供给全国中等职业学校选用。

国家规划新教材是根据教育部最新发布的德育课程、文化基础课程和部分大类专业基础课程的教学大纲编写，并经全国中等职业教育教材审定委员会审定通过的。新教材紧紧围绕中等职业教育的培养目标，遵循职业教育教学规律，从满足经济社会发展对高素质劳动者和技能型人才的需要出发，在课程结构、教学内容、教学方法等方面进行了新的探索与改革创新，对于提高新时期中等职业学校学生的思想道德水平、科学文化素养和职业能力，促进中等职业教育深化教学改革，提高教育教学质量将起到积极的推动作用。

希望各地、各中等职业学校积极推广和选用国家规划新教材，并在使用过程中，注意总结经验，及时提出修改意见和建议，使之不断完善和提高。

**教育部职业教育与成人教育司**

**2010年6月**

# 中等职业教育课程改革国家规划新教材<br>编审委员会

# 前　言

为贯彻《国务院关于大力发展职业教育的决定》精神，落实《教育部关于进一步深化中等职业教育教学改革的若干意见》关于“加强中等职业教育教材建设，保证教学资源基本质量”的要求，确保新一轮中等职业教育教学改革顺利进行，全面提高教育教学质量，保证高质量教材进课堂，教育部对中等职业学校德育课、文化基础课等必修课程和部分大类专业基础课教材进行了统一规划并组织编写。本书是中等职业教育课程改革国家规划新教材之一，是根据教育部于2009年发布的《中等职业学校机械制图教学大纲》编写的。

本书主要介绍机械制图及计算机绘图的基本知识，重点强调培养学生的绘图与识图的能力。本书共分为六个单元，包括手工绘制平面图形、计算机绘图技能训练、运用三视图表达几何图形、零件的表达、零件的测绘和运用AutoCAD绘制装配图。本课程总计120学时，具体分配如下表。

| 单元内容 | 模块内容 | 学时分配（参考） |
|---|---|---|
| 第一单元<br>手工绘制平面图形 | 模块一　绘制简单平面图形 | 2 |
| | 模块二　绘制一般平面图形 | 4 |
| | 模块三　标注平面图形尺寸 | 2 |
| 第二单元<br>计算机绘图技能训练 | 模块一　熟悉AutoCAD(基本操作) | 2 |
| | 模块二　使用AutoCAD绘制简单平面图形 | 2 |
| | 模块三　使用AutoCAD绘制一般平面图形 | 4 |
| 第三单元<br>运用三视图表达几何图形 | 模块一　绘制棱柱、棱锥三视图 | 4 |
| | 模块二　绘制圆柱、圆锥、球三视图 | 4 |
| | 模块三　绘制组合体三视图 | 6 |
| | 模块四　绘制轴测图 | 4 |
| | 模块五　运用AutoCAD绘制三视图 | 6 |
| 第四单元<br>零件的表达 | 模块一　在机械图样中标注技术要求 | 4 |
| | 模块二　识读轴类零件 | 4 |
| | 模块三　识读盘类零件 | 4 |
| | 模块四　识读叉架类零件 | 4 |
| | 模块五　识读箱体类零件 | 4 |
| | 模块六　运用AutoCAD绘制零件图 | 18 |
| 第五单元<br>零件的测绘 | 零件的测绘 | 30(1周) |
| 第六单元<br>运用AutoCAD绘制装配图 | 运用AutoCAD绘制装配图 | 12 |

全书以工作任务为中心，以完成工作任务为主要学习方式的课程模式，在机械制图教学的同时融入计算机绘图的操作技能的教学。

本书在内容处理上主要有以下几点说明：

① 由于本书在机械制图教学的同时融入了计算机绘图的教学，因此建议在机房实施计算机绘图教学，让学生在实践过程中掌握操作技能。

② 本课程的建议教学课时为120学时，各用书学校可根据自身实际情况适当增减教学内容。

③ 教材中的【相关知识】中的内容可以让学生提前预习。在实施教学时，充分发挥学生自主学习的能力，采用适当的教学方法，由教师引导学生完成工作任务，以达到让学生在做中学、学中做的教学目的。

④ 书中带“※”部分为选学内容。

全书由江苏省徐州机电工程高等职业学校陈丽、任国兴主编，甘肃省机械工业学校李宗义任副主编，史建华、张林、李丽红参与编写。本书在编写过程中，得到了北京理工大学董国耀教授大力指导，以及徐州经济开发区工业学校王军、秦雪、张莹，邳州市职业教育中心顾传永、张永，铜山县机电工程学校王昌胜，徐州市机械工业学校黄洪松，徐州市第三职业高级中学郭继明，徐州市职业教育中心赵艳华，徐州经贸高等职业学校贾玉，铜山县职业教育中心张伟的帮助，在此表示衷心感谢！

本书经全国中等职业教育教材审定委员会审定，由北京科技大学窦忠强教授和沈阳职业技术学院李超教授主审。教育部评审专家、主审专家在评审及审稿过程中对本书内容及体系提出了很多中肯的宝贵建议，在此对他们表示衷心的感谢！

为便于教学，本书配套有电子教案等教学资源，选择本书作为教材的教师可来电（010-88379934）索取，或登录 www. cmpedu. com 网站，注册、免费下载。

由于编者水平有限，书中不妥之处在所难免，恳请读者批评指正。

**编　者**

# 目　录

# 第一单元 手工绘制平面图形

## 模块一 绘制简单平面图形

### 学习目标

1. 会使用常用的绘图工具。
2. 掌握各种图线的线型、主要用途及其画法。
3. 学会常用的圆周等分和正多边形的作法。
4. 理解斜度和锥度的概念，掌握其画法及标注方法。
5. 学会直线与圆弧连接作图方法。
6. 了解椭圆的画法。

### 工作任务

任务一：绘制图1-1所示的五角星图形。
任务二：绘制图1-2所示的工字钢图形。

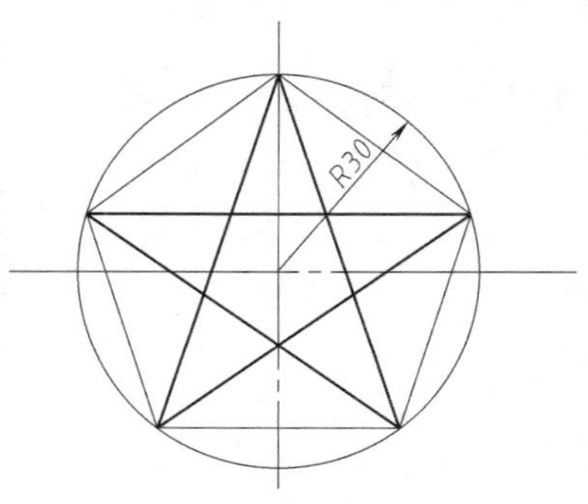


图1-1 五角星图形

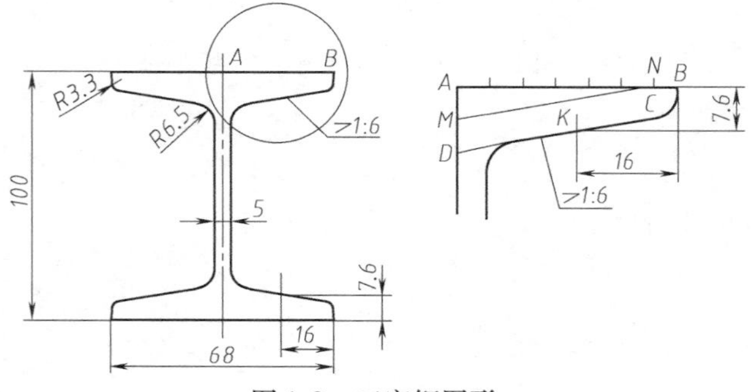


图1-2 工字钢图形

### 任务实施

**一、绘制五角星图形**（任务一）

绘图步骤：

（1）绘制基准线　绘制图形中的基准线（水平线 *AB* 和垂直线 *CD*），如图 1-3 所示。

（2）作圆　使用圆规绘制一个圆心在交点 *O* 处，半径为 30mm 的圆，如图 1-4 所示。

（3）作垂直平分线　作 *OB* 的垂直平分线，如图 1-5 所示。

1）以 *B* 点为圆心，*OB* 长为半径，绘制一段圆弧交圆周于两点 *E* 和 *E′*。

2）连接点 *E* 和点 *E′*，交 *OB* 于点 *P*。

（4）作五等分点　以 *P* 为圆心，*PC* 长为半径画弧交直径 *AB* 于点 *H*，如图 1-6 所示。以 *CH* 为弦长，自 *C* 点起在圆周上对称等长截取，得等分点 *E*、*F*、*G*、*K*，如图 1-7 所示。

（5）作正五边形　顺序连接圆周各等分点，即为正五边形，如图 1-8 所示。

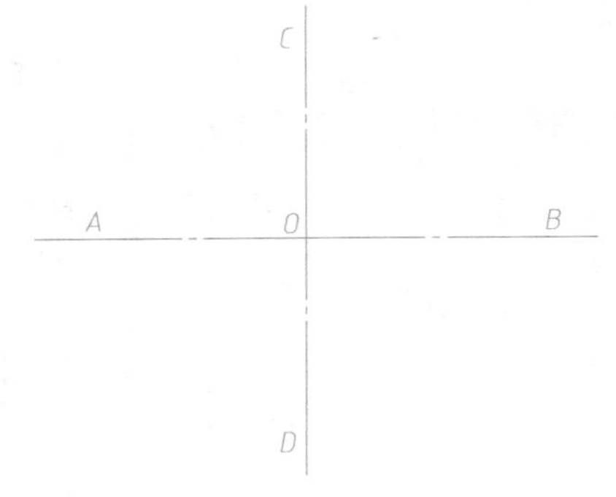


图 1-3　绘制基准线

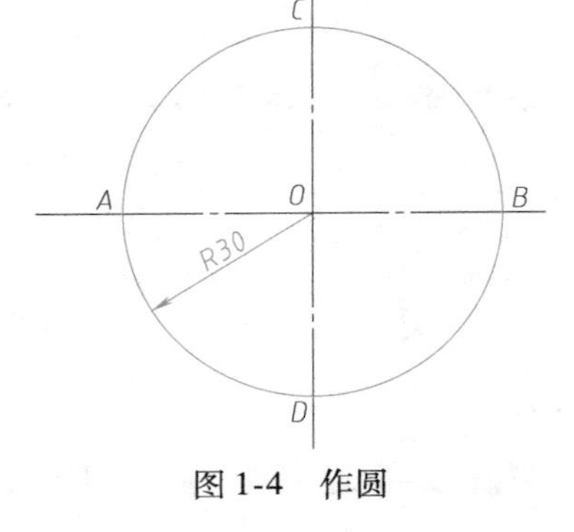


图 1-4　作圆

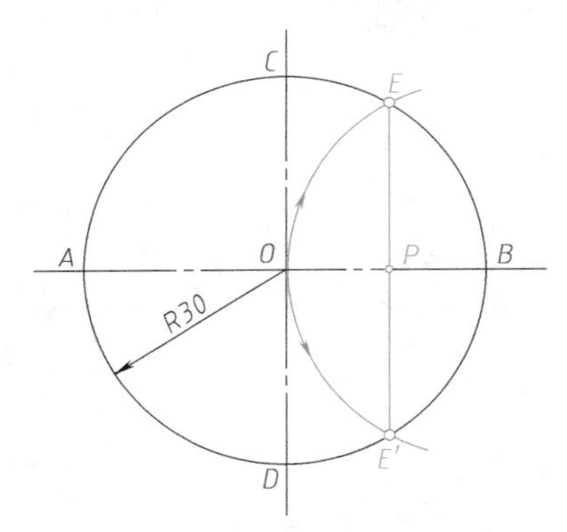


图 1-5　作 *OB* 的垂直平分线

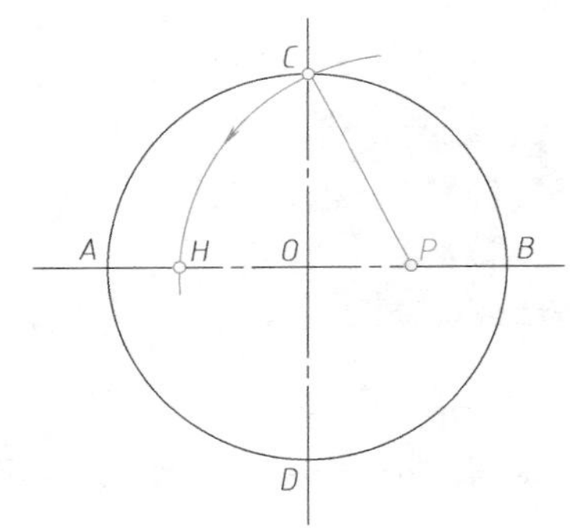


图 1-6　找弦长

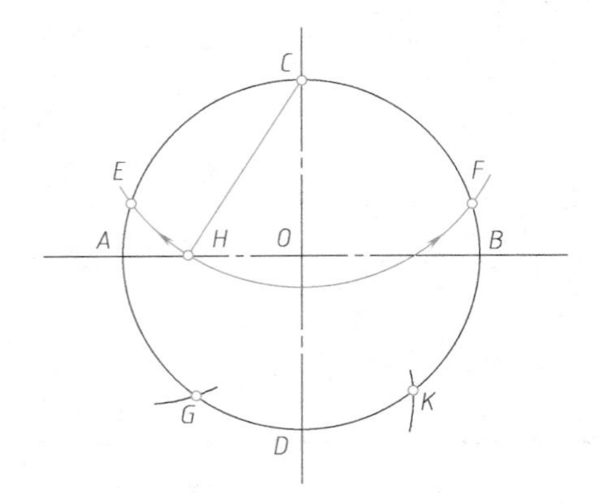


图 1-7　作五等分点

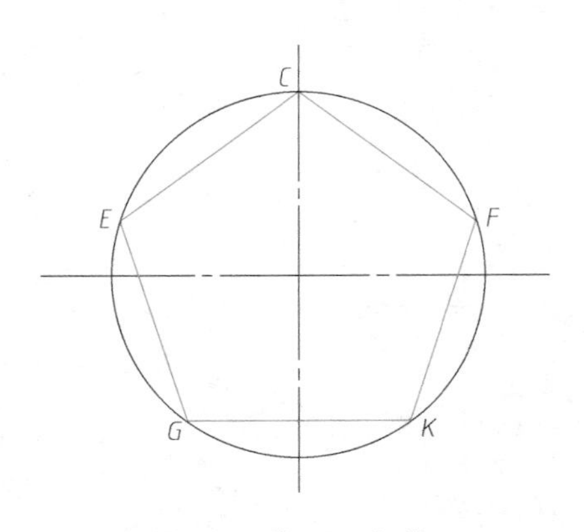


图 1-8　作正五边形

（6）完成全图 隔点连接各等分点即得五角星图形，擦除作图辅助线并加深线条，即得图 1-1所示图形。

**二、绘制工字钢图形（任务二）**

（1）作对称线和已知直线 根据 100mm 和 68mm 尺寸，作两条长 68mm、相距 100mm 的水平实线，过中点画一条细点画线作为对称线，再以细点画线为中心左右对称作两条相距为 5mm 的平行实线，如图 1-9 所示。

**提示：**课堂只需完成右上角部分的绘制，图形其余部分的绘制方法和此处相同，请同学们在课后独立完成。

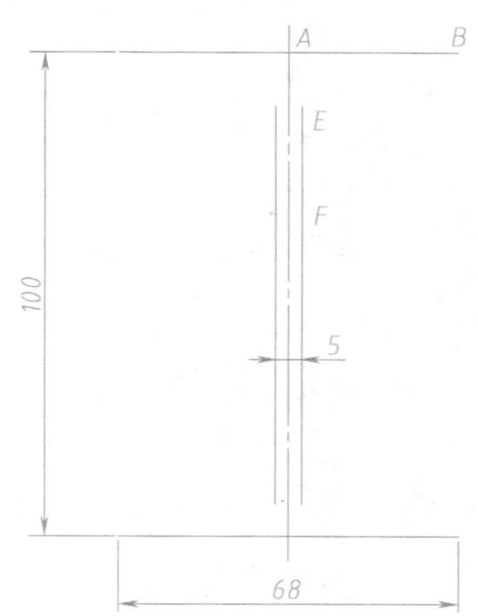


图 1-9 作对称线和已知直线

（2）作 1:6 斜度线

1）在 $AB$ 上取 $AN=6$ 个单位长。

2）过 $A$ 在中心线上取 $AM=1$ 个单位长。

3）连 $MN$，即为 1:6 斜度线。

4）自 $B$ 点根据尺寸 16mm 和 7.6mm 作 $K$ 点。

5）过点 $K$ 作 $MN$ 的平行线 $DC$，即为所求斜线，如图 1-10 所示。

（3）作 $R$6.5mm 连接圆弧

1）定圆心。分别作直线 $DC$、$EF$ 的平行线，距离 $R=6.5$mm，得交点 $O$，即为连接弧的圆心，如图 1-11 所示。

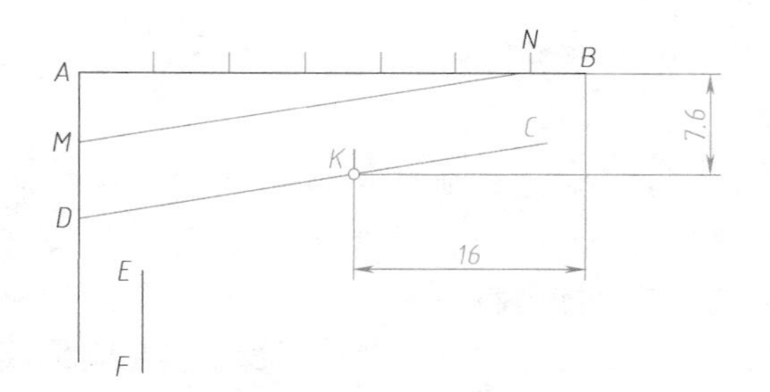


图 1-10 作 1:6 斜度线

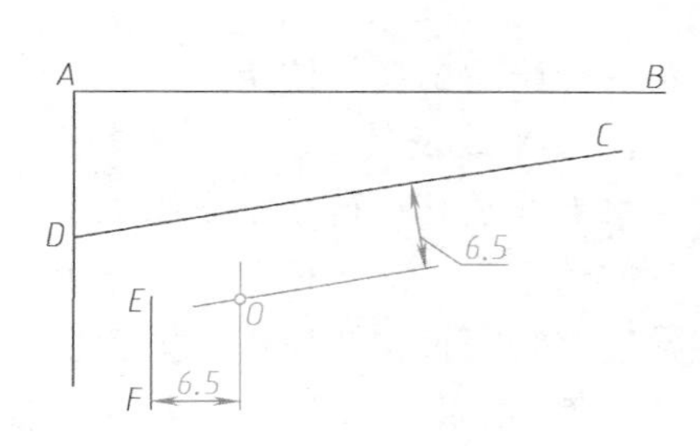


图 1-11 作连接弧的圆心

2）找连接点（切点）。自点 $O$ 向 $DC$ 及 $EF$ 分别作垂线，垂足 1 和 2 即为连接点。

3）画连接弧。以 $O$ 为圆心，$O1$ 或 $O2$ 长为半径，作圆弧 12 把 $DC$、$EF$ 连接起来，这个圆弧即为所求连接弧，如图 1-12 所示。

（4）作 $R$3.3mm 圆弧连接

1）定圆心。过 $B$ 点作 $AB$ 的垂线，再用平行线法分别以 3.3mm 为距离作该垂线和 $DC$ 的平行线，得交点 $O$，该点即为连接弧的圆心。

2）找连接点（切点）。过 $O$ 点作与 $DC$ 线的垂线，垂足即连接点。

3）画连接弧，如图 1-13 所示。

（5）整理并完成图形 擦去多余线条，将图形整理清晰，如图 1-14 所示。

（6）检查 按照相同的方法作出另三处的斜度线和圆弧连接，并整理加深图线完成全图（课后完成）。

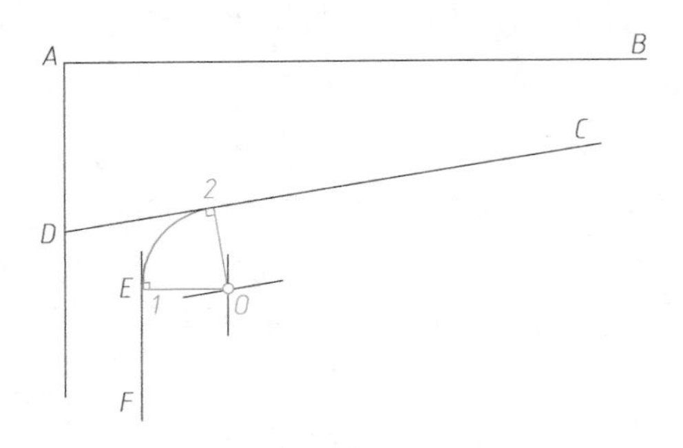


图 1-12　画连接弧

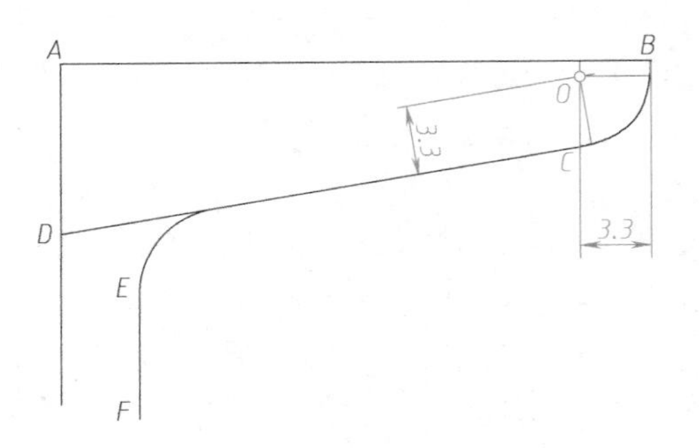


图 1-13　作 $R3.3$mm 圆弧连接

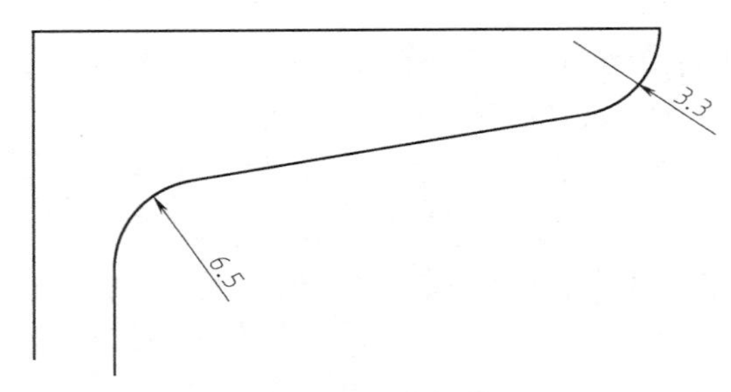


图 1-14　整理并完成图形

## 相关知识

### 一、绘图工具的使用

1. 水平线及其平行线的绘制

水平线及其平行线主要用丁字尺来绘制。使用丁字尺和图板画水平线时，可用左手握住尺头推动丁字尺沿图板左面的导边上下滑动，待移到要画水平线的位置后，用左手使尺头内侧导边靠紧图板左侧导边，把丁字尺调整到准确的位置，随即将左手移到画线部位将尺身压住，以免画线时丁字尺位置移动，然后用右手执笔沿尺身工作边自左向右画线，笔尖应紧靠尺身，笔杆略向右倾斜。

将丁字尺沿图板的导边上下移动，可画出互相平行的水平线，如图 1-15 所示。

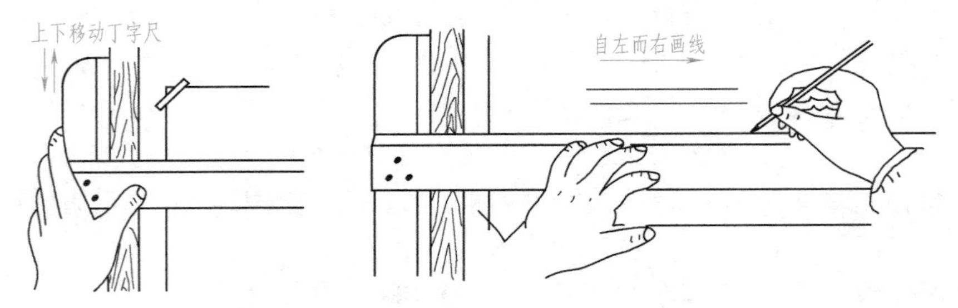


图 1-15　用丁字尺和图板画水平线

2. 铅垂线及 $n \times 15°$ 倾斜线的绘制

使用三角板与丁字尺配合，可画出一系列不同位置的铅垂线及 $n \times 15°$ 的倍数角的各种倾斜线，如图 1-16 所示。

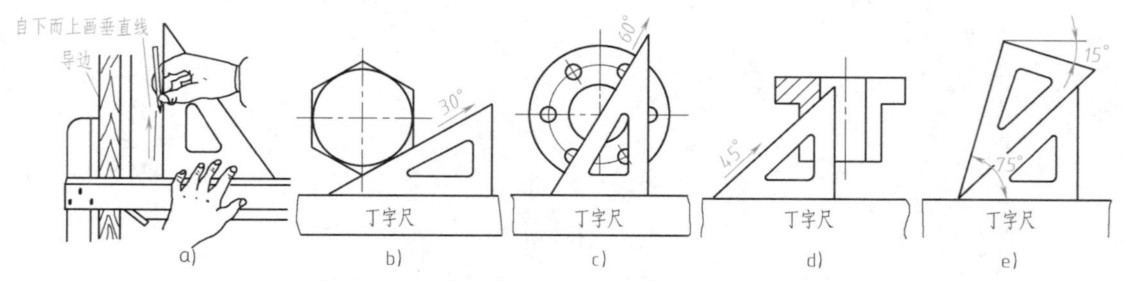


图 1-16　三角板与丁字尺配合画特殊位置直线

a）画垂直线　b）画 30°斜线　c）画 60°斜线　d）画 45°斜线　e）画 15°、75°斜线

3. 任意角度平行线和垂直线的绘制

配备 45°角和 30°、60°角的三角板各一块，此两块三角板相对移动配合使用，可以画出已知直线的平行线和垂直线，如图 1-17 所示。

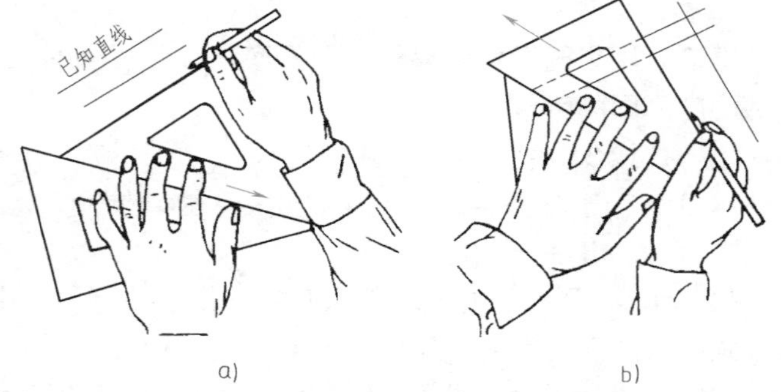


图 1-17　画已知直线的平行线和垂直线

a）平行线的绘制　b）垂直线的绘制

4. 圆规的使用

圆规主要用来绘制圆或圆弧。圆规固定腿上的钢针有两种不同形状的尖端，带台阶的尖端是画圆或圆弧时定心用的，以避免针尖插入图板过深，针尖应调得比铅芯稍长 0.5 ~ 1mm；另一带锥形的尖端作分规使用。

1） 画圆或圆弧时，将针尖全部扎入图板内，如图 1-18a 所示，按顺时针方向转动圆规，并稍向前倾斜，此时要使圆规两脚均垂直于纸面，如图 1-18b 所示。

2） 画小圆时，应使圆规的两脚稍向里倾斜，如图 1-18c 所示。

3） 画大圆时，可装上延长杆后使用，如图 1-18d 所示。

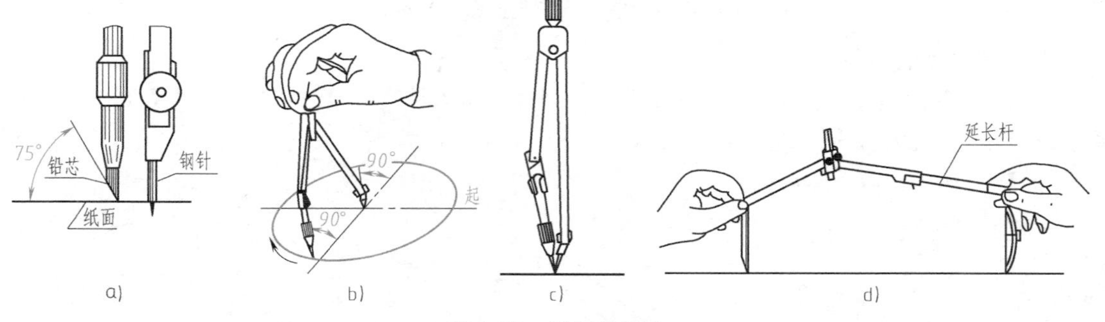


图 1-18　圆规的用法

5. 分规的使用

分规主要用来量取线段和等分线段。使用前，应检查分规的两脚针尖合拢后是否平齐，如图 1-19a 所示。用分规量取尺寸、等分线段的方法，如图 1-19b 所示。

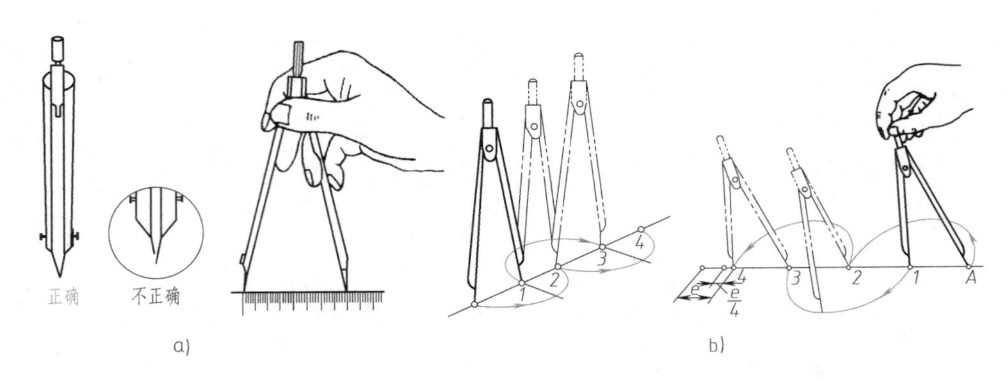


图 1-19　分规的用法

6. 铅笔的使用

铅笔是用来画图样底稿线、加深底稿线和写字的工具。根据不同的使用要求应准备以下几种硬度不同的铅笔：

1）2H 或 3H 用于画底稿用。

2）HB 用于写文字、画尺寸线或徒手画草图用。

3）B 或 2B 用于加深图线用。

4）2B 或 3B 铅笔的铅芯装入圆规的铅芯插脚内，用来画圆或圆弧。

画细实线和写字时，铅笔芯应修磨成锥形，如图 1-20a 所示；而画粗实线时，修磨成楔形，如图 1-20b 所示。铅笔和铅芯应按正确的方法来修磨，如图 1-20c 所示。

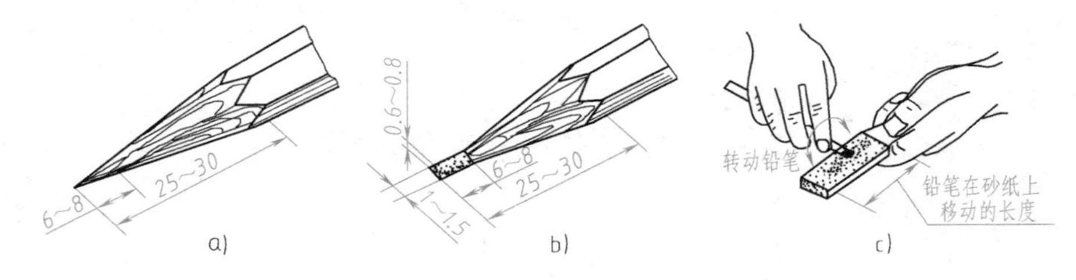


图 1-20　铅笔和铅芯的使用

a）画细实线和写字　b）画粗实线　c）修磨方法

※7. 其他绘图工具

绘图时，除了上述工具外，还需要准备曲线板、绘图橡皮、固定图纸用的透明胶带和修改图线时用的擦图片等，如图 1-21 所示。

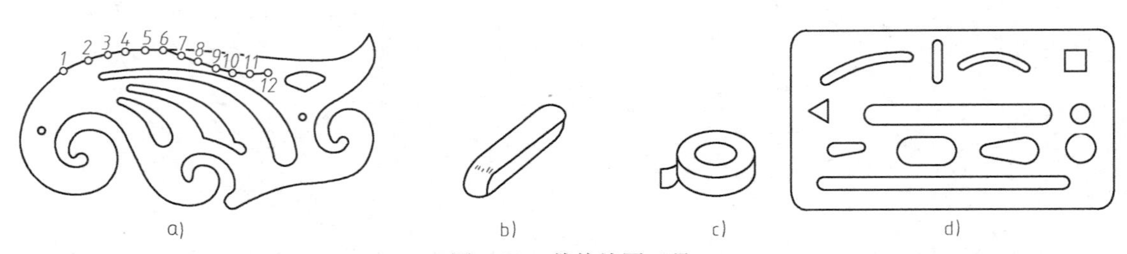


图 1-21　其他绘图工具

a）曲线板　b）橡皮　c）胶带　d）擦图片

## 二、国标中对常用图线种类及用法的规定

国家标准（GB/T 17450—1998）中规定了15种基本线型及基本线型的变形。机械图样中常用的图线名称、线型及其应用见表1-1。

表1-1　机械图样中常用的图线名称、线型及其应用

| 图线类型 | | 图线宽度 | 主要用途 |
| --- | --- | --- | --- |
| | 粗实线 | $d$ | 可见轮廓线 |
| | 细实线 | $\approx d/2$ | 尺寸线、尺寸界线、剖面线、指引线 |
| | 细波浪线 | $\approx d/2$ | 断裂处的边界线、视图和剖视图的分界线 |
| | 细双折线 | $\approx d/2$ | 断裂处的边界线 |
| | 细虚线 | $\approx d/2$ | 不可见轮廓线 |
| | 细点画线 | $\approx d/2$ | 轴线、对称中心线 |
| | 粗点画线 | $d$ | 有特殊要求的表面表示线 |
| | 细双点画线 | $\approx d/2$ | 假想投影轮廓线、中断线 |

## 三、斜度和锥度的画法

### 1. 斜度

斜度是指一直线（或平面）对另一直线（或平面）的倾斜程度。其大小以它们夹角的正切值来表示，并将此值化为$1:n$的形式，即斜度$=\tan\alpha=H/L=1:n$，如图1-22a所示。

斜度的符号如图1-22b所示，斜边方向应与图中斜线的方向一致。标注斜度时可按图1-22c所示的方法标注。

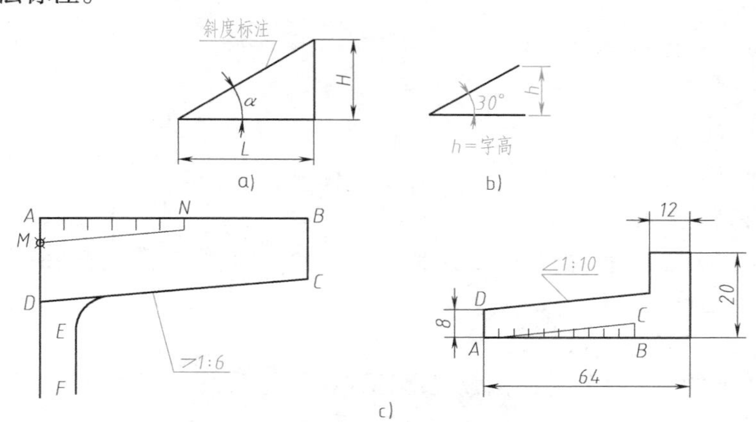


图1-22　斜度的标注和符号

a）斜度的表示方法　b）斜度符号　c）标注示意

### 2. 锥度

锥度是正圆锥体的底圆直径与正圆锥体高度之比值；如果是圆台，则为两底圆的直径差与圆台高度之比值，并将此值化为$1:n$的形式。正圆锥体的锥度$=2\tan\alpha=D/L=1:n$，如图1-23a所示；圆台的锥度$=2\tan\alpha=(D-d)/l=1:n$，如图1-23b所示。

在图样上应采用图1-24a所示的图形符号表示圆锥，该符号应配置在基准线上。表示圆锥的图形符号和锥度应靠近圆锥轮廓线标注，基准线应通过指引线与圆锥的轮廓线相连。基准线应与圆锥的轴线平行，图形符号的方向应与锥度方向一致。锥度的标注如图1-24b所示。

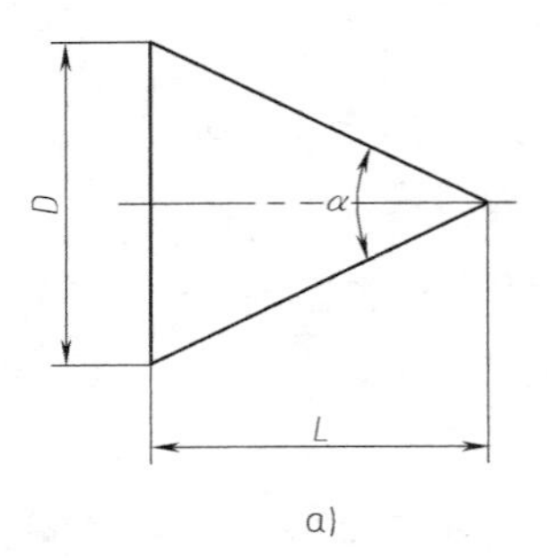


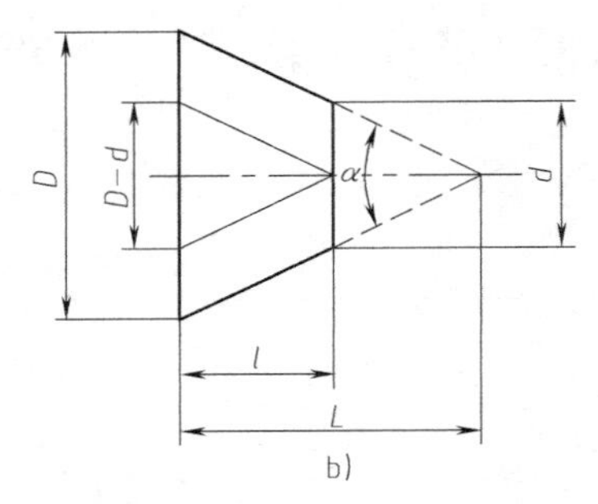


图 1-23　锥度的概念

a）正圆锥体的锥度　b）圆台的锥度

**例**　图 1-25 所示为一塞尺，已知锥度为 1∶3，试述其锥度线的作图步骤。

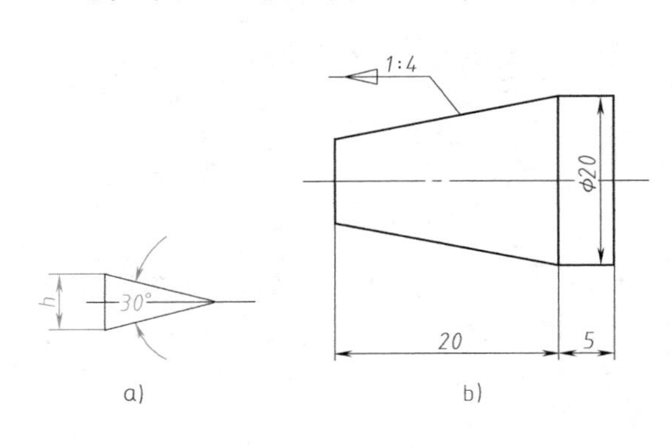


图 1-24　锥度的符号和标注

a）锥度符号　b）锥度的标注

图 1-25　塞尺

作图步骤如下：

1）以 $cc_1$ 为 1 个单位长，自 $a$ 点沿垂线分别向上、向下各取 1/2 个单位长。

2）自 $a$ 点沿轴线向右方向取 3 个单位长。

3）连接 $cb$ 和 $c_1b$，过两端点 $d$、$e$ 分别作出 $cb$ 和 $c_1b$ 的平行线交至 25mm 边线处。

4）按要求标出锥度符号。

**四、圆弧连接**

（1）圆弧连接的概念　用一段圆弧光滑地连接另外两条已知线段（直线或圆）的作图方法称为圆弧连接。

（2）圆弧连接的方法　直线间的圆弧连接，见表 1-2。

**表 1-2　直线间的圆弧连接**

| 类别 | 用圆弧连接锐角或钝角的两边 | 用圆弧连接直角的两边 |
| --- | --- | --- |
| 图例 | R O T₁ T₂ R R \| R T₁ R O R T₂ | R O T₁ R R R T₂ |

（续）

| 类别 | 用圆弧连接锐角或钝角的两边 | 用圆弧连接直角的两边 |
|---|---|---|
| 作图步骤 | 1. 作与已知两边分别相距为 $R$ 的平行线，交点即为连接弧圆心<br>2. 过 $O$ 点分别向已知角两边作垂线，垂足 $T_1$、$T_2$ 即为切点<br>3. 以 $O$ 点为圆心，$R$ 为半径在两切点 $T_1$、$T_2$ 之间画连接圆弧 | 1. 以直角顶点为圆心，$R$ 为半径作圆弧交直角两边于 $T_1$ 和 $T_2$<br>2. 以 $T_1$ 和 $T_2$ 为圆心，$R$ 为半径作圆弧相交得连接弧圆心 $O$<br>3. 以 $O$ 点为圆心，$R$ 为半径在切点 $T_1$ 和 $T_2$ 之间作连接弧 |

## 学习效果评价

1. 以学生完成任务情况作为评分标准，并以此考查学生的理论知识。

2. 要求学生独立或分组完成工作任务，由教师对每位及每组同学的完成情况进行评价，并给出每位同学的成绩，其具体评价内容、评分标准及分值见表 1-3。

**表 1-3　评价内容、评分标准及分值**

| 评 价 内 容 | 评　分　标　准 | 分　　值 |
|---|---|---|
| 测绘工具使用情况 | 能正确使用测绘工具 | 10 |
| 任务一 | 绘图步骤正确 | 10 |
| | 绘图方法正确 | 20 |
| | 能运用相关知识理解绘图方法 | 10 |
| 任务二 | 绘图步骤正确 | 10 |
| | 绘图方法正确 | 20 |
| | 能运用相关知识理解绘图方法 | 10 |
| 图面质量 | 布局合理 | 10 |
| | 图线符合国家标准要求 | |
| | 图面整洁 | |

# 模块二　绘制一般平面图形

## 学习目标

1. 掌握圆弧间圆弧连接的作图方法。
2. 掌握一般平面图形的分析方法及作图步骤。

## 工作任务

任务一：绘制图 1-26 所示手柄的平面图。

任务二：绘制图 1-27 所示起重钩的平面图。

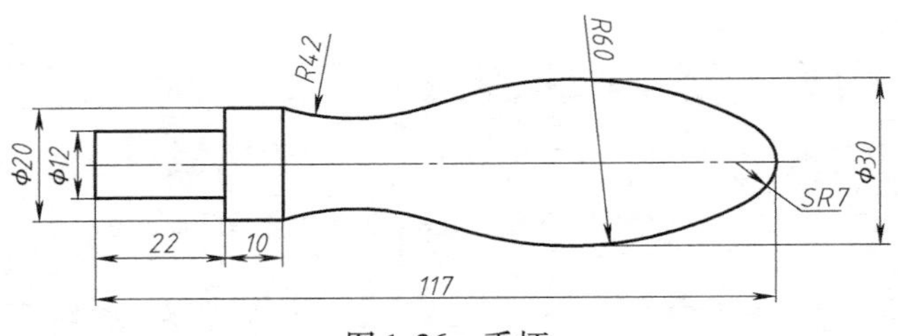


图 1-26 手柄

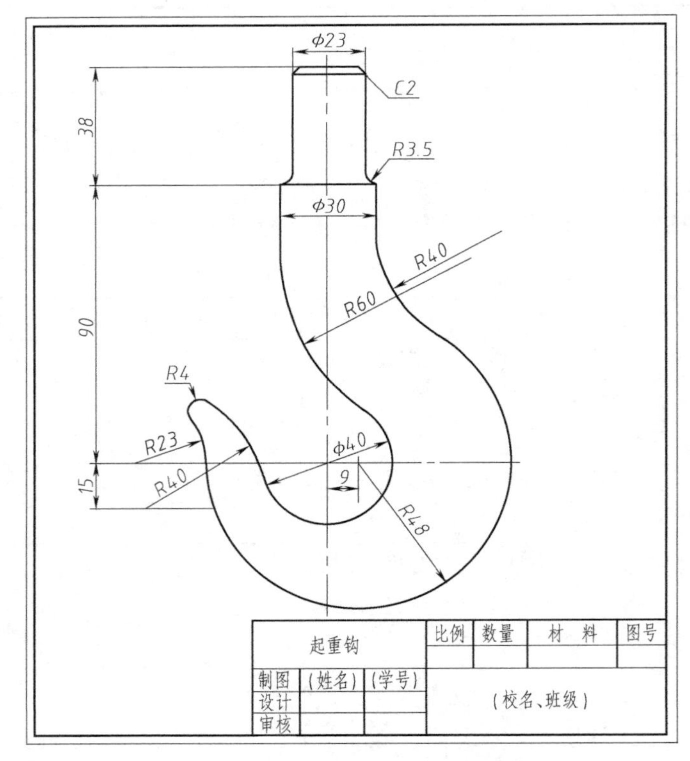


图 1-27 起重钩

## 任务实施

### 一、绘制手柄的平面图（任务一）

1. 图形分析

手柄的平面图形是由直线和圆弧连接而成，圆弧与圆弧是以内切或外切的形式光滑相连，作图时需要用到圆弧连接的方法保证图形的形状。图形的位置由平面图形标注的尺寸确定，因此要对尺寸进行分析，以确定画图顺序。

尺寸反映了所绘图形的大小，按其作用可分为定位尺寸和定形尺寸。

（1）定位尺寸　确定图形中各几何元素相对位置的尺寸称为定位尺寸。例如，图 1-28 中，117mm 和 $\phi$30mm 是确定图形总长和确定 *R*60mm 圆弧的圆心位置的尺寸。

（2）定形尺寸　确定图形中各几何元素形状大小的尺寸称为定形尺寸。例如，图 1-28 中，$\phi$20mm、$\phi$12mm、*R*42mm、*SR*7mm、*R*60mm、22mm、10mm。

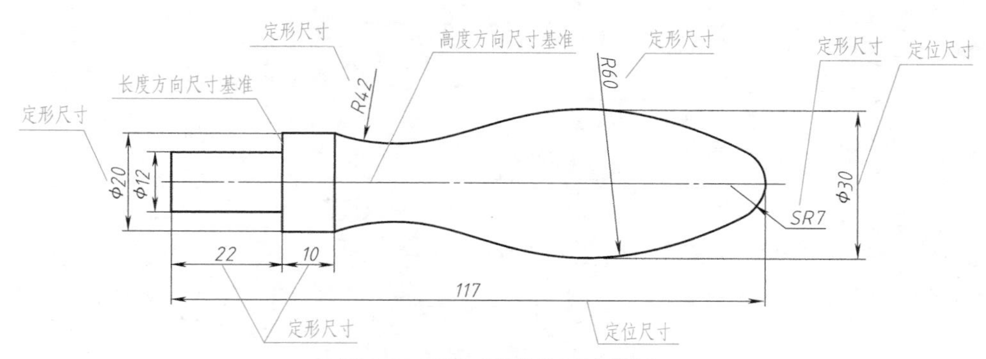


图 1-28　平面图形的尺寸分析

（3）尺寸基准　尺寸标注的起点称为尺寸基准。可作为基准的几何元素有对称图形的对称线、圆的中心线等。例如，图 1-28 中，水平对称的中心线是高度方向的尺寸基准，图形左侧第二条垂直线是长度方向的主要尺寸基准。

2. 画平面图

（1）画基准线　做出水平基准线（对称中心线）*A* 和垂直基准线 *B*，如图 1-29 所示。

图 1-29　画基准线

（2）画已知线段　从基准线 *B* 向左画出 12mm、22mm 的矩形轮廓线，向右画出 20mm、10mm 的矩形轮廓线，再从基准线 *B* 向右截取长度 88mm（117mm－22mm－7mm）与轴线 *A* 交于 *O* 点。再以 *O* 点为圆心，画出 *SR*7mm 的圆弧，如图 1-30 所示。

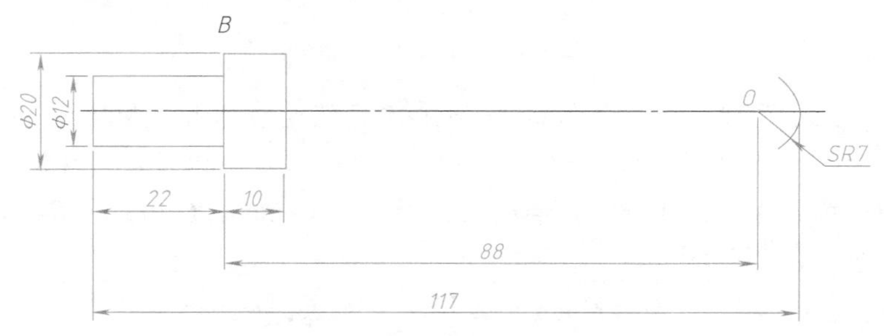


图 1-30　画已知线段

（3）画出中间线段　绘制 *R*60mm 的连接圆弧。*R*60mm 连接圆弧与直线相切，与 *SR*7mm 圆弧内切相连，绘图过程如图 1-31 所示。

1）找圆心。画出与水平基准线 *A* 相距 15mm 的直线 *C*，再作出 *C* 的平行线 *D*，*C*、*D* 两线距离 60mm。又由于连接圆弧（*R*60mm 的圆弧）与被连接圆弧（*SR*7mm 的小圆弧）内切相连，所以，以 *O* 点为圆心，以 53mm（*R*60mm－*SR*7mm）为半径画弧与直线 *D* 相交于 $O_1$，$O_1$ 点即为连接圆弧的圆心。

2）找切点。连接 $O_1O$ 并延长，与 *SR*7mm 圆弧相交，得交点 *E*，*E* 点即为切点。

3）画 *R*60mm 的连接圆弧。以 $O_1$ 为圆心，以 60mm 为半径从切点 *E* 画弧到合适位置。

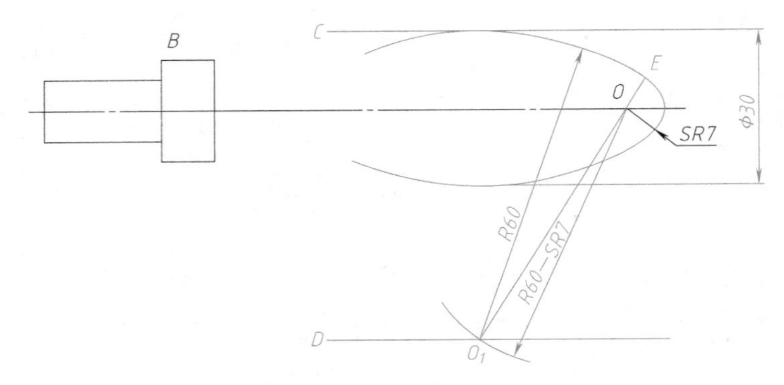


图 1-31　画出中间线段

（4）画连接线段　画连接线段，如图 1-32 所示。

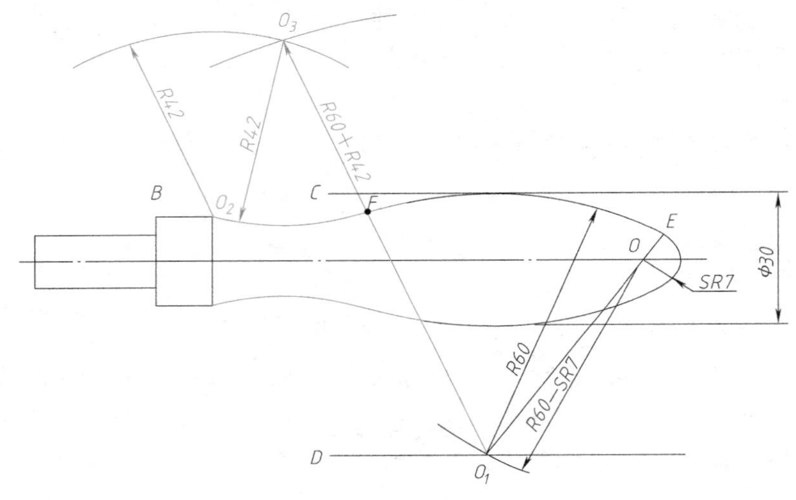


图 1-32　画出连接线段

1）找圆心。由于连接圆弧（$R$42mm 的圆弧）与被连接圆弧（$R$60mm 的半圆弧）外切相连，则以 $O_1$ 为圆心，以 102mm（$R$60mm + $R$42mm）为半径画圆弧。因 $R$42mm 圆弧过 $O_2$ 点，所以，以 $O_2$ 为圆心，以 42mm 为半径画圆弧与 $R$102mm（$R$60mm + $R$42mm）圆弧相交于 $O_3$，$O_3$ 即为连接圆弧的圆心。

2）找切点。连接 $O_1O_3$，与 $R$60mm 圆弧相交于 $F$ 点，$F$ 点即为切点。

3）画连接圆弧 $R$42mm。以 $O_3$ 点为圆心，以 42mm 为半径在 $O_2$、$F$ 两点之间画弧。

**提示：**只能从切点处开始画弧。同理可作出下面的对称部分。

3. 完成全图

检查，去掉多余辅助线，加深图线，完成手柄平面图。

**二、绘制起重钩的零件轮廓**（任务二）

1. 准备工作

（1）图形分析　起重钩的零件轮廓是由光滑曲线和直线连接而成的，如图 1-27 所示。下半部分均为圆弧线，其中 $R$48mm、$\phi$40mm 是已知线段，应首先画出；$R$40mm（下）、$R$23mm 为中间线段，次之画出；$R$40mm（上）、$R$60mm 及 $R$4mm 为连接线段，最后画出。上半部分的

直线均为已知直线，应首先画出，圆弧 $R3.5$mm 为连接圆弧，次之画出。

（2）确定绘图比例，选用图幅，固定图纸　确定该平面图形的绘图比例为 1:1，选用的图幅为 A4，将图纸固定好，绘制图框和标题栏。

2. 画底稿

（1）画基准线　根据已知尺寸画出起重钩的中心线和定位线，如图 1-33 所示。

（2）画已知线段　根据已知尺寸画出已知线段，如图 1-34 所示。

图 1-33　画基准线　　　图 1-34　画已知线段

（3）作中间线段 $R23$mm 和 $R40$mm 的两段圆弧

1）作 $R23$mm 的圆弧。由图 1-27 所示起重钩的轮廓图可知，$R23$mm 的圆弧的圆心在水平中心线上，缺少一个 $x$ 负方向的定位尺寸。我们利用 $R23$mm 的圆弧与 $R48$mm 的圆弧外切相连的连接关系，可以以 $R48$mm 的圆心为圆心，以两半径之和 71mm（$R48$mm + $R23$mm）为半径画弧，与中心线的交点 $A$ 即为圆心，以 $A$ 为圆心，23mm 为半径从点 1 处画弧到适当位置，如图 1-35a 所示。

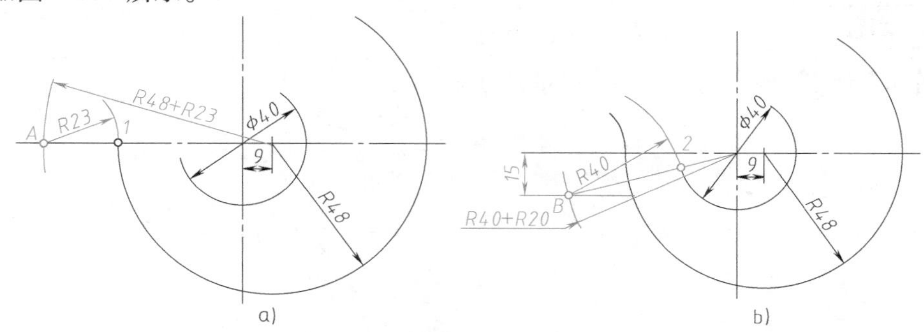


图 1-35　作连接圆弧

a）作 $R23$mm 的圆弧　b）作 $R40$mm 的圆弧

2）作 $R40$mm 的圆弧。由图 1-27 所示起重钩的轮廓图可知，$R40$mm 的圆弧的圆心在距水平中心线为 15mm 的水平线上，缺少一个 $x$ 负方向的定位尺寸，我们利用 $R40$mm 的圆弧与 $\phi40$mm 的圆弧外切相连的连接关系，可以以 $\phi40$mm 的圆心为圆心，以两半径之和 60mm（$R40$mm + $R20$mm）为半径画弧，与水平线的交点 $B$ 即为圆心，连接点 $B$ 与 $\phi40$mm 圆的圆心，与圆弧相交于点 2，以 $B$ 为圆心，40mm 为半径从点 2 处画弧到适当位置，如图 1-35b 所示。

（4）作连接线段

1）作 $R40$mm 的连接圆弧，如图 1-36a 所示。

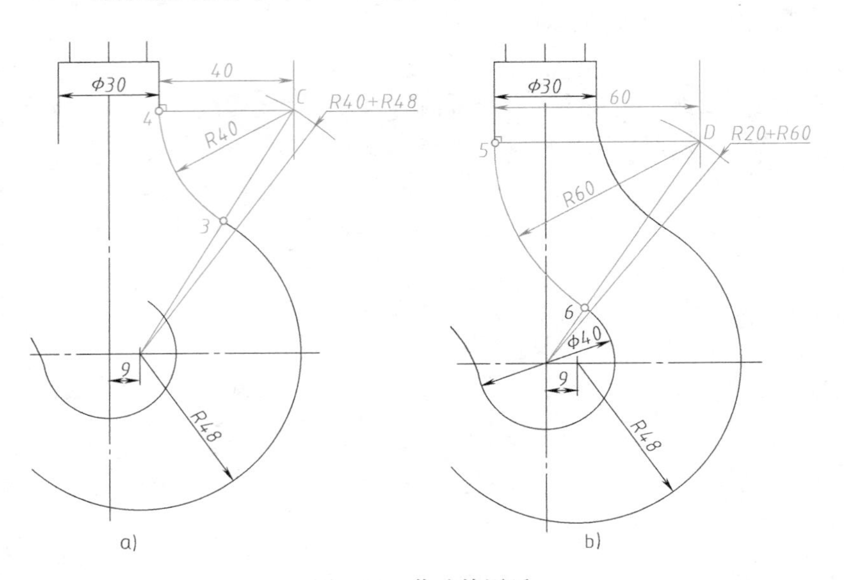


图 1-36　作连接圆弧

a）作 $R40$mm 的连接圆弧　b）作 $R60$mm 的连接圆弧

① 找圆心。作已知直线的平行线，距离为 40mm，以 $R48$mm 圆弧的圆心为圆心，两半径之和 88mm（$R40$mm + $R48$mm）为半径画弧与平行线的交点 $C$ 即为圆心。

② 找切点。过 $C$ 点作已知直线的垂线，垂足为点 4，连接 $C$ 点与 $R48$mm 圆弧的圆心，得到交点 3，点 3、4 即为切点。

③ 作连接圆弧 $R40$mm。以 $C$ 点为圆心，40mm 为半径在 3、4 两点之间画弧。

2）作 $R60$mm 的连接圆弧，如图 1-36b 所示。

3）作 $R3.5$mm 的连接圆弧，如图 1-37 所示。

4）作 $R4$mm 的连接圆弧，如图 1-38 所示。

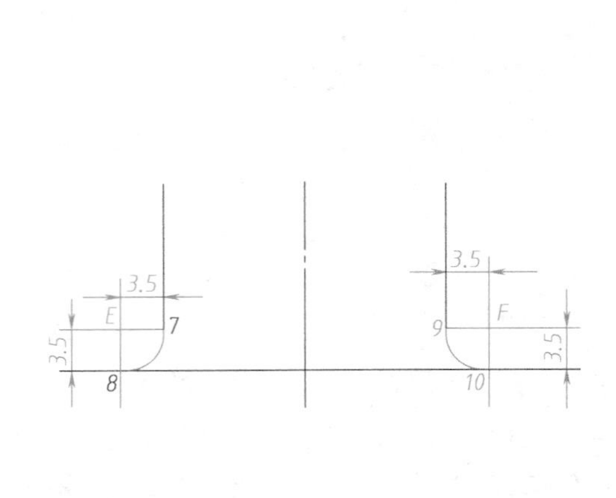


图 1-37　作 $R3.5$mm 的连接圆弧

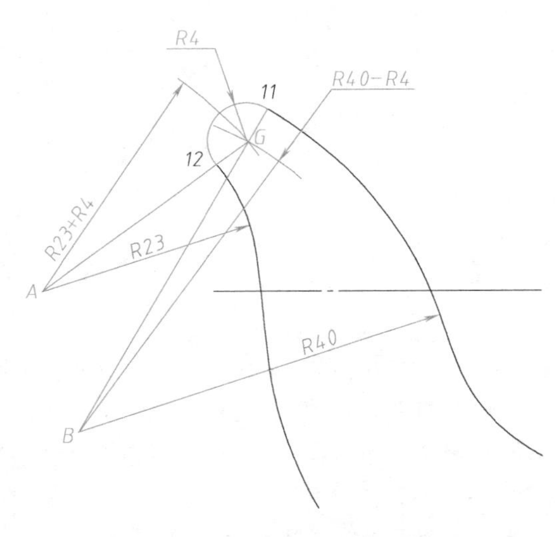


图 1-38　作 $R4$mm 的连接圆弧

3. 描深

底稿完成后，仔细核对，修正错误，并擦去多余的作图线，按线宽要求进行描深，即得图 1-27 所示起重钩。

## 相关知识

### 一、圆弧连接

圆弧外切、内切连接两已知圆弧，见表 1-4。

**表 1-4　圆弧外切、内切连接两已知圆弧**

| 类别 | 外切连接 | 内切连接 |
| --- | --- | --- |
| 图例 | | |
| 作图步骤 | 1. 分别以 $O_1$、$O_2$ 为圆心，$R+R_1$、$R+R_2$ 为半径画弧，交得连接弧圆心 $O$<br>2. 分别连 $OO_1$、$OO_2$，交得切点 $T_1$、$T_2$<br>3. 以 $O$ 点为圆心，$R$ 为半径画弧，即得所求 | 1. 分别以 $O_1$、$O_2$ 为圆心，$R-R_1$、$R-R_2$ 为半径画弧，交得连接弧圆心 $O$<br>2. 分别连 $OO_1$、$OO_2$ 并延长，交得切点 $T_1$、$T_2$<br>3. 以 $O$ 点为圆心，$R$ 为半径画弧，即得所求 |

### ※二、椭圆的近似画法

已知椭圆的长轴 $AB$ 和短轴 $CD$，用尺规作图法画出该椭圆，如图 1-39 所示。

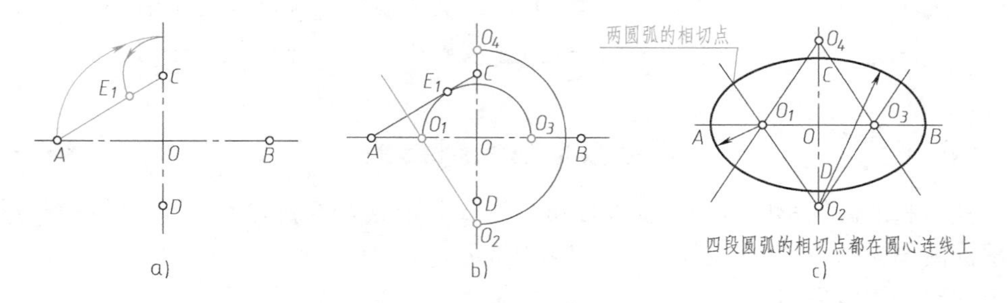


图 1-39　椭圆的近似画法

绘图步骤：

1）分别作长轴 $AB$ 和短轴 $CD$，连接 $AC$，并在 $AC$ 上取 $CE_1=OA-OC$，如图 1-39a 所示。

2）作 $AE_1$ 的垂直平分线，与长、短轴交于 $O_1$、$O_2$，再取对称点 $O_3$、$O_4$，如图 1-39b

所示。

3）分别以 $O_1$、$O_2$、$O_3$、$O_4$ 为圆心，相应地以 $O_1A$、$O_3B$、$O_2C$、$O_4D$ 为半径分别画弧，绘出椭圆，如图 1-39c 所示。

### 三、制图的基本知识

1. 图纸的幅面

绘制图样时，常用的基本幅面代号有 A0、A1、A2、A3、A4 五种，见表 1-5。

**表 1-5　图纸幅面及图框格式尺寸**　（单位：mm）

<table>
<tr><th rowspan="2">幅面代号</th><th>幅 面 尺 寸</th><th colspan="3">周 边 尺 寸</th></tr>
<tr><th>B×L</th><th>a</th><th>c</th><th>e</th></tr>
<tr><td>A0</td><td>841×1189</td><td rowspan="5">25</td><td rowspan="3">10</td><td rowspan="2">20</td></tr>
<tr><td>A1</td><td>594×841</td></tr>
<tr><td>A2</td><td>420×594</td><td rowspan="3">10</td></tr>
<tr><td>A3</td><td>297×420</td><td rowspan="2">5</td></tr>
<tr><td>A4</td><td>210×297</td></tr>
</table>

2. 图框格式

图纸上限定绘图区域的线框称为图框。图框在图纸上必须用粗实线画出，图样绘制在图框内部。其格式分为留装订边和不留装订边两种，如图 1-40 和图 1-41 所示。同一产品的图样只能采用一种图框格式。

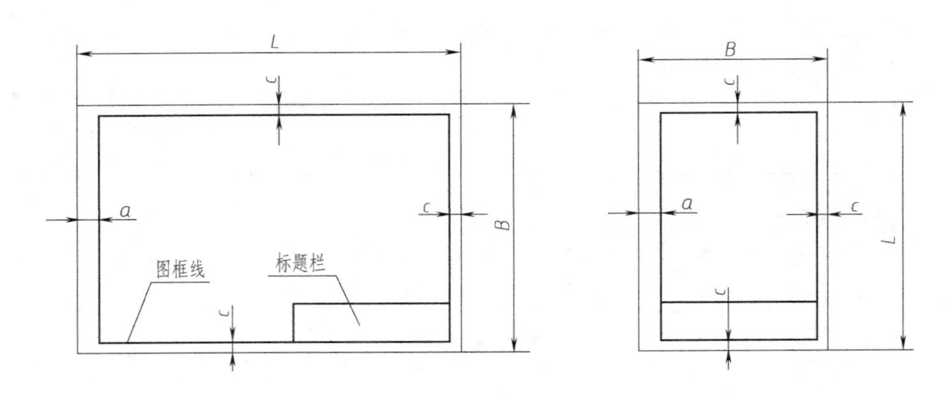


图 1-40　留装订边的图框格式

为了复制和缩微摄影的方便，应在图纸各边长的中点处绘制对中符号。对中符号是从周边画入图框内 5mm 的一段粗实线，如图 1-42 所示。当对中符号在标题栏范围内时，则伸入标题栏内的部分予以省略。

3. 标题栏

标题栏由名称及代号区、签字区和其他区组成，其格式和尺寸由 GB/T 10609. 1—2008 规定，教学中建议采用简化的标题栏，如图 1-43 所示。

4. 比例

比例是指图样与实物相应要素的线性尺寸之比。常用的绘图比例见表 1-6。

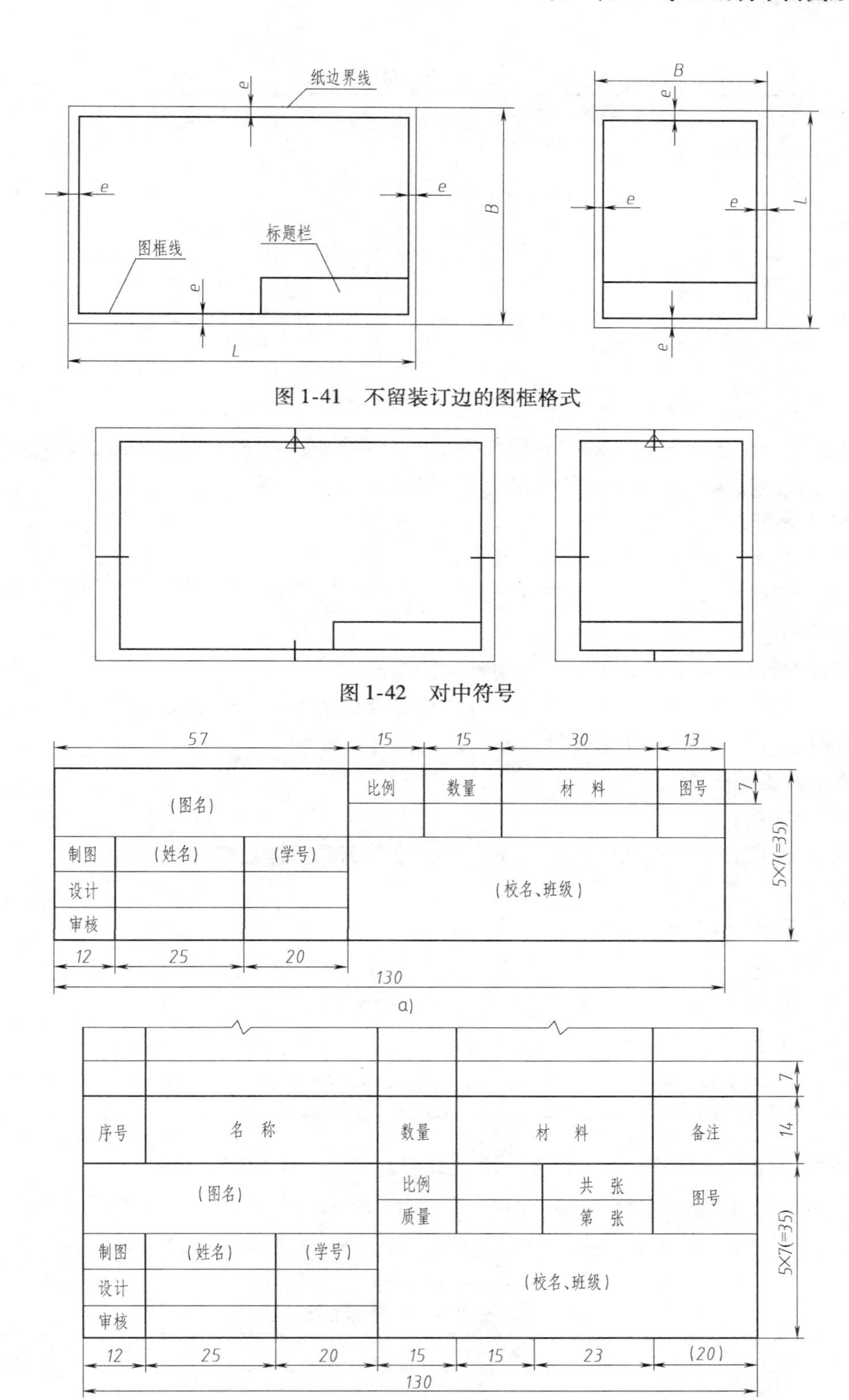


图 1-41　不留装订边的图框格式

图 1-42　对中符号

图 1-43　标题栏的格式

a）零件图标题栏　b）装配图标题栏

表 1-6　常用的绘图比例

| 种　类 | 优先选择系列 | 允许选择系列 |
| --- | --- | --- |
| 原值比例 | 1:1 | — |
| 放大比例 | 2:1　5:1<br>$1\times10^n$:1　$2\times10^n$:1　$5\times10^n$:1 | 2.5:1　4:1<br>$2.5\times10^n$:1　$4\times10^n$:1 |
| 缩小比例 | 1:2　1:5　1:10<br>1:$2\times10^n$　1:$5\times10^n$　1:$1\times10^n$ | 1:1.5　1:2.5　1:3　1:4　1:6<br>1:$1.5\times10^n$　1:$2.5\times10^n$　1:$3\times10^n$<br>1:$4\times10^n$　1:$6\times10^n$ |

## 四、平面图形的分析

平面图形是由若干直线和曲线封闭连接组合而成。画平面图形时，要通过对这些直线或曲线的尺寸及连接关系的分析，才能确定平面图形的作图步骤。

1. 尺寸分析

1）定形尺寸。指确定形状大小的尺寸。

2）定位尺寸。指确定各组成部分之间相对位置的尺寸。

2. 线段分析

1）已知线段。指定形、定位尺寸均齐全的线段。

2）中间线段。指只有定形尺寸和一个定位尺寸而缺少另一定位尺寸的线段。

3）连接线段。指只有定形尺寸而缺少定位尺寸的线段。

## 五、总结绘图步骤

1）图形分析。

2）确定绘图比例，选用图幅，固定图纸，绘制图框和标题栏。

3）画基准线。

4）画已知线段。

5）作中间线段。

6）作连接线段。

7）检查并描深。

## 学习效果评价

1. 以学生完成任务情况作为评分标准，并以此考查学生的理论知识。

2. 要求学生独立或分小组完成工作任务，由教师对每位及每一组同学的完成情况进行评价，给出每个同学完成本工作任务的成绩。其具体评价内容、评分标准及分值分配见表1-7。

表 1-7　评价内容、评分标准及分值

| 评价内容 | 评分标准 | 分　值 |
| --- | --- | --- |
| 任务一 | 绘图步骤正确 | 20 |
| | 绘图方法正确 | 20 |
| | 能运用相关知识理解绘图方法 | 20 |

（续）

| 评价内容 | 评分标准 | 分　值 |
|---|---|---|
| 任务二 | 布局合理 | 10 |
| | 图线符合国家标准要求 | 20 |
| | 图面整洁 | 10 |

# 模块三　标注平面图形尺寸

## 学习目标

1. 掌握标注尺寸的基本规则。
2. 掌握基本的尺寸标注方法。
3. 熟悉国家标准对书写汉字、字母的有关要求。

## 工作任务

任务一：对图 1-2 所示的工字钢进行尺寸标注。
任务二：对图 1-27 所示的起重钩进行尺寸标注。

## 任务实施

### 一、对图 1-2 所示的工字钢进行尺寸标注（任务一）

1）标注水平方向尺寸 5mm、16mm、68mm，如图 1-44 所示。

**提示：** 小尺寸 16mm 放在里面，大尺寸 68mm 放在外面，尺寸数字写在尺寸线上方，字头向上。

2）标注竖直方向尺寸 7.6mm、100mm，如图 1-45 所示。

**提示：** 标注竖直方向尺寸时，尺寸数字写在尺寸线的左方且字头向左。

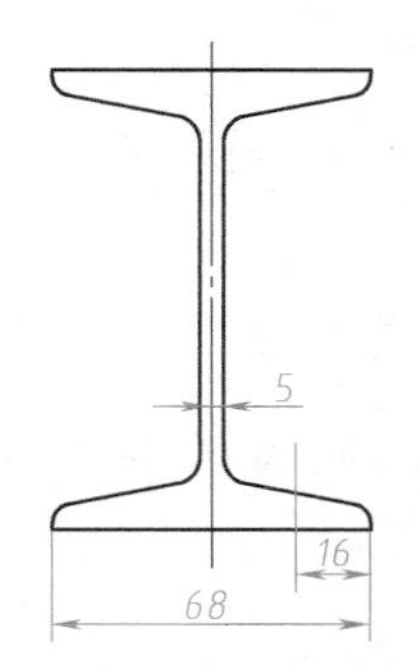


图 1-44　标注水平方向尺寸

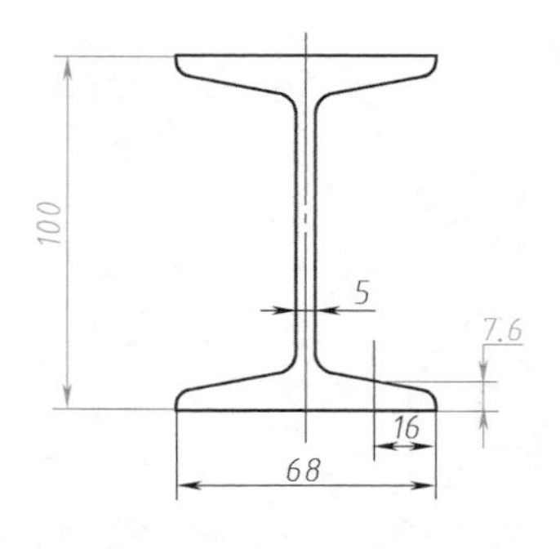


图 1-45　标注竖直方向尺寸

3）标注圆弧尺寸 $R3.3$mm、$R6.5$mm，如图 1-46 所示。

4）标注斜度 1:6，如图 1-47 所示。

工字钢尺寸标注时常见的错误形式如图 1-48 所示。

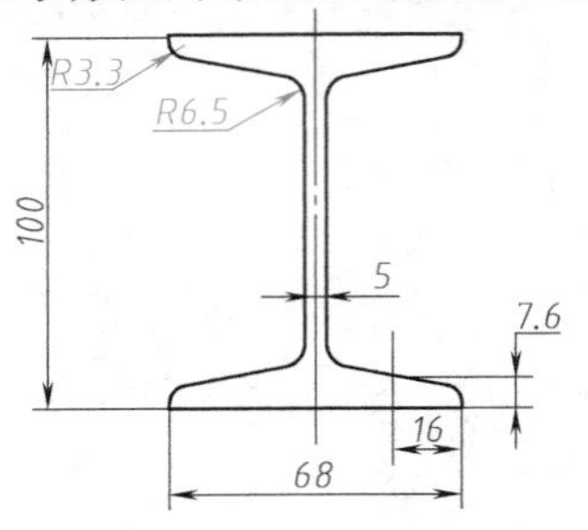


图 1-46　标注圆弧尺寸

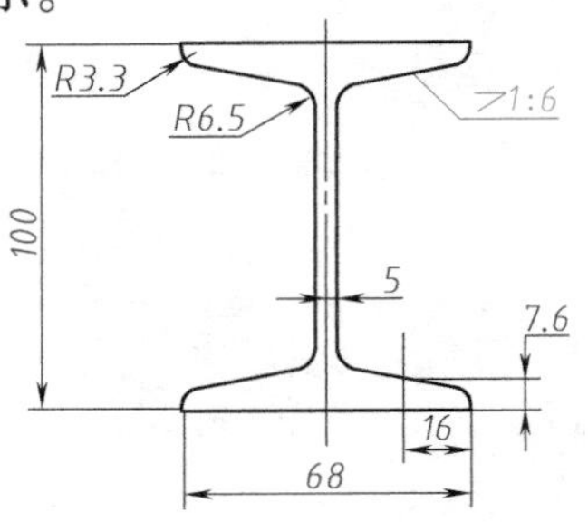


图 1-47　标注斜度

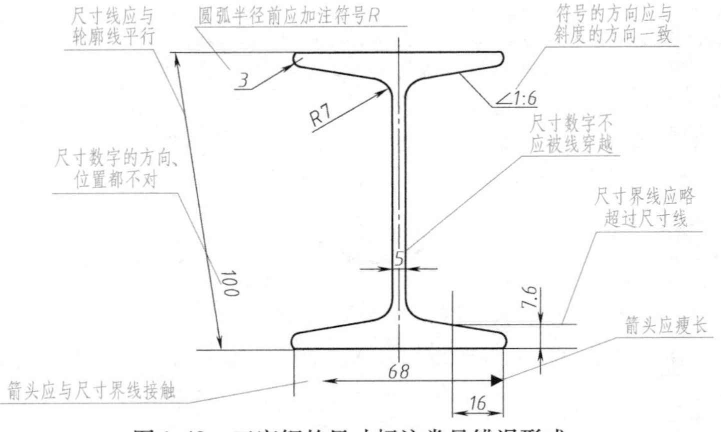


图 1-48　工字钢的尺寸标注常见错误形式

**提示：** 标注直径尺寸时，应在尺寸数字前加“$\phi$”。并且尺寸数字不应被任何图线穿过，穿过时，图线应被断开。

**二、对图 1-27 所示的起重钩进行尺寸标注**（任务二）

1）标注直径尺寸 $\phi$23mm、$\phi$30mm、$\phi$40mm，如图 1-49 所示。

2）标注定位尺寸 9mm 和倒角 $C2$，如图 1-50 所示。

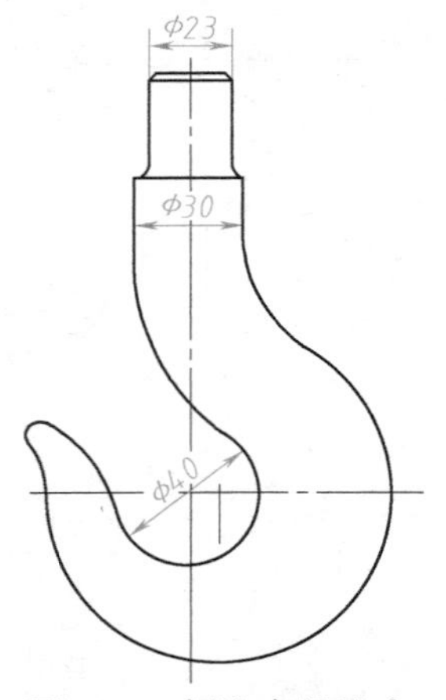


图 1-49　标注直径尺寸

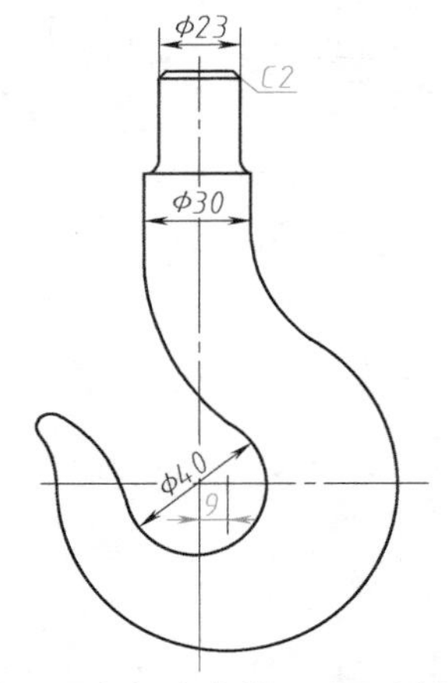


图 1-50　标注定位尺寸和倒角

3）标注圆弧尺寸 R3.5mm、R40mm、R60mm、R48mm、R40mm、R23mm、R4mm，如图 1-51 所示。

4）标注竖直方向尺寸 15mm、90mm、38mm，如图 1-52 所示。

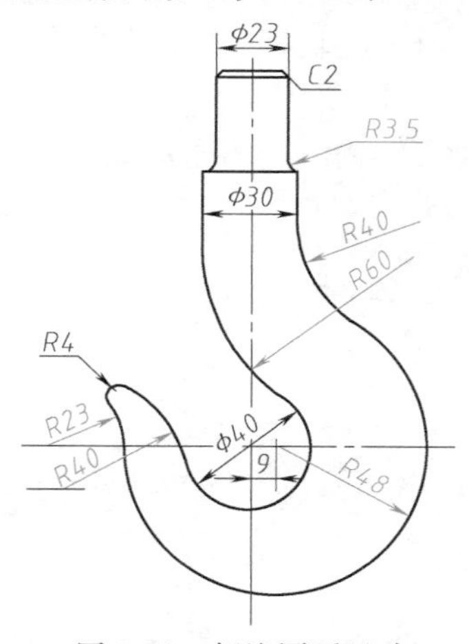


图 1-51　标注圆弧尺寸

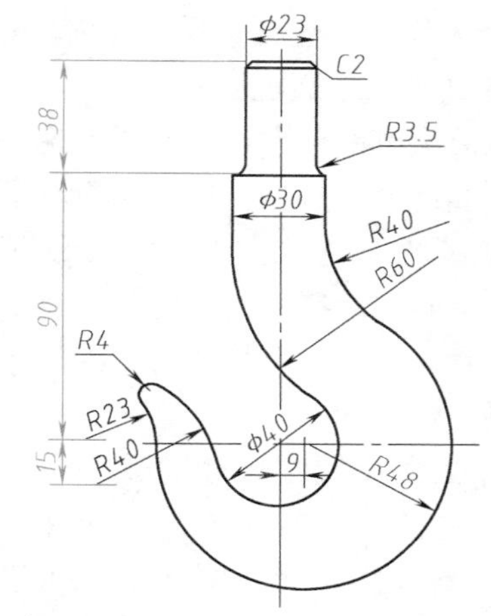


图 1-52　标注竖直方向尺寸

## 相关知识

### 一、尺寸标注的基本规定

图形只能表示物体的形状，而其大小则要由尺寸来表示，因此，尺寸标注十分重要。国家标准《机械制图　尺寸注法》（GB/T 4458.4—2003）、《技术制图　简化表示法　第 2 部分：尺寸注法》（GB/T 16675.2—1996）规定了图样中尺寸的注法，标注尺寸时，应做到正确、齐全、清晰、合理。

1. 基本规则

1）机件的真实大小应以图样上所注的尺寸数值为依据，与图形的大小及绘图的准确度无关。

2）图样中的尺寸以毫米（mm）为单位时，不必标注计量单位的符号或名称，如果用其他单位时，则必须注明相应的单位符号。

3）图样中所注的尺寸为该图所示机件的最后完工尺寸，否则应另加说明。

4）机件的每一尺寸，一般只标注一次，并应标注在反映结构最清晰的图形上。

2. 标注尺寸的要素

如图 1-53 所示，标注尺寸一般应包括尺寸界线、尺寸线、尺寸数字。尺寸界线表示尺寸的范围，尺寸线表示尺寸的方向，而尺寸数字则表示尺寸的大小。

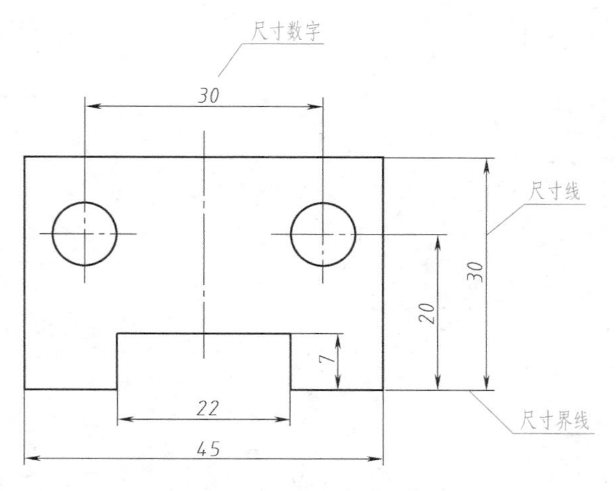


图 1-53　标注尺寸的三要素

（1）尺寸界线　尺寸界线用细实线绘制，并由图形的轮廓线、轴线或对称中心线引出，也可利用轮廓线、轴线或对称中心线作为尺寸界线。尺寸界线一般应与尺寸线垂直，并超出尺寸线的终端2～3mm。

（2）尺寸线　尺寸线用细实线绘制，不能用其他图线代替，一般也不得与其他图线重合或画在其延长线上。标注线性尺寸时，尺寸线必须与所注的线段平行，当有几条互相平行的尺寸线时，大尺寸要注在小尺寸外面。在圆或圆弧上标注直径或半径尺寸时，尺寸线一般应通过圆心或其延长线通过圆心。

尺寸线的终端有两种形式，如图1-54所示。尺寸线终端箭头的画法如图1-54a所示；尺寸线终端采用斜线时，画法如图1-54b所示（$h$为字体的高度）。在机械图样中采用箭头这种终端形式，斜线终端形式主要用于建筑图样。圆的直径、圆弧的半径及角度的尺寸线的终端应画成箭头。

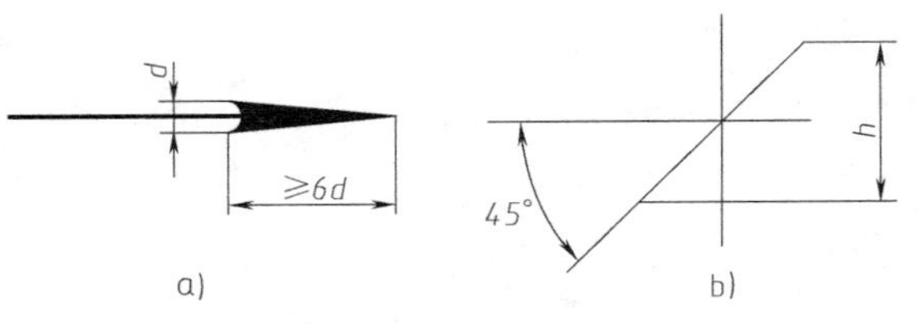


图1-54　尺寸线终端的画法
a）箭头　b）斜线

（3）尺寸数字　线性尺寸的数字一般应注写在尺寸线的上方或左方，也允许写在尺寸线的中断处。在同一图样上，数字的注法应一致。注写线性尺寸数字时，如尺寸线为水平方向时，尺寸数字规定由左向右书写，字头向上；如尺寸线为竖直方向时，尺寸数字由下向上书写，字头朝左；在倾斜的尺寸线上注写尺寸数字时，必须使字头方向有向上的趋势。

3. 常用尺寸注法

线性尺寸、角度尺寸、圆、圆弧、大圆弧、小尺寸、光滑过渡处的尺寸标注方法见表1-8。

**表1-8　尺寸标注方法示例**

| 标注内容 | 示　　例 | 说　　明 |
| --- | --- | --- |
| 线性尺寸 | 30°　20　20　20　20　20　20　20　20　20　20　20　20　30°　a)　16　16　16　b)　52　36　32　c) | 线性尺寸的数字应按图a中的方向书写，并尽量避免在图示30°范围内标注尺寸。当无法避免时，可按图b标注。在不致引起误解时，非水平方向的尺寸数字也允许水平地注写在尺寸线的中断处（图c），但在同一图样中注法应一致 |
| 角度尺寸 | 60°　15°　65°　75°　5°　20° | 尺寸界线应沿径向引出，尺寸线画成圆弧，圆心是角的顶点。尺寸数字一律水平书写，一般注在尺寸线的中断处，必要时也可按右图的形式标注 |

（续）

| 标注内容 | 示　例 | 说　明 |
| --- | --- | --- |
| 圆 | φ30　φ50　φ40 | 标注圆的直径时，应在尺寸数字前面加注符号“ϕ”，尺寸线的终端应画成箭头 |
| 圆弧 | R15　R40　R35 | 标注圆弧的半径时，应在尺寸数字前面加注符号“*R*”，尺寸线的终端应画成箭头 |
| 大圆弧 | R90　SR100 | 在图纸范围内无法标出圆心位置时，可按左图标注；不需标出圆心位置时，按右图标注 |
| 小尺寸 | 5　3　1　3　3　3　1　3　2　4<br>φ10　φ10　φ10　φ5　φ5　φ5　φ5<br>R5　R5　R5　R5　R5　R5　R5 | 如上排图例所示，没有足够空间时，箭头可画在外面，或用小圆点代替两个箭头；尺寸数字也可注写在图形外面或引出标注。圆和圆弧的小尺寸，可按下两排图例标注 |
| 光滑过渡处 | 18 | 在光滑过渡处必须用细实线将轮廓线延长，并从它们的交点处引出尺寸界线，一般应垂直，若不清晰时，则允许尺寸界线倾斜 |

4. 简化的尺寸注法

在很多情况下，只要不会产生误解，可以用简化形式标注尺寸。常见尺寸标注的简化形式见表 1-9。

**表 1-9　常见尺寸标注的简化形式**

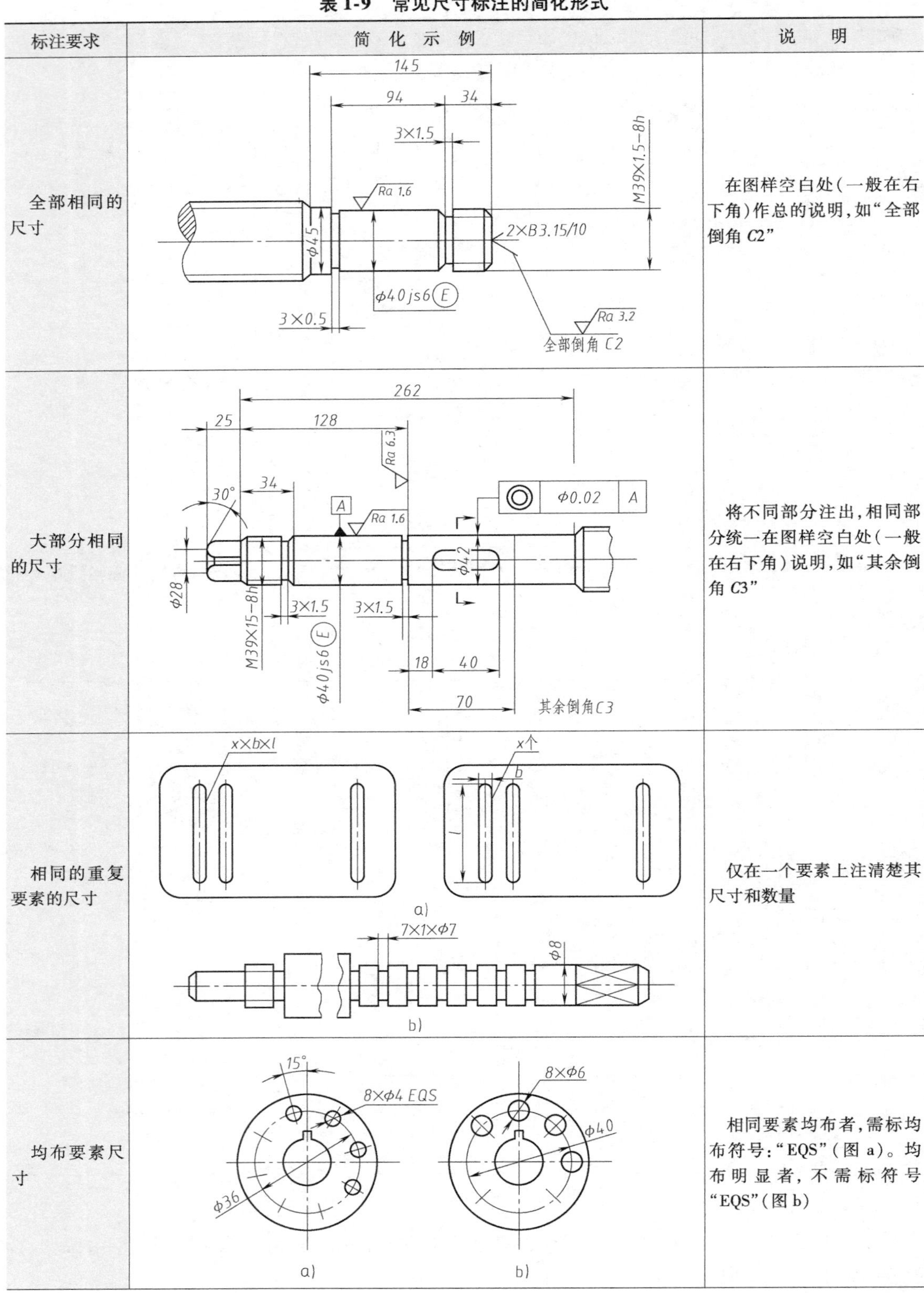


| 标注要求 | 简化示例 | 说明 |
|---|---|---|
| 全部相同的尺寸 |  | 在图样空白处（一般在右下角）作总的说明，如“全部倒角 *C*2” |
| 大部分相同的尺寸 |  | 将不同部分注出，相同部分统一在图样空白处（一般在右下角）说明，如“其余倒角 *C*3” |
| 相同的重复要素的尺寸 |  | 仅在一个要素上注清楚其尺寸和数量 |
| 均布要素尺寸 |  | 相同要素均布者，需标均布符号：“EQS”（图 a）。均布明显者，不需标符号“EQS”（图 b） |

（续）

| 标注要求 | 简 化 示 例 | 说　　明 |
| --- | --- | --- |
| 45°倒角 | C2<br>2×C2 | 用符号 $C$ 表示45°，不必画出倒角，如两边均有 45°倒角，可用 $2\times C2$ 表示 |
| 同心圆弧或同心圆的尺寸 | R12,R22,R30<br>R14,R20,R30,R40　R40,R30,R20,R14<br>Φ60,Φ100,Φ120 | 用箭头指向圆弧并依次标出半径值，在不致引起误解时，除起始第一个箭头外，其余箭头可省略，但尺寸仍应以第一个箭头为首，依次表示 |
| 间隔相等的链式尺寸 | 10　20<br>4×20(=80)<br>100<br>45°<br>3×45°(=135°) | 括号中的尺寸为参考尺寸 |

## 二、仿宋字的写法

仿宋字也称为仿宋体字、仿宋字体或仿宋体，简称仿宋，是出现于20世纪初的一种刻版印刷字体。最初的仿宋字都是方形的，高宽相近。为适应竖排左行和正文夹注的需要，丁辅之又设计了一种长仿宋字，其形式为高三宽二、体形修长，越发显得瘦硬清秀。机械、建筑、桥梁、铁路等专业的技术成果都需要用大量的设计图样来表述，长仿宋体成了在图样上书写汉字的首选用字。

图形中书写的汉字、数字和字母必须做到：字体工整、笔画清楚、间隔均匀、排列整齐。字体的高度（$h$）代表字体的号数，如7号字的字体高度为7mm。字体高度分为1.8mm、2.5mm、3.5mm、5mm、7mm、10mm、14mm、20mm等8种。

1. 汉字的写法

汉字应写成长仿宋字，并采用中华人民共和国国务院公布推行的《汉字简化方案》中规定的简化字。汉字的高度不应小于3.5mm，其字宽一般为字高的0.7倍。

长仿宋字的书写要领：横平竖直、注意起落、结构匀称、填满方格。

（1）横平竖直　横笔基本要平，可稍微向上倾斜一点。竖笔要直，笔画要刚劲有力。

（2）注意起落　长仿宋字体的基本笔画为横、竖、撇、捺、挑、点、钩、折。横、竖的起笔和收笔，撇的起笔，钩的转角等都要顿一下笔，形成小三角。几种基本笔画的书写见表1-10。

**表1-10　长仿宋字基本笔画示例**

| 笔画 | 点 | 横 | 竖 | 撇 | 捺 | 挑 | 折 | 钩 |
|---|---|---|---|---|---|---|---|---|
| 形状 | |  |  |  |  | |  |  |
| 运笔 | |  |  |  |  | |  | 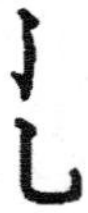 |

（3）结构匀称　要注意字体的结构，即妥善安排字体的各个部分应占的比例，笔画布局要均匀紧凑。长仿宋字的结构特点见表1-11。

**表1-11　长仿宋字的结构特点**

| 字体 | 梁 | 板 | 门 | 窗 |
|---|---|---|---|---|
| 结构 |  |  |  |  |
| 说明 | 上下等分 | 左小右大 | 缩格书写 | 上小下大 |

（4）填满方格　上下左右笔锋要尽可能靠近字格，但也有例外的，如日、口、月、二等字都要比字格略小。长仿宋字的示例如图 1-55 所示。

10号

字体工整　笔画清楚　排列整齐　间隔均匀

7号

装配时作斜度深沉最大球厚直网纹均布锪平镀抛光

研视图向旋转前后表面展开图两端中心孔锥销

图 1-55　长仿宋字示例

2. 数字和字母

数字和字母（包括阿拉伯数字、罗马数字拉丁字母及少数希腊字母）按笔画宽度 $d$ 与字高的关系情况可分为 A 型（笔画宽度 $d$ 为 $h/14$）和 B 型（笔画宽度 $d$ 为 $h/10$）。在同一张图纸上只能采用一种字体。数字和字母可写成斜体或正体。斜体字字头向右倾斜，与水平基准线成 75°夹角。数字和字母的示例如图 1-56 所示。

ABCDEFGHIJKLMN
OPQRSTUVWXYZ

a)

ABCDEFGHIJKLMN
OPQRSTUVWXYZ

b)

abcdefghijklmn
opqrstuvwxyz

c)

abcdefghijklmn
opqrstuvwxyz

d)

0123456789

e)

0123456789

f)

图 1-56　数字和字母示例

a）大写字母斜体　b）大写字母正体　c）小写字母斜体

d）小写字母正体　e）阿拉伯数字斜体　f）阿拉伯数字正体

3. 其他符号

1）用作指数、分数、极限偏差、注脚等的数字及字母，一般应采用小一号的字体，如图 1-57 所示。

R3　　M24—6H　　$\phi$60H7　　$\phi$30g6

$\phi20^{+0.21}_{0}$　　$\phi25\frac{H6}{m5}$　　Q235　　HT200

图 1-57　字体综合应用

2）图样中的数学符号、物理量符号、计量单位符号及其他符号、代号，应分别符合相应的规定。

## 学习效果评价

1. 以学生完成任务情况作为评分标准，考查学生的理论知识。

2. 要求学生独立或分小组完成工作任务，由教师对每位及每一组同学的完成情况进行评价，给出每位同学完成本工作任务的成绩。其具体评价内容、评分标准及分值分配见表 1-12。

**表 1-12　评价内容、评分标准及分值**

| 评价内容 | 评分标准 | 分值 |
| --- | --- | --- |
| 任务一 | 尺寸标注步骤正确 | 10 |
| | 尺寸标注方法正确 | 20 |
| | 布局合理、清晰、完整，符合国家标准要求 | 10 |
| | 能运用相关知识理解尺寸标注方法 | 10 |
| 任务二 | 尺寸标注步骤正确 | 10 |
| | 尺寸标注方法正确 | 20 |
| | 布局合理、清晰、完整，符合国家标准要求 | 10 |
| | 能运用相关知识理解尺寸标注方法 | 10 |

# 第二单元 计算机绘图技能训练

## 模块一　熟悉 AutoCAD（基本操作）

### 学习目标

1. 熟悉 AutoCAD 的界面。
2. 掌握直线、圆绘图命令的使用方法。
3. 理解直角坐标、相对坐标的含义，并在绘图中应用。
4. 掌握坐标点的输入方法。

### 工作任务

任务一：使用 AutoCAD 绘制图 2-1 所示图形。

任务二：使用 AutoCAD 绘制图 2-2 所示图形。

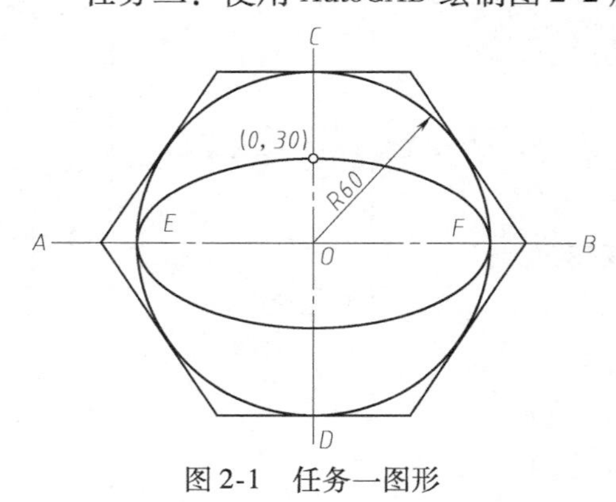


图 2-1　任务一图形

图 2-2　任务二图形

### 任务实施

1. 熟悉 AutoCAD 常用的二维绘图环境

1）启动 AutoCAD 软件。双击桌面上的 AutoCAD 软件图标。

2）熟悉软件的绘图界面。对照图 2-3，掌握 AutoCAD 中文版软件界面的组成。

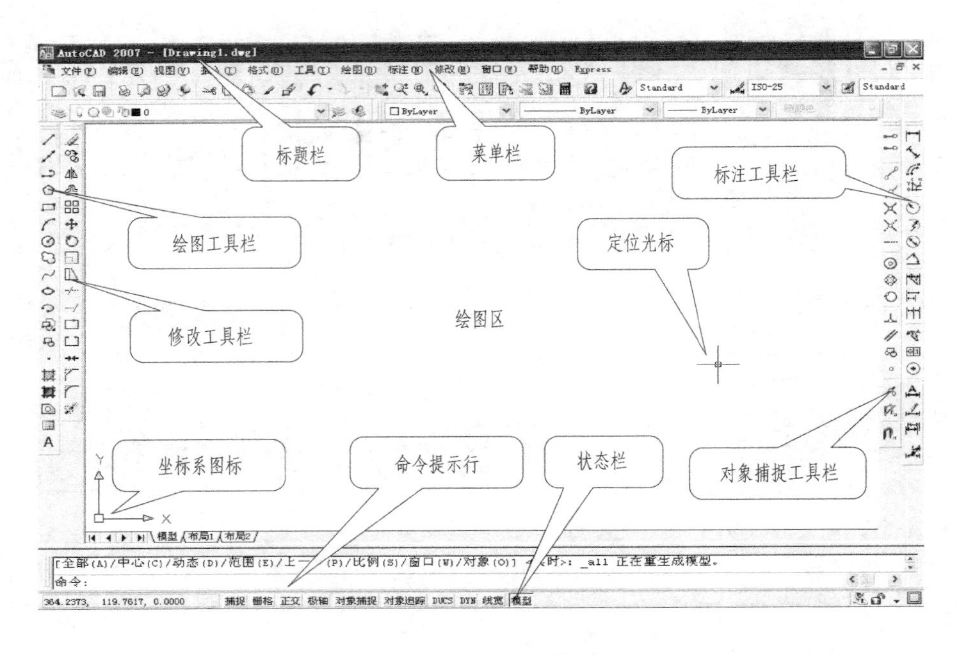


图 2-3　AutoCAD 界面

2. 调整 AutoCAD 界面布局

调整工具栏布局，将二维环境中常用的工具栏设置到窗口的四周，以方便绘图过程中使用。

1）将光标放置在任一个工具栏上，单击鼠标右键，弹出的工具栏快捷菜单如图 2-4 所示。

2）选取“标注”和“对象捕捉”两个工具栏。若名称前带“√”标记，表示该工具栏已打开。其余的工具栏选项保持默认。

3）将光标放置在图 2-5 所示浮动工具栏的标题栏上，然后拖动至窗口的四周。

4）用同样方法将四个常用的工具栏调整成图 2-3 所示的样式布局。

5）关闭动态输入。单击状态行上DYN按钮，使该按钮为凸起状态。

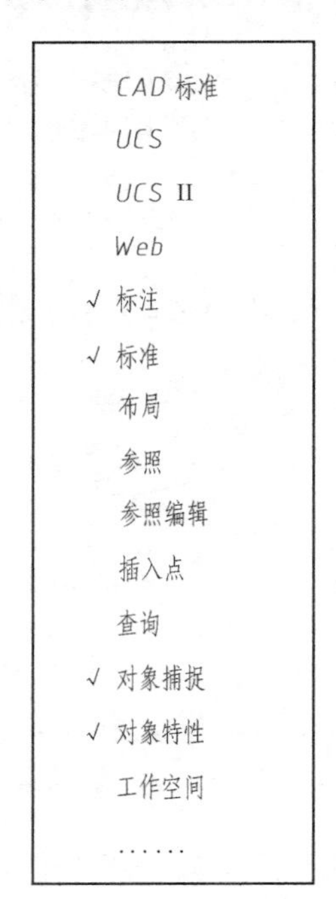


图 2-4　【工具栏】快捷菜单

3. 绘制图 2-1 所示图形（任务一）

1）单击【视图（V）】菜单/【缩放（Z）】/【全部（A）】。

2）打开正交模式。按 F8 功能键。

命令：＜正交 开＞　//画水平或垂直线

**提示：**按 F8 键与单击状态行上的正交按钮具有相同的作用。

3）单击绘图工具栏中按钮画水平线 *AB*。

指定第一点：　//单击一点作起点 *A*

指定下一点或［放弃（U）］：　//单击一点作端点 *B*

指定下一点或［放弃（U）］：↵　//结束命令

4）重复执行╱命令画垂直线 *CD*。

命令：_line 指定第一点：　//单击一点作起点 *C*

指定下一点或［放弃（U）］：　//单击一点作端点 *D*

指定下一点或［放弃（U）］：↵　//结束命令

图 2-5　【标注】工具栏

5）打开对象捕捉功能。单击状态行上的对象捕捉按钮。

命令：　<对象捕捉 开>

6）单击绘图工具栏中⊙按钮（circle 命令）绘制半径为 60mm 的圆。

指定圆的圆心或［三点（3P）/两点（2P）/相切、相切、半径（T）］：//在点 *O* 单击，捕捉点 *O* 作圆心

指定圆的半径或［直径（D）］<50.0000>：60↵　//圆的半径为 60

7）单击绘图工具栏中⬭按钮（ellipse 命令）绘制椭圆。

指定椭圆的轴端点或［圆弧（A）/中心点（C）］：　//在左交点 *E* 处单击

指定轴的另一个端点：　//在右交点 *F* 处单击

指定另一条半轴长度或［旋转（R）］：30↵

8）单击绘图工具栏中的⬠按钮（polygon 命令）绘制正六边形。

命令：_polygon 输入边的数目<4>：6↵　//边数为 6

指定正多边形的中心点或［边（E）］：　//在交点 *O* 处单击，作为正六边形的中心点

输入选项［内接于圆（I）/外切于圆（C）］<I>：C↵　//选用外切方式

指定圆的半径：60↵

9）将绘制的图形保存。单击【文件（F）】菜单/【保存（S）】。

4. 绘制图 2-2 所示图形（任务二）

1）设置幅面为 A4。单击【格式（O）】菜单/【图形界限（A）】。

指定左下角点或［开（ON）/关（OFF）］<0.0000，0.0000>：↵

指定右上角点<420.0000，297.0000>：297，210↵

2）单击【视图（V）】菜单/【缩放（Z）】/【全部（A）】。

3）打开正交模式：单击状态行上的正交按钮，使其处于凹下状态。

4）单击绘图工具栏中╱按钮。

指定第一点：100，100↵　//*A* 点的绝对坐标

指定下一点或［放弃（U）］：60↵　//光标置于 *A* 点上方，输入 60 回车绘到 *C* 点(正交方式导向)

指定下一点或［放弃（U）］：@14，0↵　　　　　　//用相对直角坐标绘到 *D* 点

指定下一点或［闭合（C）/放弃（U）］：@36 < -45↵ //用相对极坐标绘到 *E* 点

指定下一点或［闭合（C）/放弃（U）］：@15 <45↵　　//用相对极坐标绘到 *F* 点

指定下一点或［闭合（C）/放弃（U）］：↵

5）打开对象捕捉功能。单击状态行上的对象捕捉按钮，使其处在凹下状态。

6）单击绘图工具栏中按钮。

指定第一点：　　　　　　　　　　　　//将光标置于 *A* 点处单击，捕捉 *A* 点作起点

指定下一点或［放弃（U）］：80↵　　　　//光标置于 *A* 点右上方，输入 80 回车绘到 *B* 点（正交方式导向）

指定下一点或［放弃（U）］：@40 <60↵//用相对极坐标绘到 *G* 点

指定下一点或［闭合（C）/放弃（U）］：↵

7）单击修改工具栏中按钮（偏移命令）。

指定偏移距离或［通过（T）/删除（E）/图层（L）］ <通过>：　100↵

选择要偏移的对象或［退出（E）/放弃（U）］ <退出>：//用拾取光标在 *AC* 线段上单击

指定要偏移的那一侧上的点或［退出（E）/多个（M）/放弃（U）］：　　　　//在 *AC* 线段的右侧任一处单击

选择要偏移的对象或［退出（E）/放弃（U）］ <退出>：↵

完成后如图 2-6 所示。

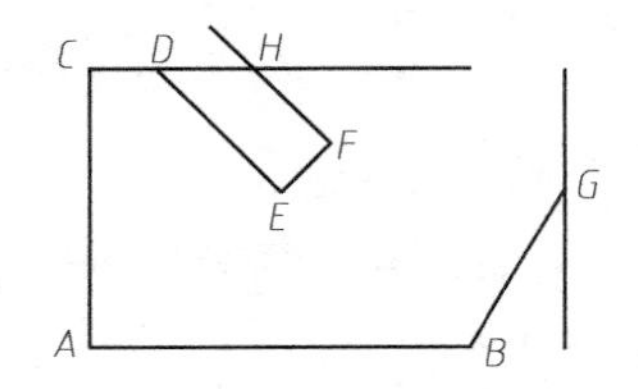


图 2-6　偏移线段

8）单击【修改（M）】菜单/【偏移（S）】命令。

指定偏移距离或［通过（T）/删除（E）/图层（L）］ <100.0000>：　60↵

选择要偏移的对象或［退出（E）/放弃（U）］ <退出>：//用拾取光标在 *AB* 线段上单击

指定要偏移的那一侧上的点或［退出（E）/多个（M）/放弃（U）］：　　　　//在 *AB* 线段的上方任一处单击

选择要偏移的对象或［退出（E）/放弃（U）］ <退出>：↵

9）在命令行中输入字母 O（偏移命令），然后回车。

指定偏移距离或［通过（T）/删除（E）/图层（L）］ <100.0000>：15↵

选择要偏移的对象或［退出（E）/放弃（U）］ <退出>：//用拾取光标在 *DE* 线段上单击

指定要偏移的那一侧上的点或［退出（E）/多个（M）/放弃（U）］：　　　　//在 *DE* 线段的右上方单击

选择要偏移的对象或［退出（E）/放弃（U）］ <退出>：↵

10）单击修改工具栏中按钮（修剪命令）。

选择对象或 <全部选择>：↵

选择要修剪的对象或［……/删除（R)/放弃（U)]：　//单击 *G* 点下的线段，修剪多余线段

选择要修剪的对象或［……/删除（R)/放弃（U)]：　//单击 *H* 点左侧的线段，修剪多余线段

选择要修剪的对象或［……/删除（R)/放弃（U)]：　//单击 *H* 点上方的线段，修剪多余线段

选择要修剪的对象或［……/删除（R)/放弃（U)]：↵ //结束修剪命令

完成后如图 2-7 所示。

11）单击修改工具栏中按钮（圆角命令）。

当前设置：模式 = 修剪，半径 = 0.0000

选择第一个对象或［放弃（U)/多段线（P)/半径（R)/修剪（T)/多个（M)]：R↵

指定圆角半径 <0.0000>：15↵　//设置圆角半径

选择第一个对象或［放弃（U)/多段线（P)/半径（R)/修剪（T)/多个（M)]：　//单击 *H* 点右侧线段

选择第二个对象或按住 Shift 键选择要应用角点的对象：　//单击 *G* 点上方线段

完成后如图 2-8 所示。

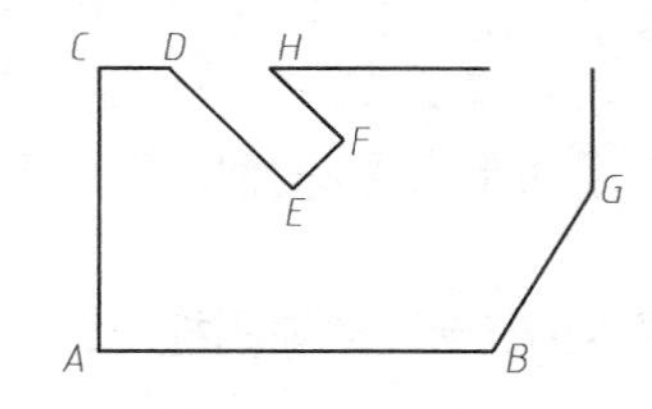


图 2-7　修剪后图形

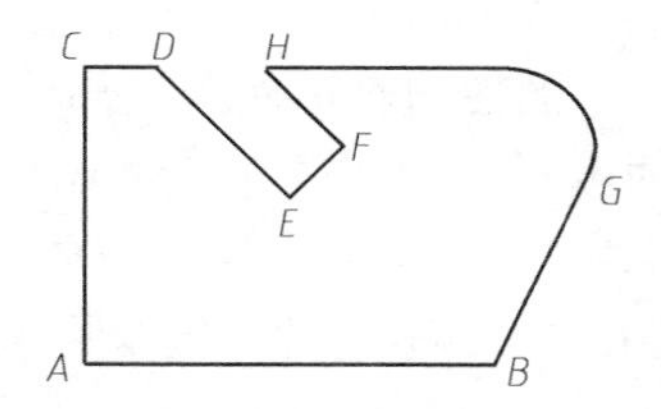


图 2-8　圆角后图形

12）将绘制的图形保存。单击【文件】菜单/【保存】。

## 相关知识

### AutoCAD

1. AutoCAD 软件的介绍

计算机辅助设计（Computer Aided Design，简称 CAD），是指利用计算机强大的计算功能和高效的图形处理功能，对产品进行辅助设计。计算机辅助设计不等于计算机设计，计算机辅助设计不能脱离人的操作。

AutoCAD 软件是美国 Autodesk 公司开发的计算机辅助软件包，自 1982 年问世以来，经多次的版本升级和更新，软件功能不断完善，已成为微机 CAD 系统中应用最为广泛和普及的二维绘图软件，其广泛应用于土木建筑、装饰装潢、城市规划、园林设计、电子电路、机械设计、服装鞋帽、航空航天、轻工化工等诸多领域。

2. AutoCAD 系统工作界面简介

（1）标题栏　标题栏用于显示 AutoCAD 软件的版本号、当前的文件名及获取窗口控制菜单。AutoCAD 软件默认的图形文件名为 Drawing1. dwg，默认的扩展名为 dwg。

（2）菜单栏　AutoCAD 软件提供了 11 个下拉菜单，利用下拉菜单可执行大部分命令。

（3）十字光标、工字光标和斜箭头光标　十字光标用于在绘图区内定位坐标；在命令提示窗口内显示为工字光标（I），用于输入命令或参数；在其他区域显示为斜箭头光标（↖），用于选择、编辑对象和点取菜单等操作。

十字光标的大小可调整，方法：单击【工具】菜单──→【选项...】命令──→【显示】选项卡默认为 5，数值越大，十字光标也越大；反之越小。

（4）绘图区　用于显示、绘制和编辑图形。它相当于桌面上的图纸，使用 CAD 所做的一切工作都反映在该窗口中。

（5）模型和布局选项卡　模型和布局选项卡用于在模型空间和图纸布局之间切换。模型空间用于创建和设计图形，布局空间用于创建布局以打印图纸空间中的图形。

（6）状态栏　状态栏位于 AutoCAD 软件界面底部，它反映了当前的工作状态。将光标置于绘图区域时，状态栏左边显示的是当前十字光标所在位置的坐标值，这个区域称为坐标显示区域。单击该区域时，可在动态坐标和静态坐标之间切换。

状态栏右边是指示并控制用户工作状态的 10 个按钮。用鼠标单击任意一个按钮均可切换当前的工作状态。当按钮处于凹下状态时，表示相应的设置处于打开状态。

（7）工具栏　AutoCAD 中有 35 个已命名的工具栏，工具栏提供了更简便快捷的工具，只需单击工具栏上的按钮，可使用大部分常用的命令功能。

按照位置的不同，工具栏可以分为固定工具栏、浮动工具栏和弹出式工具栏三种。

1）固定工具栏　附着在绘图区域的四周边上。

2）浮动工具栏　定位在绘图区内的任意位置，图 2-9 所示“对象捕捉”即为浮动工具栏。

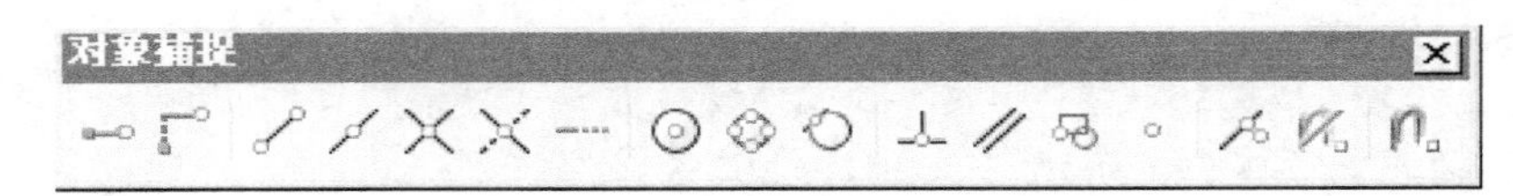


图 2-9　【对象捕捉】工具栏（浮动工具栏）

3）工具按钮的右下角有◢符号时，按住该工具按钮即可打开弹出式工具栏。

（8）工具栏的固定与浮动切换操作

1）固定工具栏──→浮动工具栏。将鼠标光标放置在工具栏的最左或最上部，按住鼠标左键拖动至绘图区内，变为浮动工具栏。

2）浮动工具栏──→固定工具栏。将鼠标光标放置在浮动工具条的标题栏处，按住鼠标左键拖动到绘图区的四周，变为固定工具栏。

我们可以根据需要打开或关闭工具栏，常用的方法是将光标放置在任一个工具栏上，单击鼠标右键，在弹出的工具栏快捷菜单中，点取某一选项。若名称前带有“√”标记，表示该工具栏已打开。

（9）命令提示区　如图 2-10 所示，命令提示区用于输入命令和显示操作相关的交互式信息，应特别注意命令提示窗口中显示的文字，因为它是 AutoCAD 与用户的对话内容。

命令提示区默认为两行，可根据需要改变其行数，方法是将光标定位到绘图区和命令提

命令:

命令: _circle 指定圆的圆心或 [三点(3P)/两点(2P)/相切、相切、半径(T)]:

图 2-10　命令提示区

示区的交界处，光标会变成上下双向光标，然后上下拖动鼠标，便可改变命令提示区的行数（一般不需改变其行数）。

（10）文本窗口　文本窗口是记录 AutoCAD 命令及操作过程的窗口。默认的命令提示区只有两行，若想观察更多的操作历史记录，按 F2 功能键，可在文本窗口/图形窗口之间进行切换；也可在命令提示区键入 TEXTSCR 命令显示文本窗口。

3. 命令的调用

AutoCAD 软件是一种交互式操作的软件，即我们向 AutoCAD 发出命令，然后系统给出提示和相应的选项，由工程师和 AutoCAD 系统共同完成设计任务。系统提供了多种命令的输入方法，常用的方法有键盘输入、菜单和工具栏。

（1）键盘输入　在命令提示窗口出现“命令:”提示时，用键盘输入 AutoCAD 系统命令名或命令名缩写，然后按回车键，执行该命令。

1）若没有出现“命令:”提示，可按 ESC 功能键，系统会取消当前操作，返回到“命令:”状态。

2）命令名不区分大小写，但要求命令名、参数以及标点符号必须在英文状态下输入。

3）重复命令。在系统出现“命令:”提示后，按空格键或回车键，可重复刚刚执行过的命令。

4）在 AutoCAD 系统中用 ACAD. PGP 文件定义了命令名的缩写，使用键盘输入命令时只需命令的缩写。表 2-1 列出了常用的一些命令缩写。

**表 2-1　常用命令缩写**

| 命令名 | 命令 | 命令功能 | 命令名 | 命令 | 命令功能 |
| --- | --- | --- | --- | --- | --- |
| ARC | A | 绘制弧 | ERASE | E | 删除实体对象 |
| BLOCK | B | 定义图块 | FILLET | F | 倒角 |
| CIRCLE | C | 绘制圆 | INSERT | I | 插入图块 |
| BHATCH | H | 边界图案填充 | MOVE | M | 移动实体对象 |
| LINE | L | 绘制线 | OFFSET | O | 偏移实体对象 |
| MTEXT | T | 多行文本 | PAN | P | 视窗平移 |
| POINT | PO | 绘制单点 | REDRAW | R | 重画当前视窗 |
| POLYGON | POL | 正多边形 | STRETCH | S | 拉伸实体对象 |
| ELLIPSE | EL | 绘制椭圆 | ZOOM | Z | 视窗缩放 |
| PLINE | PL | 绘制二维多义线 | UNDO | U | 撤消上次操作 |
| DONUT | DO | 绘制圆环 | COPY | CO | 复制实体对象 |

（2）菜单

1）下拉菜单。用下拉菜单可输入 AutoCAD 系统大部分的命令。例如，单击【绘图】菜单，选择【直线】命令，进入画线状态，如图 2-11 所示。

2）快捷菜单。在绘图区内的任意位置，单击鼠标右键，弹出一个与当前操作相关的快捷菜单，选择相应的命令，如图 2-12 所示。不同的操作状态后，其快捷菜单的内容有所不同。

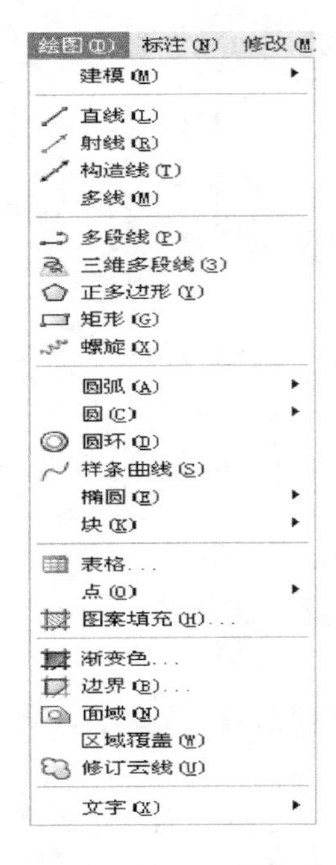


图 2-11 【绘图】菜单

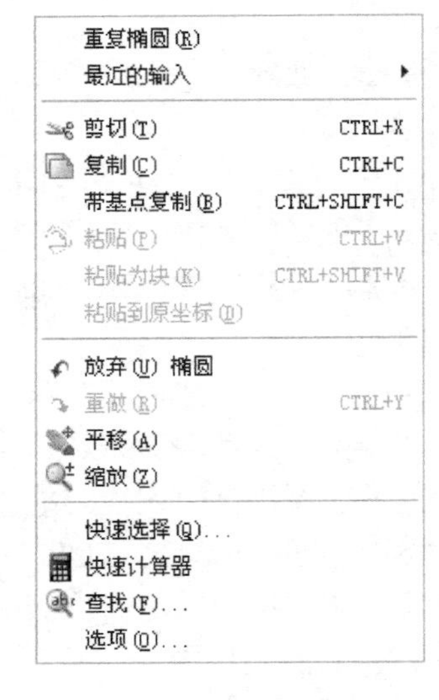


图 2-12 快捷菜单

（3）工具栏 在工具栏中，用鼠标单击相应的命令按钮图标。用工具栏可输入 AutoCAD 系统常用的命令。例如，单击“绘图”工具栏中的 （直线）图标，进入画线状态，如图 2-13 所示。

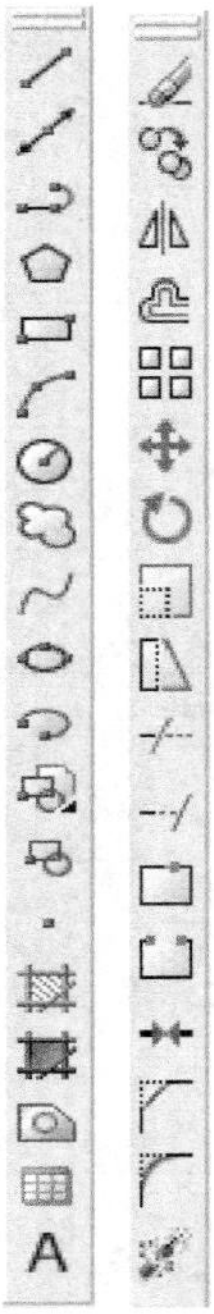

4. 命令中选项的使用

前面介绍了 AutoCAD 的命令执行过程是交互的，用户输入命令后，需按回车键确认，系统才会执行命令。而且在执行的过程中，有时要等待用户输入必要的参数（如命令选项、点的坐标或其他几何值），输入完成后，也要按回车键，系统才能继续执行下一步操作。

例如，画圆命令的执行过程：

命令：C↵ //输入画圆命令

CIRCLE 指定圆的圆心或［三点（3P）/两点（2P）/相切、相切、半径（T）］：100，80↵ //圆心坐标

指定圆的半径或［直径（D）］ <30.0000>：50↵ //圆的半径值

图 2-13 工具栏

说明：

1）“或”之前的选项为默认选项，例如，坐标 100，80 即为指定圆的圆心。

2）方括号［三点（3P）/两点（2P）/相切、相切、半径（T）］为可选项，中间用“/”隔开，若要选择某个选项，则需输入圆括号中的字母，例如，想用两点方式画圆，就输入 2P，然后回车，进入两点方式画圆。

3）尖括号“<30.0000>”中的内容是当前缺省值。例如，不输50，直接回车，则圆的半径即为30mm。

5. 常用的快捷键

在AutoCAD系统中，还可使用键盘上的一些快捷键输入AutoCAD系统的命令，见表2-2。

**表2-2　常用快捷键**

| 功能键 | 状态按钮 | 作　　用 | 组合键 | 作　　用 |
|---|---|---|---|---|
| F1 | | 调用AutoCAD帮助对话框 | CTRL + A | 选择图形中的对象 |
| F2 | | 打开/关闭文本窗口 | CTRL + C | 将对象复制到剪贴板 |
| F3 | 对象捕捉 | 对象捕捉开关 | CTRL + X | 将对象剪切到剪贴板 |
| F6 | DUCS | 动态UCS开关 | CTRL + V | 粘贴剪贴板中的数据 |
| F7 | 栅格 | 栅格模式开关 | CTRL + Y | 重复上一个操作 |
| F8 | 正交 | 正交模式开关 | CTRL + Z | 撤消上一个操作 |
| F9 | 捕捉 | 捕捉模式开关 | CTRL + S | 保存当前图形文件 |
| F10 | 极轴 | 极轴追踪开关 | CTRL + O | 打开已有的图形文件 |
| F11 | 对象追踪 | 对象追踪开关 | ESC | 取消当前命令 |

6. 坐标点的输入方法

绘图过程中，常需要提供点的坐标，例如，画线时需指定起点及下一点的坐标，画圆时指定圆心的位置。AutoCAD系统中点的坐标分为绝对坐标和相对坐标两大类，其中每一类又各有两种坐标形式。系统默认的坐标原点在绘图区的左下角坐标图标处，规定$X$轴的正方向（正东方向）为0°的起始方向，逆时针方向为正，如图2-14所示。

绝对坐标

（1）绝对直角坐标$x$，$y$　例如，80，100表示$X$轴坐标为80，$Y$轴坐标为100。

（2）绝对极坐标$x<y$　$x$表示距离（线段长度）；$y$表示角度。例如，60<45表示在45°方向上画出长度为60的一条线段。

相对坐标

（1）相对直角坐标@$x$，$y$　$x$和$y$分别表示相对于上一点$X$轴的偏移量和$Y$轴的偏移量。例如，@70，80表示在上一点的基础上$X$方向变化70，$Y$方向变化80。

（2）相对极坐标@$x<y$　表示下一点相对于上一点在$y$角度上的距离。例如，@70<90表示在前一点基础上的90°方向画出长度为70的一条线段。

**例 2-1** 用 LINE 命令画图 2-15 所示的矩形。

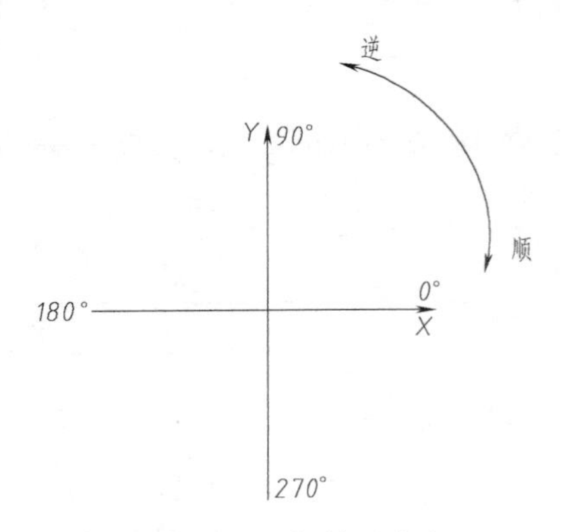


图 2-14 坐标轴及方向

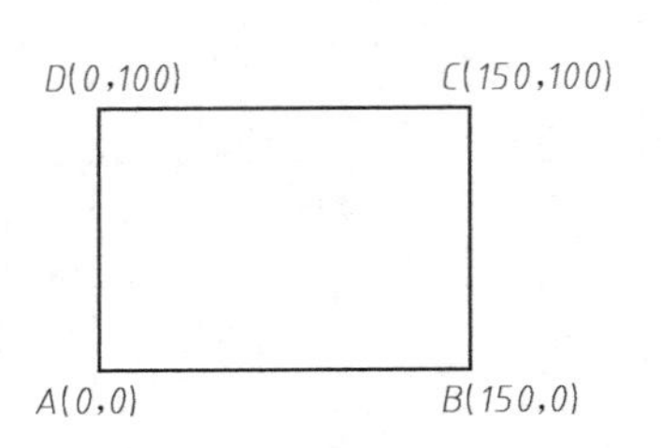


图 2-15 矩形

用三种坐标点输入法绘制上图的步骤：

(1) 绝对直角坐标的画法

命令：_line 指定第一点：0，0↵ //A 点的绝对直角坐标

指定下一点或［放弃（U）］：150，0↵ //B 点的绝对直角坐标

指定下一点或［放弃（U）］：150，100↵ //C 点的绝对直角坐标

指定下一点或［闭合（C）/放弃（U）］：0，100↵ //D 点的绝对直角坐标

指定下一点或［闭合（C）/放弃（U）］：0，0↵ //A 点的绝对直角坐标

指定下一点或［闭合（C）/放弃（U）］：↵ //结束画线命令

(2) 相对直角坐标的画法

命令：_ line 指定第一点：0，0↵ //A 点的绝对直角坐标

指定下一点或［放弃（U）］：@150，0↵ //在 A 点基础上，X 方向偏移 150，Y 方向不变，到 B 点

指定下一点或［放弃（U）］：@0，100↵ //在 B 点基础上，X 方向不变，Y 方向偏移 100，到 C 点

指定下一点或［闭合（C）］：@ -150，0↵ //在 C 点基础上，X 方向偏移 -150，Y 方向不变，到 D 点

指定下一点或［闭合（C）］：@0， -100↵ //在 D 点基础上，X 方向不变，Y 方向偏移 -100，到 A 点

指定下一点或［闭合（C）/放弃（U）］：↵ //结束画线命令

(3) 相对极坐标的画法

命令：_line 指定第一点：0，0↵ //A 点的绝对直角坐标

指定下一点或［放弃（U）］：@150 <0↵ //在 0°方向上偏移 150

指定下一点或［放弃（U）］：@100 <90↵ //在 90°方向上偏移 100

指定下一点或［闭合（C）/放弃（U）］：@150 <180↵ //在 180°方向上偏移 150

指定下一点或［闭合（C）/放弃（U）］：@100 <270↵ //在 270°方向上偏移 100

指定下一点或［闭合（C）/放弃（U）］：↵ //结束画线命令

**例 2-2** 用 LINE 命令画如图 2-16 所示的正三角形△*ABC*。

已知 *A* 点坐标是 10，10，边长 80，试用最优的一种坐标点输入方法画出上述图形。

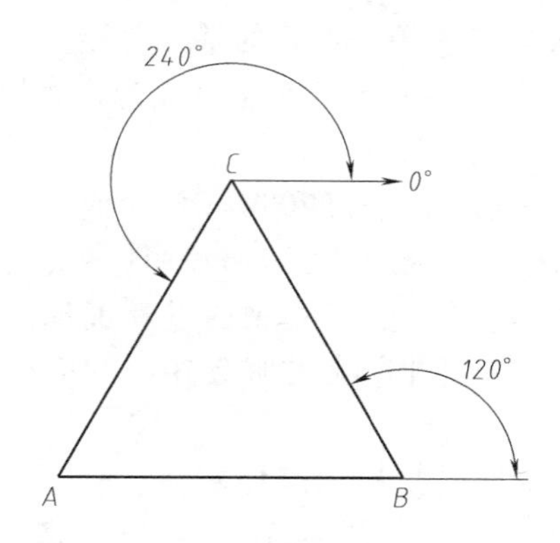


图 2-16　正三角形

用相对极坐标的画法：

命令：_line 指定第一点：10，10↵　　　　//A 点
指定下一点或［放弃（U）］：@80 <0↵　　　//B 点
指定下一点或［放弃（U）］：@80 <120↵　//C 点
指定下一点或［闭合（C）/放弃（U）］：
@80 <240↵　　　　　　　　　　　　　//A 点
指定下一点或［闭合（C）/放弃（U）］：↵

**拓展**

## 具有 CAD 功能的几种软件

1. CAXA

CAXA 由北京北航海尔软件有限公司开发研制，它坚持“软件服务制造业”理念，开发出拥有自主知识产权的 9 大系列 30 多种 CAD、CAPP、CAM、DNC、PDM、MPM 和 PLM 软件产品和解决方案，覆盖了制造业信息化设计、工艺、制造和管理四大领域，曾荣获中国软件行业协会 20 年“金软件奖”以及“中国制造业信息化工程十大优秀供应商”等荣誉。

2. Pro/E

Pro/E 由美国参数技术公司（Parametric Technology Corporation，简称 PTC 公司）开发研制，是一套由设计至生产的机械自动化软件，是新一代的产品造型系统，是一个参数化、基于特征的实体造型系统。

Pro/E 功能如下：

1）特征驱动（如凸台、槽、倒角、壳等）。

2）参数化（参数 = 尺寸、图样中的特征、载荷、边界条件等）。

3）通过零件的特征值之间，载荷/边界条件与特征参数之间（如表面积等）的关系来进行设计。

4）支持大型、复杂组合件的设计。

5）贯穿所有应用的完全相关性（任何一个地方的变动都将引起与之有关的每个地方变动）。

6）其他辅助模块将进一步提高扩展 Pro/E 的基本功能。

随着科学技术不断发展，Pro/E 将在计算机辅助设计中发挥着越来越重要的作用。

3. UG

美国 Unigraphics Solutions 公司（该公司 2007 年已被西门子公司收购，现名 Simens Product Lifecycle Management Software）是全球著名的 MCAD 供应商，主要为汽车与交通、航空航天、日用消费品、通用机械及电子工业等领域通过其虚拟产品开发（VPD）的理念提供多级化的、集成的、企业级的包括软件产品与服务在内的完整的 MCAD 解决方案。其主要的 CAD 产品是 UG。

UGS 公司的产品同时还遍布通用机械、医疗器械、电子、高技术以及日用消费品等行业，UG 具有丰富的曲面建模工具，包括直纹面、扫描面、通过一组曲线的自由曲面、通过两组类正交曲线的自由曲面、曲线广义扫掠、标准二次曲线方法放样、等半径和变半径倒圆、广义二次曲线倒圆、两张及多张曲面间的光顺桥接、动态拉动调整曲面、等距或不等距偏置、曲面裁减、编辑、点云生成、曲面编辑。

## 学习效果评价

本模块评价内容、评分标准及分值分配见表 2-3。

**表 2-3　评价内容、评分标准及分值**

| 评价内容 | 评分标准 | 分值 |
| --- | --- | --- |
| 任务一 | 绘图步骤正确 | 10 |
| | 图形完整 | 15 |
| 任务二 | 绘图步骤正确 | 10 |
| | 图形完整 | 20 |
| 相关知识 | AutoCAD 软件工作界面简介 | 5 |
| | 掌握命令的调用及命令中选项的使用 | 10 |
| | 掌握坐标点的输入 | 10 |
| | 掌握 AutoCAD 软件界面的组成 | 5 |
| | 工具栏调整方法正确 | 10 |
| | 状态栏设置方法正确 | 5 |

# 模块二　使用 AutoCAD 绘制简单平面图形

## 学习目标

学会灵活运用各种方法绘制简单平面图形。

## 工作任务

任务一：绘制图 2-17 所示的拱形平面。

任务二：绘制图 1-2 所示的工字钢。

## 任务实施

### 一、绘制拱形平面（任务一）

1. 图形分析

图 2-17 所示的拱形平面主要由底座和拱形组成，可以看出，它由圆、正六边形加上直线、圆弧组合而成。

绘图时，可根据尺寸完成全图。

图 2-17　拱形平面

2. 绘图过程

**提示**：在绘图和编辑过程中，如有误操作，可立刻单击标准工具栏中按钮或单击【编辑（E）】菜单/【放弃（U）】命令来撤消误操作。

1）启动 AutoCAD 中文版软件。

2）单击【视图（V）】菜单/【缩放（Z）】/【全部（A）】。

3）绘制中心线（暂不设定中心线的线型）。

① 打开正交模式。单击状态行上的 正交 按钮，使其处于凹下状态。

② 单击绘图工具栏中按钮，在适当位置绘制图形中的水平线和垂直线。

4）绘制 $\phi$30mm 圆。

① 打开对象捕捉功能。单击状态行上的 对象捕捉 按钮，使其处在凹下状态。

② 单击绘图工具栏中按钮。

指定圆的圆心或［三点（3P）/两点（2P）/相切、相切、半径（T）］：//捕捉 O 点作圆心

指定圆的半径或［直径（D）］：15↵　　//圆的半径为 15mm

5）绘制拱形 R30mm。

单击【绘图（D）】菜单/【圆弧（A）】/【圆心、起点、角度（E）】。

指定圆弧的起点或［圆心（C）］：_c 指定圆弧的圆心：　　//捕捉 O 点作圆弧的圆心

指定圆弧的起点：@30，0↵　　//O 点的相对偏移量，H 点

指定圆弧的端点或［角度（A）/弦长（L）］：_a 指定包含角：180↵　　//圆弧的角度 180°，A 点

完成后如图 2-18 所示。

6）绘制底座。

单击绘图工具栏中按钮。

指定第一点：　　//捕捉 A 点作起点

指定下一点或［放弃（U）］：@0，－50↵　　//B 点

指定下一点或［放弃（U）］：@15，0↵　　//C 点

指定下一点或［闭合（C）］：@0，10↵　　//D 点

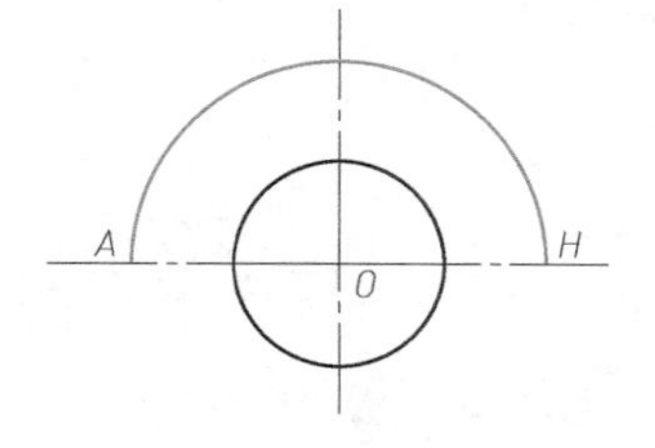


图 2-18　画圆和圆弧

指定下一点或［闭合（C）］：@30，0←　　//$E$ 点
指定下一点或［闭合（C）］：@0，－10←　　//$F$ 点
指定下一点或［闭合（C）］：@15，0←　　//$G$ 点
指定下一点或［闭合（C）］：@0，50←　　//$H$ 点

完成后如图 2-19 所示。

**思考**：用相对极坐标应如何绘制？

**提示**：底座用正交导向方式绘制更为方便。

7）绘制多边形。

单击绘图工具栏中按钮。

_polygon 输入边的数目 <4>：6←　　//多边形边数为 6

指定多边形的中心点或［边（E）］：　　//捕捉 $O$ 点作为正六边形的中心

内接于圆（I）/外切于圆（C）：C←　　//选取外切于圆的方式

指定圆的半径：15←　　//指定圆的半径

图 2-19　画底座

完成后如图 2-20 所示。

8）修剪与校核。用打断命令将较长的中心线调整到合适的长度。

单击修改工具栏中的按钮（建议：打断时关闭“对象捕捉”功能）。

_break 选择对象：//在水平中心线点 1 处单击

指定打断点或［第一点（F）］：

//在端点 2 处或在端点 2 的外侧单击

完成后如图 2-21 所示。

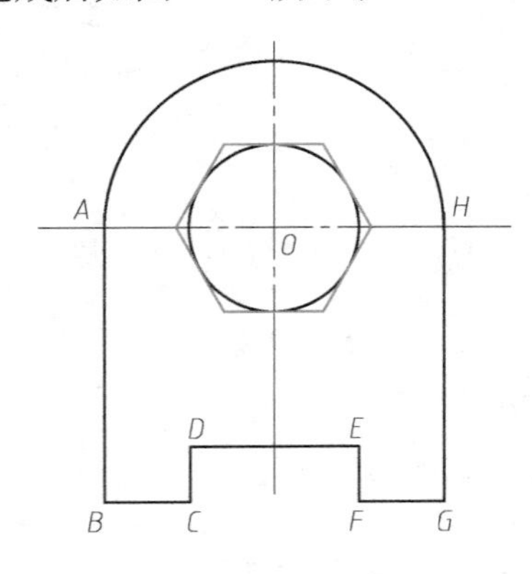

图 2-20　画多边形

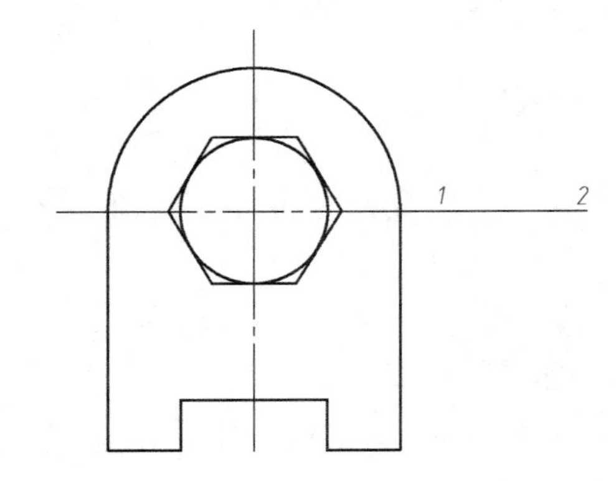

图 2-21　修剪与校核

**提示**：在绘图过程中，可以用“删除”命令删除选中的对象。

单击修改工具栏中按钮，先选取要删除的对象，完成选取后按 Enter 键将从图形中删除对象。

9）将绘制的图形保存。单击【文件（F）】菜单/【保存（S）】。

**二、绘制工字钢**（任务二）

1. 图形分析

工字钢主要特点是图形关于两条中心线成轴对称，其具体尺寸如图 1-2 所示。通过分析可以看出，工字钢由直线和圆弧组合而成。

在图形的绘制过程中，可以根据尺寸先绘制图形的 1/4（放大部分），进行必要的修剪，再运用图形的基本修改命令中的“镜像”命令完成图形的绘制，在绘制过程中可以充分体现 CAD 制图的优越性。

2. 绘图过程

1）启动 AutoCAD 中文版软件。

2）单击【视图（V）】菜单/【缩放（Z）】/【全部（A）】。

3）绘制中心线（暂不设定中心线的线型），如图 2-22所示。

① 打开正交模式。单击状态行上的正交按钮，使其处于凹下状态。

② 单击绘图工具栏中按钮，在适当位置绘制图形中的水平线 $a$ 和垂直线 $b$。

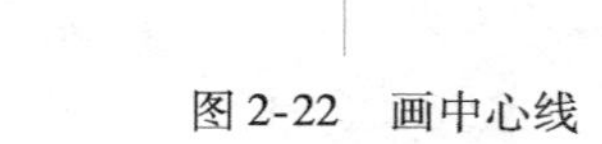

图 2-22　画中心线

4）单击修改工具栏中按钮，偏移出水平线 $c$。

指定偏移距离或［通过（T）/删除（E）/图层（L）］ <2.5000>：50↵　　//指定偏移距离 50mm

选择要偏移的对象或［退出（E）/放弃（U）］ <退出>：　　//选择水平线 $a$

指定要偏移的那一侧上的点或［退出（E）/放弃（U）］ <退出>：　　//在水平线 $a$ 的上侧单击

5）单击绘图工具栏中“直线”。

指定第一点：　　//捕捉点 $A$ 作起点

指定下一点或［放弃（U）］：@34 <0↵　　//$B$ 点

指定下一点或［放弃（U）］：@0，－7.6↵　　//$C$ 点

指定下一点或［闭合（C）/放弃（U）］：@－16，0↵　　//$D$ 点

单击“构造线”按钮，绘制斜度线。　　//捕捉 $D$ 点作起点

命令：_xline 指定点或［水平（H）/垂直（V）/角度（A）/二等分（B）/偏移（O）］：

指定通过点：@6，1　　//绘制斜度为 1:6 的直线

其结果如图 2-23 所示。

6）创建平行直线。单击修改工具栏中按钮，结果形成线段 $d$。

指定偏移距离或［通过（T）/删除（E）/图层（L）］

<2.5000>：2.5↵　　//输入偏移距离 2.5

选择要偏移的对象或［退出（E）/放弃（U）］

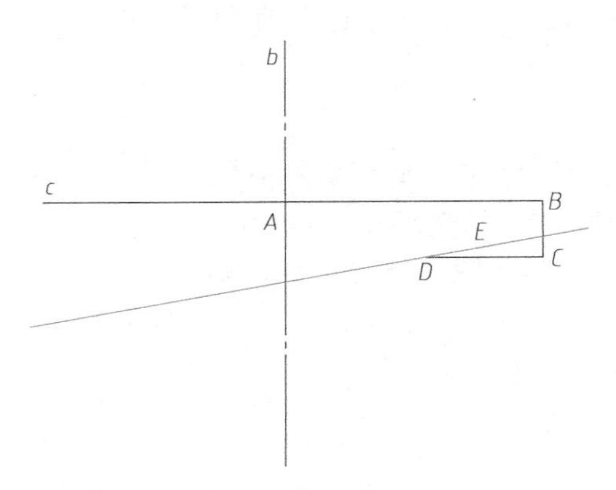


图 2-23　画已知线段

＜退出＞：　　//选取中心线 *b*

指定要偏移的那一侧上的点或［退出（E）/多个（M）/放弃（U）］＜退出＞：　　//在 *b* 线右侧单击

选择要偏移的对象或［退出（E）/放弃（U）］＜退出＞：↵　　//结束偏移命令

其结果如图 2-24 所示。

7）修剪斜度线。单击修改工具栏中 -/-- 按钮

选择对象或＜全部选择＞：↵　　//选择直线 *b* 及线段 *BC* 为修剪边界

选择要修剪的对象，或［退出（E）/放弃（U）］：　　//选取直线 *b* 左侧的构造线

选择要修剪的对象，或［退出（E）/放弃（U）］：　　//选取线段 *BC* 右侧的构造线

⋮

选择要修剪的对象，或［退出（E）/放弃（U）］：↵　　//结束修剪命令

修剪后结果如图 2-25 所示。

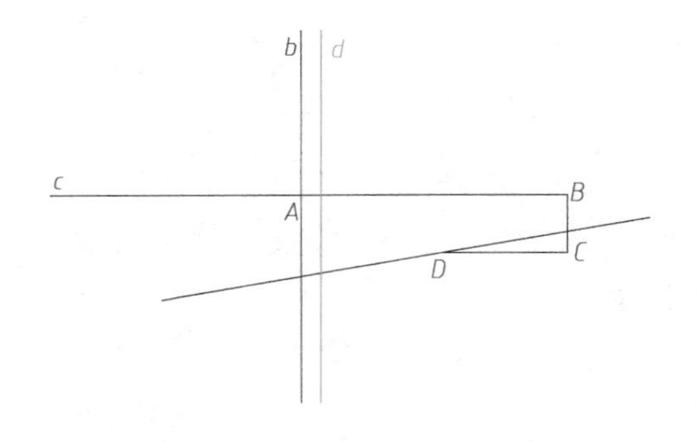


图 2-24　创建平行直线

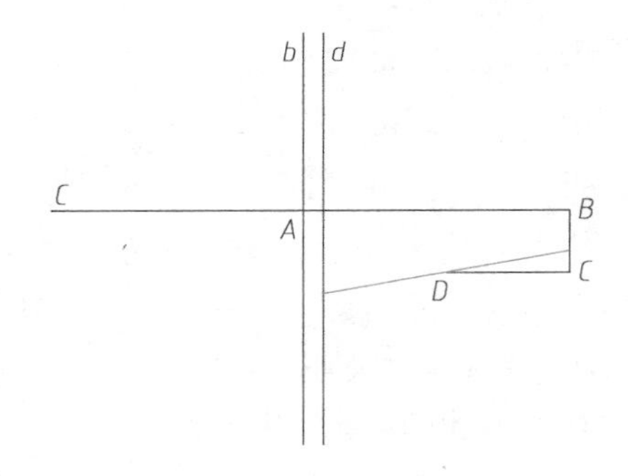


图 2-25　修剪斜度线

8）绘制 *R*3.3mm 和 *R*6.5mm 的连接圆弧。

单击【绘图（D）】菜单/【圆（C）】/【相切、相切、半径（T）】。

_circle 指定圆的圆心或［三点（3P）/两点（2P）/相切、相切、半径（T）］：_t

指定对象与圆的第一个切点：　　　　//指定 *BC* 为第一条相切的直线

指定对象与圆的第二个切点：　　　　//指定 *DE* 为第二条相切的直线

指定圆的半径：3.3↵　　　　//输入半径值

其结果如图 2-26 所示。

**提示**：用同样的方法绘制 *R*6.5mm 的圆弧连接。同时，这两段圆弧还可用圆角命令控制方法会更简捷。

9）修剪多余的线段。

单击修改工具栏中[修剪]按钮。

选择对象或 <全部选择>：↵　　　　//按回车键

选择要修剪的对象或［退出（E）/放弃（U）］：　　　　//选取要修剪掉的图线

选择要修剪的对象或［退出（E）/放弃（U）］：　　　　//选取要修剪掉的图线

⋮　　　　//连续选取要修剪掉的图线

选择要修剪的对象或［退出（E）/放弃（U）］：↵　　　　//结束修剪命令

其结果如图 2-27 所示。

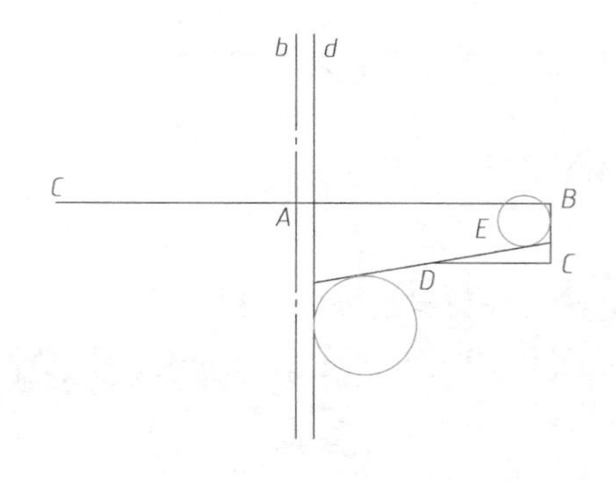


图 2-26　画连接圆弧

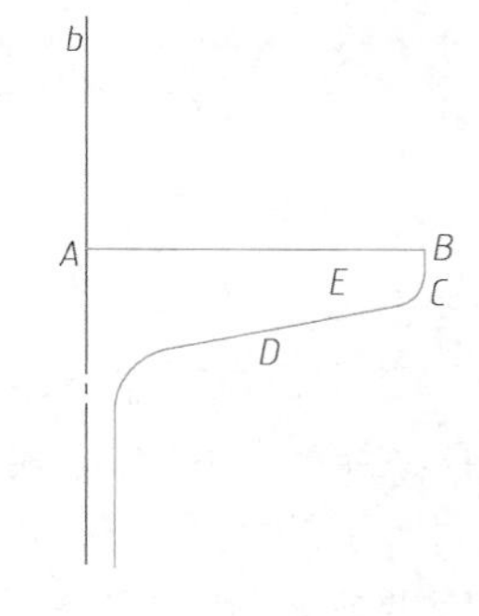


图 2-27　修剪多余线段

10）作对称图形。绕指定轴翻转对象创建对称的镜像图形。

单击修改工具栏中[镜像]按钮。

选择对象：　　　　//用框选方式选取需镜像的源对象（从左向右框选）

指定镜像线的第一点：　　　　//捕捉对称线 *b* 的一个端点

指定镜像线的第二点：　　　　//捕捉对称线 *b* 的另一个端点

要删除源对象吗？［是（Y）/否（N）］<N>：↵　　　　//选择是否删除源对象，默认回车

其结果如图 2-28 所示。

再次使用修改工具栏中[镜像]按钮，以线 *a* 为对称轴作镜像，如图 2-29 所示。

11）校核图形。对图形进行加工，删除掉不需要的线段。

① 用[删除]删除按钮，删除选中的对象，如线 *a* 等。

② 用[打断]打断按钮，将过长的线段打断至合适长度，如中心线等。

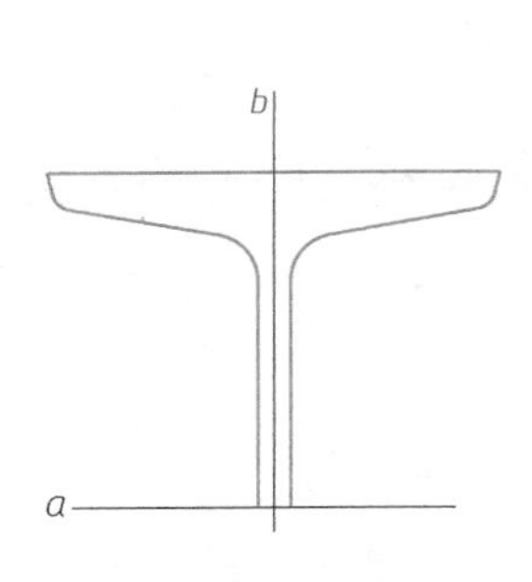


图 2-28　绕 b 轴作镜像图形

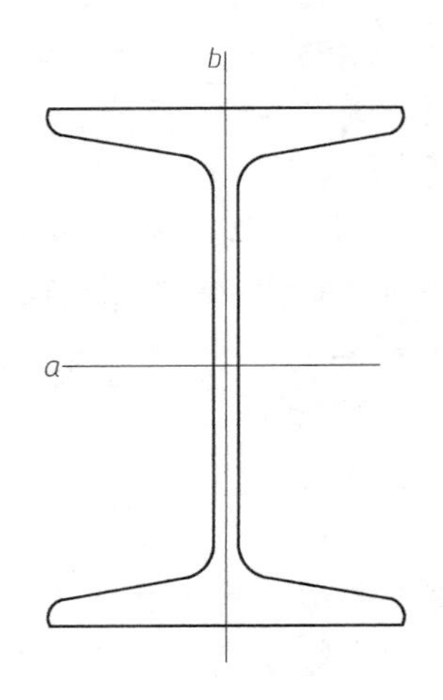


图 2-29　绕 a 轴作镜像图形

12）将绘制的图形保存。单击【文件（F）】菜单/【保存（S）】。

## 相关知识

### 基本绘图命令

1. 点的绘制（Point）

在 AutoCAD 中，点对象有单点、多点、定数等分和定距等分 4 种。

AutoCAD 系统默认的点样式为一个点，如图 2-30 中第一行第一列所示的样式。用这种点样式绘制的点，往往不易辨认，因此在绘制点实体前需要设置点的样式。通常，点样式需要选择图 2-30 中第二行第四列的点样式图标。

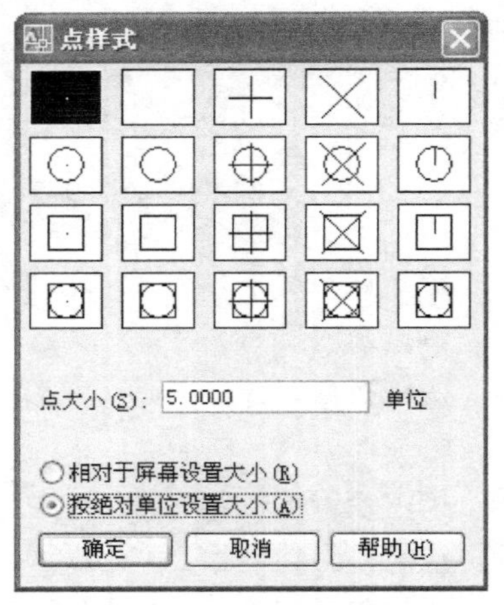


图 2-30　【点样式】对话框

点样式设置的方法：下拉菜单【格式（O）】/【点样式（P）...】或用键盘命令 ddptype 弹出图 2-30【点样式（P）】对话框，选取一种点样式图标。

（1）单点绘制命令（Point）

1）功能。在指定位置只能绘制一个点，便立刻结束命令。

2）格式：

① 下拉菜单【绘图（D）】/【点（O）】/【单点（S）】。

② 键盘输入 point 或 po。

系统提示：

当前点模式：　PDMODE = 0　PDSIZE = 0.0000　（显示点的类型和大小）

指定点：　　　　　　　　　　　//用光标或输入坐标指定位置

（2）多点绘制命令

1）功能。一次在多个位置上绘制点，可按 Esc 功能键结束命令。

2）格式：

① 下拉菜单【绘图（D）】/【点（O）】/【多点（P）】。

② 绘图工具栏中[·]按钮。

系统提示：

当前点模式：　PDMODE =0　PDSIZE =0.0000　（显示点的类型和大小）

指定点：　　　　　　　　　　//用光标或输入坐标指定位置

指定点：

指定点：　　　　　　　　　　//按 Esc 功能键结束

（3）定数等分点绘制

1）功能。在选定的实体上作 $n$ 等分处绘制点标记或插入块，如图 2-31 所示。

2）格式：

① 下拉菜单【绘图（D）】/【点（O）】/【定数等分（D）】。

② 键盘输入 divide 或 div。

系统提示：

选择要定数等分的对象：　　　　//选择要等分的对象

输入线段数目或［块（B）］：4↵　//数目从 2 ~32767 之间或输入 $b$

（4）定距等分点绘制

1）功能。在选定实体上按给定的长度作等分，在等分点上绘制点标记或插入块，如图 2-32 所示。

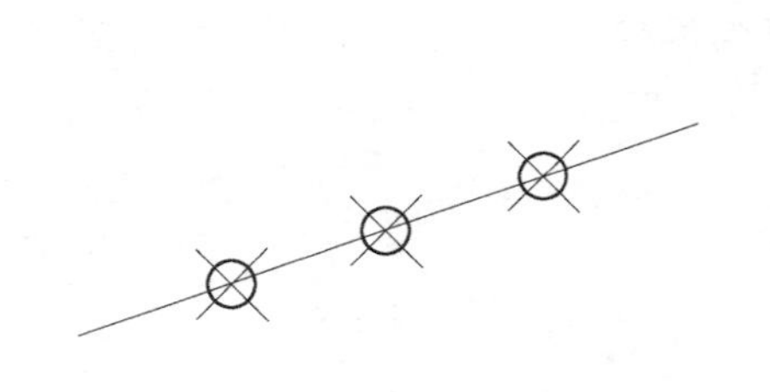

图 2-31　定数等分

图 2-32　定距等分

2）格式：

① 下拉菜单【绘图（D）】/【点（O）】/【定距等分（M）】。

② 键盘输入 measure 或 me。

系统提示：

选择要定距等分的对象：　　　　//选择要定距等分的对象

指定线段长度或［块（B）］：30↵　//指定距离或输入 $b$

3）选项说明：线段长度指直接输入线段的长度，按给定长度作选择对象的等分。从最靠近用于选择对象的点的端点处开始等分。

**提示**：绘制的单点、多点、定数等分点和定距等分点都可用对象捕捉工具栏中[◦]（捕捉到节点）来捕捉到这些点实体。

2. 直线的绘制（Line）

（1）功能　绘制一条直线段或连续的折线段，每段线段都是一个实体。

（2）格式

1）下拉菜单【绘图（D）】/【直线（L）】。

2）绘图工具栏中按钮。

3）键盘输入 line 或 l。

系统提示：

指定第一点：　　//第一个点

指定下一个点或［放弃（U）］：　　//下一个点或取消到上一点

指定下一个点或［闭合（C）/放弃（U）］：　　//下一个点或封闭线段或取消到上一点

指定下一个点或［闭合（C）/放弃（U）］：↵　　//空回车结束操作

（3）选项说明

1）在提示“指定第一点：”时，可定位本次画线的起点。若直接按回车键，系统则以上次绘制直线的终点作为本次线段的起点。

2）提示“指定下一个点或［闭合（C）/放弃（U）］：”时，输入 C，将当前“直线”命令中所绘制的线段封闭为一个多边形。

3）提示“指定下一个点或［闭合（C）/放弃（U）］：”时，直接输入长度数值，沿上一个点与当前光标所处位置连线（常称“橡皮筋”）方向，按给定长度绘制线段。

4）输入 U，将当前“直线”命令所画的最后一条线段删除并可继续绘制线段，当连续使用 U 响应提示时，可依次删除多条相应的线段，直至本次画线的起点。

3. 多段线的绘制（Pline）

（1）功能　绘制出由直线段和弧线段连续组成的一个图形实体，也称多义线。它可以由不同的线型和宽度组成，并可进行各种编辑。

（2）格式

1）下拉菜单【绘图（D）】/【多段线（P）】。

2）绘图工具栏中按钮。

3）键盘输入 pline 或 pl。

系统提示：

指定起点：

当前线宽为 0.0000

指定下一个点或［圆弧（A）/半宽（H）/长度（L）/放弃（U）/宽度（W）］：

指定下一点或［圆弧（A）/闭合（C）/半宽（H）/长度（L）/放弃（U）/宽度（W）］：

（3）选项说明

1）A 从绘制直线方式切换到绘制圆弧方式。

2）C 由当前点绘制到多义线的起点，构成一个封闭图形，并结束多义线命令。

3）H 输入的数值为线宽的一半，后续提示为：

指定起点半宽<缺省值>：

指定端点半宽<缺省值>：

4）L 按指定长度绘制直线段，若当前一条线段为直线段，则绘制的直线与其方向相同；若当前一条线段为弧线时，则绘制的直线段与该圆弧相切。

5）U 撤消最后绘出的线段，可以重复使用，直至删除到起点。

6）W 设定多义线的宽度，后续提示类似 H 项，但数值为多义线的宽度。

（4）LINE 和 PLINE 的区别

1）一次 LINE 命令画出的多个线段是多个实体，不具有宽度。

2）一次 PLINE 命令画的多个线段是一个实体，且有宽度和切线方向信息。

（5）LINE 和 PLINE 的相互转换。

1）LINE 线转换为 PLINE 线。用键盘输入 pedit 或 pe。

命令：pe↵

PEDIT 选择多段线或［多条（M）］：　　　　　　//选择一条 LINE 命令画的线

选定的对象不是多段线

是否将其转换为多段线？<Y>：↵　　　　　　//默认回车，转换成多段线

2）把 PLINE 线转换为 LINE 线。修改工具栏中按钮（分解命令）。

选择对象：　　　　　　//选择一条 PLINE 命令画的线

选择对象：↵　　　　　　//回车确认

**提示：**分解多段线时，不要丢失宽度信息和切线方向信息。

4. 矩形的绘制（Rectangle）

（1）功能　根据已知的两个角点或矩形的长和宽绘制矩形。

（2）格式

1）下拉菜单【绘图（D）】/【矩形（G）】。

2）绘图工具栏中按钮。

3）键盘输入 rectang 或 rec。

系统提示：

指定第一个角点或［倒角（C）/标高（E）/圆角（F）/厚度（T）/宽度（W）］：

指定另一个角点或［面积（A）/尺寸（D）/旋转（R）］：

（3）选项说明

1）C 用于设置矩形倒角。

2）E 用于设置三维矩形的标高。

3）F 用于设置矩形倒圆角的半径。

4）T 用于设置三维矩形的厚度。

5）W 用于设置构成矩形的直线宽度。

5. 正多边形的绘制（Polygon）

（1）功能　绘制由 3 到 1024 条边组成的正多边形，正多边形的大小可由与其内切、外接圆的半径或以边的长度来确定，如图 2-33 所示。

（2）格式

1）下拉菜单【绘图（D）】/【正多边形（Y）】。

2）绘图工具栏中⬠按钮。

3）键盘输入 polygon 或 pol。

系统提示：

输入边的数目：　　　　　　　　　//输入介于 3 和 1024 之间的值

指定多边形的中心点或［边（E）］：　　　//指定正多边形的中心点或输入 E 选项

（3）选项说明

1）内接于圆方式，如图 2-33a 所示。

指定多边形的中心点或［边（E）］：　　　//指定正多边形的中心点

输入选项：［内接于圆（I）］/［外切于圆（C）］ <当前>：I↵　　//指定内接于圆方式选项

指定圆的半径：　　　//输入半径值，绘制正多边形的所有顶点都在此圆周上

2）外切于圆方式，如图 2-33b 所示。

指定多边形的中心点或［边（E）］：　　　//指定正多边形的中心点

输入选项：［内接于圆（I）］/［外切于圆（C）］ <当前>：C↵　　//指定外切于圆方式选项

指定圆的半径：　　　//输入半径值，绘制

正多边形所有边的中点都在此圆周上。

3）边长方式，如图 2-33c 所示。

输入边的数目 <4>：6↵

指定正多边形的中心点或［边（E）］：E↵

指定边的第一个端点：　　　//指定点 1

指定边的第二个端点：　　　//指定点 2

**提示**：两个端点坐标确定边长，两点输入顺序确定多边形的位置，并按两点顺序的逆时针方向绘制。

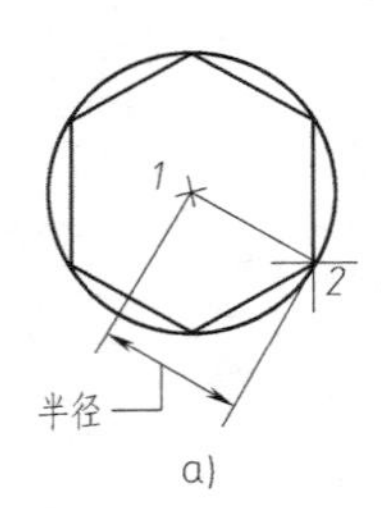

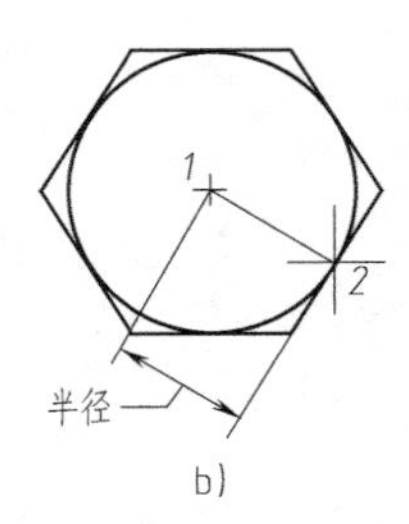

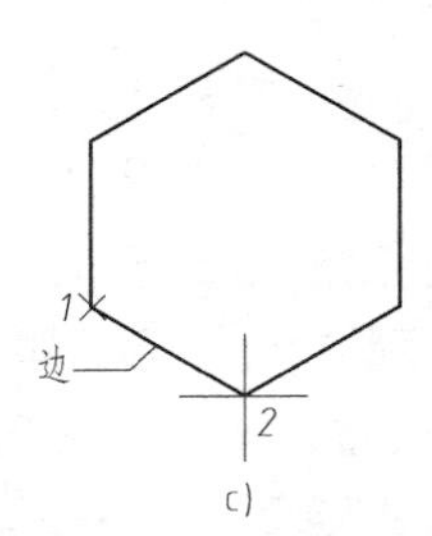


图 2-33　绘制正多边形的各种选项功能

a）内接于圆方式　b）外切于圆方式　c）边长方式

6. 圆的绘制（Circle）

（1）功能　绘制圆。

（2）格式

1）下拉菜单【绘图（D）】/【圆（C）】。

2）绘图工具栏中按钮。

3）键盘输入 circle 或 c。

系统提示：

指定圆的圆心或［三点（3P）/两点（2P）/相切、相切、半径（T）］：

**建议：**选择下拉菜单【绘图（D）】/【圆（C）】中的子选项，共有 6 种方式绘制圆，如图 2-34 所示，各种选项绘制图例如图 2-35 所示。

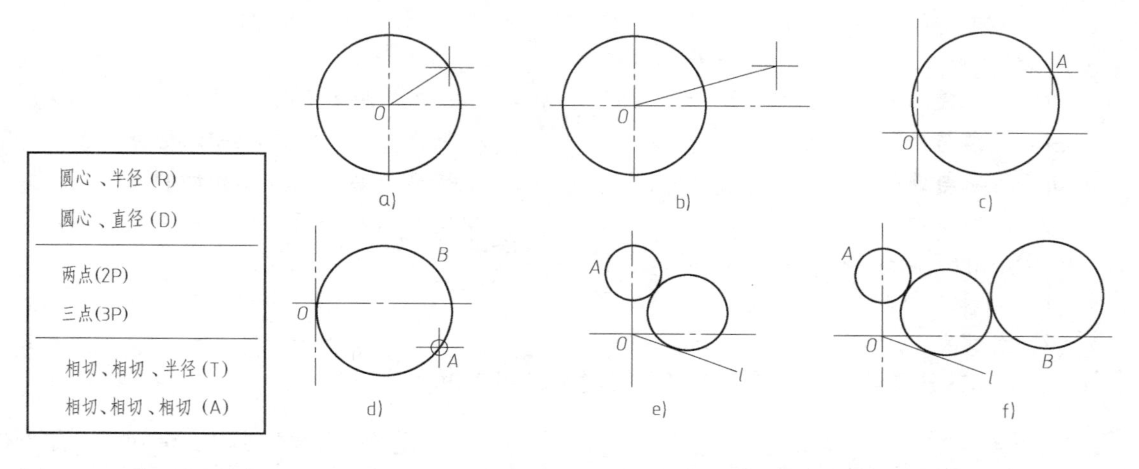


图 2-34　【画圆方式】菜单

图 2-35　圆的各种选项绘制图例
a）指定圆心和半径　b）指定圆心和直径　c）指定两点　d）指定三点
e）指定两个相切对象和半径　f）指定三个相切对象

（3）选项说明

1）圆心、半径方式。

命令：C↵

指定圆的圆心或［三点（3P）/两点（2P）/相切、相切、半径（T）］：//指定圆心

指定圆的半径或［直径（D）］：　　　　//指定圆的半径

2）圆心、直径方式。

命令：C↵

指定圆的圆心或［三点（3P）/两点（2P）/相切、相切、半径（T）］：//指定圆心

指定圆的半径或［直径（D）］：d↵

指定圆的直径：　　　　//指定圆的直径

3）三点绘圆方式。

命令：C↵

指定圆的圆心或［三点（3P）/两点（2P）/相切、相切、半径（T）］：3P↵

指定圆上的第一个点：

指定圆上的第二个点：

指定圆上的第三个点：

**提示**：三个的坐标不能在同一条直线上。三个点都捕捉切点可绘制与三个目标相切的圆，功能同下拉菜单【绘图（D）】/【圆（C）】/【相切、相切、相切（A）】方式。

4）两点绘圆方式。

命令：C↵

指定圆的圆心或［三点（3P）/两点（2P）/相切、相切、半径（T）］：2P↵

指定圆直径的第一个端点：

指定圆直径的第二个端点：

**提示**：两个端点的连线肯定是这个圆某条直径的两个端点，圆心在这条直径的中点处。

5）相切、相切、半径方式。

命令：C↵

指定圆的圆心或［三点（3P）/两点（2P）/相切、相切、半径（T）］：T↵

指定对象与圆的第一个切点：　　　　//捕捉与第一个目标相切的点

指定对象与圆的第二个切点：　　　　//捕捉与第二个目标相切的点

指定圆的半径：　　　　//输入圆的半径

7. 圆弧的绘制命令（arc）

（1）功能　绘制圆弧。

（2）格式

1）下拉菜单【绘图（D）】/【圆弧（A）】，如图2-36所示。

2）绘图工具栏中按钮。

3）键盘输入arc或a。

系统提示：

指定圆弧的起点或［中心（C）］：

三点（P）
起点、圆心、端点（S）
起点、圆心、角度（T）
起点、圆心、长度（A）
起点、端点、角度（N）
起点、端点、方向（D）
起点、端点、半径（R）
圆心、起点、端点（C）
圆心、起点、角度（E）
圆心、起点、长度（L）
继续（O）

图2-36　【圆弧绘制方式】菜单

（3）AutoCAD系统绘制圆弧的规定

1）从起点到终点沿逆时针方向画圆弧。

2）角度为正值时，按逆时针方式画圆弧；角度为负值时，按顺时针方向画圆弧。

3）长度（弦长）为正值时，绘制一小段圆弧（圆心角小于180°），即劣弧；长度（弦长）为负值时，绘制一大段圆弧（圆心角大于180°），即优弧。

4）半径为正值时，绘制一小段圆弧（圆心角小于180°），即劣弧；半径为负值时，绘制一大段圆弧（圆心角大于180°），即优弧。

**建议**：选择下拉菜单【绘图（D）】/【圆弧（A）】中的子选项，共有11种方式绘制圆弧，如图2-36所示；各种绘制圆弧的选项和图例说明见表2-4。

**表2-4　绘制圆弧的选项和图例**

| 菜单选项 | 操作过程 | 图例 |
|---|---|---|
| 三点 | 指定圆弧的第一个点或［圆心（C）/端点（E）］：　//1点<br>指定圆弧的第二个点：　//2点<br>指定圆弧的端点：　//3点 | 3 2 1 |

（续）

| 菜单选项 | 操作过程 | 图例 |
| --- | --- | --- |
| 起点、圆心、端点 | 指定圆弧的起点或[圆心(C)]：　//起点 1<br>指定圆弧的第二个点或[退出(E)/放弃(U)]:_c 指定圆弧的圆心：<br>//圆心 2<br>指定圆弧的端点或[角度(A)/弦长(L)]：　//端点 3 | 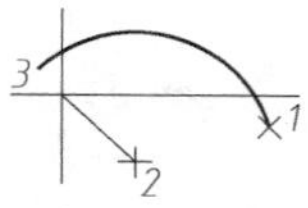 |
| 起点、圆心、角度 | 指定圆弧的起点或[圆心(C)]：　//起点 1<br>指定圆弧的第二个点或[退出(E)/放弃(U)]:_c 指定圆弧的圆心：<br>//圆心 2<br>指定圆弧的端点或[退出(E)/放弃(U)]:_a 指定包含角：　//圆心角 | 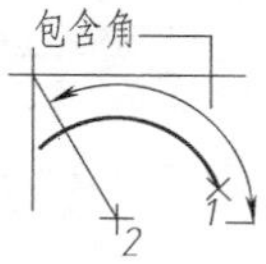 |
| 起点、圆心、长度 | 指定圆弧的起点或[圆心(C)]：　//起点 1<br>指定圆弧的第二个点或[退出(E)/放弃(U)]:_c 指定圆弧的圆心：<br>//圆心 2<br>指定圆弧的端点或[角度(A)/弦长(L)]:_l 指定弦长：　//弦长 | 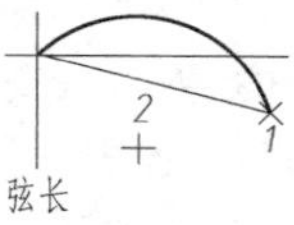 |
| 起点、端点、角度 | 指定圆弧的起点或[圆心(C)]：　//起点 1<br>指定圆弧的第二个点或[退出(E)/放弃(U)]:_e 指定圆弧的端点：<br>//端点 2<br>指定圆弧的圆心或[退出(E)/放弃(U)]:_a 指定包含角：　//圆心角 | 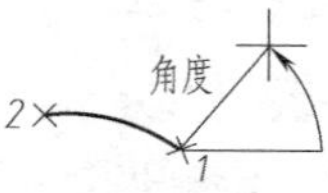 |
| 起点、端点、方向 | 指定圆弧的起点或[圆心(C)]：　//起点 1<br>指定圆弧的第二个点或[退出(E)/放弃(U)]:_e 指定圆弧的端点：<br>//端点 2<br>指定圆弧的圆心或:_d 指定圆弧的起点切向：　//指定圆弧的起点切向 | 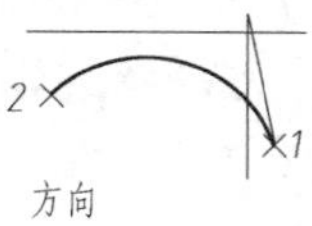 |
| 起点、端点、半径 | 指定圆弧的起点或[圆心(C)]：　//起点 1<br>指定圆弧的第二个点或[退出(E)/放弃(U)]:_e 指定圆弧的端点：<br>//端点 2<br>指定圆弧的圆心或[退出(E)/放弃(U)]:_r 指定圆弧的半径：　//半径值 | 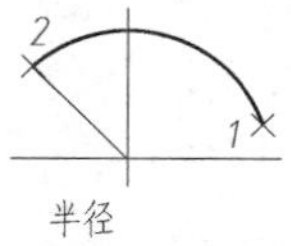 |
| 圆心、起点、端点 | 指定圆弧的圆心：　//指定圆心 2<br>指定圆弧的起点：　//指定起点 1<br>指定圆弧的端点或[角度(A)/弦长(L)]：　//指定端点 3 | 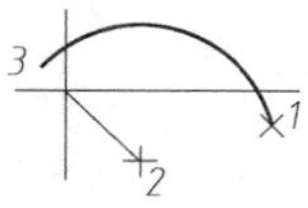 |
| 圆心、起点、角度 | 指定圆弧的起点或[圆心(C)]:_c 指定圆弧的圆心：　//圆心 2<br>指定圆弧的起点：　//起点 1<br>指定圆弧的端点或[角度(A)/弦长(L)]:_a 指定包含角：　//圆心角 | 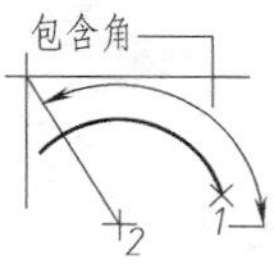 |

（续）

| 菜单选项 | 操作过程 | 图　例 |
| --- | --- | --- |
| 圆心、起点、长度 | 指定圆弧的起点或[圆心(C)]:_c 指定圆弧的圆心:　　//圆心 2<br>指定圆弧的起点:　　//起点 1<br>指定圆弧的端点或[角度(A)/弦长(L)]:_l 指定弦长:　　//弦长 | |
| 继续 | 指定圆弧的起点或[圆心(C)]:　　//以最后绘制实体的终点作为起点，并与该实体相切<br>指定圆弧的端点:　　//指定端点 | |

8. 椭圆的绘制（Ellipse）

(1) 功能　绘制椭圆。

(2) 格式

1) 下拉菜单【绘图（D）】/【椭圆（E）】。

2) 绘图工具栏中按钮。

3) 键盘输入 ellipse 或 el。

系统提示：

指定椭圆的轴端点或［圆弧(A)/中心点（C)］：指定点或输入选项

(3) 选项说明

1) 中心点方式，如图 2-37a 所示。

指定椭圆的轴端点或［圆弧（A)/中心点（C)］：_c 指定椭圆的中心点：

指定轴的端点：　　//主轴端点 1

指定另一条半轴长度或［旋转（R)］：　　//另一轴端点 2

2) 轴、端点方式，如图 2-37b 所示。

指定椭圆的轴端点或［圆弧（A）/中心点（C)］：//主轴端点 1

指定轴的另一个端点：　　//主轴端点 2

指定另一条半轴长度或［旋转（R)］：

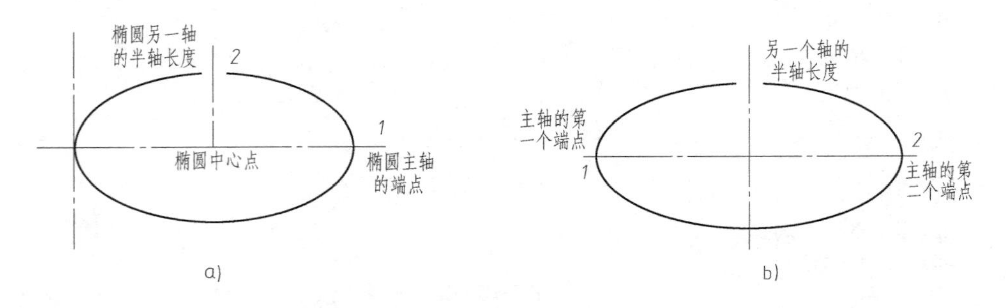


图 2-37　椭圆实体的绘制

a）中心点方式　b）轴、端点方式

## 拓展

# 辅助绘图

1. 栅格显示

（1）功能 栅格显示就像在绘图区铺了一张坐标纸，使绘图更加准确、方便。

（2）格式

1）键盘输入 grid。

2）单击状态行上 栅格 图标按钮（再次单击该图标可完成切换）。

系统提示：

指定栅格间距（x）或［开（ON）/关（OFF）/捕捉（S）/纵横向间距（A）］（当前值）：

2. 捕捉模式（捕捉栅格）

（1）功能 生成隐含分布于屏幕上的栅格，用于捕捉光标，使光标只能落到其中的一个栅格点上。当打开捕捉功能后，光标由连续平滑移动变为跳跃移动。

（2）格式

1）键盘输入 snap。

2）单击状态行上 捕捉 图标按钮（再次单击该图标按钮可完成切换）。

系统提示：

指定捕捉间距或［开（ON）/关（OFF）/纵横向间距（A）/旋转（R）/样式（S）/类型（T）］（当前值）：

栅格和捕捉的设置：单击下拉菜单【工具（T）】/【草图设置（F）...】，弹出图 2-38 所示【草图设置（F）】对话框。

图 2-38 【草图设置】对话框的“捕捉和栅格”选项卡

（3）选项说明

1）可以分别设置栅格和捕捉的 $X$、$Y$ 轴间距不相等。

2）当栅格和捕捉的间距不一致时，光标捕捉不仅仅只是栅格点。

3）栅格点的显示只在图形界限范围内，而捕捉没有图形界限的限制。

4）栅格点只是参考点，不会从图纸上输出。

5）栅格点的间距不能设置太小，否则将无法显示。

3. 正交模式

（1）功能　用光标定点方式绘直线时，绘制水平线和垂直线。

（2）格式

1）键盘输入 ortho 或功能键 F8。

2）单击状态行上 正交 图标按钮。

系统提示：

输入模式［开（ON）/关（OFF）］（当前值）：

（3）选项说明

1）ON 为打开正交方式功能。

2）OFF 为关闭正交方式功能。

4. 使用对象捕捉功能

（1）功能　捕捉定位实体上的特征点。

在 AutoCAD 中，可以通过【草图设置】对话框设置对象捕捉功能，从而迅速、准确地捕捉到某些特殊点，实现精确绘图。

（2）格式

1）单击状态栏上 对象捕捉 图标按钮。

2）键盘输入 osnap。

3）功能键 F3。

（3）对象捕捉功能的设置

1）下拉菜单【工具（T）】/【草图设置（F）...】。

2）右击状态栏上 对象捕捉 图标按钮，在弹出的快捷菜单中，选择【设置（S）...】命令，弹出【草图设置】对话框的【对象捕捉】选项卡，如图 2-39 所示，在该对话框中可以设置实体上特殊点捕捉模式。

在【草图设置】对话框的【对象捕捉】中只需设置常用的对象捕捉模式，如端点、圆心、交点和切点。

若选择全部的捕捉模式，在绘制较复杂图形时，反而不利于捕捉到特征点。对于一些不常用的特征点，可临时使用图 2-40 所示的【对象捕捉】工具栏来捕捉定位点。

5. 极轴追踪与对象捕捉追踪

在 AutoCAD 中，自动追踪可按指定角度绘制对象，或者绘制与其他对象有特定关系的对象。自动追踪功能分极轴追踪和对象捕捉追踪两种，其设置如图 2-41 所示。

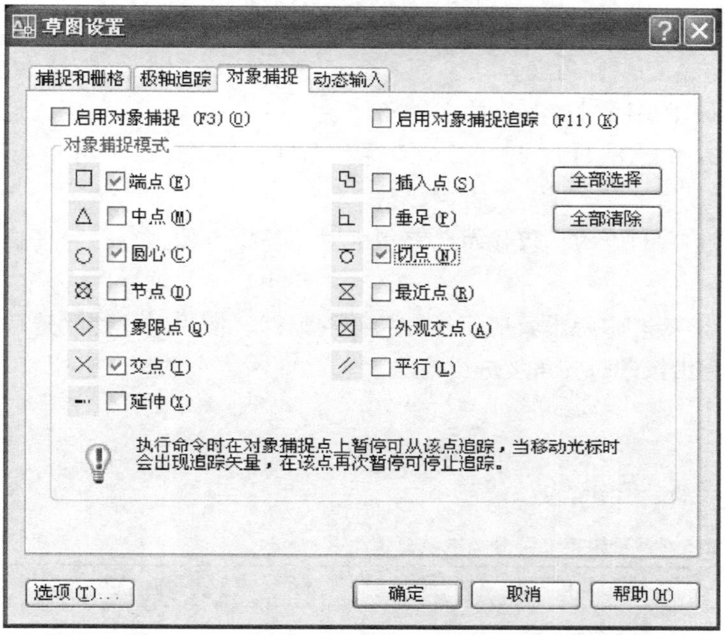

图 2-39　【草图设置】对话框的“对象捕捉”选项卡

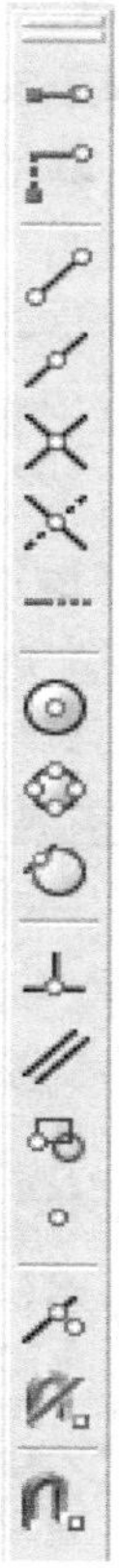

图 2-40　【对象捕捉】工具栏

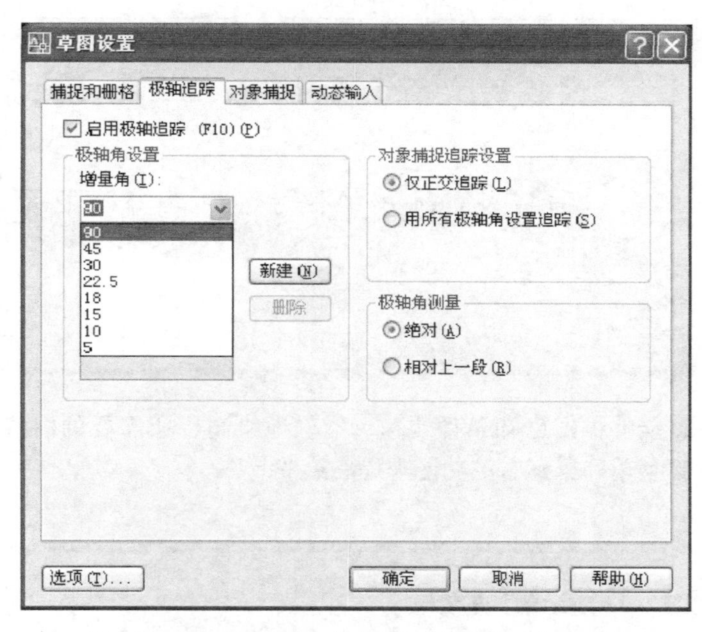


图 2-41　【草图设置】对话框的“极轴追踪”选项卡

（1）极轴追踪与对象捕捉追踪　极轴追踪是按事先给定的角度增量来追踪特征点。对象捕捉追踪是按与对象的某种特定关系来追踪，这种特定的关系确定了一个未知角度。也就是说，如果事先知道要追踪的方向（角度），则使用极轴追踪；如果事先不知道具体的追踪方向（角度），但知道与其他对象的某种关系（如相交），则用对象捕捉追踪。极轴追踪和对象捕捉追踪可以同时使用。

（2）启用极轴追踪　按 F10 键。

（3）极轴角设置　设置极轴追踪的对齐角度。

（4）增量角　设置用来显示极轴追踪对齐路径的极轴角增量。可以输入任何角度，也可以从列表中选择 90、45、30、22.5、18、15、10 或 5 这些常用角度，如图 2-41 所示。

（5）对象捕捉追踪设置

1）仅正交追踪：当对象捕捉追踪打开时，仅显示已获得的对象捕捉点的正交对象捕捉追踪路径。

2）用所有极轴角设置追踪：将极轴追踪设置应用于对象捕捉追踪。使用对象捕捉追踪时，光标将从获取的对象捕捉点起沿极轴对齐角度进行追踪。

## 【学习效果评价】

本模块的评价内容、评分标准及分值分配，见表 2-5。

表 2-5　评价内容、评分标准及分值

| 评价内容 | 评分标准 | 分值 |
|---|---|---|
| 任务一 | 绘图步骤正确 | 20 |
| | 图形完整 | 20 |
| 任务二 | 绘图步骤正确 | 15 |
| | 图形完整 | 30 |
| 相关知识 | AutoCAD 软件基本绘图命令 | 15 |

# 模块三　使用 AutoCAD 绘制一般平面图形

## 学习目标

在绘图过程中，能够根据已知条件快速、准确地绘制出所需要的曲线，能够熟练、灵活、正确地运用工具菜单和鼠标右键功能来提高绘图效率。

## 工作任务

任务一：绘制图 2-42 所示的挂轮架。

任务二：绘制图 1-27 所示的起重钩。

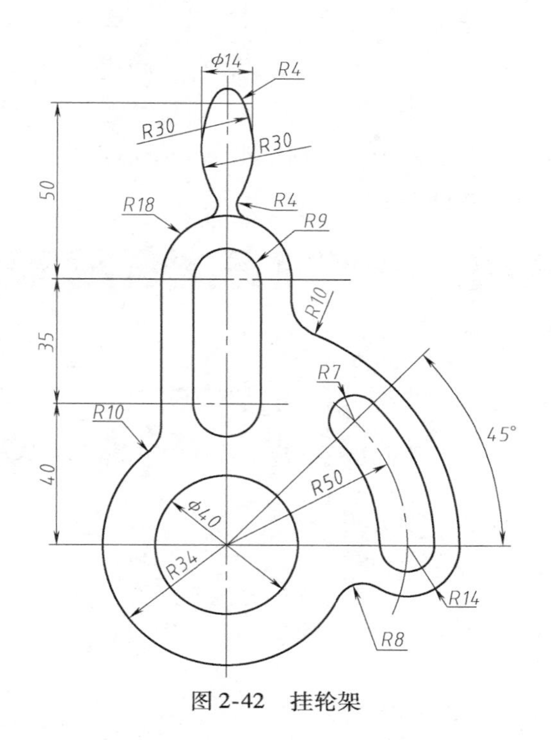


图 2-42　挂轮架

## 任务实施

### 一、绘制挂轮架（任务一）

1. 图形分析

挂轮架的零件轮廓是由光滑曲线和直线连接而成的。绘图时可以按照由下至上的画图思路，首先画出已知线段，再画出中间线段，最后画出连接线段。该图中 *R*8mm、两个 *R*10mm 及 *R*4mm 为连接线段，手柄中的两个 *R*30mm 的圆弧为中间线段，其余线段均为已知线段。

2. 绘制图形

1）设置绘图幅面为 A4：单击【格式（O）】菜单/【图形界限（A）】。

指定左下角点或［开（ON）/关（OFF）］<0.0000，0.0000>：↵//左下角坐标

指定右上角点<420.0000，297.0000>：210，297↵　　　　　　　//右上角坐标

2）单击【视图（V）】菜单/【缩放（Z）】/【全部（A）】。

3）设置图层：单击【格式（O）】菜单/【图层（L）...】。

① 在【图层特征管理器】对话框中单击“创建新图层”按钮，创建三个新图层，即中心线图层、轮廓线图层、尺寸标注图层，并设置各图层属性，如图 2-43 所示。

② 设置中心线图层的颜色为红色，尺寸标注图层的颜色为绿色。

在【图层特性管理器】对话框中单击各图层颜色下的图标，弹出图 2-44 所示对话框，一般情况下选择索引颜色，然后单击【确定】按钮。

③ 设置中心线图层的线型为 CENTER（中心线）。

系统默认的线型只有一种细实线（Continuous），可按如下步骤加载线型库文件（acadiso. lin）。在图 2-43 所示的【图层特性管理器】对话框中单击各图层线型下的英文字符，弹出图2-45a所示对话框。

步骤1：在图2-45a所示对话框中单击[加载(L)...]按钮，弹出如图2-45b所示【加载或重载线型】对话框。

步骤2：在图2-45b所示对话框中的可用线型列表框中右击，选取【全部选择】，然后单击【确定】，自动返回【选择线型】对话框。

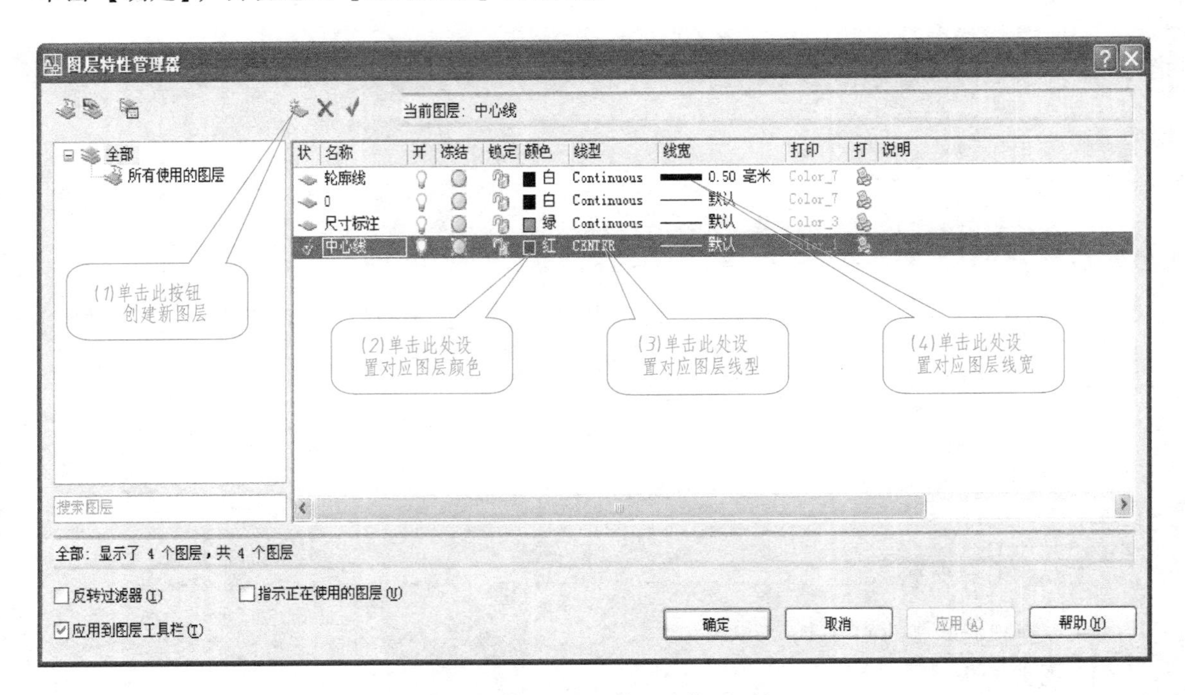


图2-43 【图层特性管理器】对话框

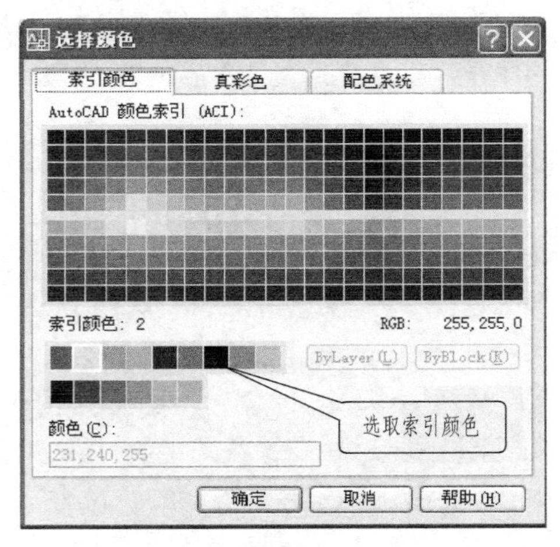


图2-44 设置图层的颜色

步骤3：在图2-46所示对话框中选取需要的线型，然后单击【确定】。

**提示**：再次设置其他图层的线型时，不需要再加载线型，只需用到图2-46对话框。

④ 设置轮廓线图层的线宽为0.5mm。在【图层特征管理器】中单击线宽图标，弹出图2-47所示【线宽】对话框，选择“0.50毫米”，单击确定。

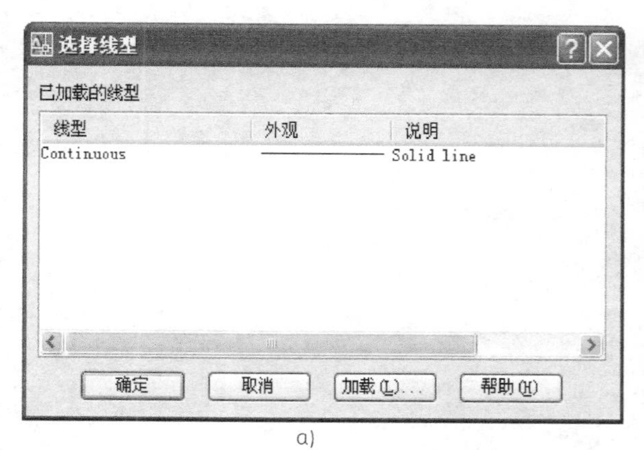


a)

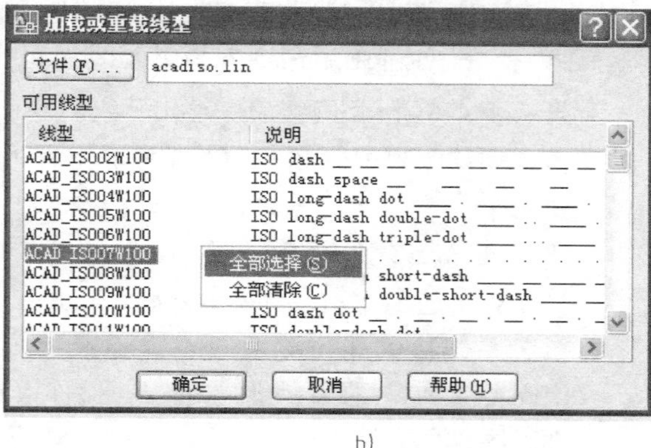


b)

图2-45　设置图层线型（一）

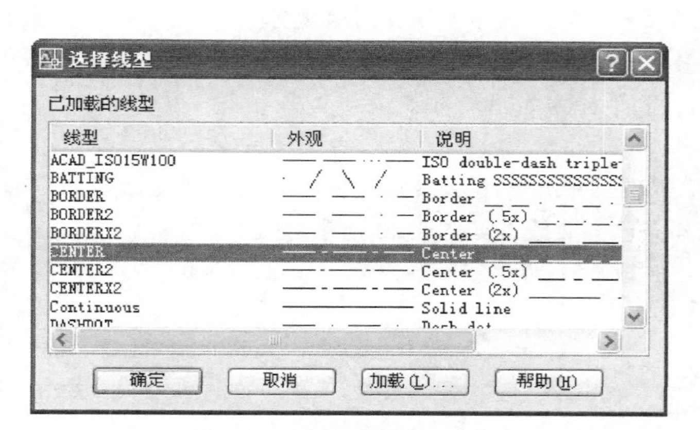


图2-46　设置图层线型（二）

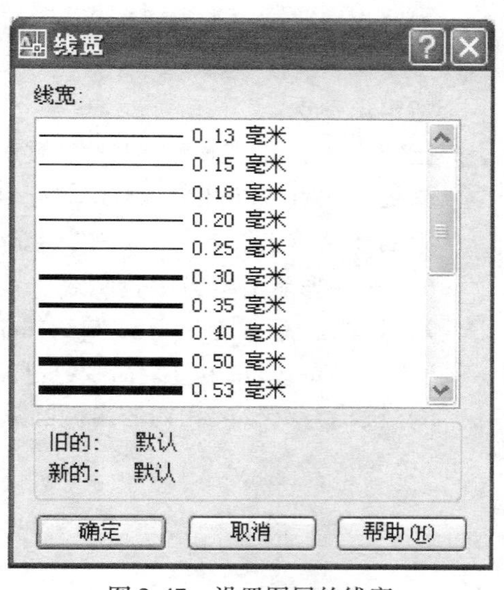


图2-47　设置图层的线宽

**提示**：为了方便观察图形，可关闭线宽显示，单击状态栏上线宽图标，使其处于凸起状态。

4）设置当前图层为“中心线”。在绘图窗口上方的【图层（L）】工具栏中单击图层下拉列表框，选取“中心线”为当前图层，如图2-48所示。

图2-48　图层下拉列表

5）画出基准线，并根据定位尺寸画出定位线，如图2-49所示。

① 在命令行中输入LTS命令，设置中心线的线型比例。

命令：lts↵

LTSCALE 输入新线型比例因子 <1.0000>：0.3↵

正在重生成模型。

② 单击状态行上的正交按钮，使其为凹下状态。

命令：<正交开>

③ 绘制出所有中心线和定位线。

第一步：用画线命令先画出 *a* 线和 *b* 线。

第二步：单击偏移命令绘出 *c* 线。

指定偏移距离或［退出（E）/放弃（U）]：

40↵　　　　　　　//输入偏移距离

选择要偏移的对象，或［退出（E）/放弃（U）]<退出>：　//单击 *a* 线

指定要偏移的那一侧上的点［退出（E）/放弃（U）]：　　//在 *a* 线上方单击，偏移得到 *c* 线

再以同样的方法偏移出 *d* 线、*e* 线，注意 *d* 线和 *e* 线距离为 35mm 和 46mm。

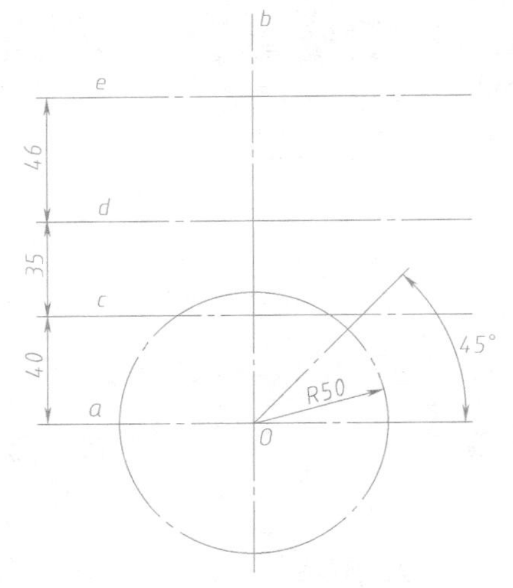


图 2-49　绘制中心线

第三步：绘制与水平线夹角为45°的中心线。

单击工具栏中按钮

指定第一点：　　　　　　　　　　　　　　　　//捕捉 *O* 点作起点

指定下一点或［放弃（U）]：@67<45↵　　　　//相对极坐标

指定下一点或［闭合（C）/放弃（U）]：↵

第四步：单击绘图工具栏中按钮绘制半径为 50mm 的圆。

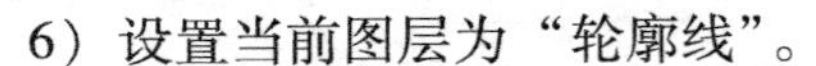
6）设置当前图层为“轮廓线”。

7）用画圆命令绘出已知圆 *R*4mm、*R*9mm（2 个）、*R*18mm、*ϕ*40mm、*R*34mm、*R*7mm（2 个）、*R*14mm，并用直线命令绘制出 4 条已知直线，如图 2-50 所示。

8）画出与 *R*7mm 相切的内侧圆弧，如图 2-51 所示。

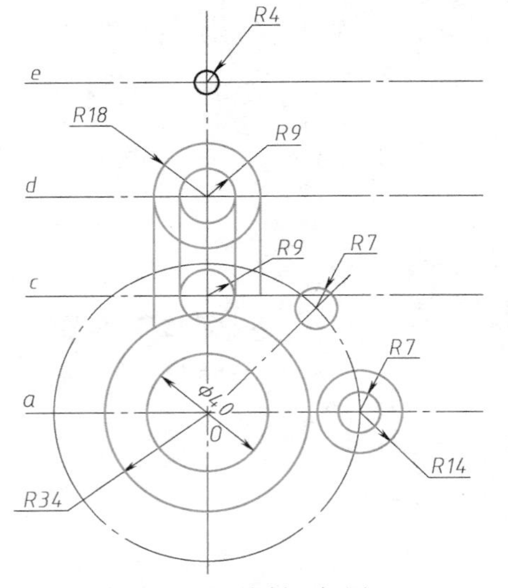


图 2-50　绘制已知圆

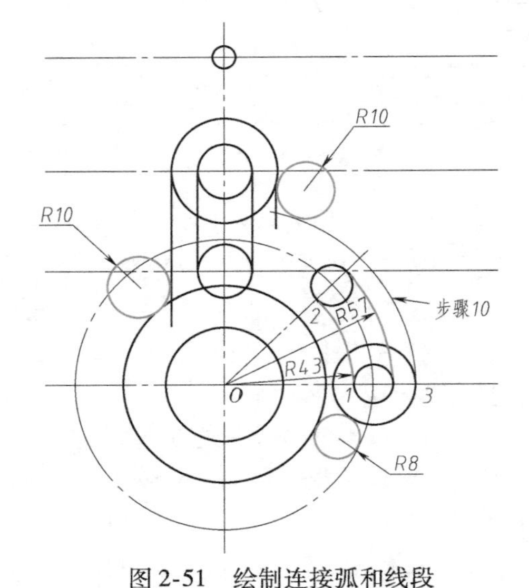


图 2-51　绘制连接弧和线段

单击【绘图（D）】菜单/【圆弧（E）】/【起点、端点、半径（R）】

指定圆弧的起点或［圆心（C）]：　　　　　　　//捕捉 1 处的交点 ⎫ 捕捉 1 点和 2 点

指定圆弧的第二个点或［退出（E）/放弃（U）]：//捕捉 2 处的交点 ⎭ 的顺序不能颠倒

指定圆弧的半径：43↵　　　　//圆弧半径 $R=50\text{mm}-7\text{mm}=43\text{mm}$

9）用同样的方式画出半径为57mm的外侧连接弧（也可用偏移命令将刚绘制的连接弧向外偏移14mm）。

10）画与 $R14$mm 内切的圆弧，如图2-51中步骤10所示。

单击【绘图（D）】菜单/【圆弧（E）】/【起点、圆心、角度（T）】

指定圆弧的起点或［圆心（C）］：　　　　//捕捉3处的交点

指定圆弧的第二个点或［圆心（C）/端点（E）］：_c 指定圆弧的圆心：　//捕捉 $O$ 处的交点

指定圆弧的端点或［角度（A）/弦长（L）］：_a 指定包含角：75↵　　//圆心角

11）画出 $R8$mm 和两个 $R10$mm 连接圆（用相切、相切、半径方式不必求出圆心位置）。

单击【绘图（D）】菜单/【圆（C）】/【相切、相切、半径（T）】

指定对象与圆的第一个切点：　　//捕捉 $R34$ 圆的右下侧切点

指定对象与圆的第二个切点：　　//捕捉 $R14$ 圆的左下侧切点

指定圆的半径：8↵

完成后如图2-51所示。

用同样的方法画出剩余的两个 $R10$mm 的圆。

12）用直线命令绘制挂轮架中部与 $R9$mm 和 $R18$mm 相切的直线。

13）用同样的方法画出两个 $R10$mm 的连接圆。

14）用修改工具栏中按钮修剪图形。

单击修改工具栏中按钮

选择对象或 <全部选择>：↵　　　　//不选修剪边界

选择要修剪的对象或［退出（E）/放弃（U）］：　　//连续修剪多余线段

修剪后的图形如图2-52所示。

**提示**：①在修剪过程中，【视图（V）】菜单/【缩放（Z）】/【窗口（W）】或工具栏中按钮对图形进行局部放大，以方便修剪图形。如对图2-51右上部分放大后的图形如图2-53所示；

② 用按钮进行视窗平移，以观察图形的不同部分；

③ 用【视图（V）】菜单/【缩放（Z）】/【全部（A）】，观察图形全部。

15）上部手柄部分的绘制

① 单击工具栏中按钮对手柄部分进行适当的局部放大。

② 单击按钮将铅垂中心线分别向左右各偏移7mm。

③ 单击【绘图（D）】菜单/【圆（C）】/【相切、相切、半径（T）】

指定对象与圆的第一个切点：　//单击 $R4$ 圆左上侧的 $T1$ 点附近

指定对象与圆的第二个切点：　//单击左偏移垂直线的 $T2$ 点附近

指定圆的半径：30↵

④ 用同样的方法绘制出手柄的另一半圆弧。

⑤ 用【绘图（D）】菜单/【圆（C）】/【相切、相切、半径（T）】方式绘制手柄下部两个 $R4$ 的连接圆，绘制完成后如图2-54所示。

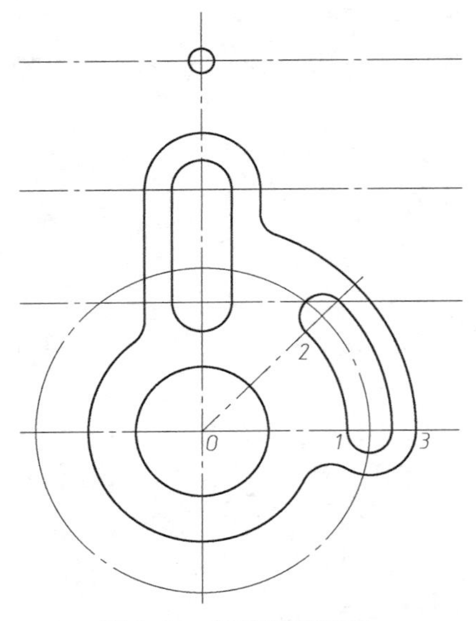


图 2-52　修剪后的图形

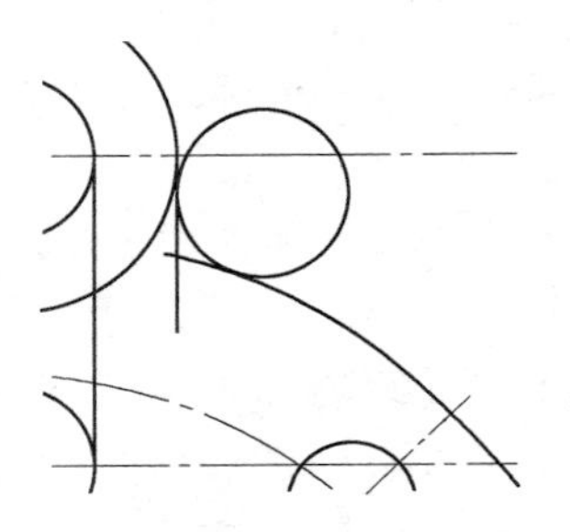

图 2-53　局部放大图形

⑥ 单击按钮将偏移的两条垂直线删除；用按钮修剪图形，修剪后的图形如图 2-55 所示。

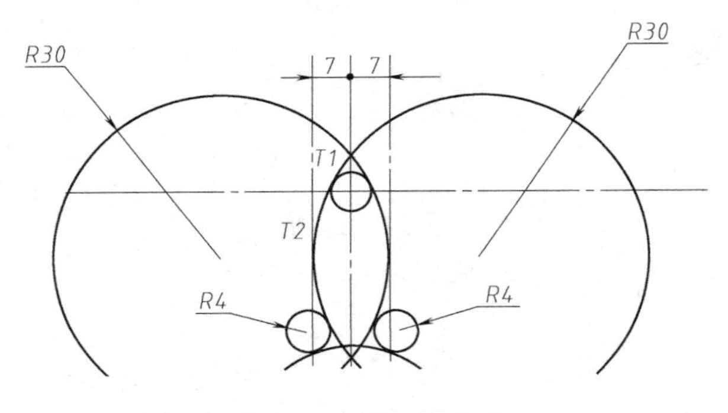


图 2-54　绘制手柄部分

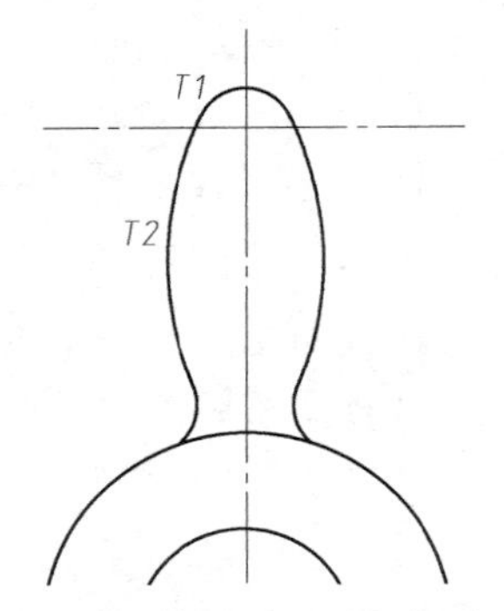


图 2-55　修剪后的手柄部分

16）用打断命令将较长的中心线调整到合适的长度。

① 单击修改工具栏中的按钮（打断时关闭“对象捕捉”功能）

命令：_break 选择对象：　　　　　　　//在水平中心线点 1 处单击

指定第二个打断点或［第一点（F）］：//在端点 2 处或在端点 2 的外侧单击

完成后如图 2-56 所示。

② 用同样的方法将图中所有较长的中心线进行打断操作。

③ 单击修改工具栏中的按钮。

命令：_break 选择对象：　　　　　　　　　　　//在圆上点 1 附近单击

指定第二个打断点或［退出（E）/放弃（U）］：//在圆上点 2 附近单击

完成后如图 2-57 所示。

**提示**：打断圆或圆弧时，是按逆时针方向进行打断，第一打断点和第二打断点的顺序不能颠倒。

17）校核图形。用相关命令对图形进行加工，删除不需要的线段。

18）单击【视图（V）】菜单/【缩放（Z）】/【全部（A）】，观察图形的全部。

19）保存图形。单击【文件（F）】菜单/【保存（S）】。

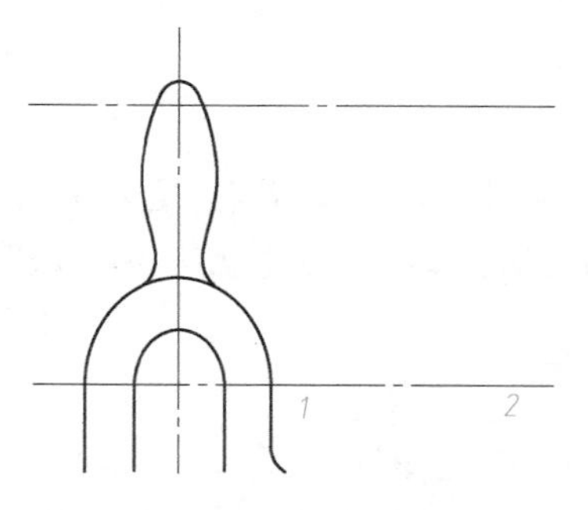


图 2-56 打断线段

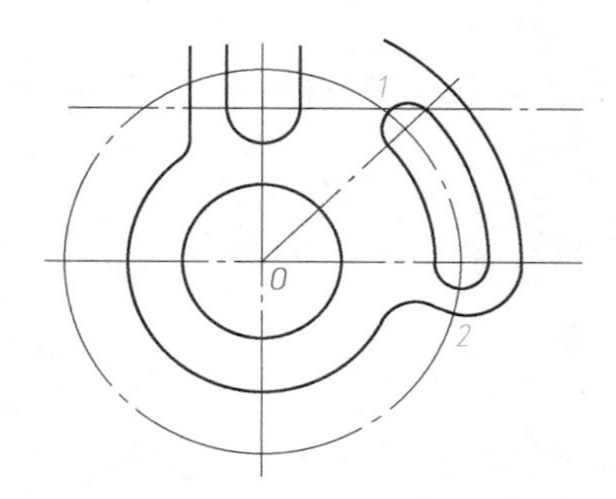


图 2-57 打断圆弧

**二、绘制起重钩**（任务二）

1. 图形分析

起重钩的零件轮廓是由光滑曲线和直线连接而成的。上半部分的直线均为已知直线，应首先画出，圆弧 *R*3.5mm 为连接圆弧，应次之画出；下半部分均为圆弧线，其中 *R*48mm、$\phi$40mm 是已知线段，应首先画出，*R*40mm（下）、*R*23mm 为中间线段，次之画出，*R*40mm（上）、*R*60mm 及 *R*4mm 为连接线段，最后画出。

2. 绘制图形

1）设置绘图幅面为 A4。

单击【格式（O）】菜单/【图形界限（A）】

指定左下角点或［开（ON）/关（OFF）］<0.0000，0.0000>：↵ //左下角坐标

指定右上角点<420.0000，297.0000>：210，297↵ //右上角坐标

2）单击【视图（V）】菜单/【缩放（Z）】/【全部（A）】。

3）设置图层（具体方法参见本模块的任务一）。

4）设置当前图层为“中心线”。

5）完成中心线和定位线的绘制，如图 2-58 所示。

① 在命令行中输入 LTS 命令，设置中心线的线型比例。

命令：lts↵

LTSCALE 输入新线型比例因子<1.0000>：0.3↵

正在重生成模型。

② 单击状态行上的 正交 按钮，使其为凹下状态。

③ 绘制出所有中心线和对称线。

第一步：用 ／ 画线命令先画出 *a* 线和 *b* 线。

第二步：用 偏移 命令偏移出 *c* 线、*d* 线、*e* 线和 *f* 线。

6）设置当前图层为“轮廓线”。

7）单击状态行上的 对象捕捉 按钮，使其为凹下状态。

8）绘制吊钩上部，单击工具栏中 ／ 按钮。

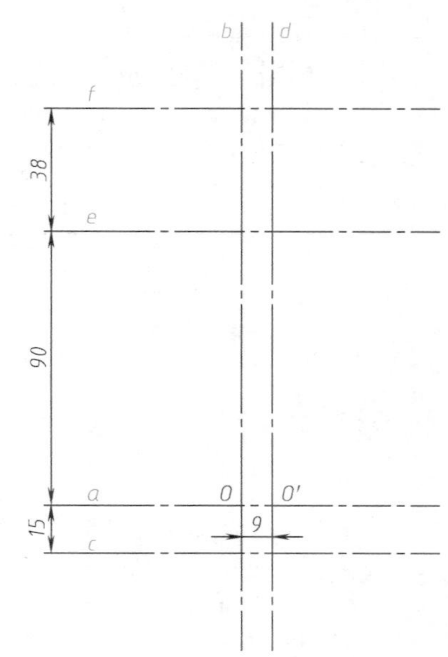


图 2-58 画中心线和定位线

指定第一点：　　　　　　　　　　　　//捕捉 *A* 点
指定下一点或［放弃（U）］：11.5↵//光标置于 *A* 点左侧，输入 11.5 回车绘到 *B* 点
指定下一点或［放弃（U）］：38↵　//光标置于 *B* 点下侧，输入 38 回车绘到 *C* 点
指定下一点或［闭合（C）/放弃（U）］：↵

9）单击工具栏中按钮。

指定第一点：　　　　　　　　　　　　//捕捉 *D* 点
指定下一点或［放弃（U）］：15↵　//光标置于 *D* 点左侧，输入 15 回车绘到 *E* 点
指定下一点或［放弃（U）］：40↵　//光标置于 *E* 点下侧，输入 40（约数）回车绘到 *F* 点
指定下一点或［闭合（C）/放弃（U）］：↵

10）单击工具栏中按钮（倒角命令），完成左侧 *C*2 的倒角。

选择第一条直线或［放弃（U）/多段线（P）/距离（D）/角度（A）/修剪（T）/方式（E）/多个（M）］：　D↵
指定第一个倒角距离 <2.0000>：2↵
指定第二个倒角距离 <2.0000>：↵　　//设置两个倒角边的距离为 2mm
选择第一条直线或［放弃（U）/多段线（P）/距离（D）/角度（A）/修剪（T）/多个（M）］：　　　　　　　　　　　　//单击 *AB* 线段
选择第二条直线，或按住 Shift 键选择要应用角点的直线：//单击 *BC* 线段

11）单击工具栏中按钮（圆角命令），完成左侧 *R*3.5mm 的圆角。

选择第一个对象或［放弃（U）/多段线（P）/半径（R）/修剪（T）/多个（M）］：r↵
指定圆角半径 <3.5000>：3.5↵
选择第一个对象或［放弃（U）/多段线（P）/半径（R）/修剪（T）/多个（M）］：　//单击 *BC* 线段
选择第二个对象，或按住 Shift 键选择要应用角点的对象：//单击 *EC* 线段
完成后如图 2-59 所示。

12）单击工具栏中（镜像命令），作对称图形，如图 2-60 所示。

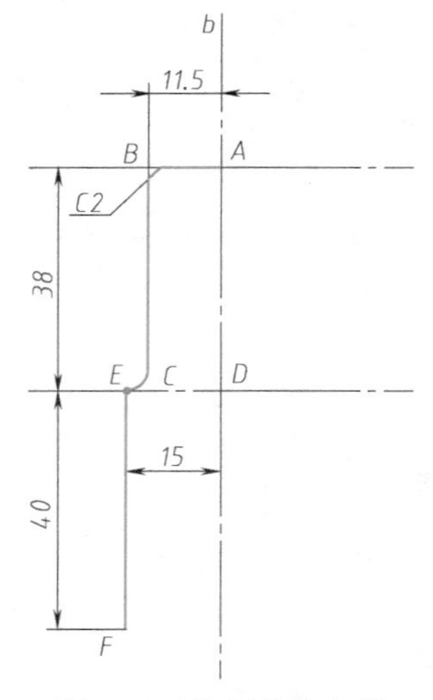


图 2-59　绘制吊钩上部

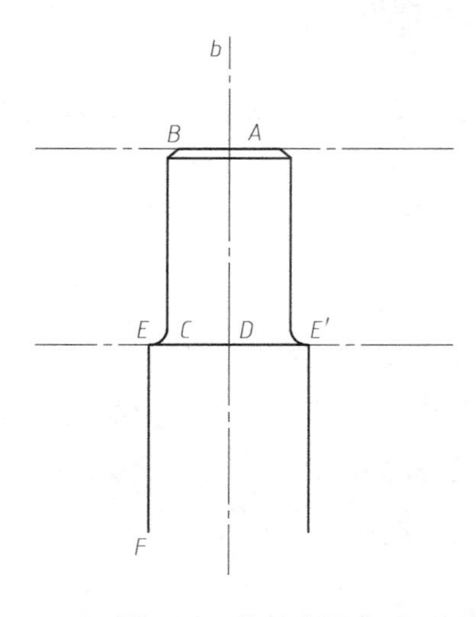


图 2-60　作对称图形

选择对象：　　　　　　//在 *B* 点左上方单击
指定对角点：　　　　　//用蓝色选择框选取左半侧图形
选择对象：↵
指定镜像线的第一点：//捕捉 *A* 点
指定镜像线的第二点：//捕捉 *D* 点
要删除源对象吗？［是（Y）/否（N）］ <N>：↵

13）单击工具栏中按钮，画出 *EE'* 线段和倒角处线段。

14）用画圆命令绘出以 *O* 点为圆心的 $\phi$40mm 的圆，如图 2-61 所示。

单击按钮
circle 指定圆的圆心或［退出（E）/放弃（U）］：//捕捉 *O* 点
指定圆的半径或［直径（D）］：20↵

15）用同样的方法画出以 *O'* 为圆心的 *R*48mm 的圆，如图 2-61 所示。

16）找连接弧 *R*40mm 的圆心。以 *O* 点为圆心，60mm（20mm + 40mm）为半径画圆 1，圆 1 和 *c* 线交点 *G* 即为 *R*40mm 的圆心。

17）用画圆命令绘出以 *G* 点为圆心的 *R*40mm 的圆 2，如图 2-62 所示。

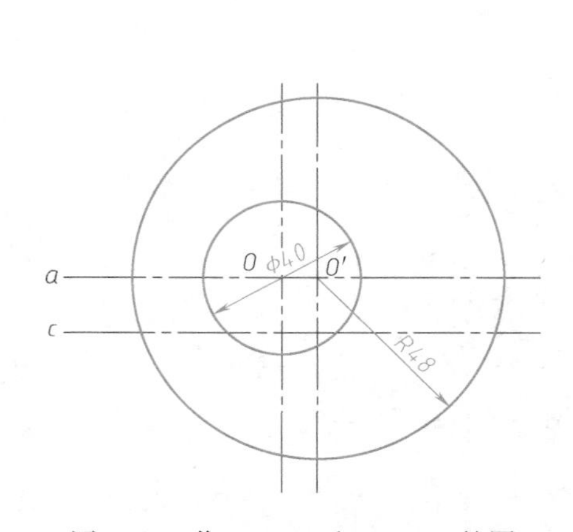

图 2-61　作 $\phi$40mm 和 *R*48mm 的圆

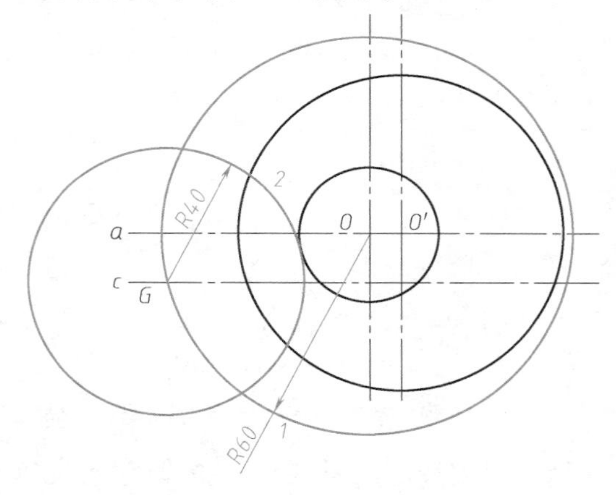

图 2-62　作 *R*40mm 和 *R*60mm 的圆

18）单击按钮将辅助圆 1 删除。

19）找连接弧 *R*23mm 的圆心。以 *O'* 点为圆心，71mm 为半径画圆 3，圆 3 和 *a* 线交点 *H* 即为 *R*23mm 的圆心。

20）用画圆命令绘出以 *H* 点为圆心的 *R*23mm 圆 4，如图 2-63 所示。

21）单击修改工具栏中按钮将图 2-63 中的辅助圆 3 删除。

22）单击按钮，修剪完成后如图 2-64 所示。

选择剪切边…
选择对象：↵　　　　　　　　　　　　　　//回车
选择要修剪的对象或［退出（E）/放弃（U）］：　//单击修剪多余的圆弧段
选择要修剪的对象或［退出（E）/放弃（U）］：↵//结束修剪

23）单击【绘图（D）】菜单/【圆（C）】/【相切、相切、半径（T）】，如图 2-65 所示。

指定对象与圆的第一个切点：　//单击 *R*23mm 圆弧
指定对象与圆的第二个切点：　//单击 *R*40mm 圆弧

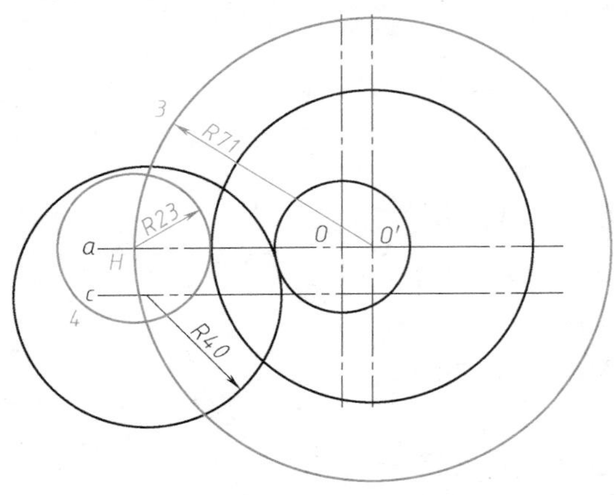


图 2-63　画圆 3 和圆 4

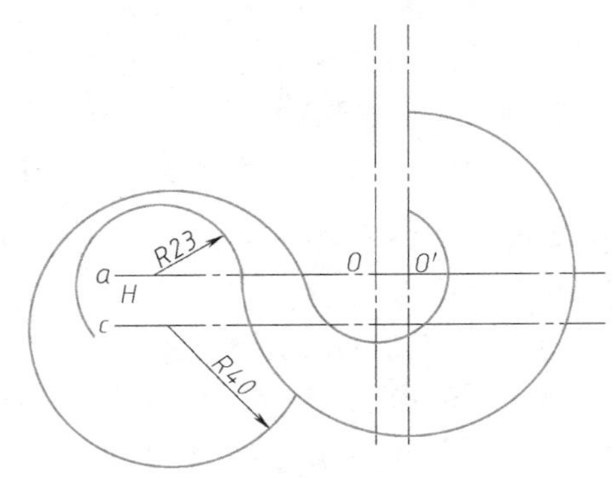


图 2-64　修剪后的图形

指定圆的半径：4↵

24）单击按钮对下半部图形进行修剪，修剪完成后如图 2-66 所示。

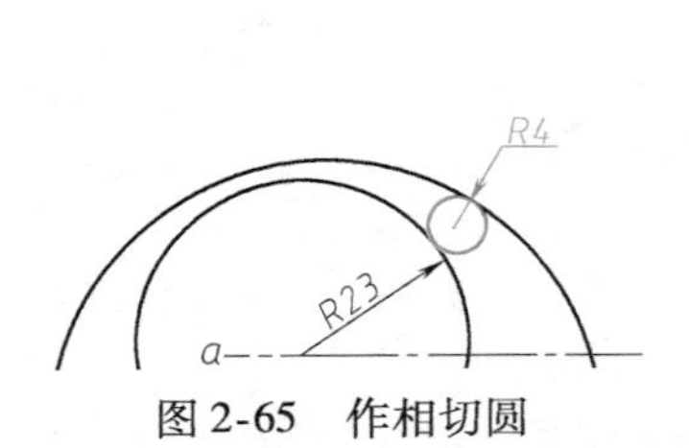


图 2-65　作相切圆

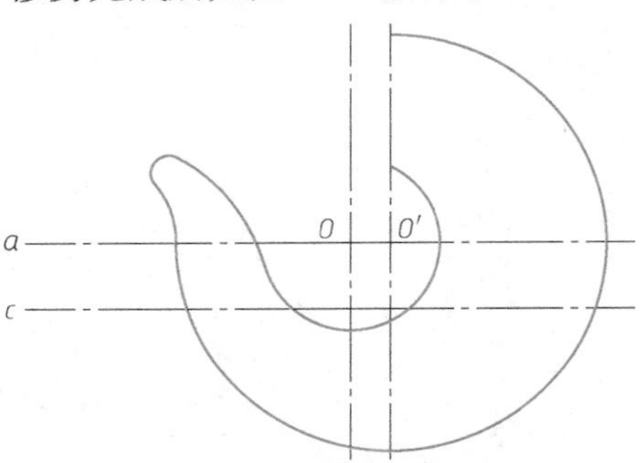


图 2-66　修剪后的图形

25）单击修改工具栏中按钮将 *c* 线和 *d* 线删除。

26）绘制 *R*40mm 和 *R*60mm 两个相切圆，如图 2-67 所示。

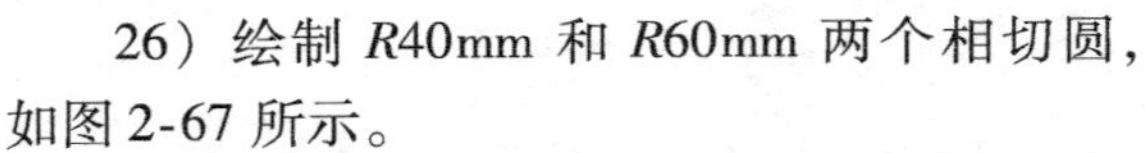

选用【绘图（D）】菜单/【圆（C）】/【相切、相切、半径（T）】；也可用【修改（M）】菜单/【圆角（F）】，设置圆角半径为 40mm、60mm。

27）校核。单击按钮对全图中多余线段进行修剪；单击修改工具栏中按钮将多余线删除。

28）单击工具栏中的按钮将较长的中心线调整到合适的长度。

完成后如图 1-27 所示。

29）观察全图。单击【视图（V）】菜单/

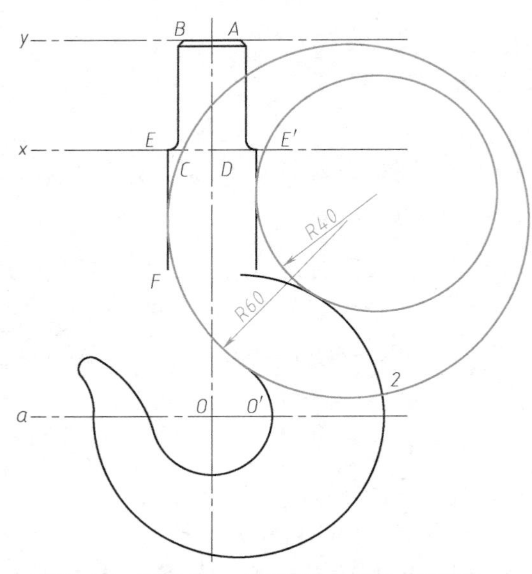


图 2-67　画 *R*40mm 和 *R*60mm 两个相切圆

【缩放（Z）】/【全部（A）】。

30）保存图形。单击【文件（F）】菜单/【保存（S）】。

## 相关知识

### 基本编辑命令

1. 编辑目标的选择

在输入编辑命令后，AutoCAD 系统一般都会出现“选择对象:”的提示，同时十字定位光标变成小方框拾取光标，等待用户选择要被编辑的目标实体，选择目标实体有三种基本的方法:

（1）点选模式（默认方式）　将拾取光标移动到欲选择实体的任意部分，并单击鼠标左键，被选择的实体将变虚显示，表示已被选中。可以连续选择实体，按回车键或鼠标右键可结束选择。

**提示:** 在点选模式下，一次只能选择一个实体。

（2）窗选模式（W 方式）　将选择光标移动到适当位置，不放置在任何实体上，单击鼠标左键，向右移动鼠标，形成一个蓝色实线矩形框，然后松开鼠标左键。在窗选模式下，只有完全包含在矩形框内的实体才能被选中。

**提示:** 选择矩形框的第二点在第一点的右侧即为窗选模式。

（3）窗交模式（C 方式）　将选择光标移动到适当位置，不放置在任何实体上，按住鼠标左键，向左移动鼠标，形成一个绿色虚线矩形框，然后松开鼠标左键。在窗交模式下，实体的一部分在矩形框内和完全包含在矩形框内的实体都能被选中。

**提示:** 选择矩形框的第二点在第一点的左侧即为窗交模式。

2. 删除实体命令（Erase）

（1）功能　删除选取的图形实体。

（2）格式

1）下拉菜单【修改（M）】/【删除（E）】。

2）修改工具栏中按钮。

3）键盘输入 erase 或 e。

系统提示

选择对象:　　　　　　　　　　//选择要删除的实体

选择对象:　　　　　　　　　　//连续选择要删除的实体

选择对象: ↵　　　　　　　　　//按回车确认

3. 恢复删除命令

（1）功能　恢复最后一次用删除命令删除的实体，但只能恢复最后一次被删除的实体。

（2）格式

键盘输入 oops

4. 取消命令

（1）功能　取消上一次命令，可重复使用，依次向前取消已完成的命令操作。

(2) 格式

1) 下拉菜单【编辑（E）】/【放弃（U）】。

2) 标准工具条中按钮。

3) 键盘输入 u。

5. 重做命令

(1) 功能　在取消命令操作后，紧接着使用该命令，可使取消命令操作失效。

(2) 格式

1) 下拉菜单【编辑（E）】/【重做（R）】。

2) 标准工具栏中按钮。

3) 键盘输入 redo。

**提示：**键盘命令 redo 只能恢复最后一次取消命令。

下拉菜单中的【重做（R）】命令和按钮可以恢复多次取消命令。

6. 移动实体命令（Move）

(1) 功能　将选取的实体对象移动一个新位置。

(2) 格式

1) 下拉菜单【修改（M）】/【移动（V）】。

2) 修改工具栏中按钮。

3) 键盘输入 move 或 m。

系统提示：

选择对象：找到 1 个　　　　//选择要移动的实体对象

选择对象：↵　　　　//结束选择

指定基点或位移：　　　　//指定基点

指定位移的第二点或 <用第一点作位移>：　　　　//指定新位置

7. 旋转实体命令（Rotate）

(1) 功能　将选取的实体对象绕指定的基点，按指定的角度和方向旋转。

(2) 格式

1) 下拉菜单【修改（M）】/【旋转（R）】。

2) 修改工具栏中按钮。

3) 键盘输入 rotate 或 ro。

系统提示：

UCS 当前的正角方向：　ANGDIR = 逆时针　ANGBASE = 0

选择对象：　找到 n 个　　　　//选择要旋转的实体对象

选择对象：↵　　　　//结束选择

指定基点：　　　　//指定旋转的基点

指定旋转角度或［参照（R）］：60↵　　　　//按逆时针方向旋转 60°

8. 复制实体命令（Copy）

(1) 功能　将选取的实体对象进行一次或多次复制。

(2) 格式

1）下拉菜单【修改（M）】/【复制（Y）】。

2）修改工具栏中按钮。

3）键盘输入 copy 或 co。

系统提示：

选择对象：找到 n 个　　//选择要复制的实体对象
选择对象：↵　　//结束选择
指定基点或位移或［重复（M）］：　　//指定基点
指定位移的第二点或 <用第一点作位移>：　　//指定位移的第二点

（3）多重复制

选择对象：找到 7 个　　//选择要复制的实体对象
选择对象：↵　　//结束选择
指定基点或位移，或者［重复（M）］：m↵　　//选择多次复制方式
指定基点：　　//指定基点
指定位移的第二点或 <用第一点作位移>：　　//第一次复制
指定位移的第二点或 <用第一点作位移>：　　//第二次复制
指定位移的第二点或 <用第一点作位移>：　　//连续多次复制
指定位移的第二点或 <用第一点作位移>：↵　　//结束复制命令

9. 阵列实体命令（Array）

（1）功能　将选取的实体对象进行有规律的多个复制。分为矩形阵列和环形阵列两种。

（2）格式

1）下拉菜单【修改（M）】/【阵列（A）...】。

2）修改工具栏中按钮。

3）键盘输入 array 或 ar。

（3）命令的使用

1）矩形阵列。下拉菜单【修改（M）】/【阵列（A）...】，弹出如图 2-68 所示【阵列】对话框。

对话框说明：

①“行”和“列”文本框分别用于确定矩形阵列的行数和列数。

②“行偏移”文本框：输入行间距；“列偏移”文本框：输入列间距。

③“阵列角度”文本框：指定阵列时旋转角度。

④ 阵列方向的控制：用行间距和列间距的正负控制阵列的方向，见表 2-6。

**表 2-6　用行间距和列间距的正负控制阵列的方向**

| 行间距 | 列间距 | 阵列方向 |
| --- | --- | --- |
| 正值 | 正值 | 右上方 |
| 正值 | 负值 | 左上方 |
| 负值 | 正值 | 右下方 |
| 负值 | 负值 | 左下方 |

2）环形阵列。下拉菜单【修改（M）】/【阵列（A）...】，弹出如图 2-69 所示【阵列】对话框，在对话框中选取 ⊙环形阵列(P) 选项。

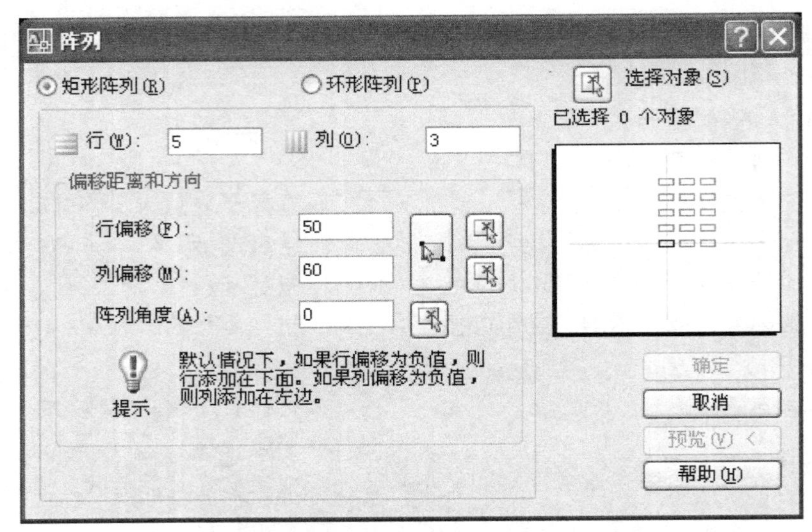


图 2-68 【阵列】之矩形阵列

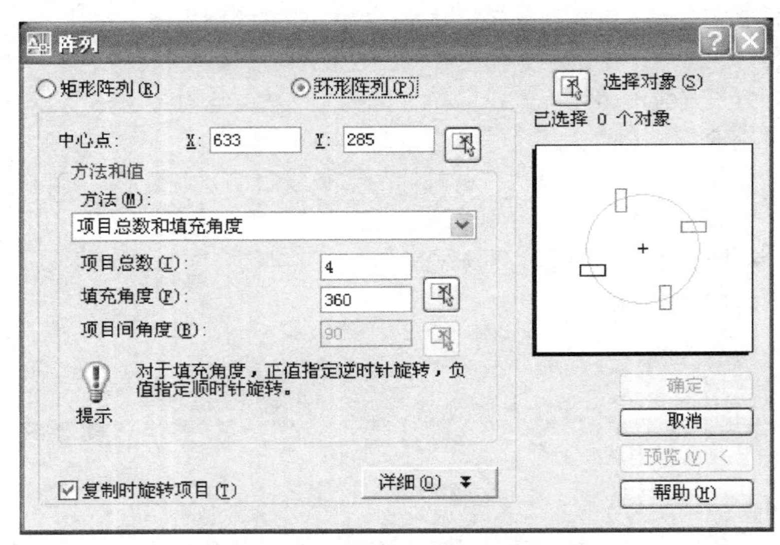


图 2-69 【阵列】之环形阵列

对话框说明：

①“中心点”文本框：用于确定环形阵列的中心位置。中心点可以单击右侧按钮重新定位。

②“方法”下拉列表框：用于选择环形阵列的方式，包括“项目总数和填充角度”、“项目总数和项目间的角度”和“填充角度和项目间的角度”三个选项。选取的方法不同，需要设置的值也不同，可在相应的文本框中输入值。

③ ☑复制时旋转项目(T)复选框：控制环形阵列时，实体是否随着自转。

④“详细（O）”按钮：单击该按钮，显示对象的基点信息，可重新设置对象的基点。

⑤ 可用右上角的按钮来选取需阵列的对象。

10. 偏移实体命令（Offset）

（1）功能　将选取的实体对象进行偏移复制，并且与原对象平行。

（2）格式

1）下拉菜单【修改（M）】/【偏移（S）】。

2）修改工具栏中按钮。

3）键盘输入 offset 或 o。

系统提示：

指定偏移距离或［通过（T）］<通过>：25↵　　//距离值必须为正值

选择要偏移的对象或<退出>：　　//选取要偏移的对象

指定点以确定偏移所在一侧：　　//选定在哪一侧偏移

选择要偏移的对象或<退出>：　　//选取要偏移的对象

指定点以确定偏移所在一侧：　　//选定在哪一侧偏移

选择要偏移的对象或<退出>：↵　　//结束命令

完成后如图 2-70 所示。

11. 镜像实体命令（Mirror）

（1）功能　将选取的实体对象按指定的对称轴进行偏移复制，并且与原对象平行。

（2）格式

1）下拉菜单【修改（M）】/【镜像（I）】。

2）修改工具栏中按钮。

3）键盘输入 mirror 或 mi。

系统提示：

选择对象：找到 n 个　　//选取要镜像的实体对象

选择对象：↵　　//结束选择

指定镜像线的第一点：　　//选择对称轴的第一点 $A$

指定镜像线的第二点：　　//选择对称轴的第二点 $B$

是否删除源对象？［是（Y）/否（N）］<N>：↵　//保留原对象

完成后如图 2-71 所示。

**提示：**如输入 Y，将不保留原有的实体对象。

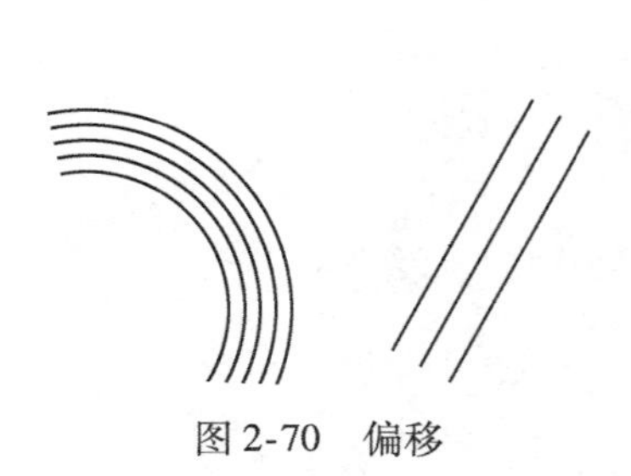

图 2-70　偏移

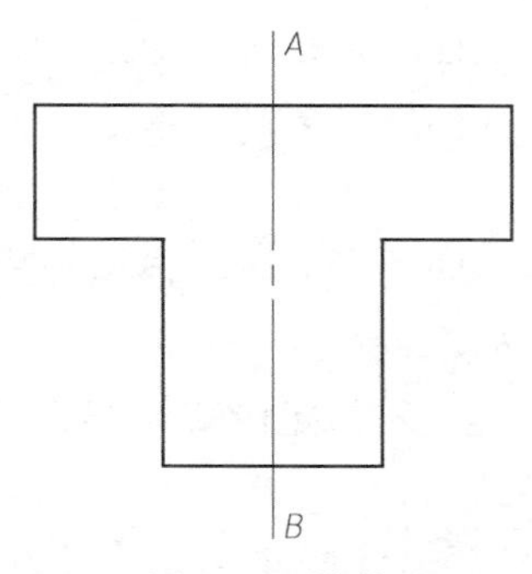



图 2-71　镜像

12. 修剪实体命令（Trim）

（1）功能　用选定的实体作边界修剪一些实体，可实现擦除实体的一部分。

（2）格式

1）下拉菜单【修改（M）】/【修剪（T）】。

2）修改工具栏中按钮。

3）键盘输入 trim 或 tr。

选择剪切边…

选择对象：找到 n 个，总计 n 个　//选取修剪的边界

选择对象：↵

选择要修剪的对象或按 Shift 键选要延伸的对象或［投影（P）/边（E）/放弃（U）］：

选择要修剪的对象或按 Shift 键选要延伸的对象或［投影（P）/边（E）/放弃（U）］：

**提示：** 可不选取修剪边界，按 ENTER 键选择所有显示的对象作边界。

13. 延伸实体命令（Extend）

（1）功能　用选定的实体作边界修剪一些实体，可实现擦除实体的一部分。

（2）格式

1）下拉菜单【修改（M）】/【延伸（D）】。

2）修改工具栏中按钮。

3）键盘输入 extend 或 ex。

选择边界的边…

选择对象：　　　　　　　　//选取延伸的边界

选择对象：↵

选择要延伸的对象或按 Shift 键选要修剪的对象或［投影（P）/边（E）/放弃（U）］：

选择要延伸的对象或按 Shift 键选要修剪的对象或［投影（P）/边（E）/放弃（U）］：

选择要延伸的对象或按 Shift 键选要修剪的对象或［投影（P）/边（E）/放弃（U）］：↵

修改工具栏中按钮

选择边界的边…

选择对象或<全部选择>：　　　　　　　　//选择圆 $c$ 作延伸的边界

选择对象：↵

选择要延伸的对象或［退出（E）/放弃（U）］：//单击线段 $a$，延伸至圆 $c$ 的外边界 1

选择要延伸的对象或［退出（E）/放弃（U）］：//再次单击线段 $a$，延伸至圆 $c$ 的内边界 2

选择要延伸的对象或［退出（E）/放弃（U）］：↵

14. 缩放实体命令（Scale）

（1）功能　对选定的实体按给定的基点和比例因子放大或缩小。

（2）格式

1）下拉菜单【修改（M）】/【缩放（L）】。

2）修改工具栏中按钮。

3）键盘输入 scale 或 sc。

系统提示：

选择对象：　　　　　//选取要放大或缩小的实体

选择对象：↵

指定基点：　　　　　//选择基点

指定比例因子或［参照（R）］：2↵

**提示：**比例因子大于1时，放大；比例因子小于1时，缩小。并且为正值。

15. 拉伸实体命令（Stretch）

（1）功能　对选定的实体进行拉伸或压缩操作。

（2）格式

1）下拉菜单【修改（M）】/【拉伸（H）】。

2）修改工具栏中按钮。

3）键盘输入 stretch 或 s。

系统提示：

以交叉窗口或交叉多边形选择要拉伸的对象：

选择对象：　　　　　　　　//必须用交叉窗口方式选取实体对象

选择对象：↵

指定基点或位移：

指定位移的第二个点或<用第一个点作位移>：

**提示：**

1）拉伸命令要求必须用交叉窗口或交叉多边形窗口选择对象。

2）与窗口相交的实体对象被拉伸，在窗口内的实体对象被移动。

16. 倒角命令（Chamfer）

（1）功能　对选定的两条线进行倒角，也可对多段线进行倒角。

（2）格式

1）下拉菜单【修改（M）】/【倒角（C）】。

2）修改工具栏中按钮。

3）键盘输入 chamfer 或 cha。

系统提示：

（“修剪”模式）当前倒角距离 1 = 0.0000，距离 2 = 0.0000

选择第一条直线或［多段线（P）/距离（D）/角度（A）/修剪（T）/方式（M）/多个（U）］：d↵

指定第一个倒角距离 <0.0000>：2↵　　　　　　　　//设置倒角距离尺寸

指定第二个倒角距离 <2.0000>：2↵　　　　　　　　//设置倒角距离尺寸

选择第一条直线或［多段线（P）/距离（D）/修剪（T）/方式（M）/多个（U）］：　　　　　　　　//指定第一条线

选择第二条直线：　　　　　　　　//指定第二条线

**提示：**当两个倒角的距离不相等时，要注意选取第一条直线和第二条直线的顺序。

17. 圆角命令（Fillet）

（1）功能　对选定的两条线进行圆角，也可对整条多段线进行光滑的圆弧连接。

（2）格式

1）下拉菜单【修改（M）】/【圆角（F）】。

2）修改工具栏中按钮。

3）键盘输入 fillet 或 f。

系统提示：

当前设置：模式 = 修剪，半径 = 0.0000

选择第一个对象或［多段线（P）/半径（R）/修剪（T）/多个（U）］：r↵//设置圆角半径

指定圆角半径 <0.0000>：5↵

选择第一个对象或［多段线（P）/半径（R）/修剪（T）/多个（U）］：　　//指定第一条直线

选择第二个对象：　　//指定第二条直线

**提示：**

1）倒角或圆角完成后，由两个实体转换为三个实体。

2）当倒角距离或圆角半径为 0 时，两个不相邻的实体在倒角或圆角完成后变为相连。

3）不在同一层上的实体可以进行倒角或圆角，新产生的第三个实体放在当前层上。

18. 实体对象打断

（1）功能　删除选定实体的某一部分或将一个实体分解为两个实体。

（2）格式

1）下拉菜单【修改（M）】/【打断（F）】。

2）修改工具栏中按钮。

3）键盘输入 break 或 br。

系统提示：

选择对象：

指定第二个打断点或［第一点（F）］：

选项说明：

1）选择对象时即作为打断的第一点，若需重新指定第一点可选取 F 选项。

2）F 可以重新指定第一打断点。

3）打断圆或圆弧时要注意第二打断点和第一打断点的顺序（逆时针）。

19. 分解实体命令（Explode）

（1）功能　将图块、多段线、多边形或尺寸标注等分解为组成的各实体。

（2）格式

1）下拉菜单【修改（M）】/【分解（X）】。

2）修改工具栏中按钮。

3）键盘输入 explode 或 ex。

系统提示：

选择对象：　　　　//选取要分解的对象
选择对象：↵

**提示：**

1）分解多段线时，将由一个实体变为多个，多段线的宽度和切线方向信息将会丢失。

2）分解图块将由一个实体变为多个实体，当图块嵌套时只能逐层分解。

## 拓展

### 图层的基本知识

AutoCAD 系统提供了分层绘图功能，任何图形对象实体都是绘制在图层上。我们可以把图层想象为透明的没有厚度的薄片。绘图时，一般将图形中的不同实体进行分组，把具有相同属性的实体画在同一个图层上，这样多个图层上实体叠加在一起形成一幅完整的图形。

1. 图层的性质

1）一幅图形能使用的图层数量没有限制，但是不要设置太多的图层，否则会不便于图层的管理。

2）每个图层能容纳的实体数量没有限制。

3）一般情况下，一个图层使用一种颜色、一种线型。

4）一幅图形中所有图层都具有相同的坐标系、绘图界限和缩放倍数。

5）系统自动提供的图层为初始层，层名为“0”，状态为打开且解冻，线型为“Continuous”（连续线）。用户无权更改 0 层的层名，也无权删除 0 层。

2. 图层的状态

（1）当前层　当前层用于接收用户正在绘制实体的图层，同一时刻只能有一个图层作为当前层，例如，图 2-72 中当前图层为“尺寸标注”。

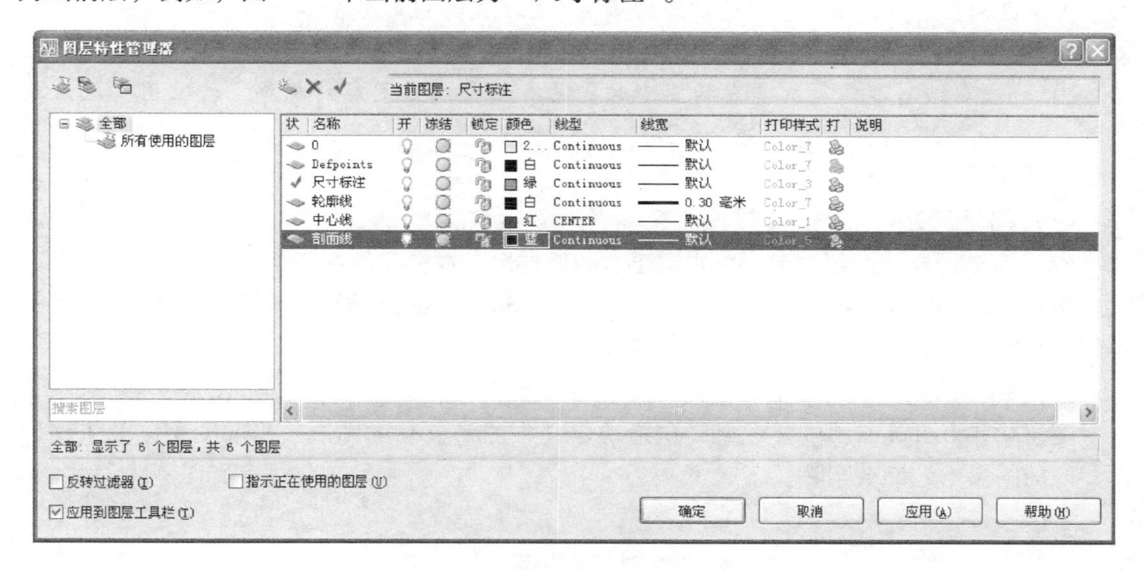


图 2-72　【图层特性管理器】对话框

设置方法：

1）在图2-72所示对话框中单击某一图层，单击✓按钮。

2）在图2-73所示对话框中单击选择某一图层即可。

（2）打开/关闭　默认为打开，此时图层的灯泡按钮为黄色。关闭时图层的灯泡按钮为蓝色。该图层上的实体是不可见的，相对不可编辑，但可在该图层上绘制实体。

打开/关闭图层的方法：在图2-72或图2-73中通过单击灯泡按钮来实现。

（3）冻结/解冻　默认为解冻，此时图层的太阳按钮为黄色。冻结时图层的太阳按钮为雪花状态。该图层上的实体是不可见的，绝对不可编辑，也不能在图层上绘制实体。

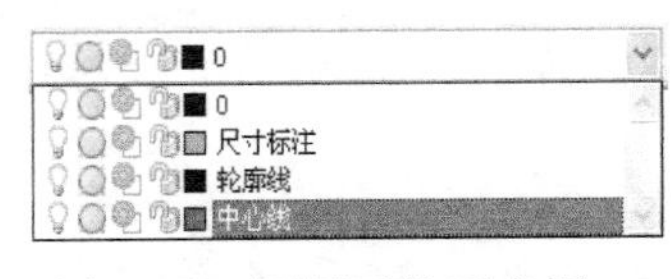

图2-73　图层下拉列表框

冻结/解冻图层的方法类同打开/关闭图层。

关闭和冻结的区别：关闭的图层在重新生成时要参加实体的运算，但不显示；冻结的图层在重新生成时不参加实体的运算，也不显示，可加快重新生成的速度。

（4）锁定/解锁　默认为解锁，此时图层的锁按钮为。锁定时图层的锁按钮为状态。该图层上的实体是可见的，但绝对不可编辑。锁定的图层被设为当前层后，只能继续在该层上绘制图形，但不可以编辑。

锁定/解锁图层的方法类同打开/关闭图层。

（5）打印/不打印　默认为打印，此时图层的打印按钮为。不打印时图层的打印按钮为。打印/不打印状态用于控制对应可见图层上的实体是否被打印，对于不可见图层则不会显示，也不会被打印。

设置打印/不打印的方法：在图2-72中通过单击打印按钮来实现。

**提示**：1）当前层可以被关闭或锁定，但不能被冻结；反之，处于关闭或锁定状态的图层，可被设为当前层，但处于冻结状态的图层不能被设为当前层。

2）处于冻结、关闭和不打印状态的图层，其上的实体将不能被绘出。

3）一般在绘制不是特别复杂的图形时，没有必要设置图层的状态，均采用其默认状态。

3. 图层的基本操作

（1）创建新图层　单击按钮。

（2）命名图层或图层更名　单击需更名的图层名，在亮显的图层名上输入新图层名。

图层名最多可以包括255个字符：字母、数字和特殊字符，如美元符号（$）、连字符（-）和下划线（_）。图层名不能包含空格。

（3）删除图层　单击✕按钮。

图层0和Defpoints、包含对象（包括块定义中的对象）的图层、当前图层以及依赖外部参照的图层不允许被删除。

## 学习效果评价

本模块评价内容、评分标准及分值分配见表2-7。

表 2-7　评价内容、评分标准及分值

| 评价内容 | 评分标准 | 分值 |
| --- | --- | --- |
| 任务一 | 图层设置正确 | 15 |
| | 绘图步骤正确 | 15 |
| | 图形完整 | 20 |
| 任务二 | 图层设置正确 | 15 |
| | 绘图步骤正确 | 15 |
| | 图形完整 | 20 |

# 第三单元 运用三视图表达几何图形

## 模块一　绘制棱柱、棱锥三视图

### 学习目标

1. 学会根据棱柱、棱锥的空间位置手工绘制其三视图。
2. 理解并掌握三视图的投影规律。
3. 学会对三视图进行尺寸标注。

### 工作任务

任务一：绘制图 3-1a 所示六棱柱的三视图，并标注尺寸。

任务二：绘制图 3-2a 所示四棱锥的三视图，并标注尺寸。

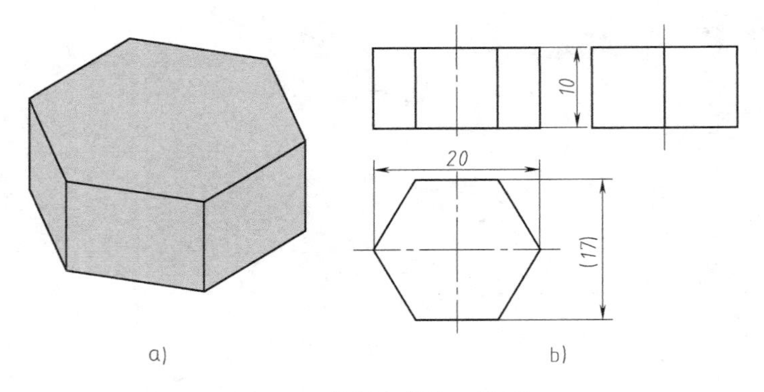


图 3-1　绘制六棱柱三视图

a）六棱柱立体图　b）六棱柱三视图

### 任务实施

**一、绘制六棱柱三视图，并标注尺寸**（任务一）

1）将一六棱柱放置在三投影面体系中去，使其底面（顶面）平行于水平面 *H*，前面（后面）平行于正面 *V*，如图 3-3a 所示。

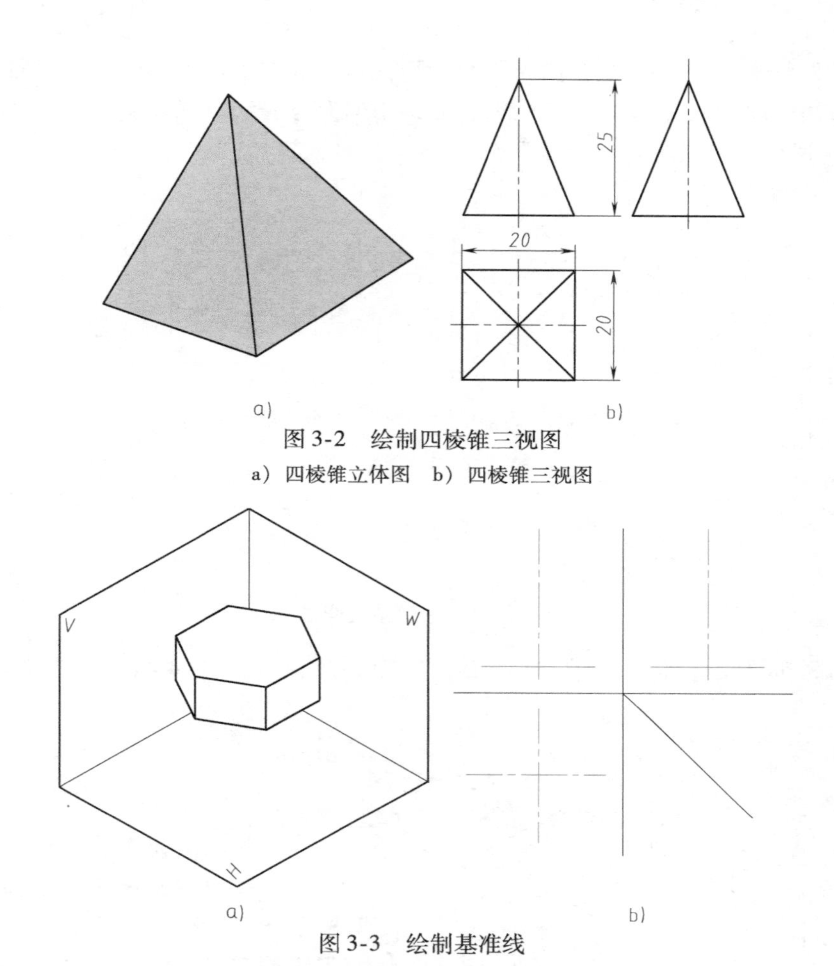


图 3-2　绘制四棱锥三视图

a）四棱锥立体图　b）四棱锥三视图

图 3-3　绘制基准线

2）画出三个视图的中心线作为基准线，如图 3-3b 所示。

3）如图 3-4a 所示，将六棱柱向 *H* 面投影得到六棱柱的俯视图，是一个正六边形。

**提示：**此投影为特征投影，正六边形的面为六棱柱的上下底面的投影，六边形的六条边为六棱柱的六个侧面的投影，如图 3-4b 所示。

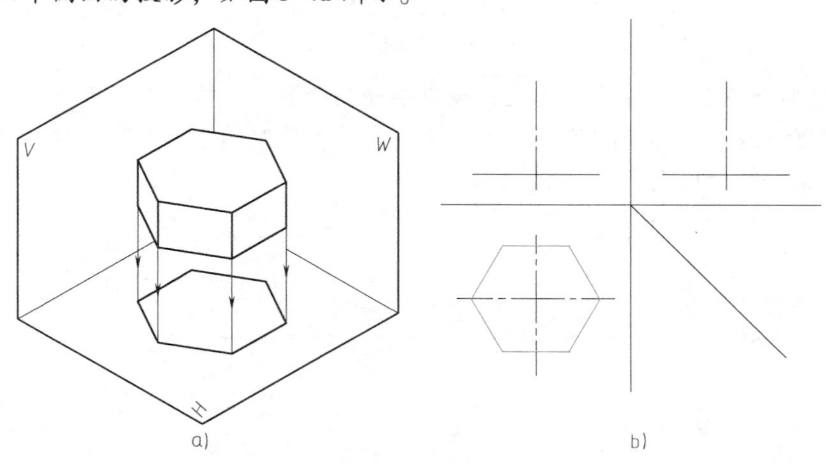


图 3-4　绘制俯视图

4）如图3-5a所示，将六棱柱向$V$面投影得到六棱柱的主视图，由三个矩形线框组成。

**提示：**三个矩形为棱柱的前三个侧面，后三个侧面与前三个侧面重合，画图时必须使矩形线框与俯视图的对应点对正，如图3-5b所示。

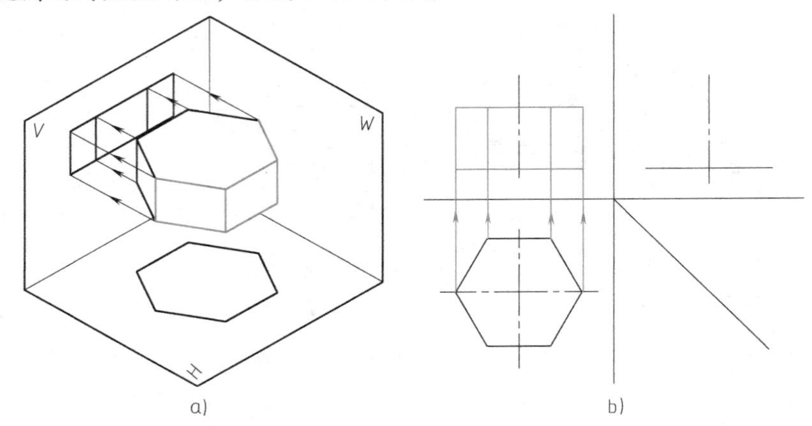


图3-5　绘制主视图

5）如图3-6a所示，将六棱柱向$W$面投影得到六棱柱的左视图，由两个长方形线框组成。

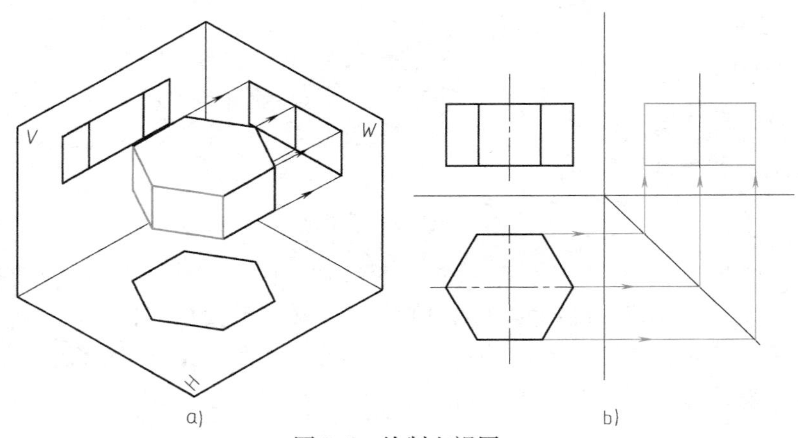


图3-6　绘制左视图

**提示：**这两个矩形线框是六棱柱左边两个侧面的投影，且遮住了右边两个侧面，画图时必须使左视图线框与主视图的线框高平齐，与俯视图线框宽相等，如图3-6b所示。

6）擦除辅助线，检查完成全图，如图3-7所示。

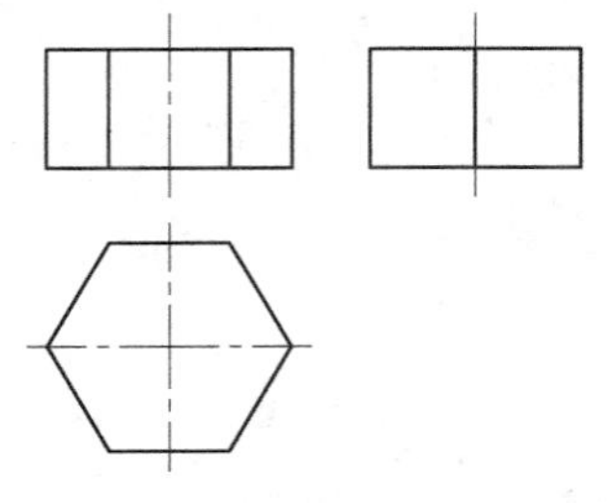

图3-7　完成的六棱柱三视图

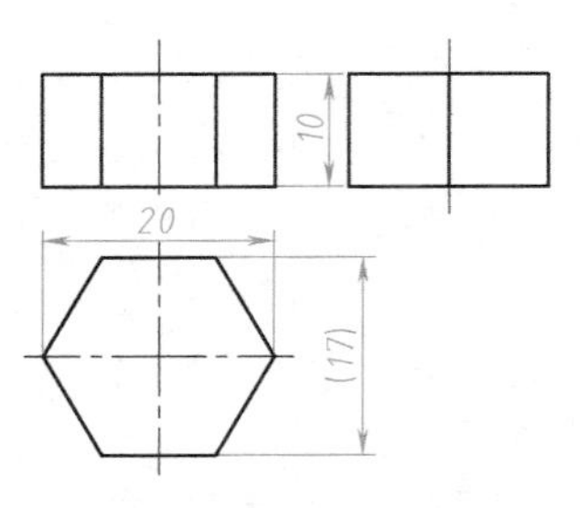


图3-8　六棱柱尺寸标注

7）对绘制的三视图标注尺寸。

**提示：**对物体的长、宽、高分别进行标注，主、左视图同时反映了物体的高，根据规定同一尺寸只标一次，所以标在了主视图上；主、俯视图同时反映了物体的长，标在了俯视图上；由于是正六边形，所以宽作为参考尺寸进行标注，如图 3-8 所示。

**二、绘制四棱锥三视图，并标注尺寸**（任务二）

1）将一正四棱锥放到三投影面体系中去，使其底面平行于水平面 *H*，前面（后面）垂直于侧面 *W*，如图 3-9a 所示。

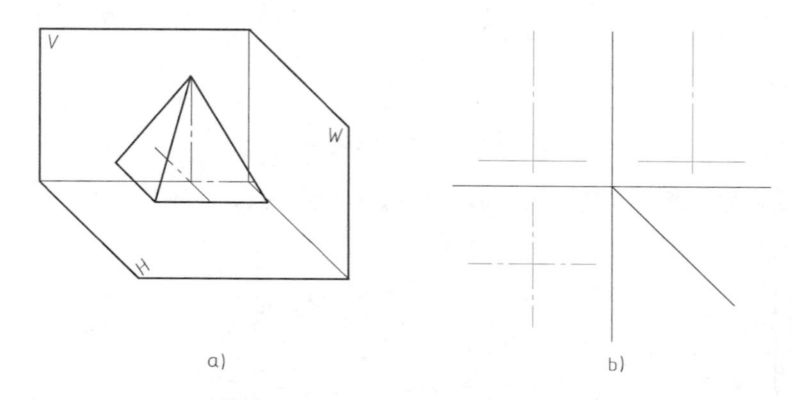


图 3-9　画基准线

2）画出三个视图的中心线作为基准线，如图 3-9b 所示。

3）如图 3-10a 所示，将四棱锥向 *H* 面投影得到四棱锥的俯视图。

**提示：**棱锥的底面平行于水平面，因而俯视图反映实形，是一个正方形。四个侧面都与水平面倾斜，它们的俯视图为四个不显实形的三角形线框，如图 3-10b 所示。

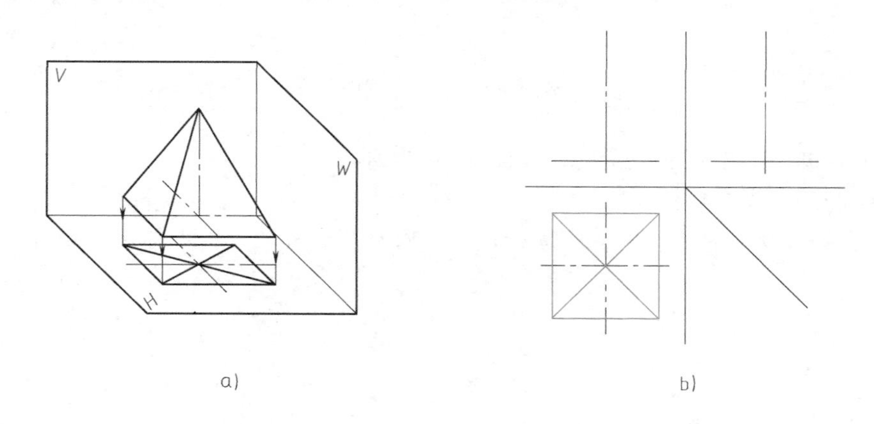


图 3-10　绘制俯视图

4）如图 3-11a 所示，将四棱锥向 *V* 面投影得到四棱锥的主视图。

**提示：**此视图为一个三角形线框。各边分别是底面与左、右侧面的积聚性的投影。整个三角形线框同时也反映了四棱锥前侧面和后侧面在正面上的投影，并不反映它们的实形，如图 3-11b 所示。

5）如图 3-12a 所示。将四棱锥向 *W* 面投影得到四棱锥的左视图。

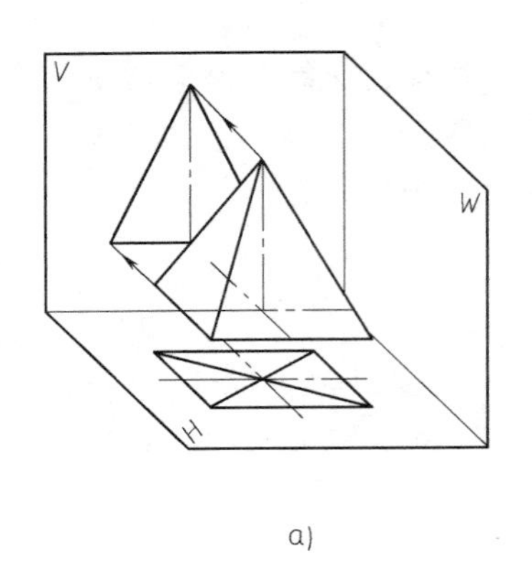


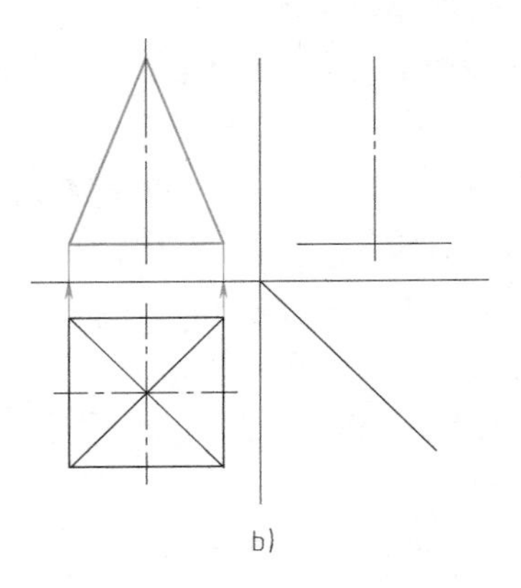

a)　　b)

图 3-11　绘制主视图

**提示：**此三角形的两条斜边所表示的是四棱锥的前、后两侧面，如图 3-12b 所示。

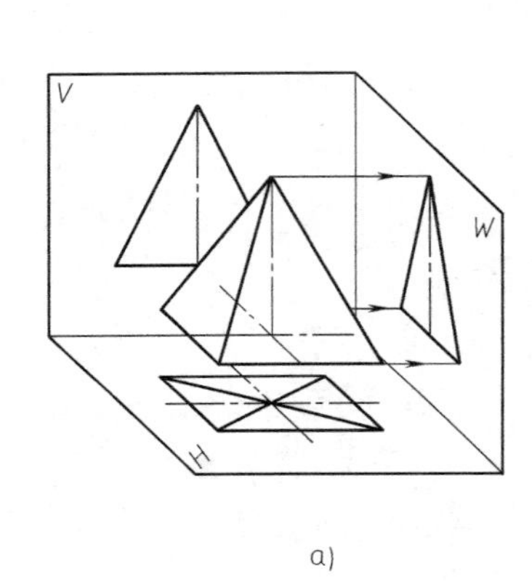


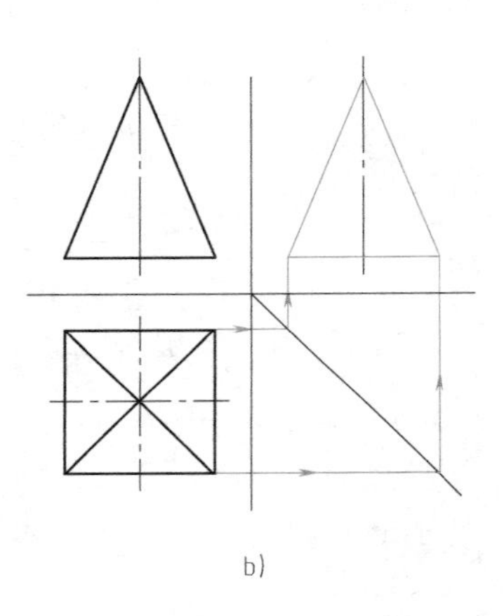

a)　　b)

图 3-12　绘制左视图

6）擦除辅助线，检查完成全图，如图 3-13 所示。

7）对绘制的三视图标注尺寸。

**提示：**主要从物体的长、宽、高进行标注，同时尽量将尺寸集中标注，如图 3-14 所示。

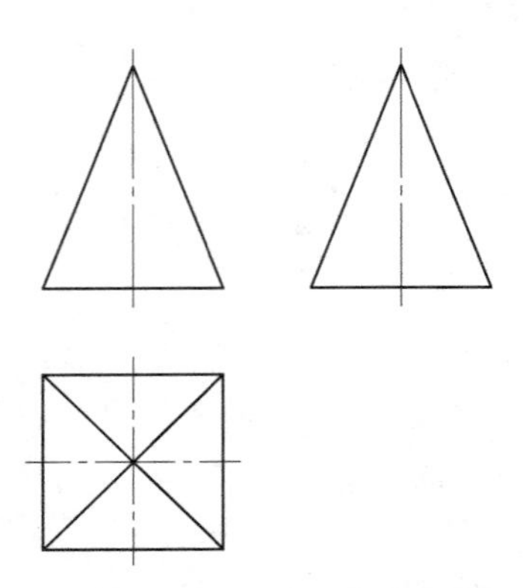

图 3-13　完成的四棱锥三视图

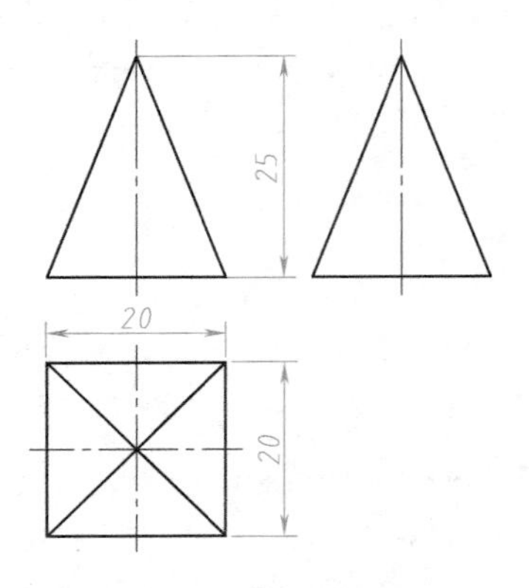


图 3-14　四棱锥的尺寸标注

## 相关知识

1. 投影法和投影面

日常生活中，我们常看到这样的自然现象：当形体被阳光、月光或灯光照射时，在地面或墙壁上便会出现形体的影子。这就是投影的基本现象，人们通过长期的观察、实践和研究，找出了光线、形体及其影子之间的关系和规律，总结出了现在较为科学的投影理论和方法。

在投影理论中，将承受影子的面（一般为平面）称为投影面，将经过形体与投影面相交的光线称为投射线，将按照投影法通过形体的投射线与投影面相交得到的图形称为该形体在投影面上的投影。这种将投射线通过形体，向选定的投影面投射，并在该面上得到图形的方法称为投影法。投影法通常分为中心投影法和平行投影法两类。

如图 3-15 所示，将空间形体三角板 *ABC* 放置在点光源 *S*（又称投射中心）和投影面 *P* 之间。从点光源发出的经过三角板 *ABC* 上点 *A* 的光线（投射线）与 *P* 平面相交于点 *a*，则点 *a* 便是点 *A* 在 *P* 平面上的投影。用同样的方法，可在 *P* 面上得出点 *B*、*C* 的投影 *b*、*c*。依次连接 *ab*、*bc*、*ca*，即可得到三角板 *ABC* 在 *P* 面上的投影△*abc*。像这样所有的投射线都汇交于一点的投影方法称为中心投影法。不难看出，投影△*abc* 的大小会随投射中心 *S* 或△*ABC* 与 *P* 面的远近而变化。可见中心投影法得到的投影一般不反映形体的真实大小，没有度量性。

所有的投射线都相互平行的投影方法称为平行投影法。在平行投影法中，由于投射线相互平行，若平行移动形体使形体与投影面的距离发生变化，形体的投影形状和大小均不会改变，具有度量性。这是平行投影的重要特点。根据投射线与投影面的关系，平行投影法又分为正投影法（又称垂直投影法）和斜投影法两类。

（1）正投影法　投射线相互平行且与投影面垂直的投影法称为正投影法，如图 3-16 所示。

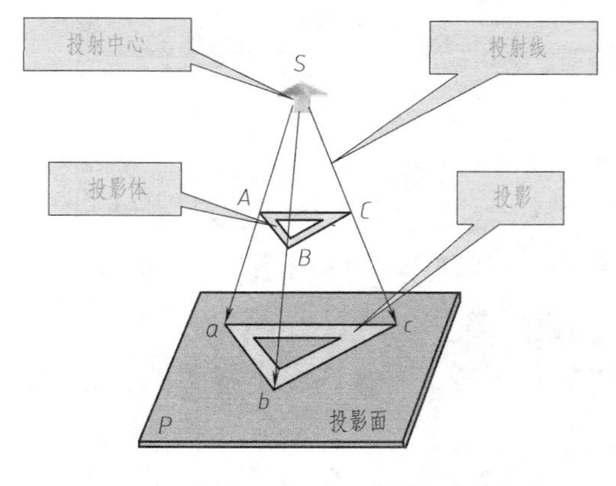


图 3-15　中心投影

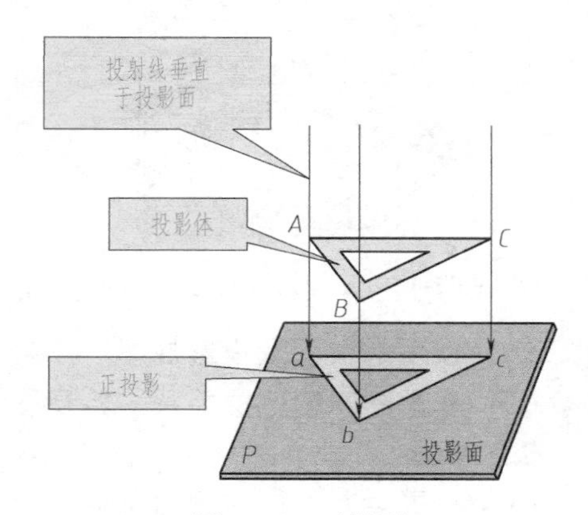


图 3-16　正投影

（2）斜投影法　投射线相互平行且与投影面倾斜的投影法称为斜投影法，如图 3-17 所示。

国家标准《机械制图　图样画法　视图》（GB/T 4458.1—2002）中规定，“机件的图形按正投影法绘制”。因此，正投影法是本课程研究和讨论的主要内容。本书中除特别指明外，所提及的投影均指正投影和正投影图。

2. 三视图的形成

（1）三投影面体系　为了准确地表达物体的形状和大小，我们选取互相垂直的三个投影面。正对着我们的正立的投影面称为正立投影面（简称正面），代号“$V$”（也称$V$面）；水平位置的投影面称为水平投影面（简称水平面），代号“$H$”（也称$H$面）；右边侧立的投影面称为侧立投影面（简称侧面），代号“$W$”（也称$W$面）。投影面与投影面的交线称为投影轴，分别以$OX$、$OY$、$OZ$标记。三根投影轴的交点$O$叫原点。三个投影面构成一个三投影面体系，如图3-18所示。

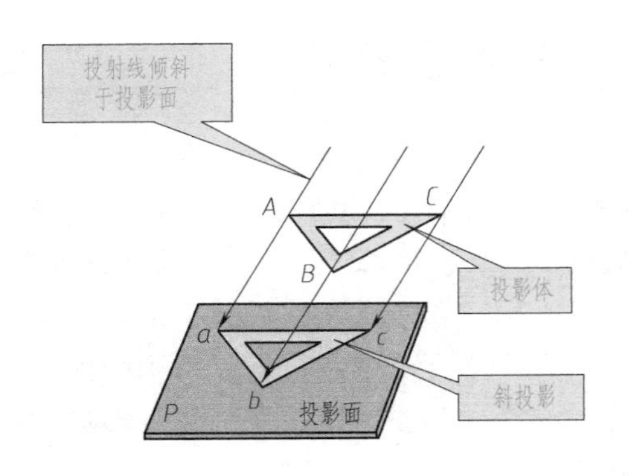


图3-17　斜投影

（2）三视图的形成过程　如图3-19所示，物体分别向三个投影面作正投影，就得到了物体的正面投影、侧面投影和水平面投影。为了空间的三个视图能在一个平面上画出来，就必须要把三个投影面展开摊平，具体方法是$V$面保持不动，将$H$面绕$OX$轴向下展开，将$W$面绕$OZ$轴向右旋转90°，使$H$面和$W$面均与$V$面处于同一平面内，就得到如图3-20a所示的形体的三面投影图，即三视图（**提示：**在实际画图时我们一般不画投影面和投影轴）。机械制图国标规定$V$面投影图称为主视图，$H$面投影图称为俯视图，$W$面投影图称为左视图，如图3-20b所示。

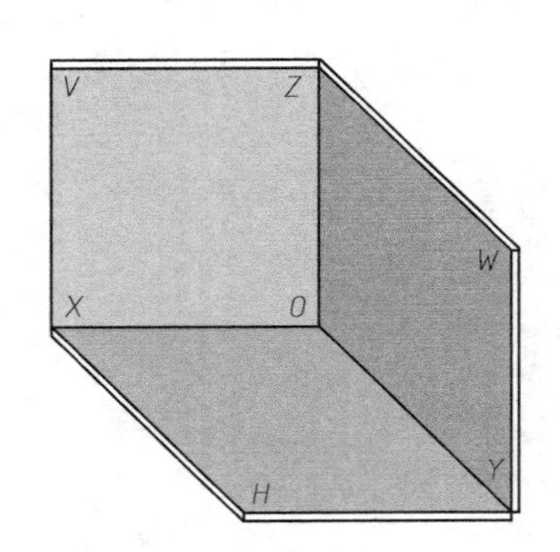


图3-18　三投影面体系

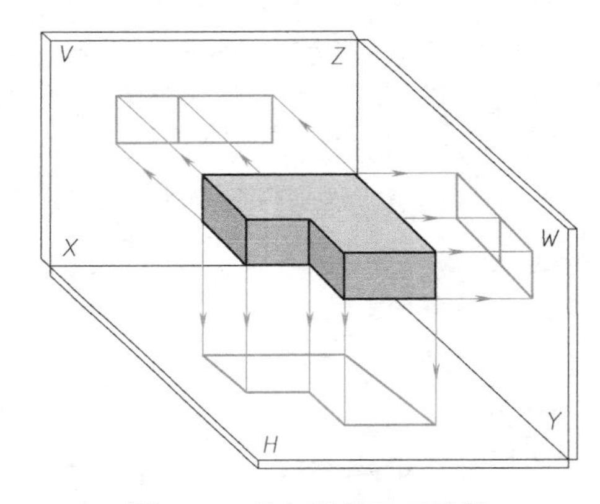


图3-19　几何体的三面投影

3. 三视图的关系及投影规律

（1）三视图间的位置关系　俯视图在主视图的正下方，左视图在主视图的正右方，如图3-20b所示。

（2）投影关系　任何物体都有长、宽、高三个方向的尺寸。在物体的三视图中，如图3-21所示。

1）主视图反映了形体上下方向的高度尺寸和左右方向的长度尺寸。

2）俯视图反映了形体左右方向的长度尺寸和前后方向的宽度尺寸。

3）左视图反映了形体上下方向的高度尺寸和前后方向的宽度尺寸。

（3）视图之间的关系　由于三个视图反映的是同一物体，长、宽、高是一致的，所以，每两个视图之间必然有一个相同的度量。

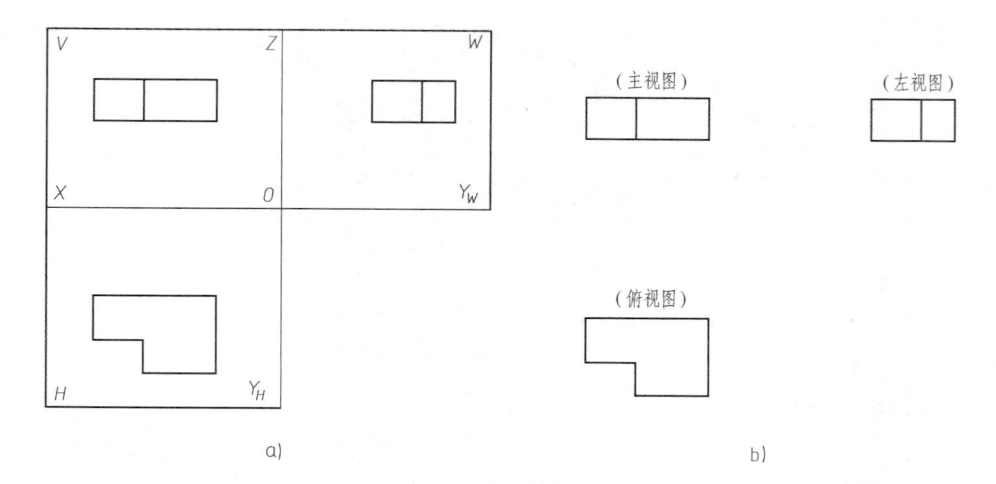


图 3-20　三视图的形成

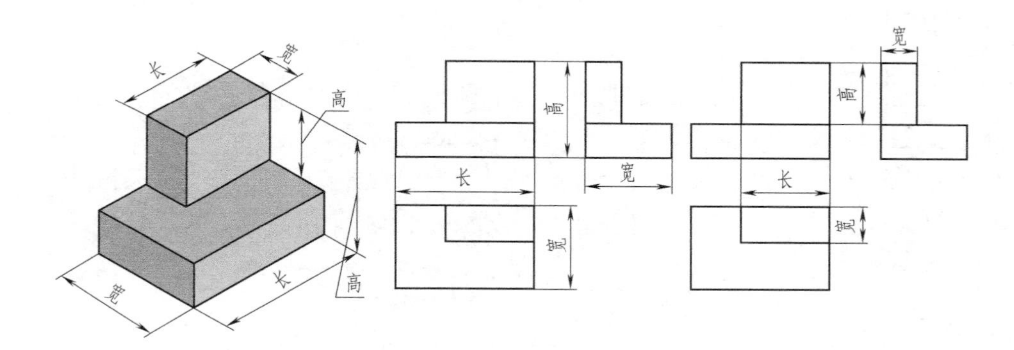


图 3-21　三视图的三等关系

1）主、俯视图（整体或局部）反映了物体的同样长度。

2）主、左视图（整体或局部）反映了物体的同样高度。

3）俯、左视图（整体或局部）反映了物体的同样宽度。

以上关系可以总结为：

1）主视、俯视长对正（等长）。

2）主视、左视高平齐（等高）。

3）俯视、左视宽相等（等宽）。

简单地说就是"长对正，高平齐，宽相等"，这就是形体三面投影的规律（即三视图的投影规律）。

4. 平面的投影特性

（1）真实性　当平面平行于投影面时，平面的投影反映平面的真实形状，如图 3-22a 所示。

（2）类似性　当平面倾斜于投影面时，平面的投影小于真实图形的大小，且与真实图形类似，像这种原形与投影不相等，但两者边数、凸凹及平行关系不变的性质称为类似性，如图 3-22b 所示。

（3）积聚性　当平面垂直于投影面时，平面的投影积聚成直线或曲线，如图 3-22c 所示。

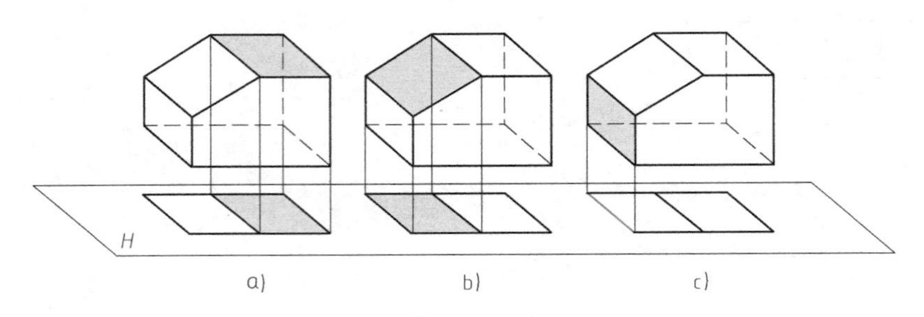


图 3-22　平面的投影特性

a）真实性　b）类似性　c）积聚性

5. 基本体的尺寸标注

基本体的大小通常由长、宽、高三个方向的尺寸来确定。六棱柱、四棱锥均属于平面基本体（简称平面体）。平面体的尺寸应根据具体形状进行标注，如图 3-23 所示。

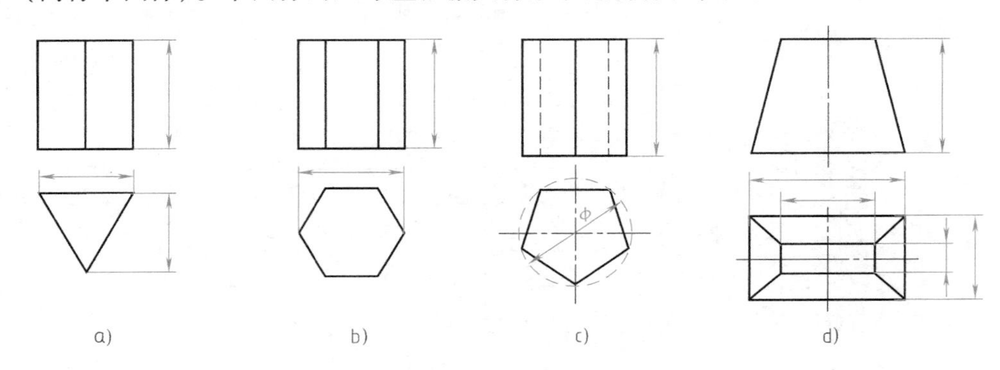


图 3-23　基本体的尺寸标注

a）三棱柱　b）六棱柱　a）五棱柱　b）四棱台

## 学习效果评价

1. 学生在学习中要注重协作，教师根据评价标准给学生以恰当的评价。
2. 在练习中注重理论与实践相结合。
3. 本模块的评价内容、评分标准及分值分配见表 3-1。

**表 3-1　评价内容、评分标准及分值**

| 评价内容 | 评分标准 | 分值 |
| --- | --- | --- |
| 任务一 | 作图方法正确 | 20 |
| | 相关知识运用 | 20 |
| | 空间思维的形成和分析能力 | 10 |
| 任务二 | 绘图方法正确 | 20 |
| | 相关知识运用 | 20 |
| | 空间思维的形成和分析能力 | 10 |

# 模块二　绘制圆柱、圆锥、球三视图

## 学习目标

1. 学会绘制圆柱、圆锥的三视图。
2. 学会曲面体的尺寸标注方法。

※3. 掌握曲面体表面求点的投影方法。

## 工作任务

任务一：绘制圆柱体的三视图，并标注尺寸，如图 3-24b 所示。

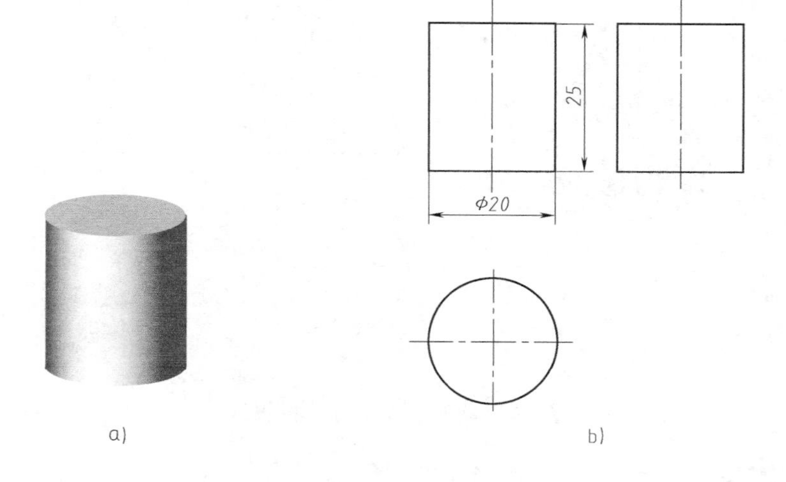


图 3-24　绘制圆柱体三视图
a) 圆柱体立体图　b) 圆柱体三视图

任务二：如图 3-25 所示，已知圆柱面上两个点 $A$、$B$ 的 $V$ 面投影 $a'$ 和（$b'$）重影，求作 $A$、$B$ 两点的 $H$ 面投影和 $W$ 面投影。

任务三：绘制圆锥体的三视图，并标注尺寸，如图 3-26b 所示。

任务四：如图 3-27a 所示，已知圆锥体表面上有 $A$ 点，在 $V$ 投影面上的投影为 $a'$，如图3-27b 所示。求作另两面投影 $a''$ 和 $a$。

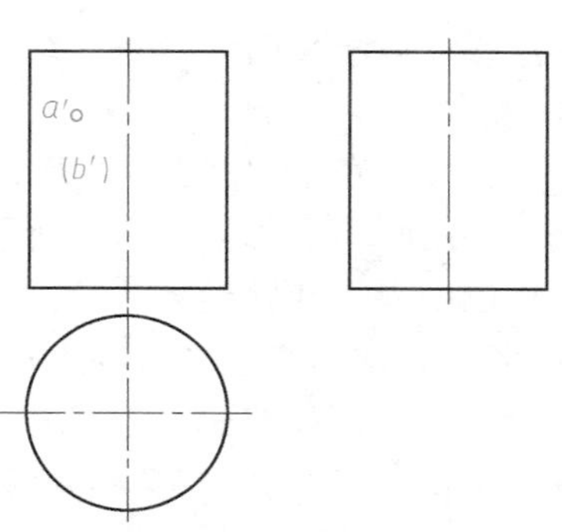


图 3-25　圆柱体表面求点的投影

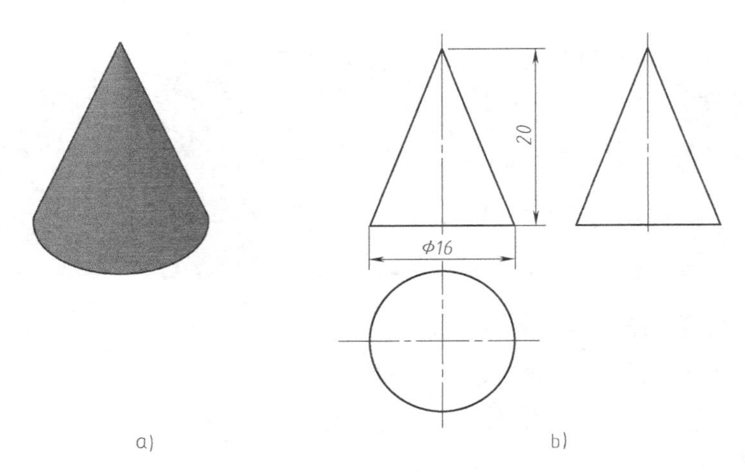


图 3-26　绘制圆锥体三视图

a）圆锥体立体图　b）圆锥体三视图

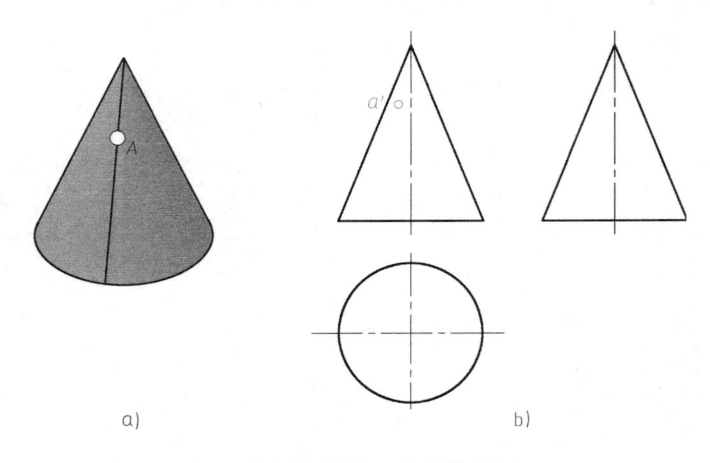


图 3-27　圆锥体表面求点的投影

## 任务实施

### 一、绘制圆柱体三视图，并标注尺寸（任务一）

1）我们假想把圆柱放入三投影面体系中去（为了便于看图和画图，将圆柱的轴线与某一投影面垂直），如图 3-28a 所示。

2）首先，在俯视图上画出圆的中心线及主视图和左视图的基准线，然后画出积聚为圆的视图（俯视图），如图 3-28b 所示。

3）以中心线和轴线为基准，根据长对正的投影特性和圆柱的高度画出圆柱的主视图，为一矩形（该矩形代表了前半个圆柱面和后半个圆柱面，其中前半个圆柱面可见，后半个圆柱面不可见），如图 3-29b 所示。

4）根据高平齐和宽相等的投影特性画出圆柱的左视图，也是一个矩形（该矩形代表了左半个圆柱面和右半个圆柱面，其中左半个圆柱面可见，右半个圆柱面不可见），如图 3-30b所示。

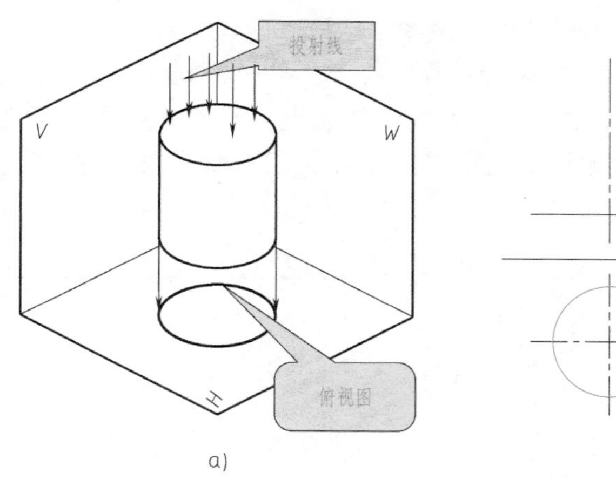


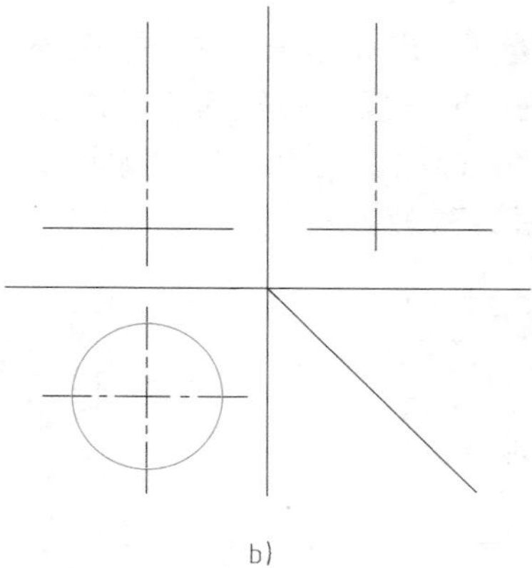


图 3-28　绘制基准线及俯视图

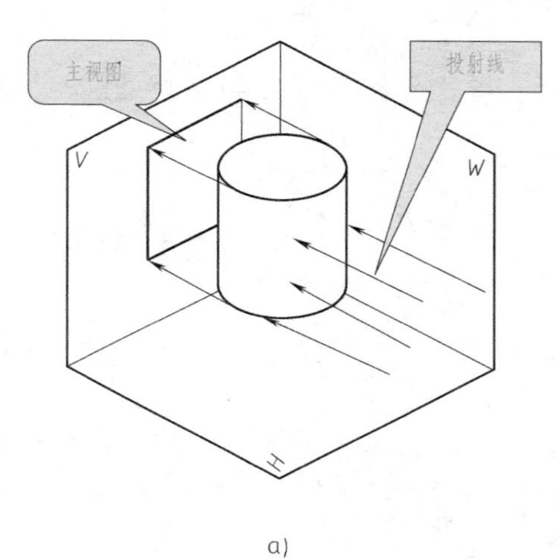


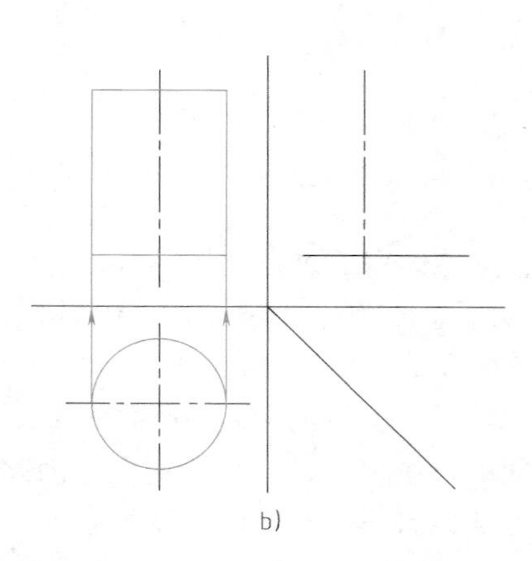


图 3-29　绘制主视图

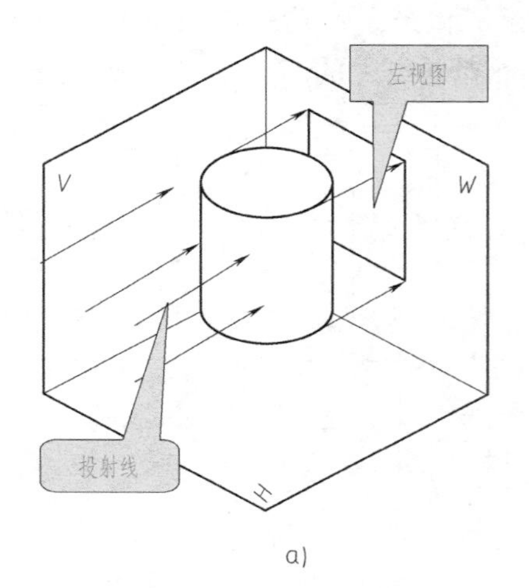


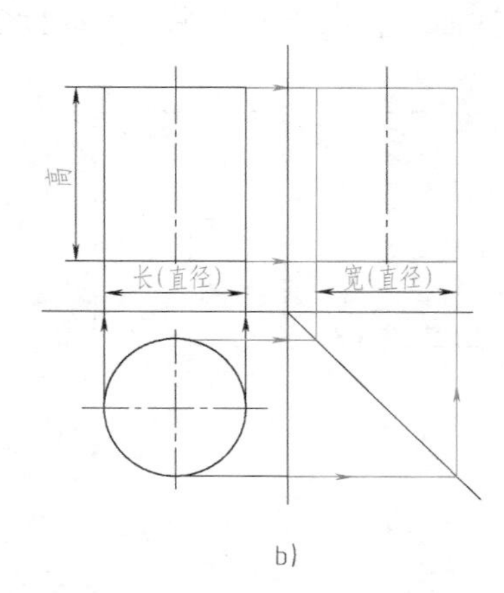


图 3-30　绘制左视图

5）检查并擦去多余的线条，完成全图，如图3-31所示。

6）对所绘制的圆柱体的三视图进行尺寸标注。标注尺寸时，同一尺寸只标注一次，如主、左、俯视图同时反映圆柱的直径，但只标注在主视图上，圆柱的高虽然同时反映在主、左视图上，但只标注在主视图上，高和直径同时标在主视图上是为了使尺寸能集中标注，便于看图，如图3-32所示。

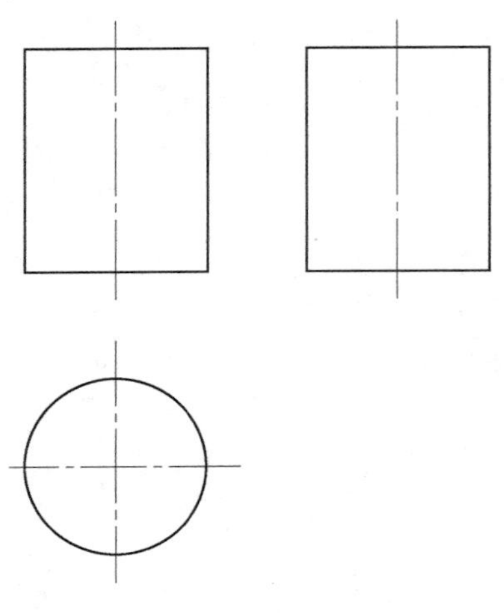

图3-31　完成的圆柱体三视图

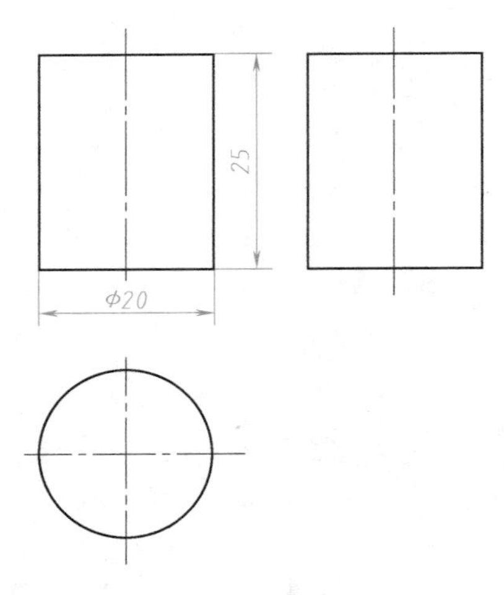


图3-32　圆柱体的尺寸标注

**二、圆柱体表面求点的投影**（任务二）

1）分析。如图3-25所示，从已给条件中可知，$a'$为可见点，（$b'$）为不可见点，$A$点在前半圆柱面上，$B$点在后半圆柱面上。

2）由于圆柱（侧）面在$H$面的投影积聚为一个圆周，而$A$点在圆柱的侧面上，所以$A$点在$H$面的投影一定在这个圆周上。因此由$a'$、（$b'$）按“长对正”可作出$A$点和$B$点在俯视图上的投影$a$和$b$，如图3-33所示。

3）根据圆柱表面$A$、$B$两点主视图上的投影和俯视图上的投影，按照“高平齐”和“宽相等”的投影特性，画出其在左视图上的投影$a''$和$b''$，如图3-34所示。由于$A$、$B$两点都在左半圆柱面上，所以其左视图上的投影$a''$和$b''$都是可见的。

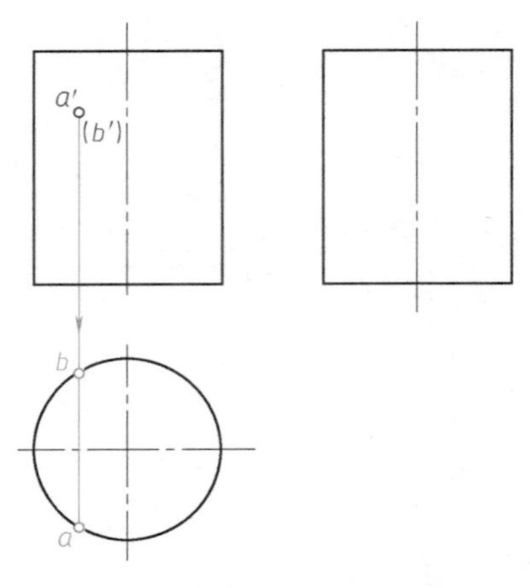


图3-33　作$A$、$B$点的水平投影$a$、$b$

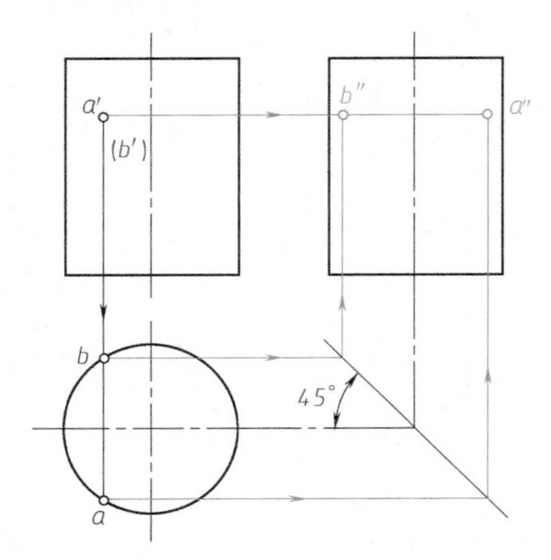


图3-34　作$A$、$B$点的侧面投影$a''$、$b''$

**三、绘制圆锥体的三视图，并标注其尺寸**（任务三）

1）假想把圆锥放入到三投影面体系中去（为了绘图和看图的方便使圆锥的中心线与水平面垂直，底面与水平面平行），如图 3-35a 所示。

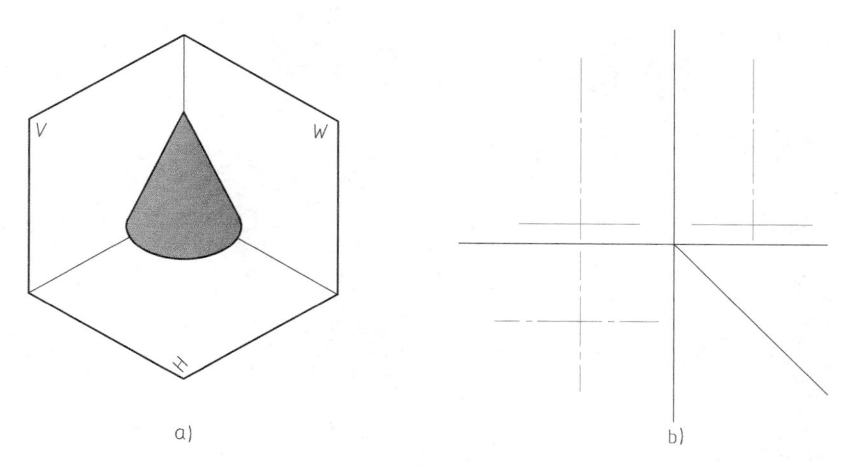


图 3-35　绘制基准线

2）画出基准线与辅助线，如图 3-35b 所示。

3）画出圆锥的俯视图。因圆锥的轴线垂直于水平面，底面平行于水平面，故在俯视图上的投影是一个圆，这个圆也是圆锥面的水平投影，如图 3-36b 所示。

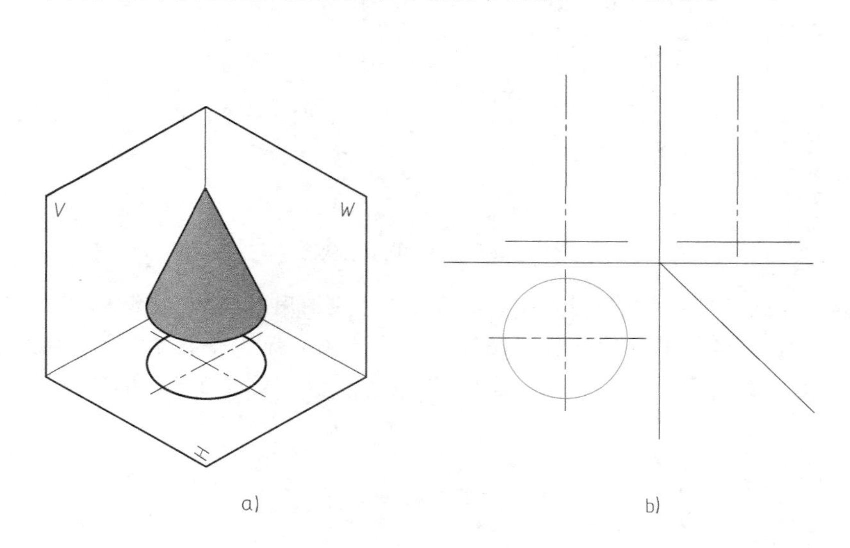


图 3-36　绘制圆锥俯视图

4）根据投影规律画出圆锥的主视图（此三角形代表了前半个圆锥面和后半个圆锥面，其中的前半个圆锥面可见，后半个圆锥面不可见），如图 3-37b 所示。

5）根据投影规律画出圆锥的左视图（此三角形代表了左半个圆锥面和右半个圆锥面，其中的左半个圆锥面可见，右半个圆锥面不可见），如图 3-38b 所示。

6）检查去除多余的线条，完成全图，如图 3-39 所示。

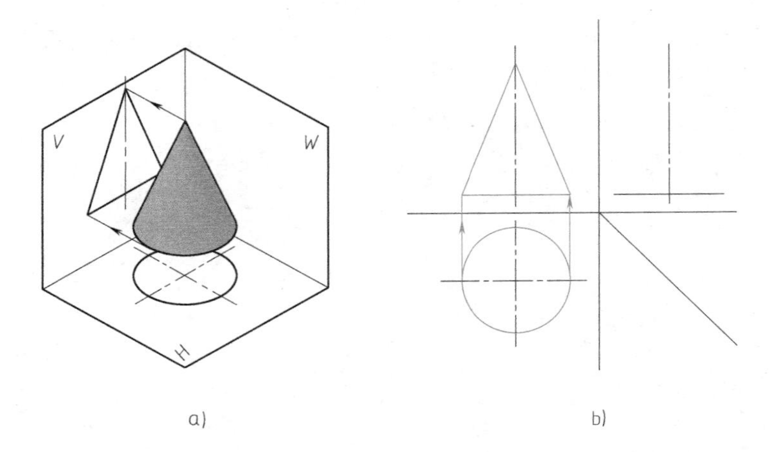


图 3-37　绘制圆锥主视图

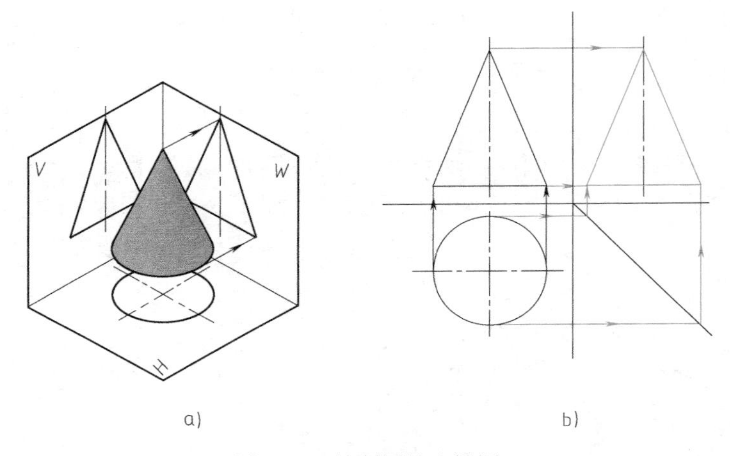


图 3-38　绘制圆锥左视图

7）根据形体的特征进行尺寸标注（主视图与左视图同时反映了物体的高，所以标注在主视图上，主、左、俯视图同时反映了圆锥的底面直径，标注在主视图上，因尺寸标注要尽可能集中在一两个视图上，并标注在反映特征的视图上），如图 3-40 所示。

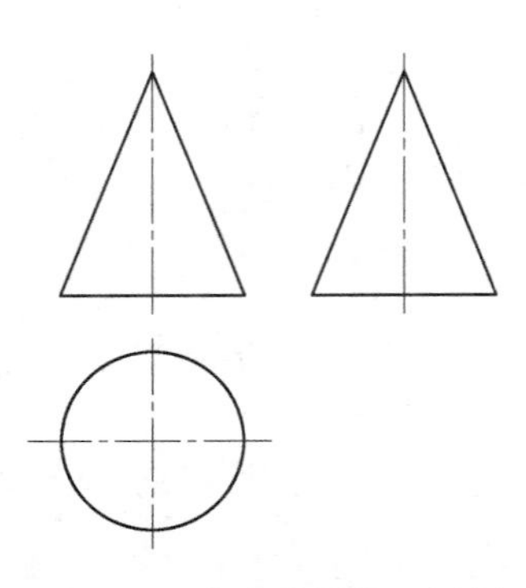

图 3-39　完成的圆锥三视图

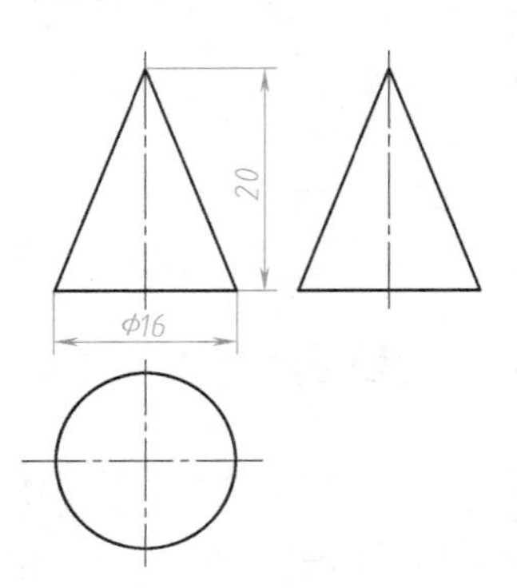


图 3-40　圆锥的尺寸标注

**四、圆锥体表面求点的投影**（任务四）

1）在 $V$ 面上过 $s'a'$ 作辅助线交底圆，其辅助交点的投影为 $d'$，如图 3-41 所示。

2）将 $D$ 向 $H$ 面投影，得 $d$ 点，连接 $sd$，$sd$ 为辅助线 $SD$ 在 $H$ 面上的投影，如图 3-42 所示。

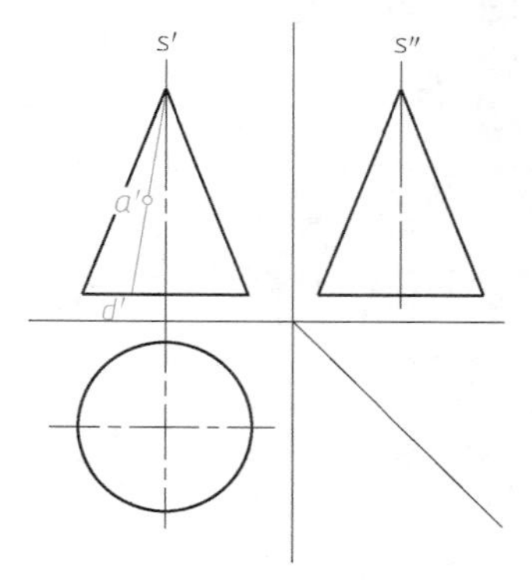


图 3-41　过锥顶作包含点 $a'$ 的素线 $s'd'$

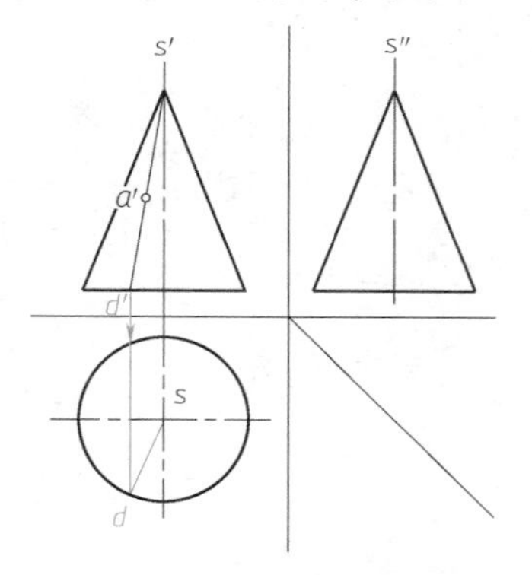


图 3-42　求 $d$ 点

3）将 $A$ 向 $H$ 面投影交 $sd$ 于 $a$，$a$ 即为所求（由于 $A$ 点在辅助线 $SD$ 上，则 $A$ 点的 $H$ 面投影也一定在 $SD$ 的水平面投影 $sd$ 上），如图 3-43 所示。

4）根据 $a'$ 和 $a$，求出 $a''$。根据高平齐由 $a'$ 作一水平线，根据宽相等由 $a$ 作一折线，与水平线相交于一点，该点即为 $a''$，如图 3-44 所示。

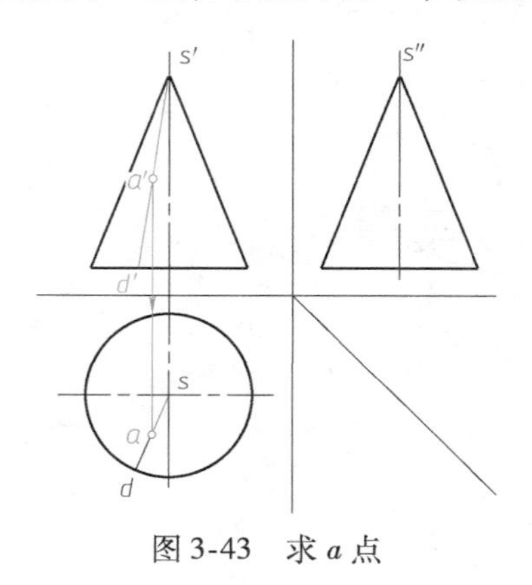


图 3-43　求 $a$ 点

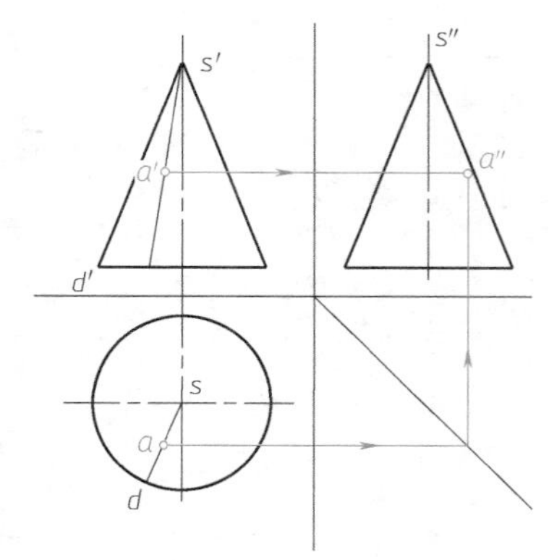


图 3-44　根据 $a'$ 和 $a$ 求 $a''$ 点

## 相关知识

**一、绘制球体的三视图**

1）把圆球放到三面投影体系中，如图 3-45a 所示。

2）画出圆球的三视图。由图 3-45a 可以看出，球的三面投影图都为等径圆，因此根据投影规律画出三个圆，就是圆球的三面投影如图 3-45b 所示。

**提示**：球的三个视图为等径的三个圆，但是它们所表达的含义却不相同，正面投影的圆线是前、后两半球面的分界线的投影，圆面是前后两半球面的投影，前半个球面可见，后半个球面不可见；水平投影的圆线是上、下两半球面的分界线的投影，圆面是上下两半球面的投影，上半个球面可见，下半个球面不可见；侧面投影的圆线是左、右两半球面的分界线的投影，圆面是左、右两半球面的投影，左半个球面可见，右半个球面不可见。

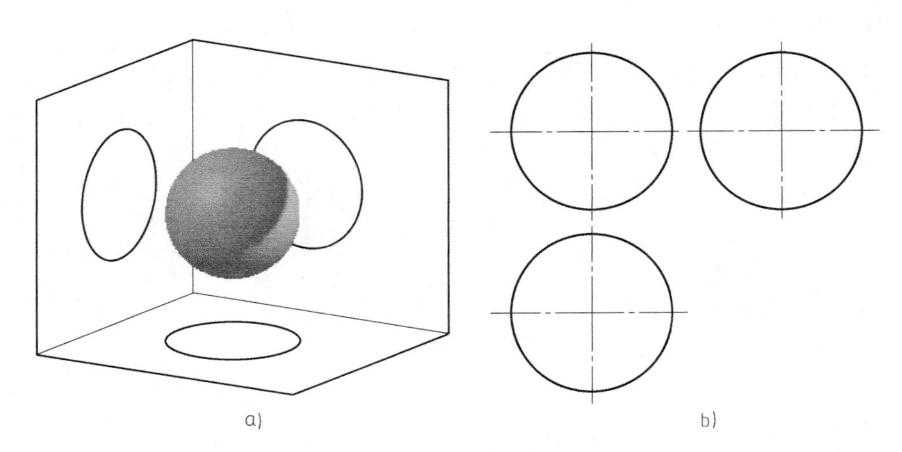


图 3-45　球的投影

## 二、直线的投影特性

### 1. 投影分析

根据“两点决定一直线”的几何定理，在绘制直线的投影图时，只要作出直线上任意两点的投影，再将两点的同面投影连接起来，即得到直线的三面投影图，如图 3-46 所示。

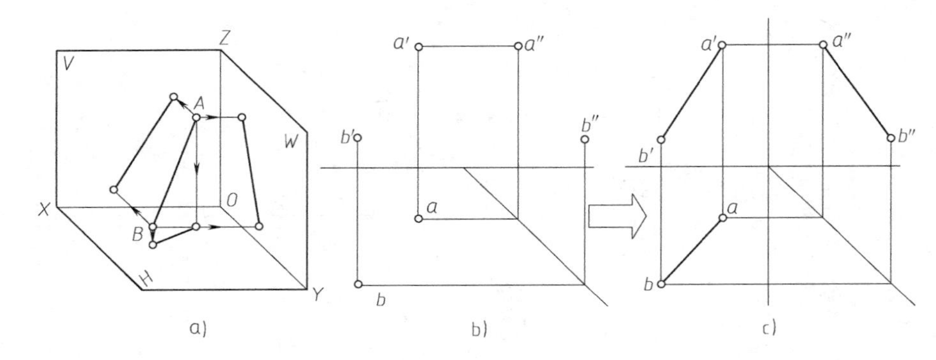


图 3-46　直线的三面投影

### 2. 直线的投影特性

直线相对投影面的位置，有以下三种情况：

（1）直线倾斜于投影面　当直线 *AB* 倾斜于投影面时，它在该投影面上的投影 *ab* 的长

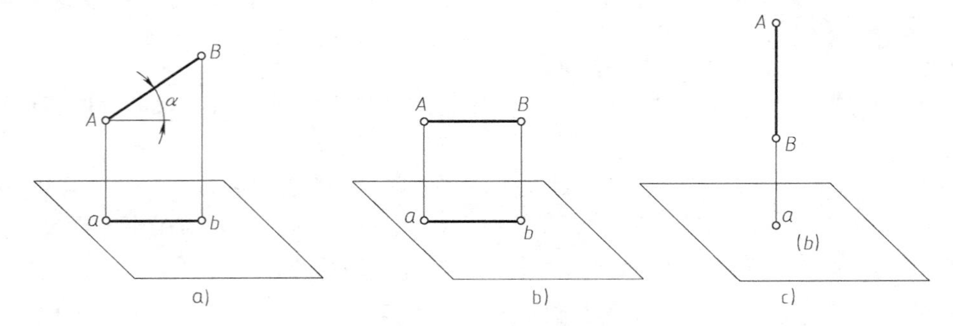


图 3-47　三种位置直线的投影特性

度一定比 $AB$ 的长度要短，这种性质称为收缩性，如图 3-47a 所示。

（2）直线平行于投影面　当直线 $AB$ 平行于投影面时，它在投影面上的投影 $ab$ 的长度一定等于 $AB$ 本身，这种性质称为真实性，如图 3-47b 所示。

（3）直线垂直于投影面　当直线 $AB$ 垂直于投影面时，它在该投影面上的投影 $ab$ 一定重合成一点，这种性质称为积聚性，如图 3-47c 所示。

## 拓展

### 基本体表面求点的原理和方法

1. 点、线、面的重属性原理（线包括直线和曲线，面包括平面和曲面）

若点 $A$ 在 $P$ 面上，那么 $A$ 点的投影一定在 $P$ 面的同面投影上；若 $A$ 点在线 $L$ 上，那么 $A$ 点的投影一定在线 $L$ 的同面投影上；若线 $L$ 在 $P$ 面上，那么线 $L$ 的投影一定在 $P$ 面的同面投影上，如图 3-48 所示。

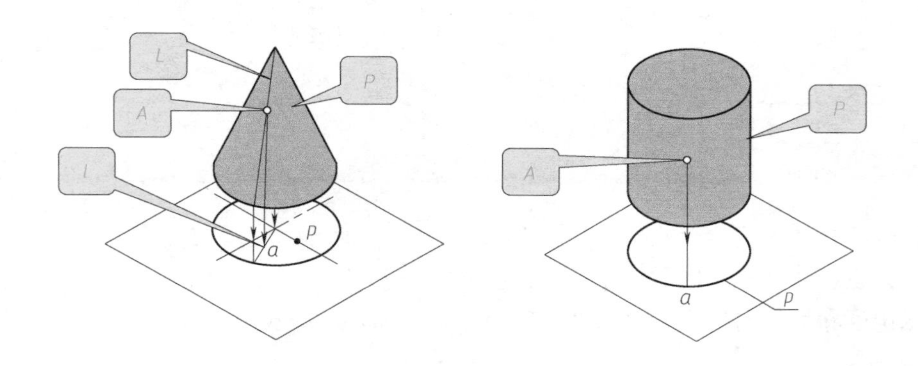


图 3-48　点、线、面的重属性原理

2. 基本体表面上求点的方法

（1）利用积聚性来求解　从点的已知投影出发，按投影关系先在该面的积聚性投影上找出点的投影，然后再按三等规律找出点的第三投影，如圆柱表面的求点。

（2）利用辅助线法求解　先在几何体表面上作一条通过该点的辅助线，分别作出该线的各面投影，再求作出点的投影，如圆锥表面求点。

## 学习效果评价

1. 通过评分标准以学生自我评价和教师评价相结合。
2. 练习中考查和巩固理论知识。
3. 操作中增强学生的学习兴趣，实物教学与多媒体教学相结合。
4. 本模块评价内容、评分标准及分值分配见表 3-2。

表 3-2　评价内容、评分标准及分值

| 评价内容 | 评分标准 | 分值 |
|---|---|---|
| 任务一 | 作图方法正确 | 5 |
| | 相关知识运用 | 15 |
| | 空间思维的形成和分析能力 | 10 |
| 任务二 | 作图的严谨性 | 5 |
| | 相关知识运用 | 15 |
| 任务三 | 绘图方法正确 | 5 |
| | 相关知识运用 | 15 |
| | 空间思维的形成和分析能力 | 10 |
| 任务四 | 作图的严谨性 | 5 |
| | 相关知识运用 | 15 |

# 模块三　绘制组合体三视图

## 学习目标

1. 理解组合体的组合形式。
2. 学会组合体三视图的画法。
3. 能识读和标注简单组合体尺寸。

## 工作任务

任务一：根据图 3-49a 所示的叠加类组合体画出其三视图。
任务二：根据图 3-50a 所示切割类组合体画出其三视图。
任务三：根据图 3-51a 所示综合类组合体画出其三视图。
任务四：对图 3-51b 的三视图进行尺寸标注，如图 3-52 所示。

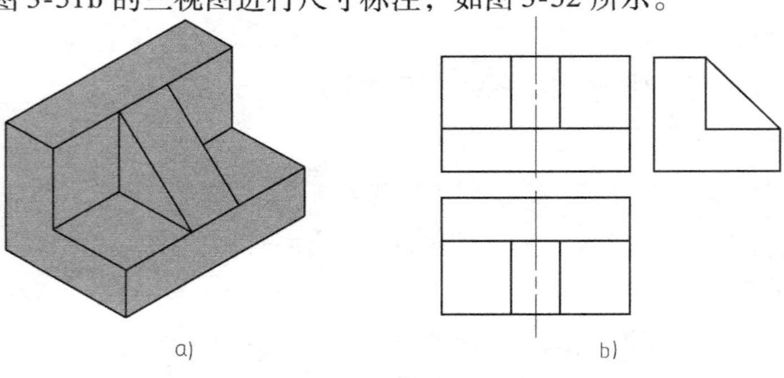


图 3-49　绘制叠加类组合体三视图
a）叠加类组合体立体图　b）三视图

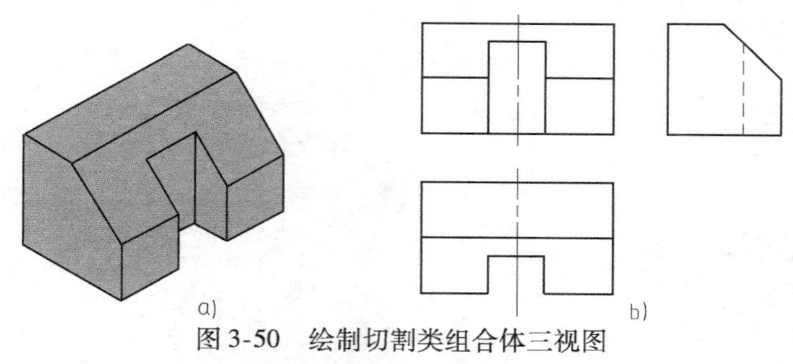


图 3-50　绘制切割类组合体三视图

a）切割类组合体立体图　b）三视图

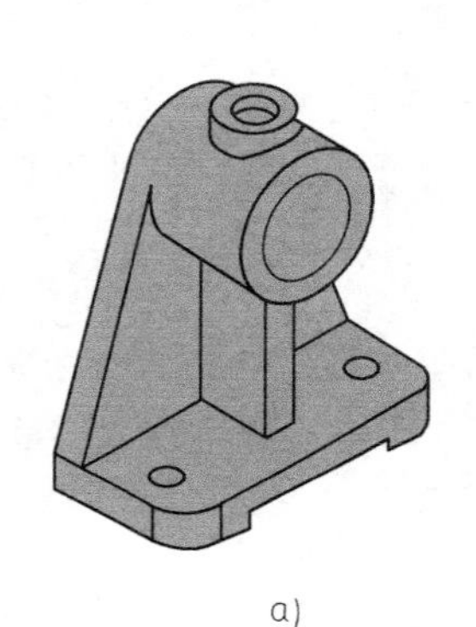

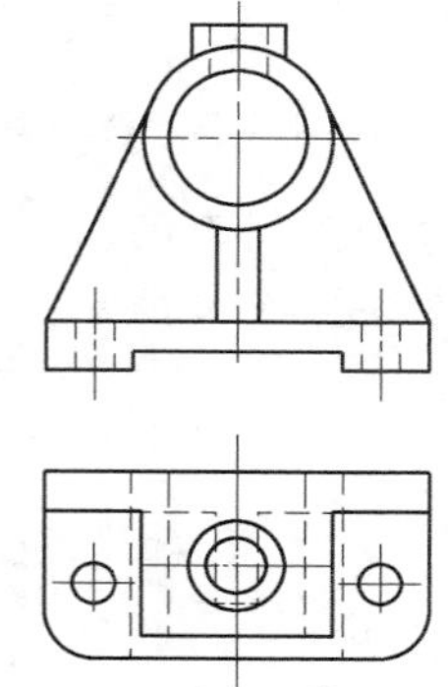

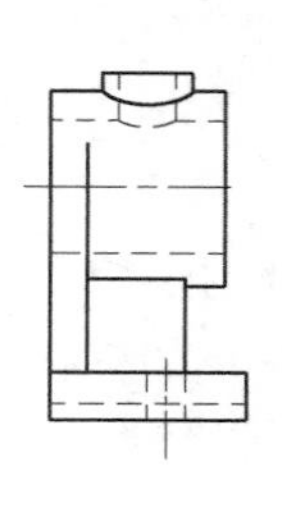


图 3-51　绘制综合类组合体三视图

a）综合类组合体　b）三视图

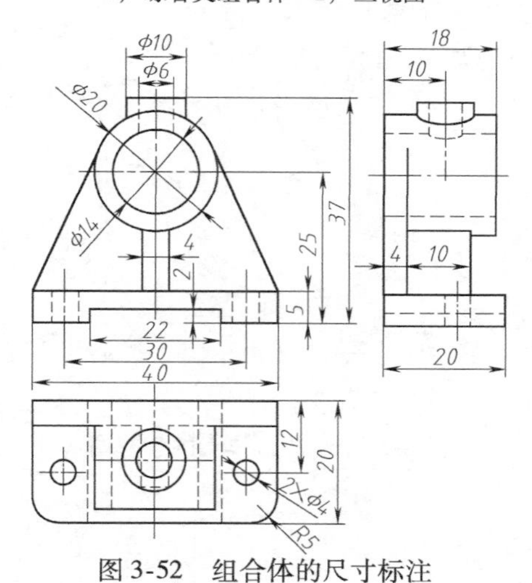


图 3-52　组合体的尺寸标注

## 任务实施

### 一、绘制叠加类组合体三视图（任务一）

1）形体分析。由图 3-53a 可知，该组合体由形体 1、形体 2、形体 3 以相贴的形式叠加而成，如图 3-53b 所示。

2）绘制基准线、中心线以确定视图间的位置，如图 3-54 所示。

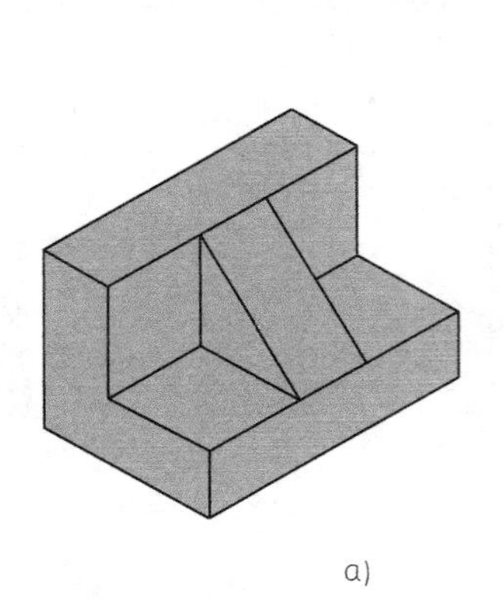

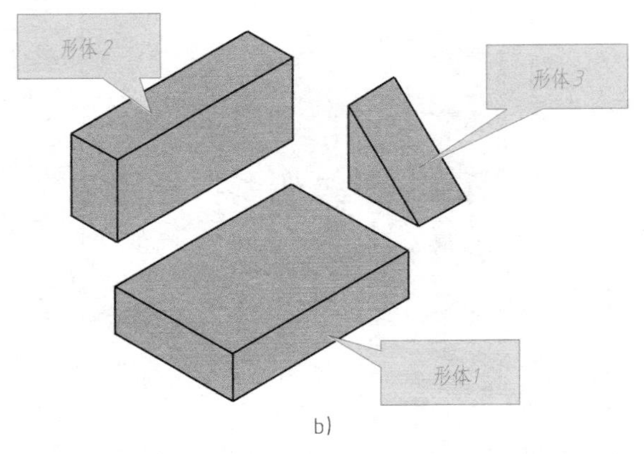


a) b)

图 3-53　叠加类组合体图形分析

3）根据图 3-55a 所选择的投射方向，画出形体 1（即长方体）的三视图，如图 3-55b 所示，三个视图应配合进行绘制（主、俯长对正，主、左高平齐，俯、左宽相等）。

4）根据形体 1 与形体 2 的相对位置，如图 3-56a 所示，画出形体 2 的三视图。

**提示：** 组合体组合时，若两形体表面共面，则视图中没有分界线，例如，形体 1 与形体 2 的左右两侧面共面，则相应视图中没有分界线；若两形体表面不共面，则在相应的视图中应画出分界线，例如，形体 1 的前面与形体 2 的前面不共面，则应画出分界线，如图3-56b所示。

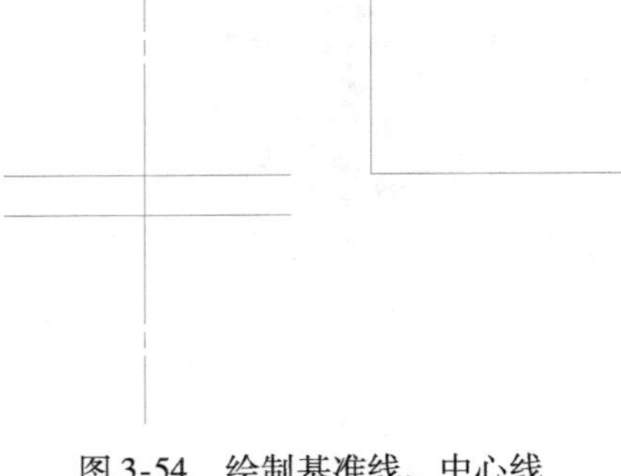

图 3-54　绘制基准线、中心线

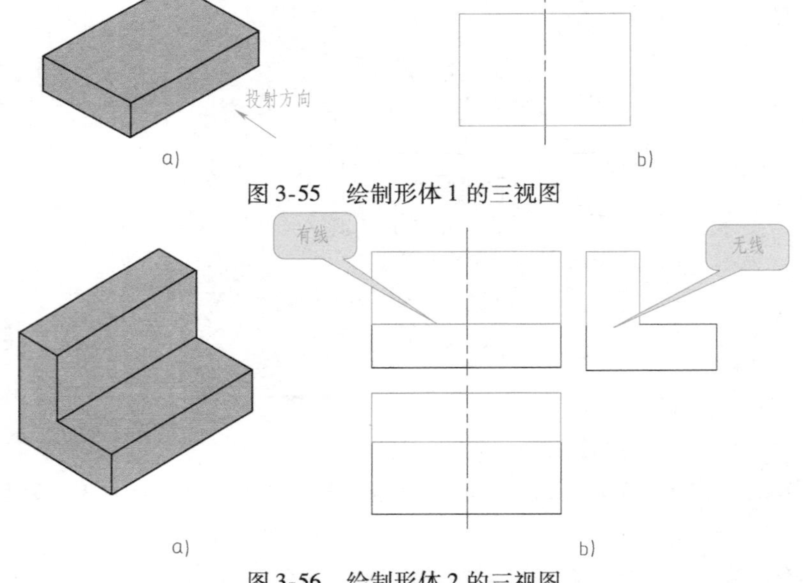


a) b)

图 3-55　绘制形体 1 的三视图

a) b)

图 3-56　绘制形体 2 的三视图

5）根据形体 1、形体 2、形体 3 的位置，如图 3-57a 所示，画出形体 3 的三视图，如图 3-57b所示。

6）检查后加深，如图 3-58 所示。

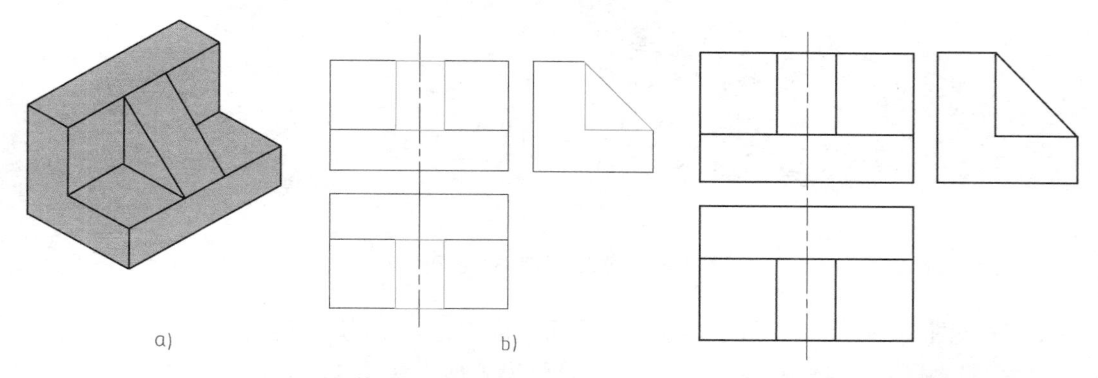

a)　b)

图 3-57　绘制形体 3 的三视图　　图 3-58　叠加类组合体的三视图

**二、绘制切割类组合体三视图**（任务二）

1）形体分析。由图 3-59a 可知，此组合体形体 1，是在一长方体上首先切去形体 2，然后切去形体 3 而形成，如图 3-59b 所示。

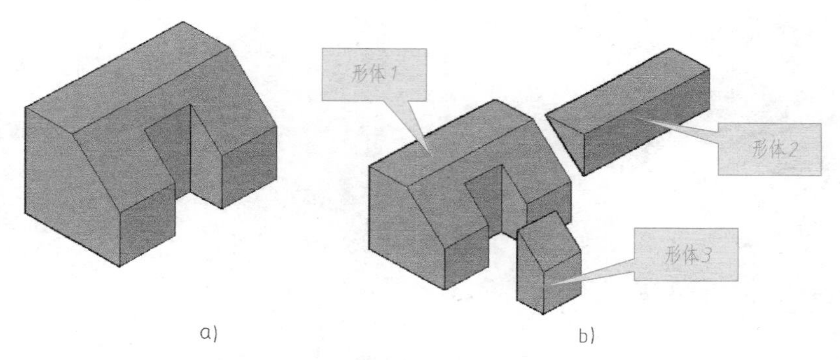


a)　b)

图 3-59　切割类组合体的形体分析

2）选投射方向。选择组合体主视图的投射方向，如图 3-60a 所示，画出基准线，确定图形间的位置，如图 3-60b 所示。

3）根据图 3-61a 所示，从形体 1 中切去形体 2，画出其三视图（先画特征视图即左视图，再根据左视图绘制主视图和俯视图），如图 3-61b 所示。

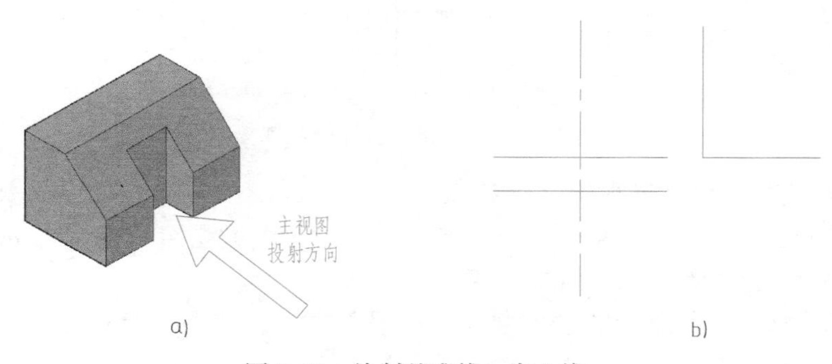


a)　b)

图 3-60　绘制基准线、中心线

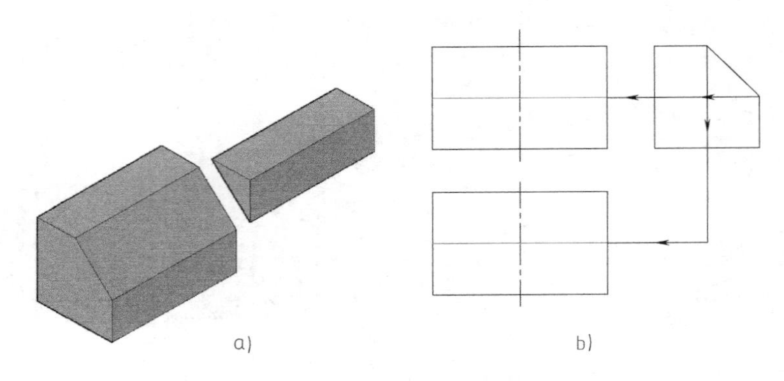


图 3-61　切去形体 2 后的三视图

4）根据图 3-62a 所示，从上述几何体中切去形体 3，画出其三视图。

**提示：**先画特征视图即俯视图，再根据俯视图绘制左视图与主视图，其结果如图 3-62b 所示。

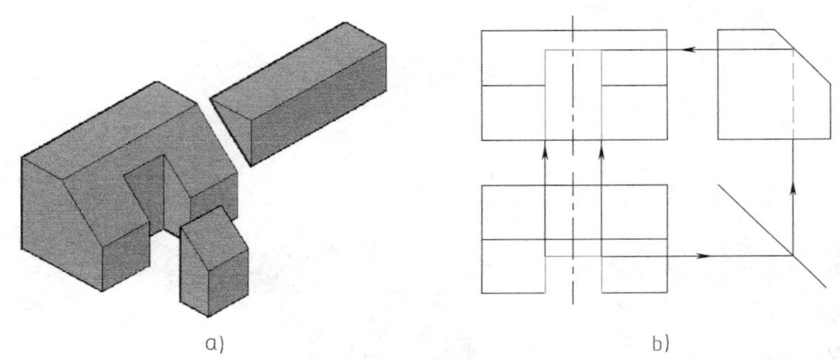


图 3-62　再切去形体 3 后的三视图

5）检查后加深，如图 3-63 所示。

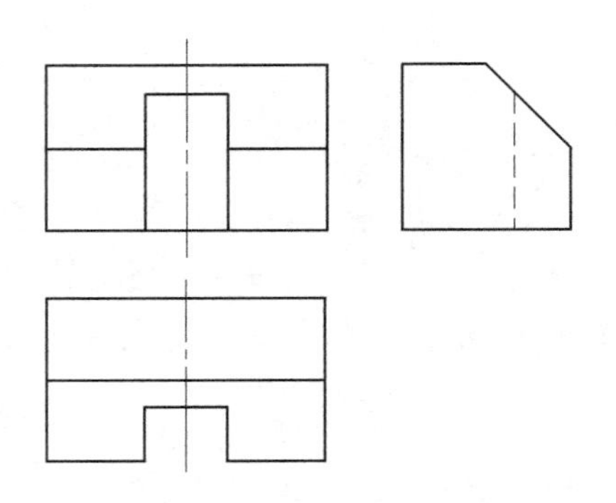

图 3-63　切割类组合体的三视图

**三、绘制综合类组合体三视图**（任务三）

1）形体分析。根据组合体的结构，如图 3-64a 所示，此组合体主要由底板、套筒、圆凸台、支撑板和加强肋板组成，如图 3-64b 所示。

2）根据组合体的结构特点，选择主视图的投射方向，如图 3-65a 所示，然后画出基准线，如图 3-65b 所示。

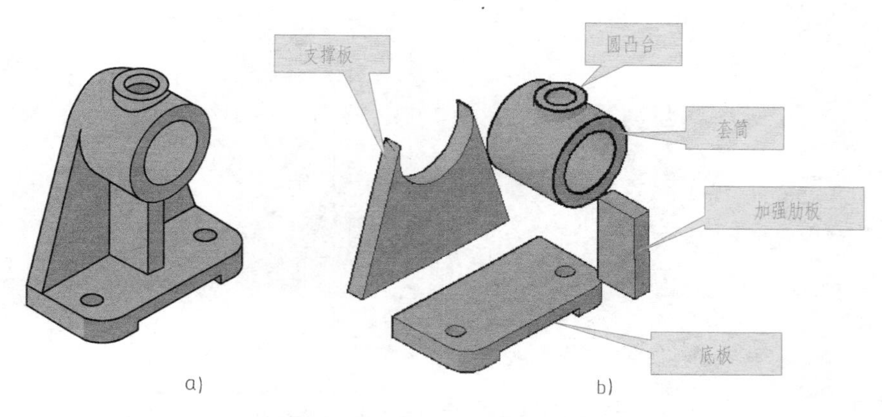


图 3-64　综合类组合体的形体分析

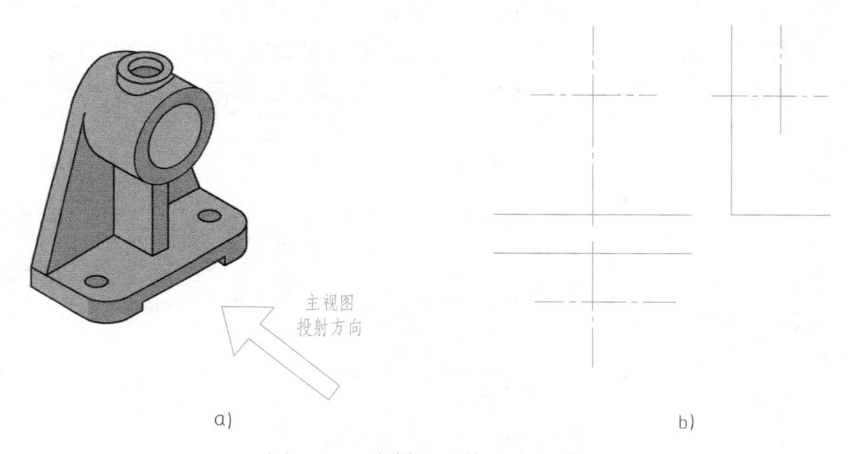


图 3-65　绘制基准线、中心线

3）首先根据底板的外形，如图 3-66a 所示，画出底板的三视图，如图 3-66b 所示。

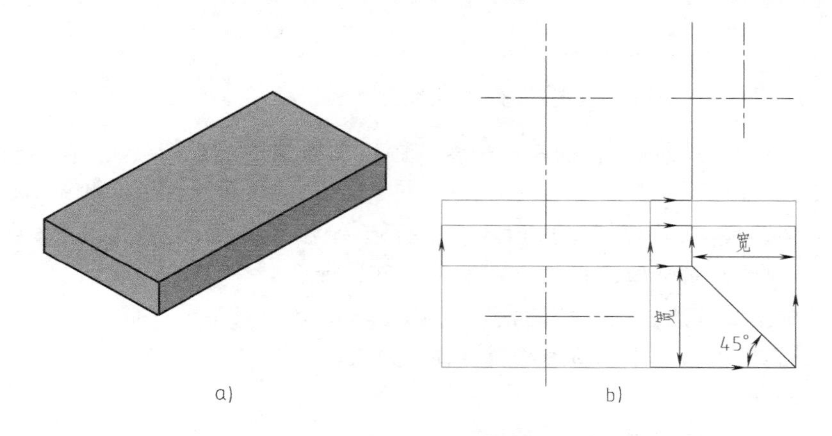


图 3-66　底板三视图的绘制

4）画出套筒、圆凸台三视图（先画特征视图——主视图，再依次绘制俯视图和左视图），如图 3-67b 所示。

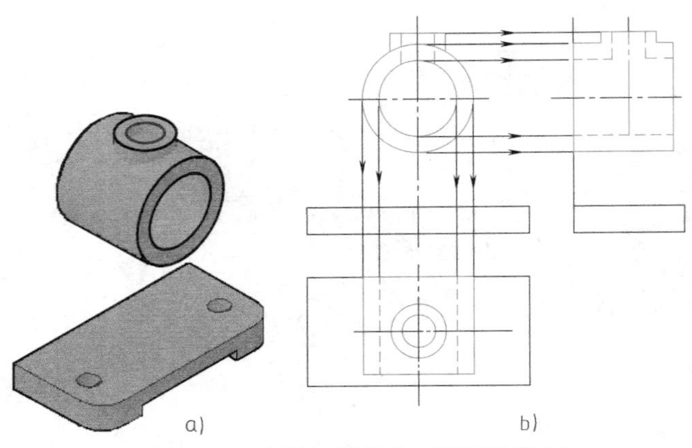

图 3-67　套筒、圆凸台三视图的绘制

5）由图 3-67a 可知，圆凸台与套筒垂直相交，两圆柱的外表面和两圆孔面分别相交，产生相贯线，其作图方法如图 3-68 所示。以大圆柱的半径为半径，两圆柱轮廓线的交点为圆心画弧，再以两弧的交点为圆心，以大圆柱的半径为半径，向着大圆柱轴线弯曲画弧。

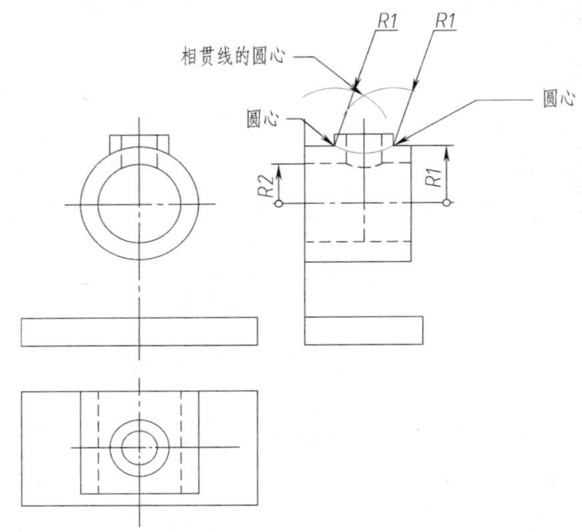

图 3-68　相贯线的简化画法

6）根据支撑板与底板和圆柱的相对位置，画出支撑板的三视图（先画特征视图——主视图），如图 3-69b 所示。

7）根据加强肋板与其余部分的相对位置关系，画出加强肋板的三视图（先画主视图，再画俯视图和左视图，同时保证宽相等）如图 3-70b 所示。

8）画出底板上的圆角、圆孔和通槽（圆孔先基准线，然后再画特征视图——俯视图，最后画其他视图。底板长方槽先画主视图再画其他视图）如图 3-71 所示。

9）检查全图并加深，如图 3-72 所示。

**四、对三视图进行尺寸标注（任务四）**

1）分析形体，选择基准。组合体具有长、宽、高三个方向的尺寸基准，图 3-72 所示轴承座的尺寸基准是长度方向尺寸以对称面为基准，宽度方向尺寸以后端面为基准，高度方向尺寸以底面为基准，如图 3-73 所示。

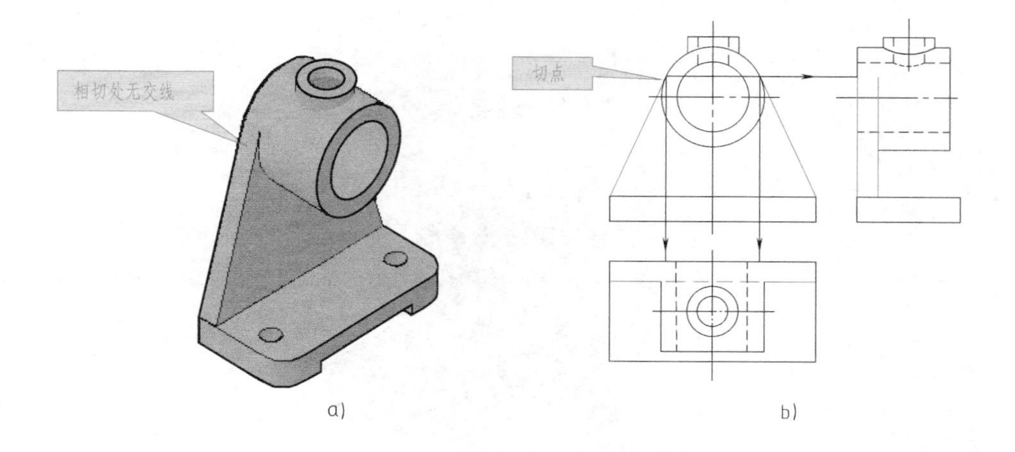


图 3-69　支撑板三视图的绘制

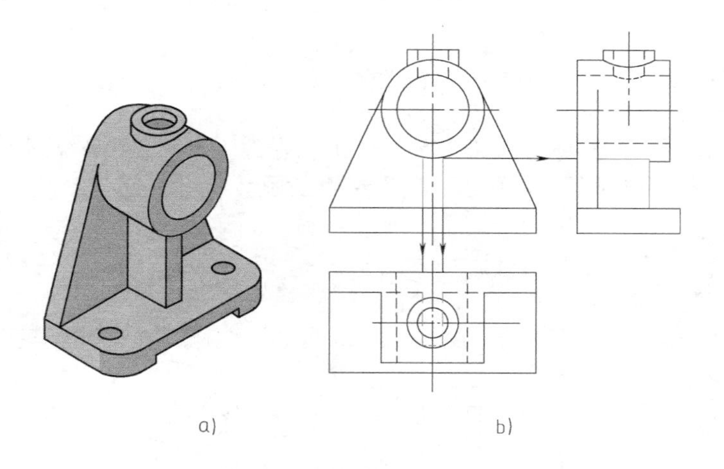


图 3-70　加强肋板三视图的绘制

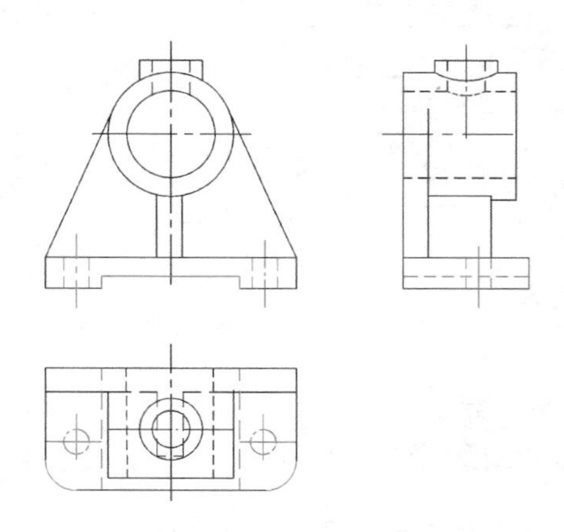

图 3-71　完成底板三视图的绘制

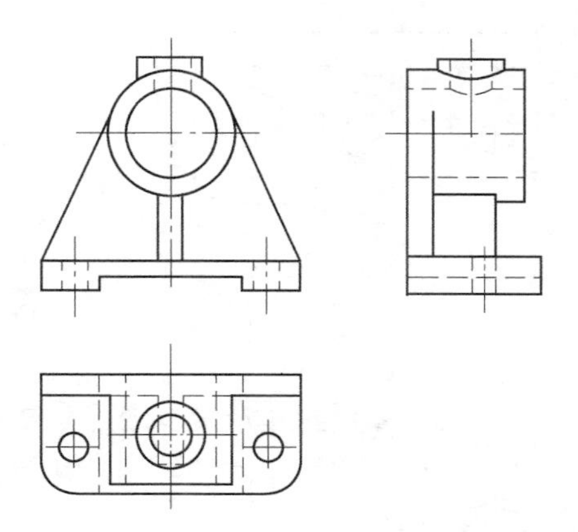

图 3-72　综合类组合体的三视图

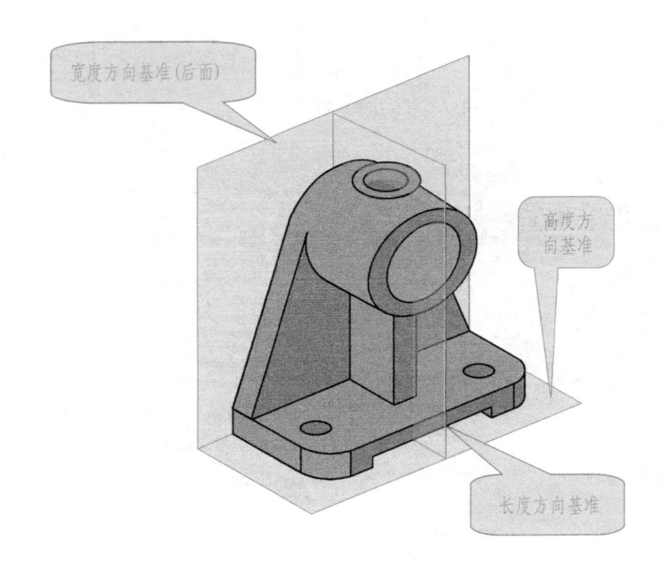


图 3-73　确定组合体的尺寸基准

2）首先对底板进行尺寸标注（集中标注在主、俯视图上），如图 3-74 所示。

3）对套筒和圆凸台进行尺寸标注，如图 3-75 所示。

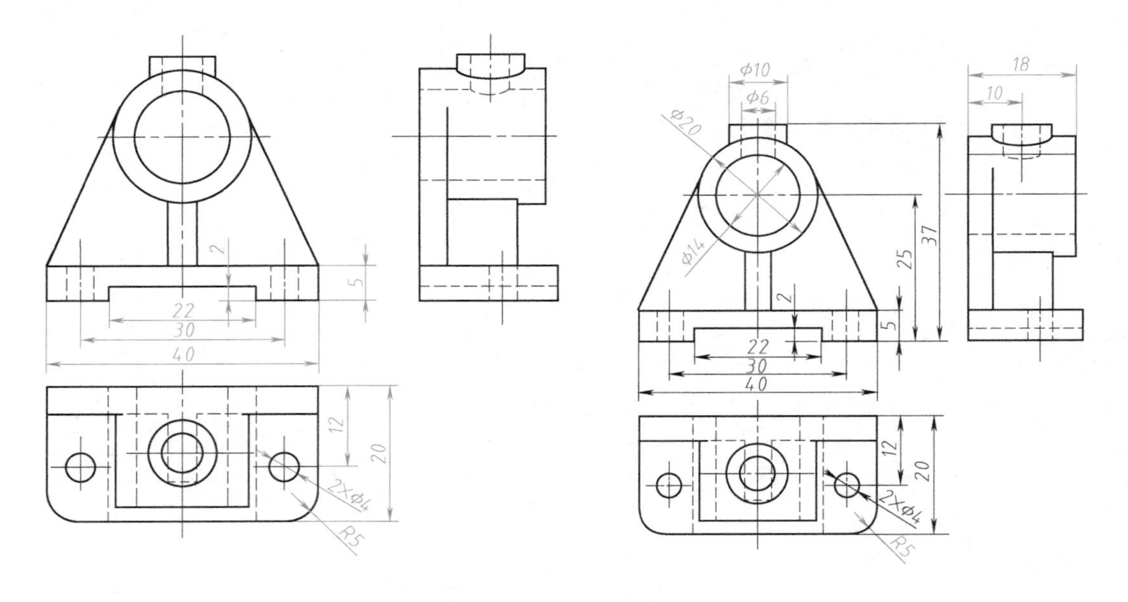


图 3-74　底板的尺寸标注　　　　图 3-75　套筒与圆凸台的尺寸标注

4）对支撑板和加强肋板进行尺寸标注，如图 3-76 所示。

5）从长、宽、高三个方向分别标注各基本形体相对组合体基准的定位尺寸及总体尺寸，如图 3-77 所示。

6）检查并调整尺寸位置，完成全图。

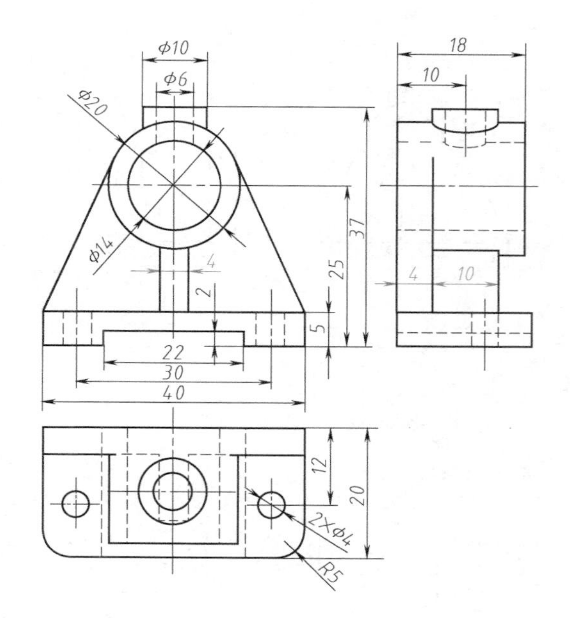


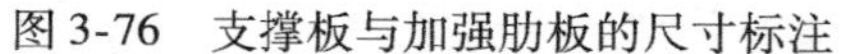
图 3-76　支撑板与加强肋板的尺寸标注

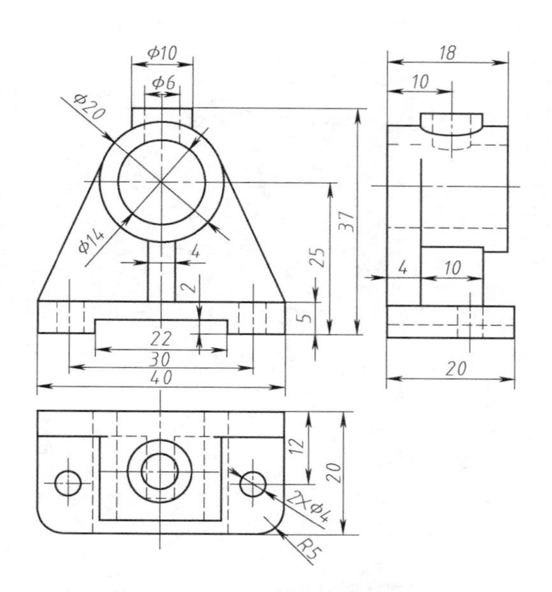


图 3-77　完成的组合体的尺寸标注

## 相关知识

1. 组合体的种类

按组合方式不同，组合体可以分为叠加类组合体、切割类组合体和综合类组合体三种。

2. 组合体表面的连接关系

无论组合体是怎样形成的，其基本形体间的表面都存在一定的连接关系。

（1）共面与不共面　若两个基本体叠加时，两平面共面，则它们之间不存在分界线；若两个基本体叠加时，除叠合处表面重合外，没有公共表面，则在视图中两个基本体之间有分界线，如图 3-78 所示。

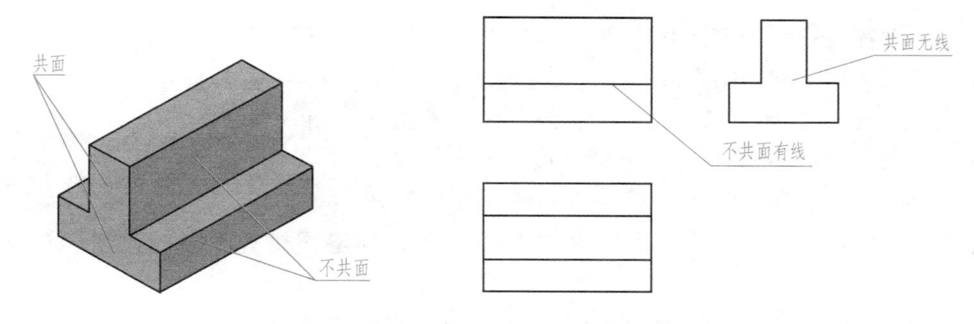


图 3-78　形体表面连接关系——不共面、共面的画法

（2）相切　若两个基本体的相邻表面光滑过渡（即相切），则相切处不存在轮廓线，在视图上一般不画分界线，如图 3-79 所示。

（3）相交　若两个基本体表面相交产生交线（截交线或相贯线），在视图中应画出交线的投影，如图 3-80 所示。

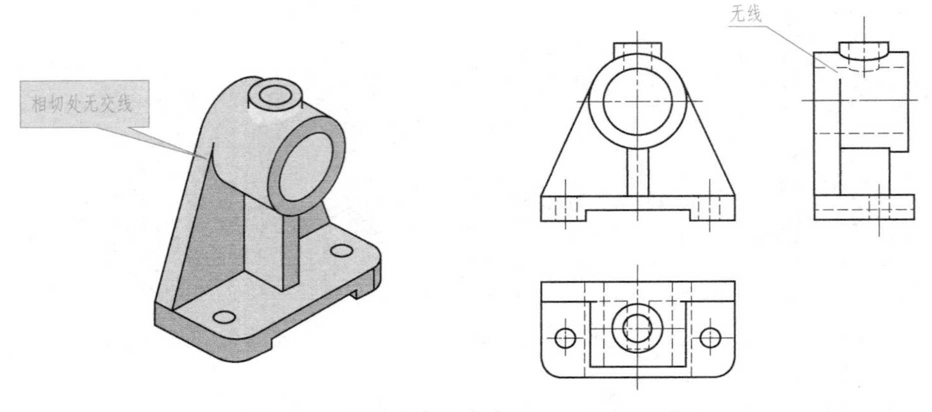


图 3-79　形体表面连接关系——相切的画法

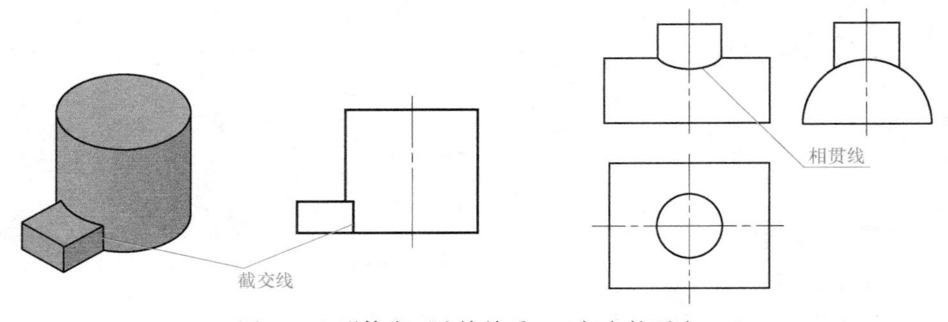


图 3-80　形体表面连接关系——相交的画法

3. 相贯线的简化画法

当两圆柱直径正交且直径不等时，相贯线的投影可采用简化画法，如图 3-81 所示，相贯线的正面投影以大圆柱的半径为半径画圆弧来代替，并向大圆柱内弯曲。

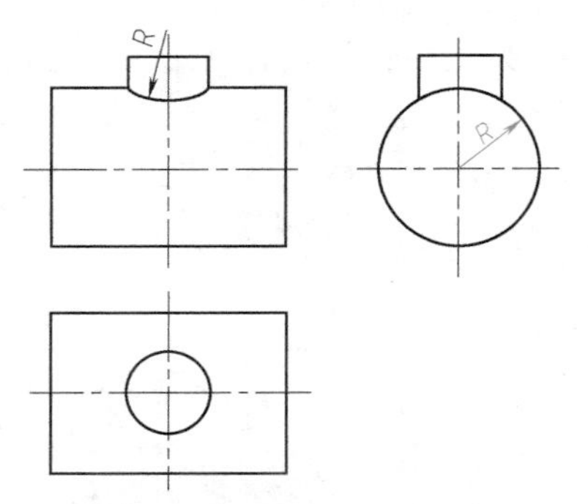


图 3-81　相贯线的简化画法

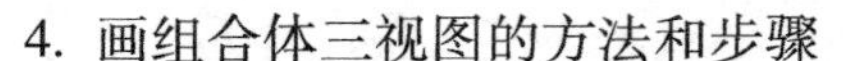

4. 画组合体三视图的方法和步骤

（1）画组合体三视图的方法

1）形体分析。具体方法是先把组合体分解为若干基本形体（化繁为简），并确定它们的组合形式及相邻表面间的连接关系，逐个画出各个简单基本体的三视图，而后组合而成组合体三视图，并考虑组合体的组合形式确定连接处线段的取舍，如图 3-82 所示。

2）线面分析法。运用线、面的投影规律，分析视图中的点、线条、线框的空间含义、空间位置，逐个找出其对应的点、线条、线框的另外投影，完成三视图。

形体上每一个几何元素（点、线条、线框）在三个视图中均有其投影。

① 相邻视图中对应的一对线框，若为同一平面的投影，它们必定是类似形，如图 3-83 所示的 $p'$ 与 $p''$ 为类似形、$f''$ 与 $f'$ 为类似形，都是同一平面的投影。

② 相邻视图中的对应投影无类似形，则必定积聚成线。$p$ 面在俯视图中没有与其形状类

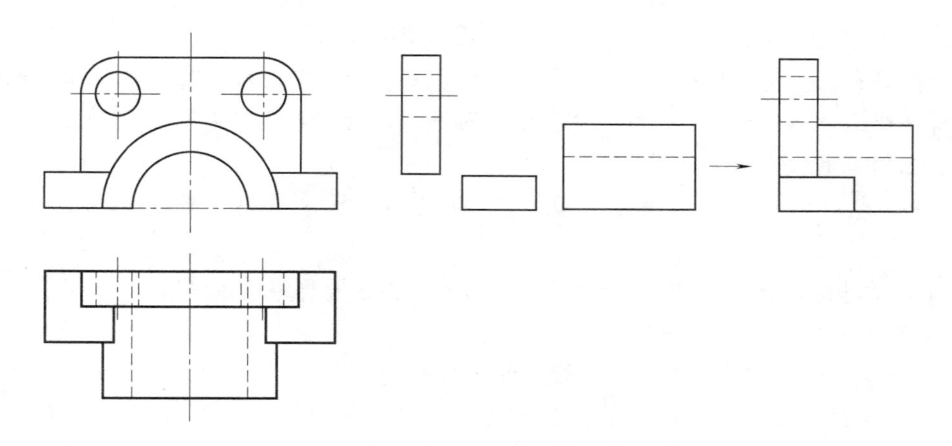

图 3-82　组合体三视图的画法

似的投影，则积聚为一条线，$g$ 面在左视图中有反映其形状的投影，但在主视图和俯视图中没有与其形状类似的投影，则积聚为一条线。

（2）选择主视图　确定主视图的投射方向和主视图的位置。

（3）作图步骤

1）布图、画出基准线（画出画图时测量尺寸的基准，每个视图需确定两个方向基准线）。

2）用较轻细实线逐个画出各形体三视图的底图（先主后次、先大后小、先实后空，三个视图联系起来画，要符合三视图的投影规律）。

3）检查、描深。

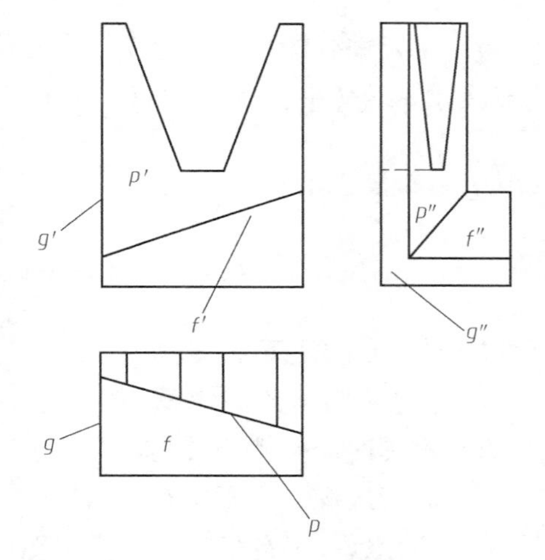


图 3-83　形体上几何元素分析

5. 组合体的尺寸标注

（1）尺寸标注的基本要求——正确、齐全、清晰

1）正确是指要严格遵守国家标准《机械制图　尺寸注法》（GB/T 4458.4—2003）的基本规则和方法。

2）齐全是指尺寸标注既无遗漏，又不重复，既要注出各基本形体的大小尺寸，又要注出确定它们之间的相对位置尺寸（即定形尺寸和定位尺寸）。

3）清晰是指尺寸布置要整齐、美观、清楚，便于看图。

（2）尺寸的分类　尺寸可分为定形尺寸、定位尺寸、总体尺寸。

1）定形尺寸表示各基本几何体大小（长、宽、高）的尺寸。

2）定位尺寸表示各基本几何体之间相对位置（上下、左右、前后）的位置尺寸。

3）总体尺寸表示组合体总长、总宽、总高的尺寸。

（3）基本方法　标注的基本方法是形体分析法，该方法就是将组合体分解为若干个基本形体，然后注出这些基本形体的定形尺寸，再逐个地注出确定各基本形体位置关系的定位尺寸，最后注出组合体的总体尺寸。

（4）尺寸基准　标注尺寸的起点称尺寸基准（简称基准）。

组合体具有长、宽、高三个方向的尺寸，标注每一个方向的尺寸都应先选择好基准。标注时通常选择组合体的底面、端面、对称面、轴线、对称中心线作为基准。

（5）尺寸布置

1）各基本形体的定形尺寸和有关的定位尺寸，要尽量集中标注在一个或两个视图上。

2）尺寸尽量标注在形体特征最明显的视图上，要尽量避免注在虚线上。

3）对称的尺寸，一般应按对称要求标注。

4）尺寸应尽量注在视图外边，布置在两个视图之间。

5）圆的直径一般注在投影为非圆的视图上，圆弧的半径则应注在投影为圆弧的视图上。相同直径的几个小孔的尺寸，应在直径“$\phi$”前加注孔数及乘号。相同的圆角一般只注一次。

6）平行并列的尺寸，应使较小的尺寸靠近视图，较大的尺寸依次向外分布，以免尺寸线与尺寸界线交错。

## 拓展

### 组合体视图的识读

1. 看图时的注意事项

1）几个视图配合起来看图。

2）看图时应抓特征视图。

3）轮廓线虚、实不同对形体的影响。

4）应用线、面分析法，弄懂视图中点、线、面的空间含义和空间位置。

2. 看图的基本方法

（1）形体分析法　形体分析法是读图的基本方法，根据基本形体的投影特征，找出面和面的对应关系，将组合体分成几个部分，明确其表面连接关系，逐个想象出各个部分的形状，再将它们组合起来，综合而成一个完整的组合体。

（2）线面分析法　线面分析法是运用点、线、面的投影规律，读懂视图中点、线、面的空间含义，想象物体各表面的形状和相对位置，解决看图的难点，从而看懂组合体的视图。

线面分析法是建立在形体分析法的基础上，针对复杂面（线框）很难想象其空间结构而采用的视图分析方法。

## 学习效果评价

1. 以学生自评、互评和教师评价相结合，每一个工作任务都应有相应的成绩。

2. 要求学生独立或分小组完成工作任务，理论与实践相结合。

3. 本模块的评价内容、评分标准及分值分配见表3-3。

**表 3-3　评价内容、评分标准及分值**

| 评价内容 | 评分标准 | 分　值 |
|---|---|---|
| 任务一 | 绘图步骤正确 | 5 |
| | 相关知识运用 | 5 |
| | 空间思维的形成和分析能力 | 10 |
| 任务二 | 绘图步骤正确 | 5 |
| | 相关知识运用 | 5 |
| | 空间思维的形成和分析能力 | 10 |
| 任务三 | 绘图步骤正确 | 5 |
| | 相关知识运用 | 5 |
| | 空间思维的形成和分析能力 | 10 |
| 任务四 | 能按照尺寸标注的基本规定进行标注 | 10 |
| | 能正确、齐全、清晰地标注 | 10 |
| 图面质量 | 布局合理 | 5 |
| | 图线符合国家标准要求 | 10 |
| | 图面整洁 | 5 |

# 模块四　绘制轴测图

## 学习目标

1. 了解轴测投影的基本概念、轴测投影的特性和常用轴测图的种类。
2. 了解正等测图的画法。
3. 了解圆平面在同一方向上的斜二测画法。

## 工作任务

任务一：绘制图 3-84 所示的平面几何体的正等测图。

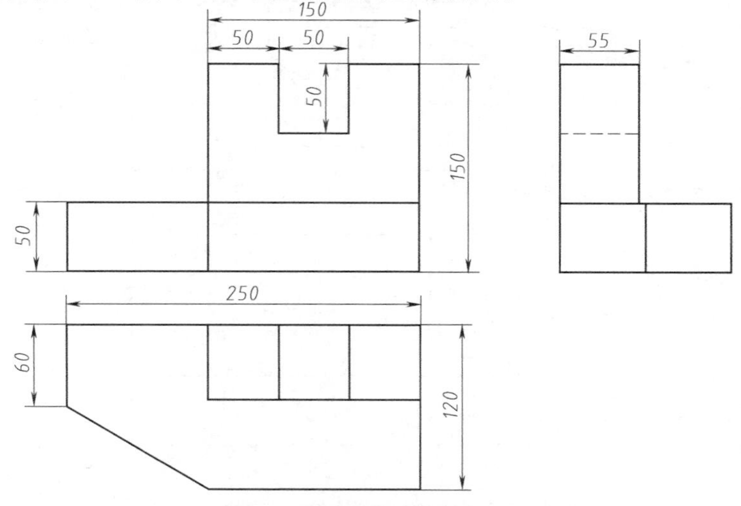


图 3-84　绘制平面几何体的正等测图

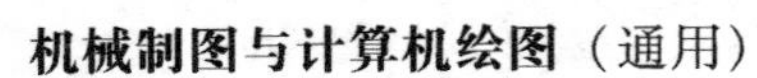


任务二：绘制图 3-85 所示的曲面几何体的正等测图。

任务三：绘制图 3-86 所示的几何体的斜二测图。

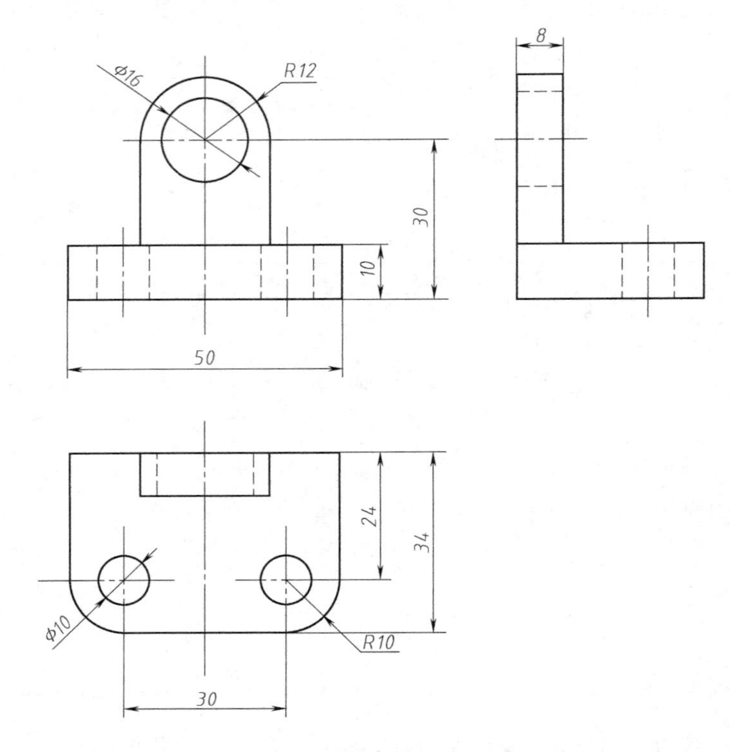


图 3-85　绘制曲面几何体的正等测图

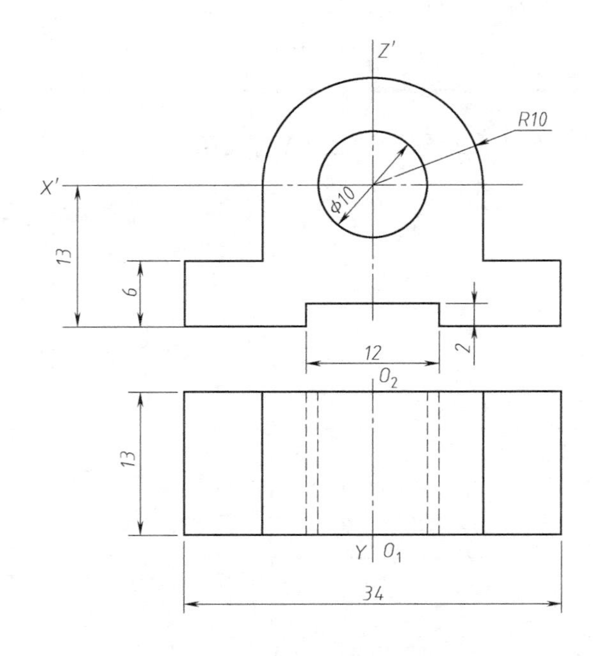


图 3-86　绘制几何体的斜二测图

## 任务实施

**一、绘制平面几何体的正等测图**（任务一）

1）定出坐标原点及坐标轴，如图 3-87a 所示。

2）绘制轴测轴 *X*、*Y*、*Z*。*Z* 轴垂直绘制，*X*、*Y* 轴与水平线成 30°夹角（即每两轴之间的夹角为 120°），如图3-87b所示。

3）绘制长方体底板的正等测图。

① 根据三视图尺寸 250mm、120mm、50mm 按 1:1 的绘图比例画出长方体的轴测图，如图 3-87b 所示。

② 根据三视图尺寸 60mm、150mm 定出斜面上线段端点的位置，并连成平行四边形，如图 3-87c 所示。

③ 擦去多余的线条，如图 3-87d 所示。

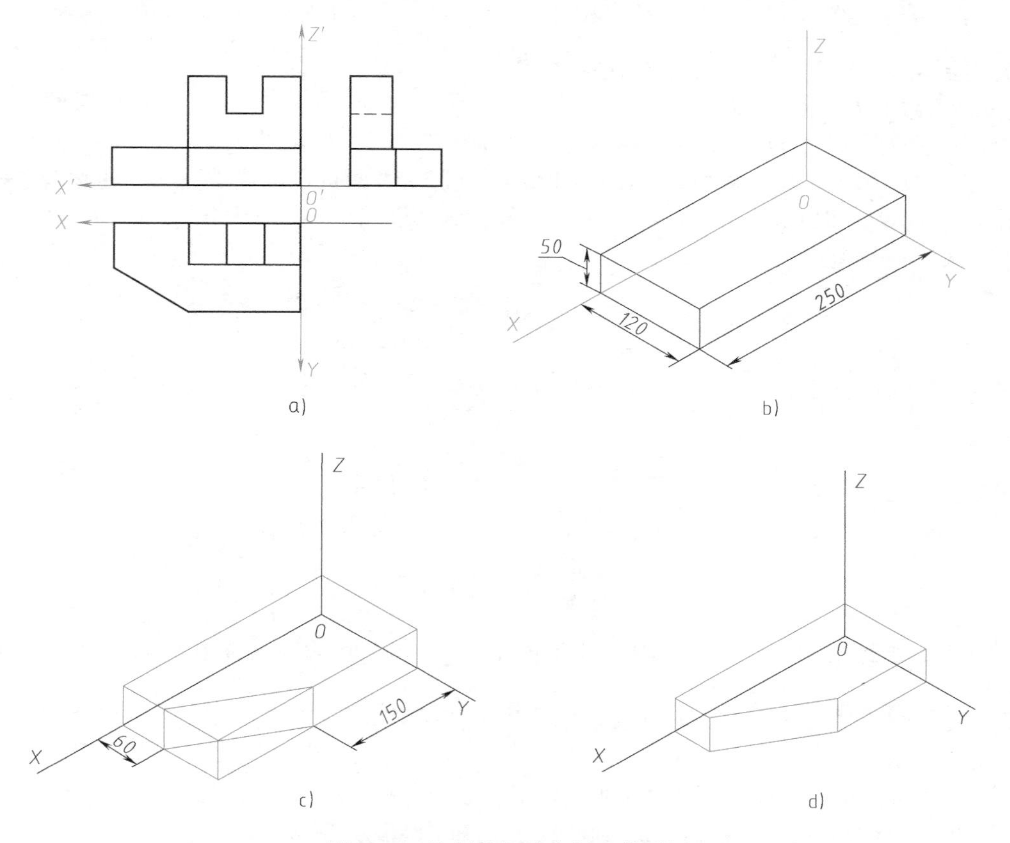


图 3-87　绘制几何体底板正等测图

4）根据三视图中的尺寸 50mm、55mm、150mm 画出右后侧带槽立板的正等测图，如图 3-88 所示。

5）擦去不必要的图线，描深轮廓线，即得所求正等测图，如图 3-89 所示。

**二、绘制曲面几何体的正等测图**（任务二）

1）根据三视图先画出支架（方角）的正等轴测图，如图 3-90 所示。

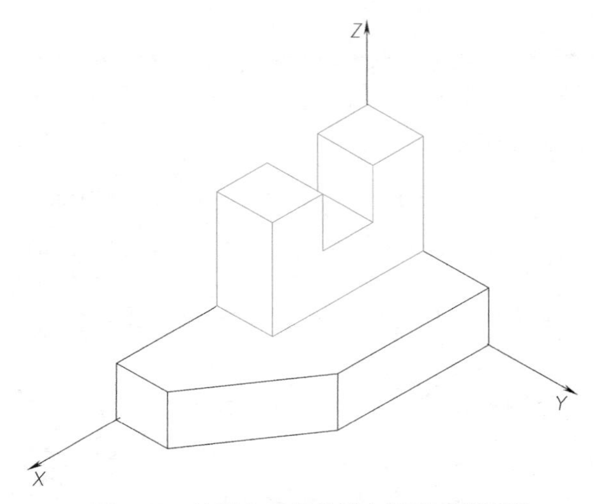


图 3-88　绘制右后侧带槽立板的正等测图

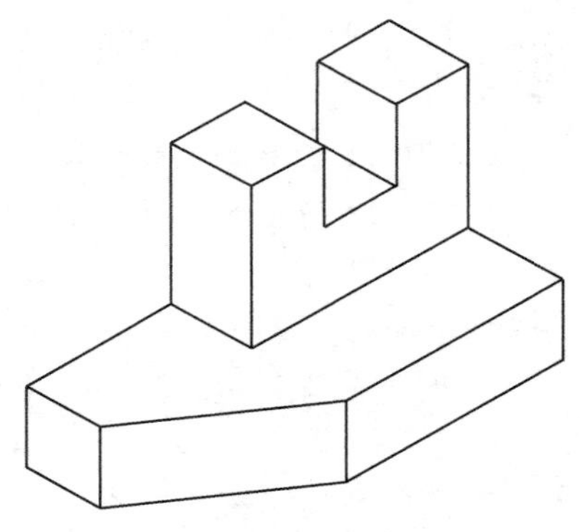

图 3-89　平面几何体正等测图

2）绘制水平板上的四个圆角的轴测图。

① 在直线 $AB$ 和 $AC$ 上截取 $A1 = A2 = 10$mm。过 1、2 两点分别作 $AB$、$AC$ 的垂线，两垂线相交与一点 $O$。以 $O$ 点为圆心，$O1$ 为半径，画圆弧将 1、2 两点相连。

② 在直线 $CA$ 和 $CD$ 上截取 $C3 = C4 = 10$mm。过 3、4 两点分别作 $CA$、$CD$ 的垂线，两垂线相交与一点 $O_1$。以 $O_1$ 点为圆心，$O_13$ 为半径，画圆弧将 3、4 两点相连，如图 3-91 所示。

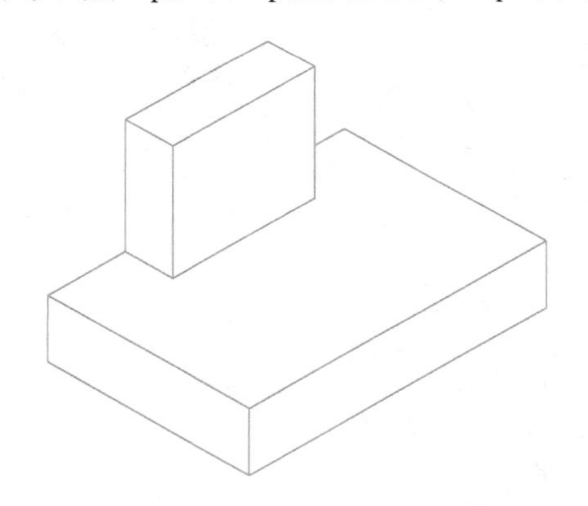

图 3-90　绘制支架（方角）几何体的正等测图

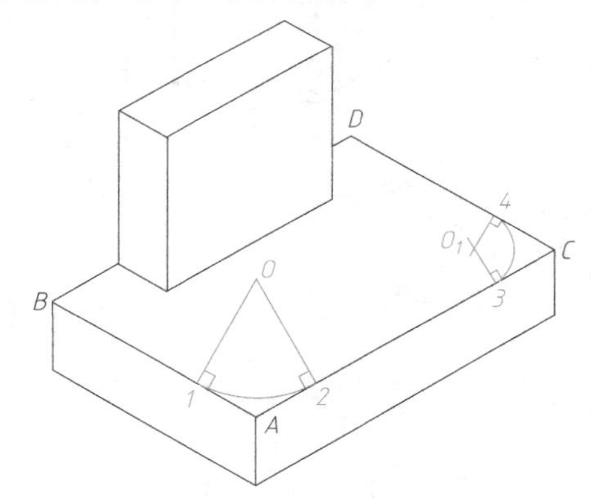


图 3-91　绘制水平板上的四个圆角（一）

3）应用圆心平移法，将圆心和切点向厚度方向平移 $h = 10$mm，即可画出相同部分圆角的轴测图，如图 3-92 所示。

4）在俯视图中作 $\phi10$mm 圆的外切正方形，切点为 1、2、3、4，如图 3-93 所示。

5）在底板轴测图上，从 $\phi10$mm 圆心位置沿轴向量取 10mm 得切点 1、2、3、4，过这些点分别作 $X$、$Y$ 轴的平行线，即得正方形的轴测图——菱形，如图 3-94 所示。

6）过切点 1、2、3、4 作菱形相应各边的垂线，它们的交点 $O_1$、$O_2$、$O_3$、$O_4$ 就是画近似椭圆的圆心，如图 3-95 所示。

7）用四段圆弧连成椭圆，以 $O_41 = O_42 = O_23 = O_24$ 为半径，以 $O_4$、$O_2$ 为圆心画出大圆弧 12、34；以 $O_11 = O_14 = O_32 = O_33$ 为半径，以 $O_1$、$O_3$ 为圆心，画出小圆弧 14、23，完成 $\phi10$mm 圆的轴测图，如图 3-96 所示。

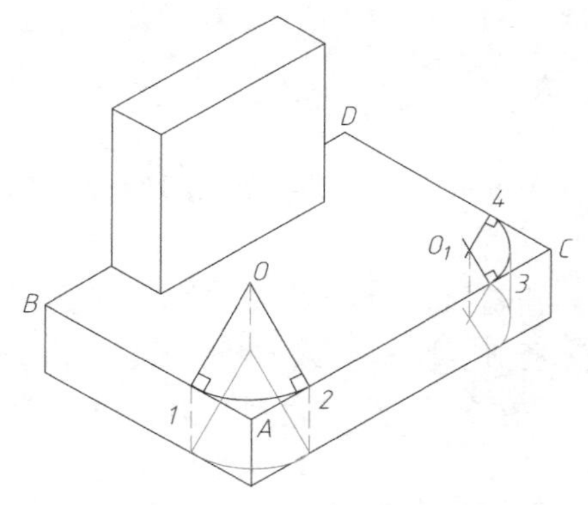


图 3-92　绘制水平板上的四个圆角（二）

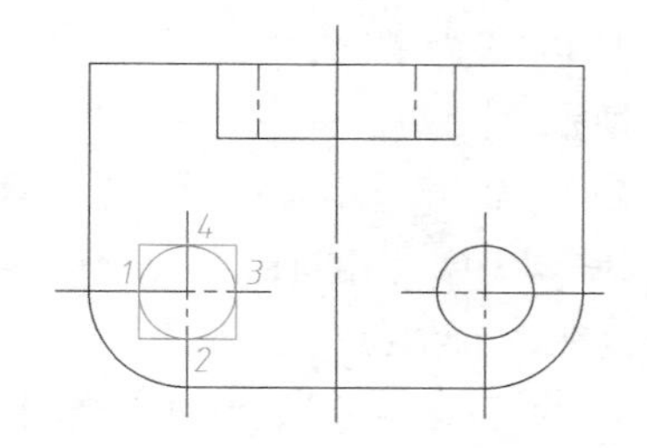


图 3-93　绘制圆孔的正等测图（一）

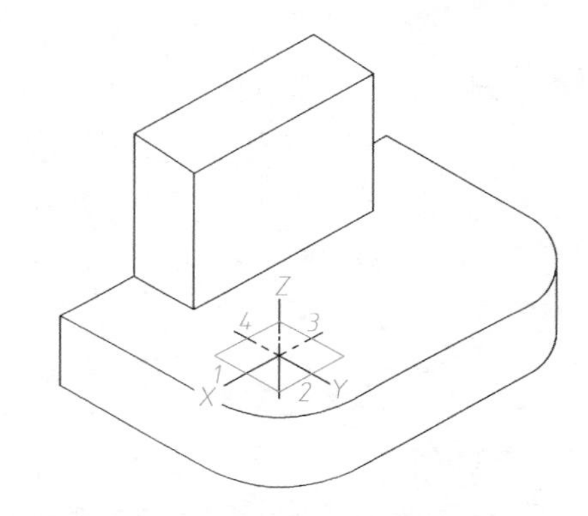


图 3-94　绘制圆孔的正等测图（二）

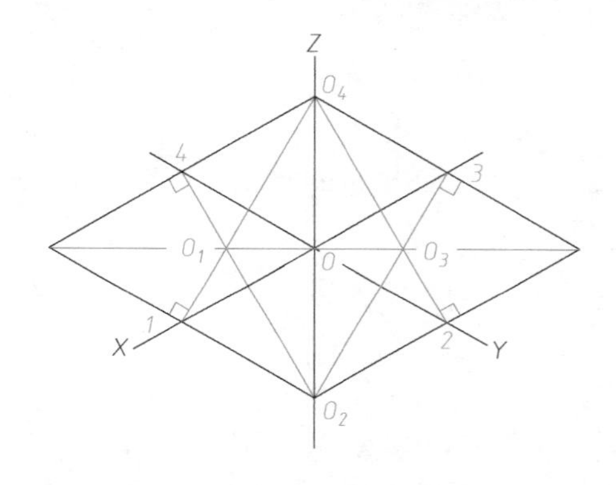


图 3-95　绘制圆孔的正等测图（三）

8）绘制竖直板上的半圆（$R$12mm）的轴测图。

① 作线段 76 的平行线 $EF$，使其距离为 12mm。延长 7、6 到 $E$、$F$，过 5（5 点是线段 $EF$ 的中点）、6 两点分别作 $EF$、$F6$ 的垂线，两垂线相交于 $O_3$，以 $O_3$ 为圆心 $O_35$ 为半径，画圆弧将 56 两点相连。

② 过 5、7 两点分别作 $EF$、$E7$ 的垂线，两垂线相交于 $O_2$，以 $O_2$ 为圆心 $O_25$ 为半径，画圆弧将 57 两点相连。

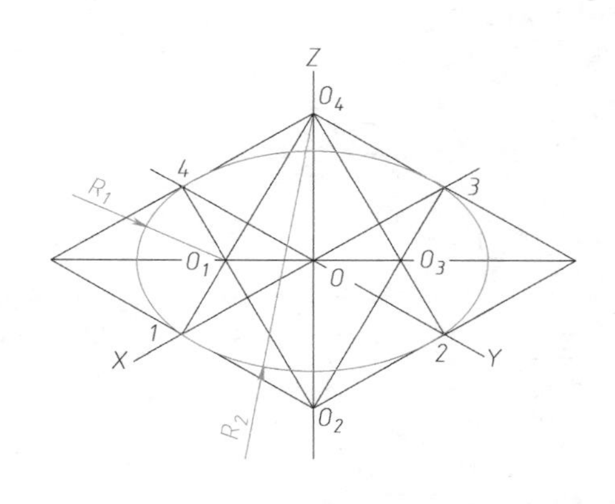


图 3-96　绘制圆孔的正等测图（四）

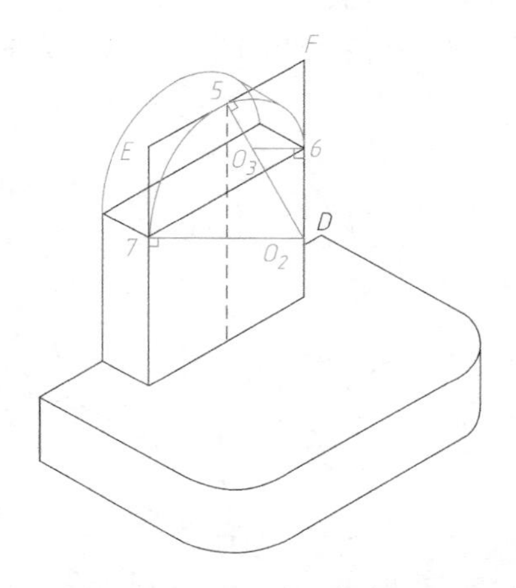


图 3-97　绘制竖直板上的半圆的轴测图

③ 应用圆心平移法，将圆心和切点向厚度方向平移 $h=8\text{mm}$，即可画出相同部分半圆的轴测图，如图 3-97 所示。

9）绘制竖板上通孔的轴测图。

① 以 $O$ 为中心，画菱形 $ABCD$，菱形之间的距离为 16mm，通孔的直径为 16mm，如图 3-98 所示。

② 1、2、3、4 为菱形四个边的中点，连接 $BD$，再连接 $A3$、$A4$，分别与 $BD$ 相交于点 $O_1$、$O_2$，以 $O_1$ 为圆心，$O_1 1$ 为半径，在 1、4 两点之间画弧。同理，以 $O_2$ 为圆心，$O_2 2$ 为半径，在 2、3 两点之间画弧，以 $A$ 为圆心，$A3$ 为半径，在 3、4 两点之间画弧，以 $C$ 为圆心，$C1$ 为半径，在 1、2 两点之间画弧。

③ 应用圆心平移法可以画出圆孔的另一侧轴测图，如图 3-99 所示。

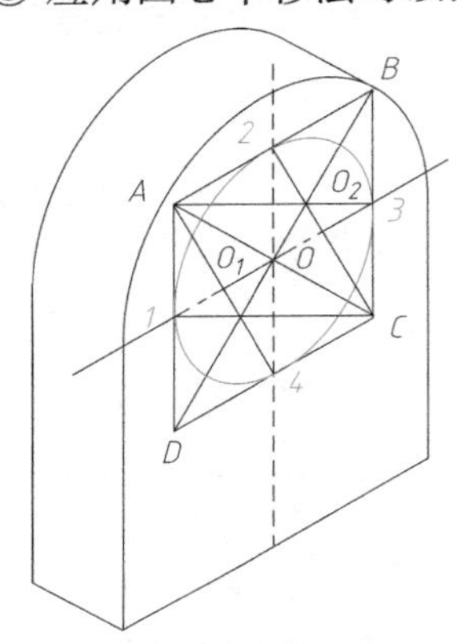


图 3-98　竖板上通孔的轴测图（一）

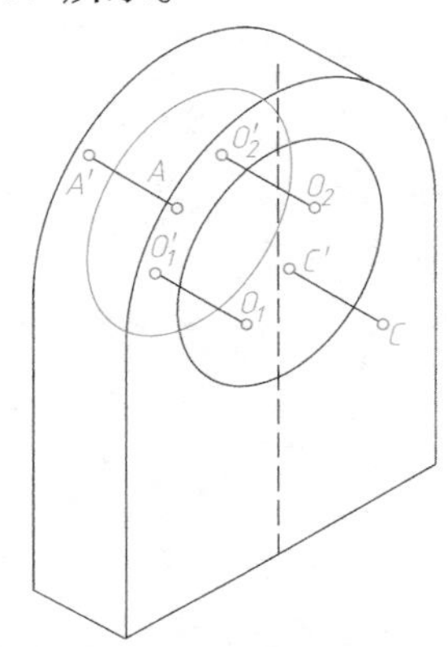


图 3-99　竖板上通孔的轴测图（二）

10）擦去多余的线条，描深轮廓线，即得轴承支架的正等测图，如图 3-100 所示。

**三、绘制几何体的斜二测图**（任务三）

1）取圆及孔所在的平面为正平面，在轴测投影面 $XOZ$ 上得与主视图一样的实形。支架的宽为 13mm，反映在 $Y$ 轴上应为 6.5mm。

2）在 $Y$ 轴沿圆心 $O_1$ 向后移 6.5mm 定 $O_2$ 点位置，以 $O_2$ 点画后面的圆及其他部分，最后作圆头部分的公切线。

3）擦去作图辅助线并描深，完成全图，如图3-101所示。

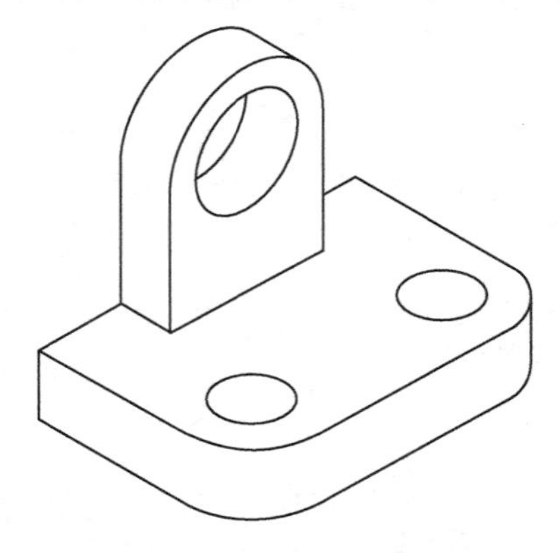

图 3-100　几何体的正等测图

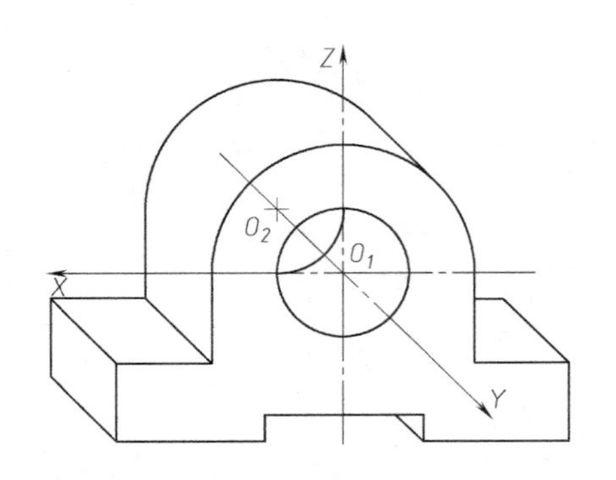


图 3-101　几何体的斜二测图的绘制

## 相关知识

1. 轴测图的形成及投影特性

轴测图是将物体连同其直角坐标系，沿不平行于任一坐标面的方向，用平行投影法将其投射在单一投影面上所得到的图形，简称轴测图，如图 3-102 所示。

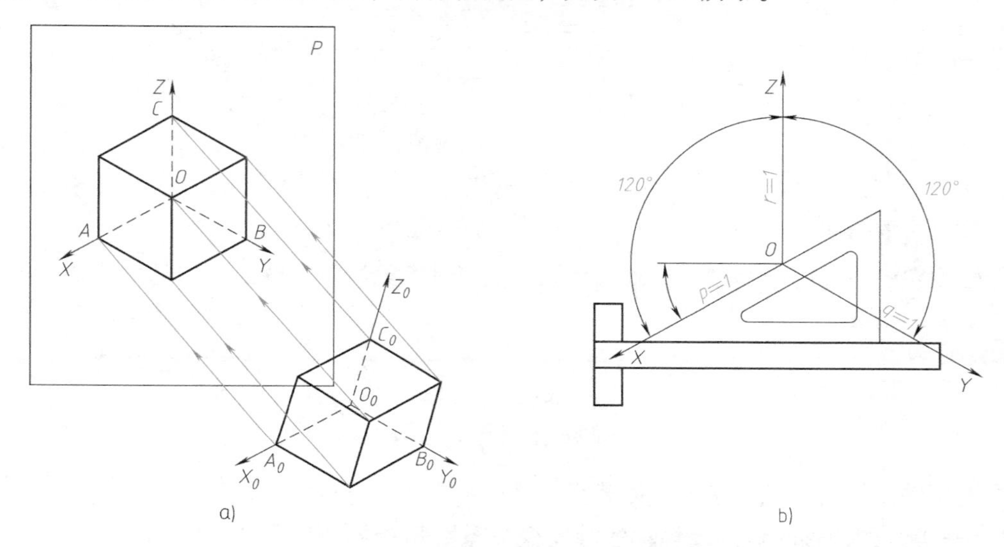


图 3-102　绘制支架（方角）的正等测图

由于轴测图是用平行投影法得到的，因此具有以下投影特性：

1）空间相互平行的线段，它们的轴测投影互相平行。与坐标轴平行的线段，在其轴测图中也必与相应的轴测轴平行。

2）空间两平行线段或同一直线上的两线段长度之比，在轴测图上保持不变。

2. 轴测图的分类

轴测图分为正轴测图和斜轴测图两大类。当投射方向垂直于轴测投影面时，称为正等轴测图（正等测）；当投射方向倾斜于轴测投影面时，称为斜二等轴测图（斜二测）。

工程上用得较多的是正等测和斜二测。

3. 轴向变形系数和轴间角

投影面称为轴测投影面。确定空间物体的坐标轴 $O_0X_0$、$O_0Y_0$、$O_0Z_0$ 在 $P$ 面上的投影 $OX$、$OY$、$OZ$ 称为轴测投影轴，简称轴测轴。轴测轴之间的夹角 $\angle XOY$、$\angle YOZ$、$\angle ZOX$ 称为轴间角。

由于形体上三个坐标轴对轴测投影面的倾斜角度不同，所以在轴测图上各条轴线长度的变化程度也不一样，因此把轴测轴上的线段与空间坐标轴上对应线段的长度比，称为轴向变形系数。

正等轴测图的轴间角 $\angle XOY = \angle XOZ = \angle YOZ = 120°$，其中 $OZ$ 轴规定画成垂直方向。三根轴的轴向变形系数为 0.82，但为了作图方便，通常简化变形系数为 1，即 $p = q = r = 1$。

斜二轴测图的轴间角 $OY$ 轴与 $OX$ 轴的夹角为 135°，$OY$ 轴与 $OZ$ 轴的夹角为 135°，$OZ$ 轴与 $OX$ 轴的夹角为 90°，$OX$ 轴的轴向变形系数 $p = 1$，$OZ$ 轴的轴向变形系数 $r = 1$，$OY$ 轴的轴向变形系数 $q = 0.5$，如图 3-103 所示。

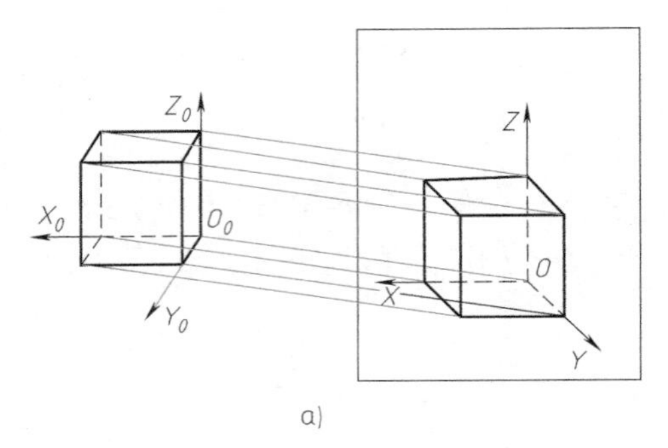


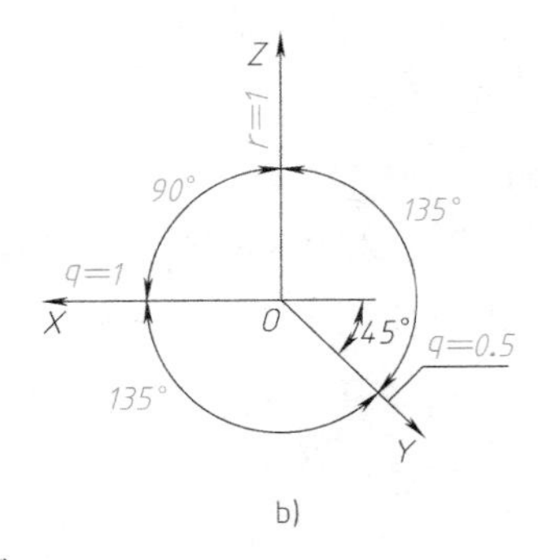


图 3-103　斜二测图

a）斜二测图的形式　b）斜二测图的轴间角与轴向变形系数

4. 轴测图的画法

画轴测图的方法有坐标法、切割法和叠加法三种，绘制轴测图最基本的方法是坐标法。

## 拓展

### 轴测图的选用方法

在选用轴测图时，既要考虑立体感强，又要考虑作图方便。

1）正等测图的轴间角以及各轴的轴向变形系数均相同，利用 30°的三角板和丁字尺作图较简便，它适用于绘制各坐标面上都带孔的物体。

2）当物体上一个方向上的圆及孔较多时，采用斜二测图比较简便。

究竟选用哪种轴测图，应根据各种轴测图的特点、几何物体的具体形状，进行综合分析，然后作出决定。

## 学习效果评价

1. 通过学生练习，根据评价标准及时给学生以评价。
2. 引导学生在学习中养成认真工作、实事求是的精神。
3. 本模块的评价内容、评分标准及分值分配见表 3-4。

**表 3-4　评价内容、评分标准及分值**

| 评价内容 | 评分标准 | 分　值 |
|---|---|---|
| 任务一 | 作图的严谨性 | 10 |
| | 相关知识运用 | 15 |
| | 空间思维的形成和分析能力 | 10 |
| 任务二 | 作图的严谨性 | 10 |
| | 相关知识运用 | 15 |
| | 空间思维的形成和分析能力 | 10 |
| 任务三 | 作图的严谨性 | 10 |
| | 相关知识运用 | 15 |
| | 空间思维的形成和分析能力 | 5 |

# 模块五 运用 AutoCAD 绘制三视图

## 学习目标

1. 能读懂组合体三视图。
2. 能用 AutoCAD 的相关命令绘制组合体。
3. 能对所绘制的图形进行标注。
4. 正确使用与其相关的绘图技巧。

## 工作任务

用 AutoCAD 绘制三视图并标注和保存，如图 3-104 所示。

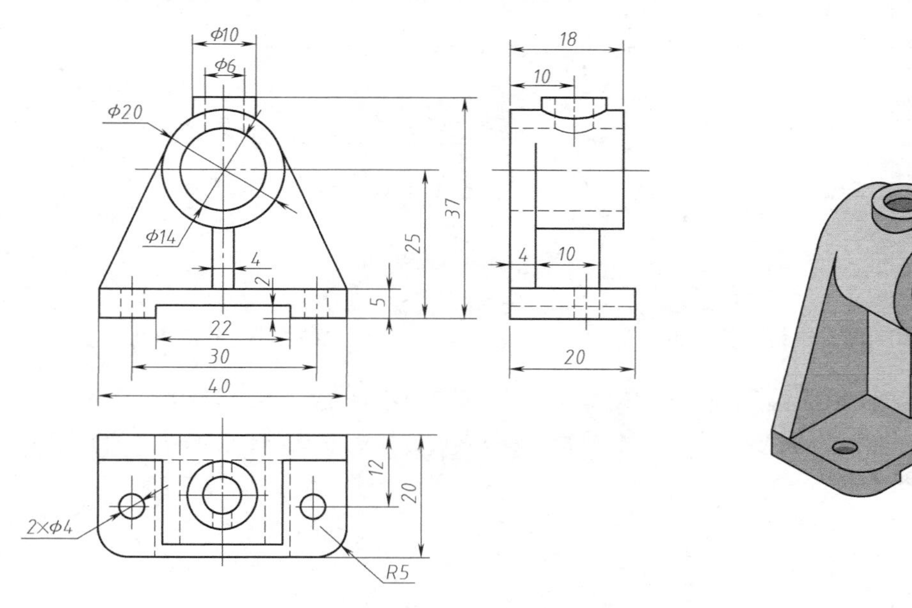


图 3-104 轴承座

## 任务实施

1. 创建新文件

打开 AutoCAD，创建一个新的文件。

2. 设置图层

选择主菜单【格式（O）】/【图层（L）】命令，弹出【图层特性管理器】对话框，单击【新建图层】图标，创建轮廓线、虚线、尺寸线、剖面线、中心线、细实线、技术要求等图层，并按要求设置颜色、线型、线宽等项目。

3. 画基准线

把“中心线图层”设为当前层，打开“极轴”，设置极轴角度为45°，选择主菜单【绘图（D）】/【直线（L）】命令，或者单击绘图工具栏直线工具，绘制作图基准线及45°线，如图3-105所示。

4. 绘制各组成部分的三视图

（1）绘制底板三视图

1）绘制长方体三视图。

① 将“轮廓线”图层置为当前层，单击“偏移图标”根据已知尺寸将竖直中心线分别向左、向右偏移20mm，俯视图的水平基准线向下偏移20mm，主视图的基准线向上偏移5mm，得到一些辅助线，如图3-106所示。

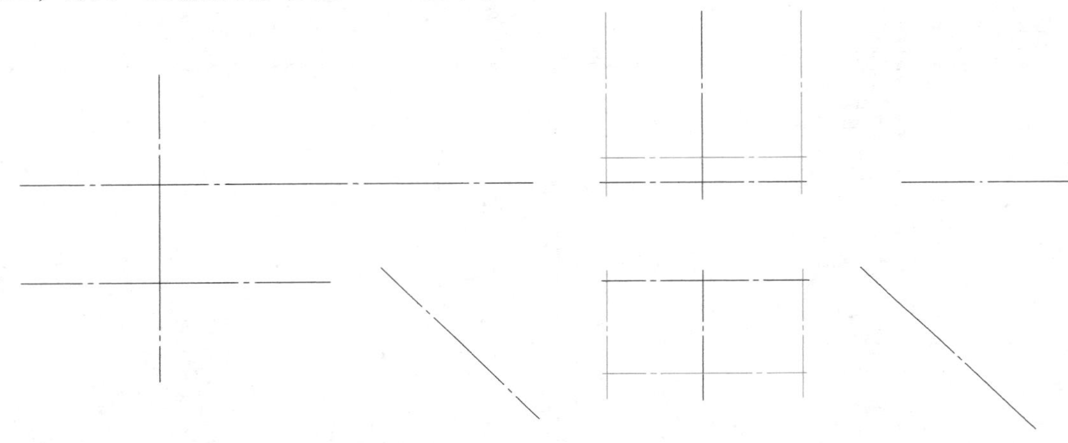

图3-105　绘制作图基准线　　　　图3-106　作辅助线

② 单击“直线图标”，打开“对象追踪”和“对象捕捉”将交点相连，完成长方体的主视图和俯视图，再根据投影关系利用45°线完成长方体的左视图，如图3-107a所示。删去辅助线，如图3-107b所示。

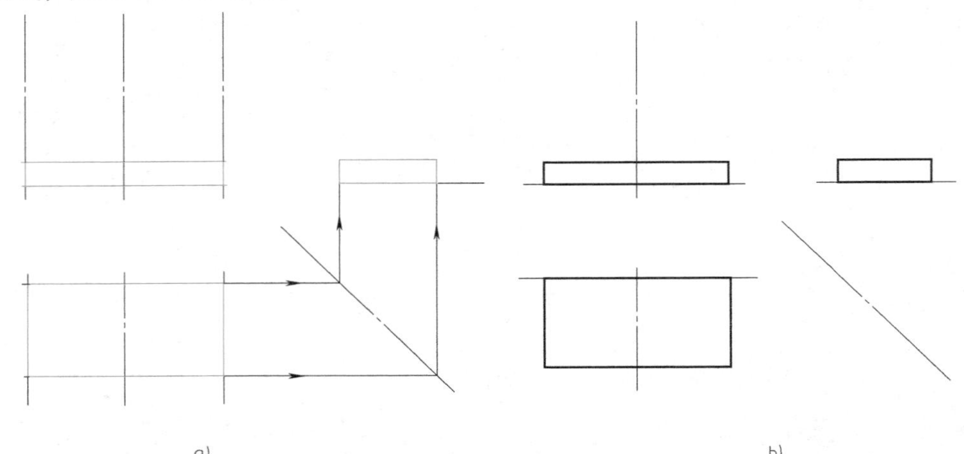


图3-107　完成长方体三视图

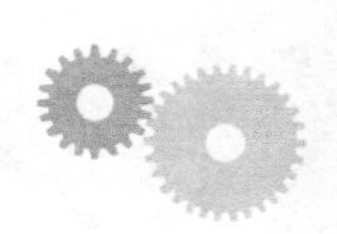

2）绘制方槽的三视图。

① 单击“偏移图标”，根据已知尺寸将竖直中心线分别向左、向右偏移15mm，主视图的水平基准线向上偏移2mm，得到一些辅助线，如图3-108a所示。

② 分别将“轮廓线”、“虚线”图层置为当前，单击“直线”命令，利用“对象捕捉”将交点相连，完成方槽的主视图和俯视图，再根据投影关系利用45°线完成方槽的左视图，如图3-108b所示。删去辅助线，如图3-108c所示。

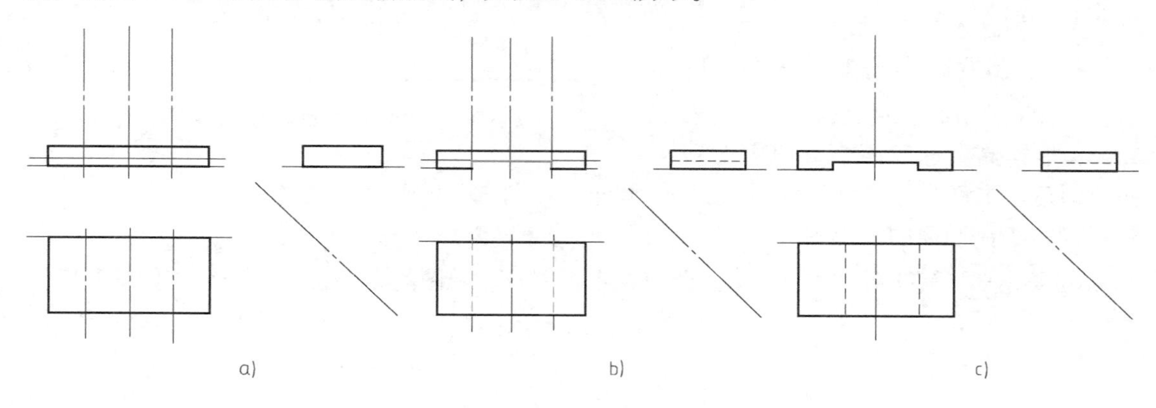


图3-108　绘制方槽的三视图

3）绘制两个圆孔的三视图。

① 单击“偏移图标”，找出圆孔在主视图及左视图的中心线及辅助线，如图3-109a所示。

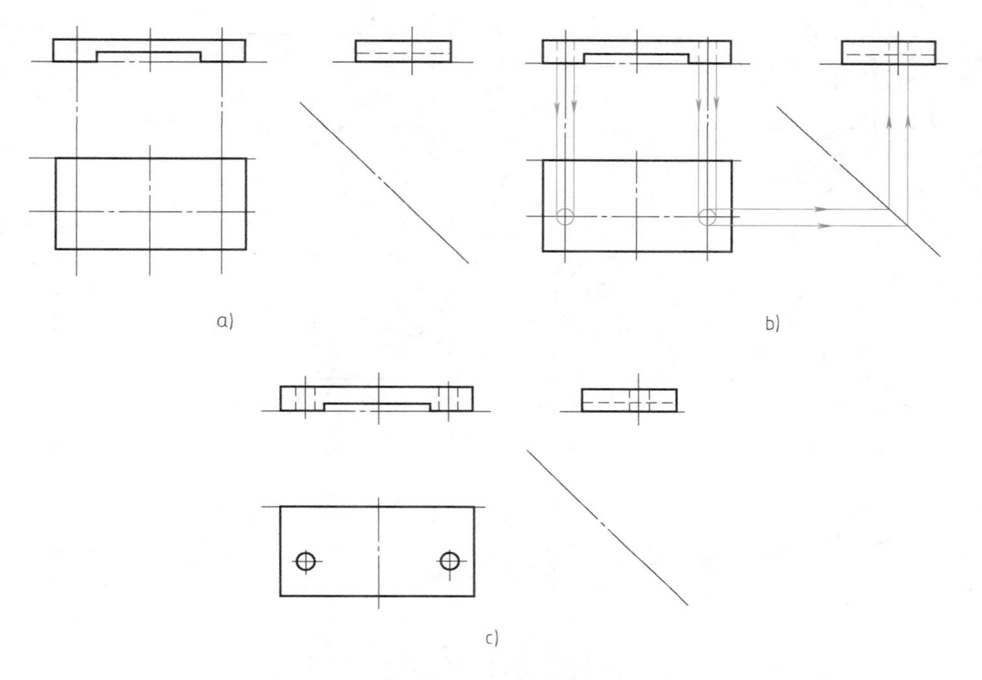


图3-109　绘制圆孔的三视图

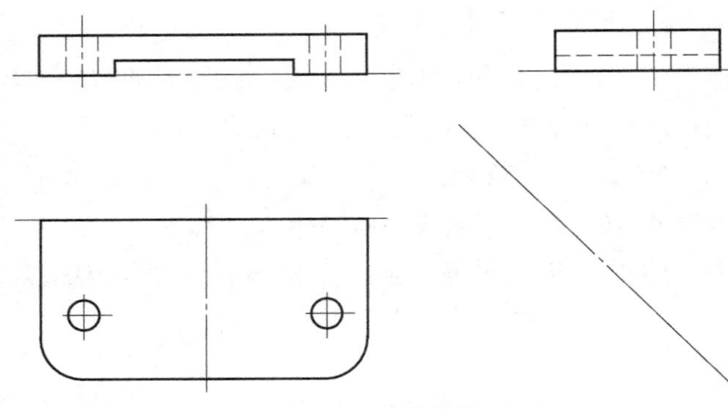
图 3-110　绘制两个圆角的三视图

② 将“轮廓线”图层置为当前，单击“圆”命令，完成两个小圆孔在主视图中的投影，再将“虚线”图层置为当前，根据投影关系及 45°线完成圆孔在主视图及左视图中的投影，如图 3-109b 所示。删去辅助线并作适当修剪，如图 3-109c 所示。

4）绘制两个圆角的三视图。单击“圆角”命令，设置圆角半径为 5mm，根据提示选取两个直角边得到一个圆角。重复执行圆角命令得到另一个圆角，如图 3-110 所示。

（2）绘制圆筒的三视图

1）单击“偏移”命令，得到圆筒在主视图及左视图的中心线及辅助线，如图3-111a 所示。

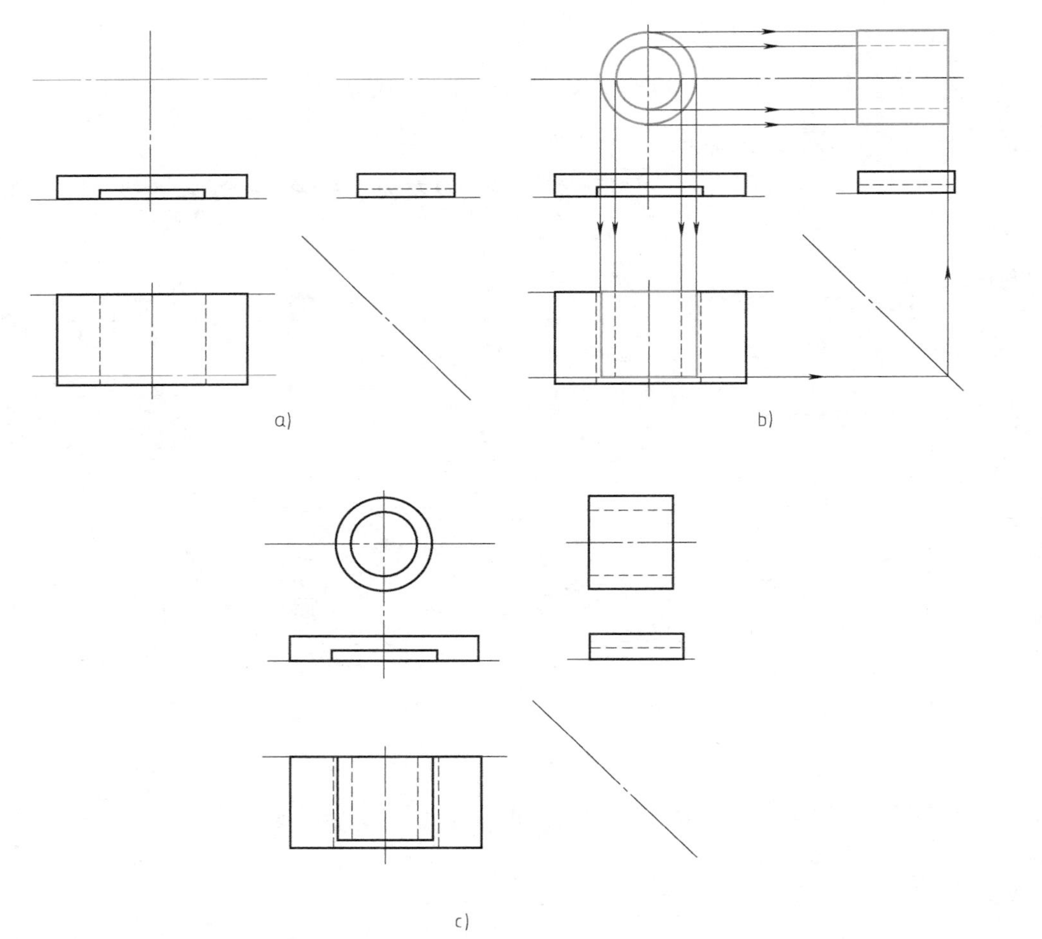

图 3-111　绘制圆筒的三视图

2）将“轮廓线”图层置为当前（用什么线，就将什么图层置为当前，也可以全部画完后再修改线型，以后将不再叙述），用“圆”命令、“直线”命令，再利用“对象捕捉”和“对象追踪”绘制主视图和俯视图的轮廓线，根据投影关系，利用45°线和“对象追踪”画出圆筒的左视图，如图3-111b，画完后，删去多余的辅助线，并作适当打断，如图3-111c所示。

（3）绘制圆筒凸台的三视图

1）用“偏移”命令，绘制圆筒凸台在俯视图及左视图的中心线，如图3-112a所示。

2）用“圆”命令、“直线”命令，再利用“对象捕捉”和“对象追踪”绘制主视图和俯视图的轮廓线，根据投影关系，利用45°线和“对象追踪”画出圆筒凸台的左视图，如图3-112b所示，画完后，删去多余的辅助线并适当修剪，如图3-112c所示。

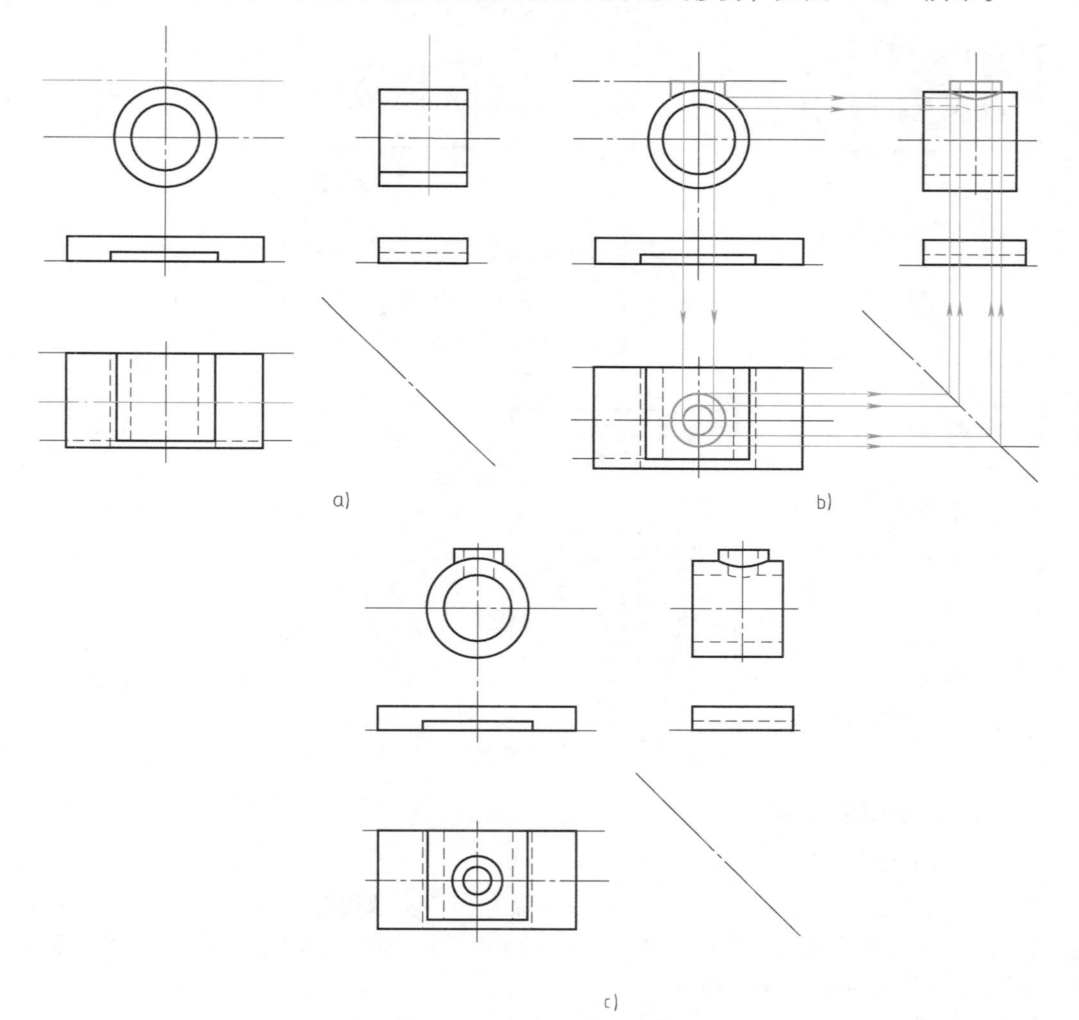


图3-112　绘制圆筒凸台的三视图

（4）绘制支撑板的三视图

1）用“偏移”命令，绘制支撑板在俯视图及左视图的辅助线，如图3-113a所示。

2）用“直线”命令，再利用“对象捕捉”和“对象追踪”绘制主视图和俯视图的轮廓线，根据投影关系，利用45°线和“对象追踪”画出支撑板的左视图，如图3-113b所示，画完后，删去多余的辅助线并适当修剪，如图3-113c所示。

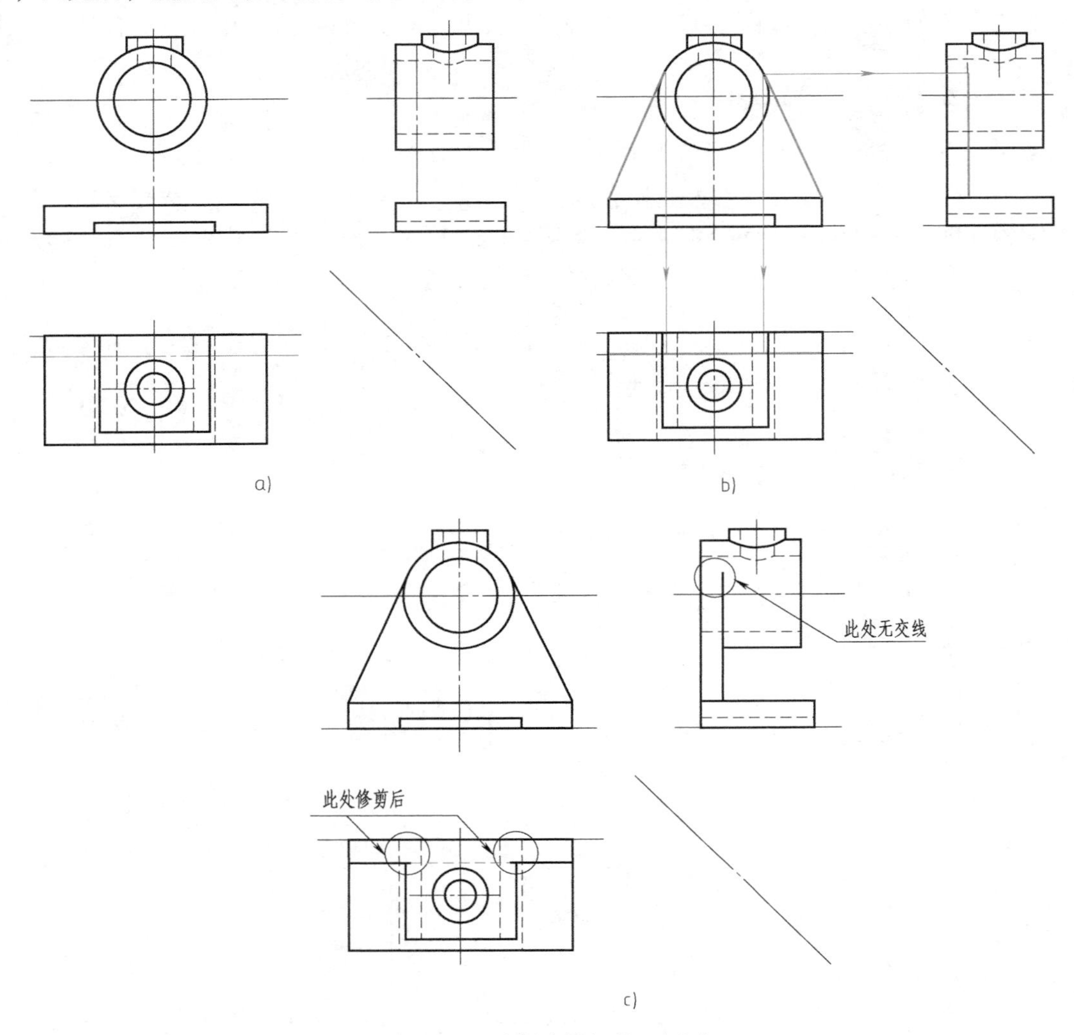


图3-113　绘制支撑板的三视图

（5）绘制肋板的三视图

1）用“偏移”命令，绘制肋板在主、俯、左三个视图中的辅助线，如图3-114a所示。

2）用“直线”命令，再利用“对象捕捉”和“对象追踪”，根据投影关系绘制肋板的主、俯、左三个视图的轮廓线，如图3-114b所示，画完后，删去多余的辅助线并适当修剪，如图3-114c所示。

5. 整理图形

整理图形使其符合机械制图标准。完成后，保存图形。

用AutoCAD画组合体三视图的步骤与手工绘制基本相同，关键是作图时要保证尺寸准确，保证视图间的投影关系正确。由该任务的操作过程可见，在AutoCAD中绘制三视图时

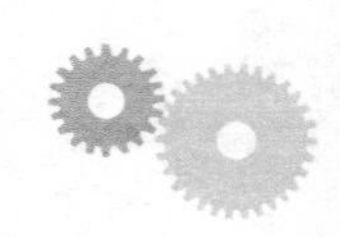

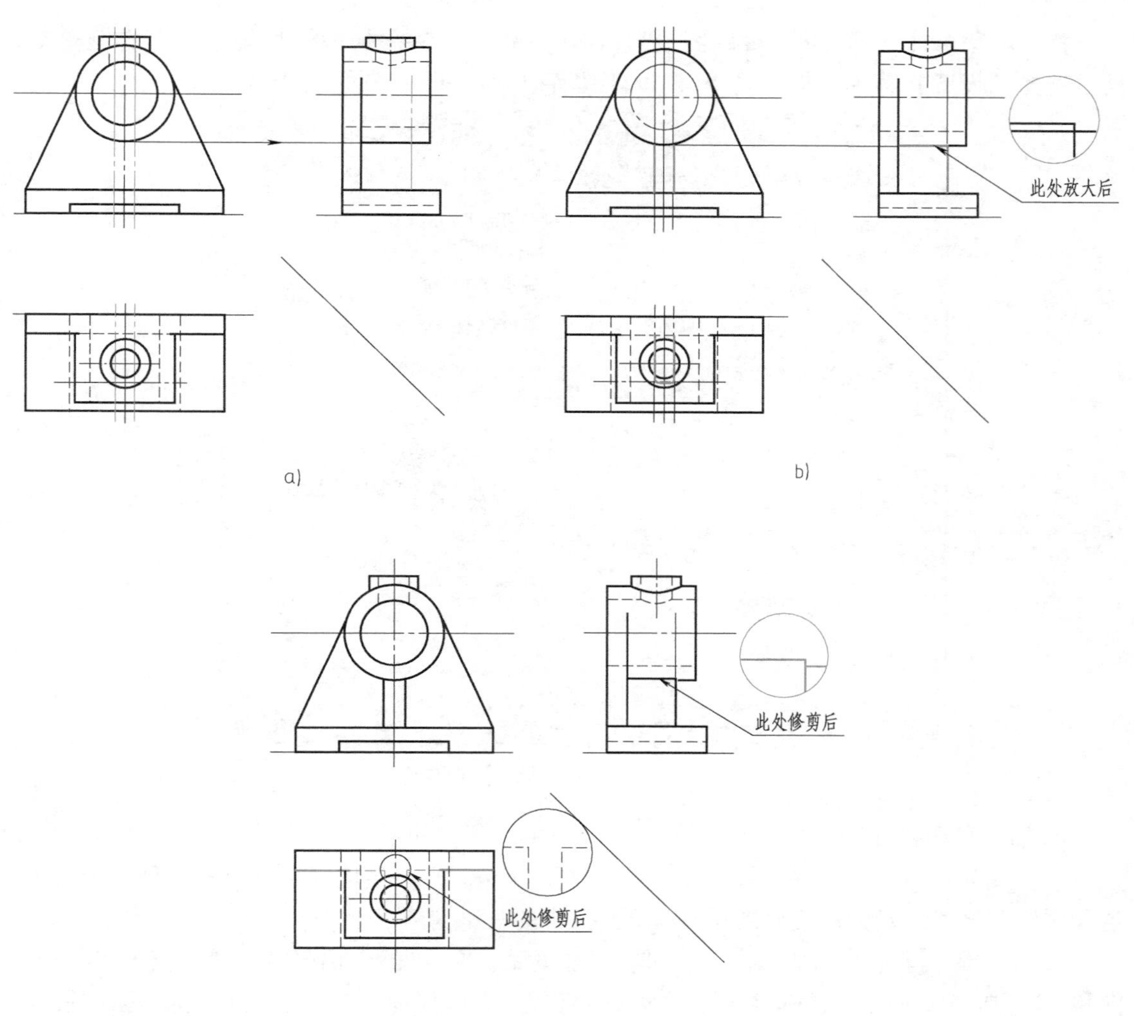


图 3-114　绘制肋板的三视图

可以同时使用“对象追踪”和“对象捕捉”的功能来保证主视图和俯视图“长对正”、主视图和左视图“高平齐”的投影关系，而俯视图和左视图的宽相等，可以使用 45°辅助线来保证。

## 相关知识

状态栏位于绘图屏幕的底部，用于显示坐标、提示信息等，它显示当前十字光标的三维坐标和 AutoCAD 绘图辅助工具的切换按钮。单击切换按钮，可在这些系统设置的 ON 和 OFF 状态之间切换。这一系列的按钮包括捕捉、栅格、正交、极轴、对象捕捉、对象追踪、线宽和模型等，如图 3-115 所示。

143.6963, 11.8645 , 0.0000 捕捉 栅格 正交 极轴 对象捕捉 对象追踪 DUCS DYN 线宽 模型

图 3-115　CAD 状态栏

执行主菜单【工具（T）】/【草图设置（F）】命令或者在状态栏相关按钮上右键单击，然后选择【设置】菜单，都可以弹出“草图设置”对话框，如图3-116所示。

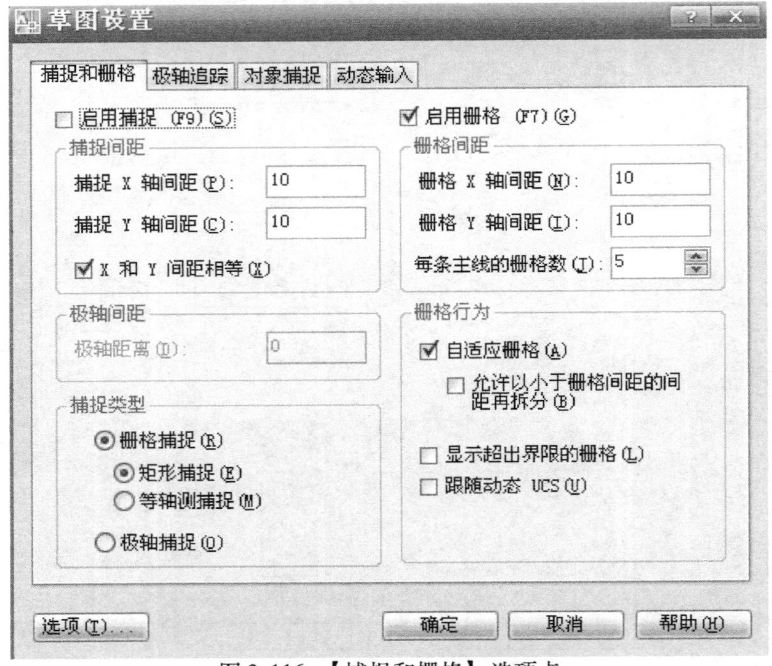


图3-116 【捕捉和栅格】选项卡

1. 捕捉和栅格（图3-116）

（1）启用捕捉　选中【启用捕捉】和开关，AutoCAD将生成隐含分布于屏幕上的栅格，这种栅格能够捕捉光标，使得光标只能落到其中的一个栅格点上。

（2）捕捉　【捕捉X轴间距】和【捕捉Y轴间距】文本框分别用于设置捕捉栅格在*X*轴方向和*Y*轴方向上的间距。【捕捉类型】文本框用于设置是以何种方式执行捕捉，包括栅格捕捉和极轴捕捉，其中栅格捕捉又包含矩形捕捉和等轴测捕捉。需要时选中前面的复选按钮即可。

（3）启用栅格　栅格是绘图的辅助工具，选择该复选框，可以在屏幕上显示栅格，但它并不是图形对象，因此不能从打印机输出。

（4）栅格　【栅格X轴间距】和【栅格Y轴间距】文本框分别用于设置显示栅格在*X*轴方向和*Y*轴方向上的间距。如果不设置具体值，则与“捕捉”选项区中捕捉栅格的间距相同。先设置*Y*轴间距值，这时*X*轴间距值仍保持不变。利用这种方法可以设置一个*X*轴间距和*Y*轴间距不等的栅格。

2. 极轴追踪

使用极轴追踪可以按一定的角度增量或者通过与其他对象的特殊关系来确定点的位置，它按照光标预先设定的角度追踪路径，从而可以绘制出角度十分准确的直线，设置如图3-117所示。

（1）增量角　在此下拉列表中可以选择极轴角变化的增量，共有8种追踪角度可选。

（2）附加角　除了根据极轴增量进行追踪外，还可以通过该选项添加其他的追踪角度。

（3）绝对　用来设置极轴角的角度测量是采用绝对角度测量，还是相对于上一个对象进行测量。

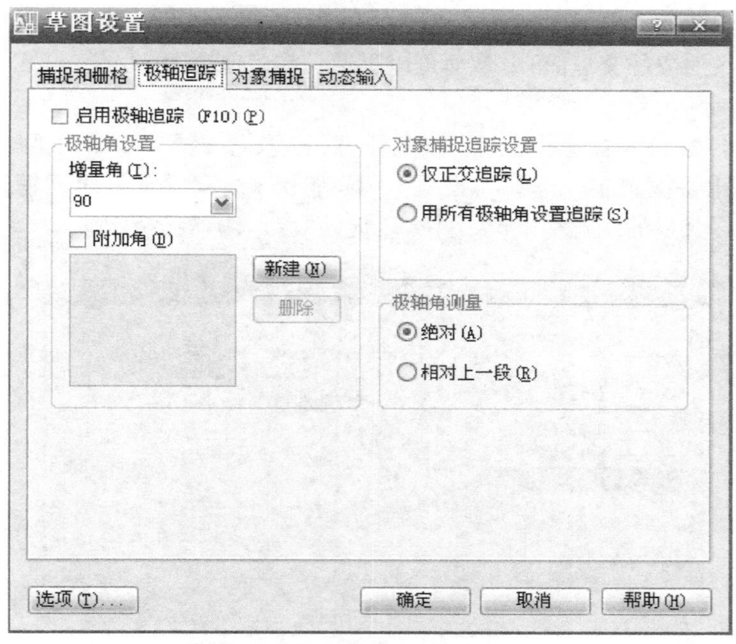


图 3-117 【极轴追踪】选项卡

（4）相对上一段　以最后创建的对象为基准计算极轴角度。

（5）仅正交追踪　仅在水平和垂直方向显示追踪数据。

（6）用所有极轴角设置追踪　在水平和垂直方向以及相应的极轴角度方向都显示追踪数据。

3. 对象捕捉

【对象捕捉】选项卡用于设置对象自动捕捉的模式，如图 3-118 所示。在使用 AutoCAD



图 3-118 【对象捕捉】选项卡

进行绘图时，可以使用对象捕捉功能来将点定位到已有的对象上的特征点（如端点、圆心、线段的中点、两个对象的交点等），从而可以迅速、准确地绘图。

4. 线宽

选择【线宽】按钮可以显示已经设置的线宽，否则不显示，即都以细线显示；右键单击线宽按钮，弹出快捷菜单，选择“设置”，则弹出【线宽设置】对话框，如图3-119所示，可以从中选择合适的线宽和单位，并可以拖动滑钮以调整显示比例。

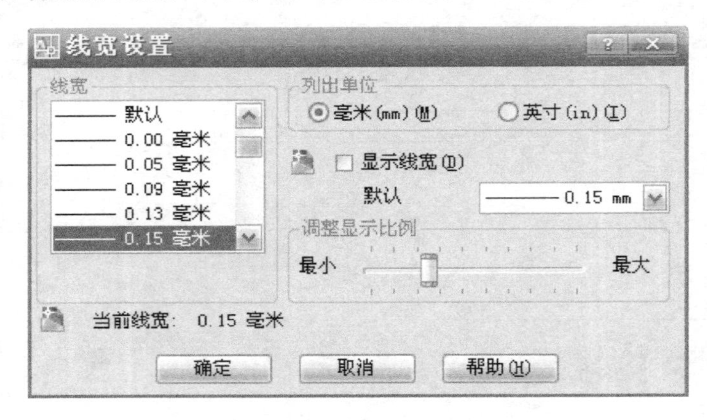


图3-119 【线宽设置】对话框

## 学习效果评价

1. 以学生完成任务情况作为评分标准，并以此考查学生的知识。

2. 要求学生独立或分小组完成工作任务，由教师对每位及每一组同学的完成情况进行评价，给出每个同学完成本工作任务的成绩。

3. 本模块的评价内容、评分标准及分值分配见表3-5。

**表3-5 评价内容、评分标准及分值**

| 评价内容 | 评分标准 | 分值 |
|---|---|---|
| 识读组合体视图情况 | 能正确识读组合体视图 | 10 |
| 工作任务 | 绘图步骤正确 | 20 |
| | 绘图方法正确 | 40 |
| | 能运用相关知识理解绘图方法 | 20 |
| 图面质量 | 布局合理 | 10 |
| | 图线符合国家标准要求 | |
| | 图面整洁 | |

# 第四单元 零件的表达

## 模块一 在机械图样中标注技术要求

### 学习目标

1. 了解表面结构的概念，掌握表面结构的图形符号、代号在图样上的标注方法。
2. 掌握尺寸公差在图样上的标注方法。
3. 能在机械图样中标注常用几何公差代号。

### 工作任务

任务一：根据下述要求在图4-1所示的轴中标注表面粗糙度。

1）$\phi$48mm 圆柱外表面用去除材料的方法得到表面粗糙度为 $Ra=1.6\mu m$，两侧面用去除材料方法得到表面粗糙度为 $Ra=0.8\mu m$。

2）两处 $\phi$18mm 圆柱外表面用去除材料的方法得到表面粗糙度为 $Ra=1.6\mu m$。

3）$\phi$16mm 圆柱外表面用去除材料的方法得到表面粗糙度为 $Ra=3.2\mu m$。

4）键槽两侧面用去除材料的方法得到表面粗糙度为 $Ra=6.3\mu m$。

5）其余表面用去除材料的方法得到表面粗糙度为 $Ra=12.5\mu m$。

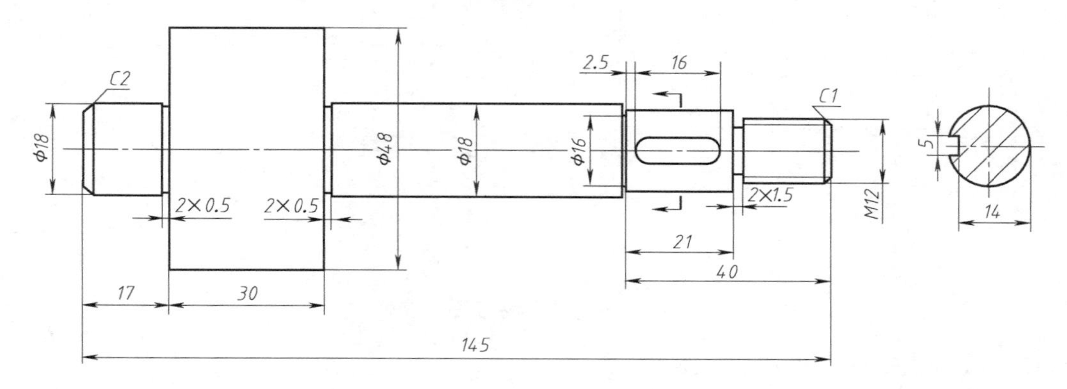


图4-1 轴

任务二：在任务一的基础上根据下述要求标注尺寸公差。

1）尺寸 ϕ48mm 基本偏差代号为 f，公差等级为 7 级。

2）两处尺寸 ϕ18mm 基本偏差代号为 f，公差等级为 7 级。

3）尺寸 30mm 基本偏差代号为 f，公差等级为 7 级。

4）尺寸 ϕ16mm 基本偏差代号为 k，公差等级为 6 级。

5）键槽宽度尺寸 5mm 基本偏差代号为 N，公差等级为 9 级。

6）键槽深度尺寸 14mm 上偏差为 0，下偏差为 −0. 1mm。

任务三：在任务二的基础上根据下述要求标注几何公差。

1）ϕ48f7 圆柱外表面圆柱度公差为 0. 05mm。

2）ϕ48f7 圆柱左端面相对于两处 ϕ18f7 圆柱轴线垂直度公差为 0. 015mm。

3）ϕ48f7 圆柱轴线相对于两处 ϕ18f7 圆柱轴线同轴度公差为 ϕ0. 05mm。

4）两处 ϕ18f7 圆柱表面相对于两处 ϕ18f7 圆柱轴线圆跳动公差为 0. 015mm。

## 任务实施

### 一、标注表面结构要求（任务一）

1）ϕ48mm 圆柱外表面结构要求直接标注在轮廓线上，符号的尖端从材料外指向材料表面。ϕ48mm 圆柱两侧表面结构要求由于不便直接标注在轮廓线上，所以标注在其延长线上。

2）两处 ϕ18mm 圆柱外表面的表面结构要求标注在轮廓线上。

3）ϕ16mm 圆柱外表面的表面结构要求标注在延长线上。

4）键槽两侧面表面结构要求标注在其尺寸线上。

5）其余各表面结构要求值为 12. 5μm，此时，不用标注在图上，标注在图形的右下角（标题栏附近）即可，如图 4-2 所示。

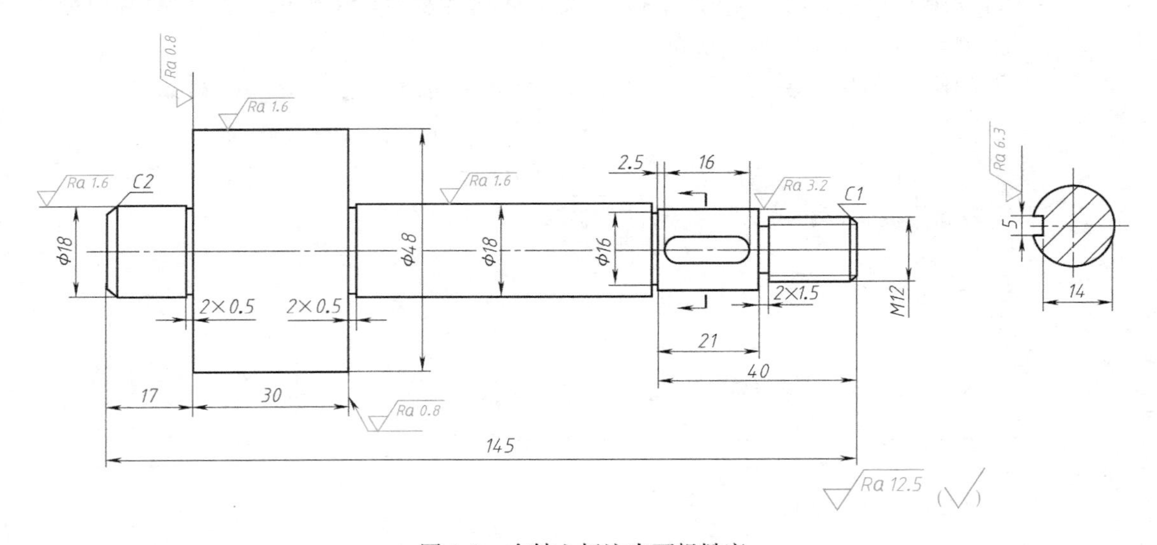


图 4-2　在轴上标注表面粗糙度

### 二、在轴上标注尺寸公差（任务二）

标注结果如图 4-3 所示。

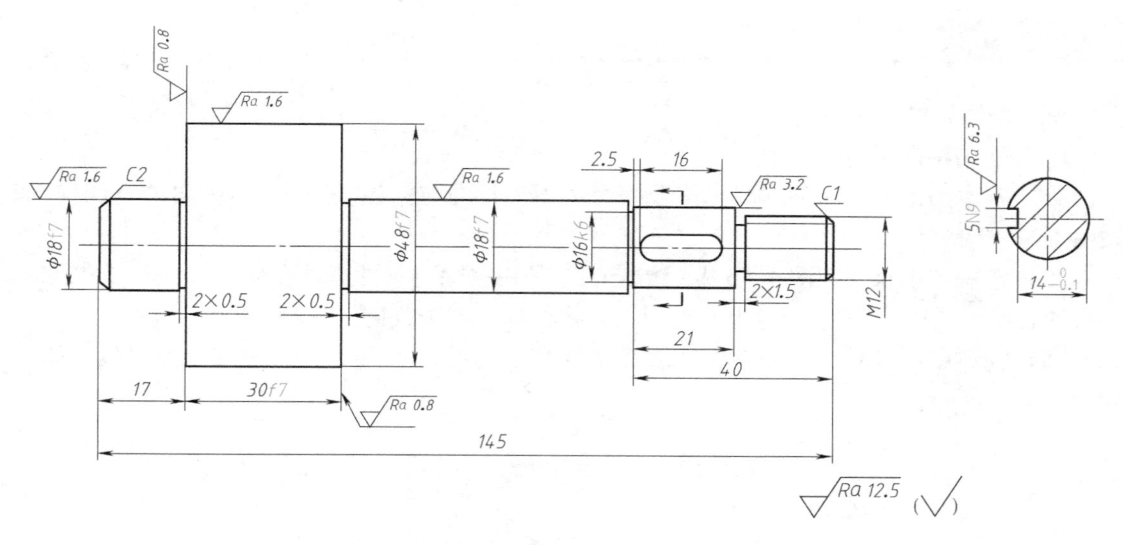


图 4-3　在轴上标注尺寸公差

**提示：** 尺寸公差的表示也可以在基本尺寸后面同时标注公差带代号和上下偏差值，如 $14h7\,{}^{\;\;0}_{-0.1}$

**三、在轴上标注几何公差**

1）$\phi$48f7 圆柱外表面圆柱度公差指引线直接指在 $\phi$48f7 圆柱外表面上。

2）$\phi$48f7 圆柱左端面相对于两处 $\phi$18f7 圆柱轴线垂直度公差指引线指在 $\phi$48f7 圆柱左端面上。

3）$\phi$48f7 圆柱轴线相对于两处 $\phi$18f7 圆柱轴线同轴度公差指引线与 $\phi$48f7 尺寸线对齐，*A*、*B* 两处表示基准的三角形分别与两处 $\phi$18f7 圆柱尺寸线对齐。

4）两处 $\phi$18f7 圆柱表面相对于两处 $\phi$18f7 圆柱轴线圆跳动公差指引线直接指在右侧 $\phi$18f7 圆柱外表面上，如图 4-4 所示。

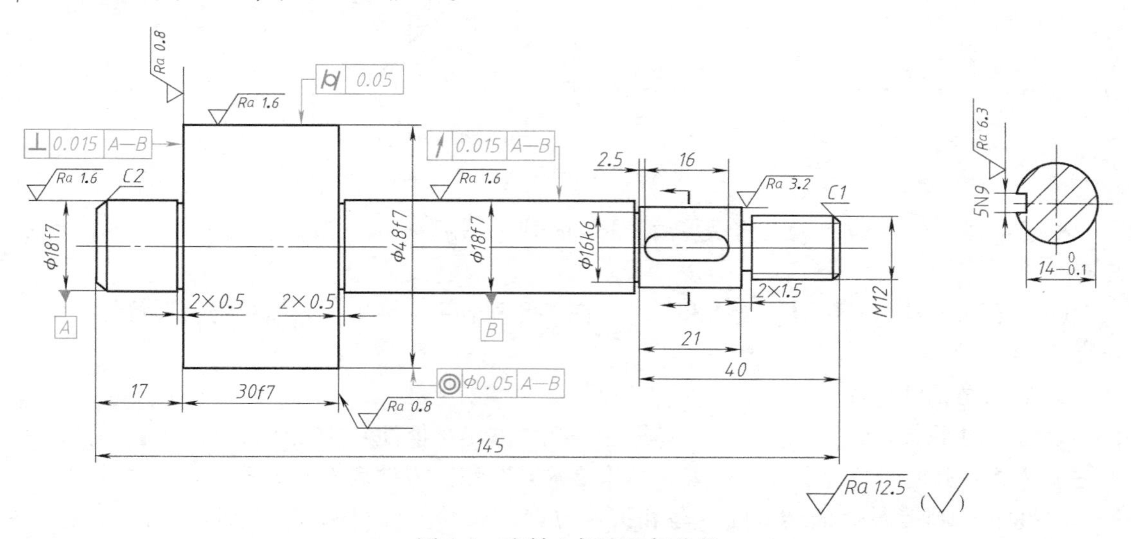


图 4-4　在轴上标注几何公差

## 相关知识

### 一、表面结构

1. 表面结构图形符号

（1）基本图形符号　基本图形符号由两条不等长的与标注表面成60°夹角的直线构成，如图4-5a所示。

（2）扩展图形符号　图4-5b表示指定表面是用去除材料的方法获得，如通过机械加工获得的表面。图4-5c表示指定表面是用不去除材料的方法获得。

（3）完整图形符号　当要求标注表面结构特征的补充信息时，用完整图形符号，如图4-6所示。

图4-5　表面结构的图形符号
a）基本符号　b）表面去除材料
c）表面不去除材料

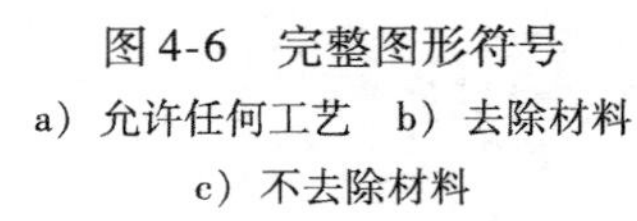
图4-6　完整图形符号
a）允许任何工艺　b）去除材料
c）不去除材料

当在图样某个视图上构成封闭轮廓各个表面有相同的表面结构时，应按图4-7所示标注在图样中工件的封闭轮廓线上。如果标注会引起歧义时，各表面要分别标注。

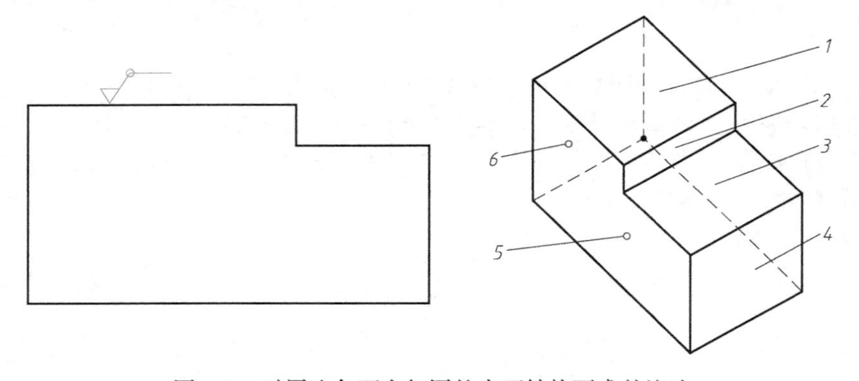


图4-7　对周边各面有相同的表面结构要求的注法

**提示**：图示的表面结构符号是指对图形中封闭轮廓的六个面的共同要求（不包括前后面）

（4）表面结构图形符号的画法和尺寸　图4-8和表4-1给出了表面结构图形符号的画法和尺寸。

2. 表面结构的标注

表面结构要求对每一个表面一般只标注一次，并尽可能注在相应的尺寸及其公差的同一视图上。除另有说明外，所标注的表面结构要求是对完工零件表面的要求。

1）总的原则是使表面结构的注写和读取方向与尺寸的注写和读取方向一致，如图4-9所示。

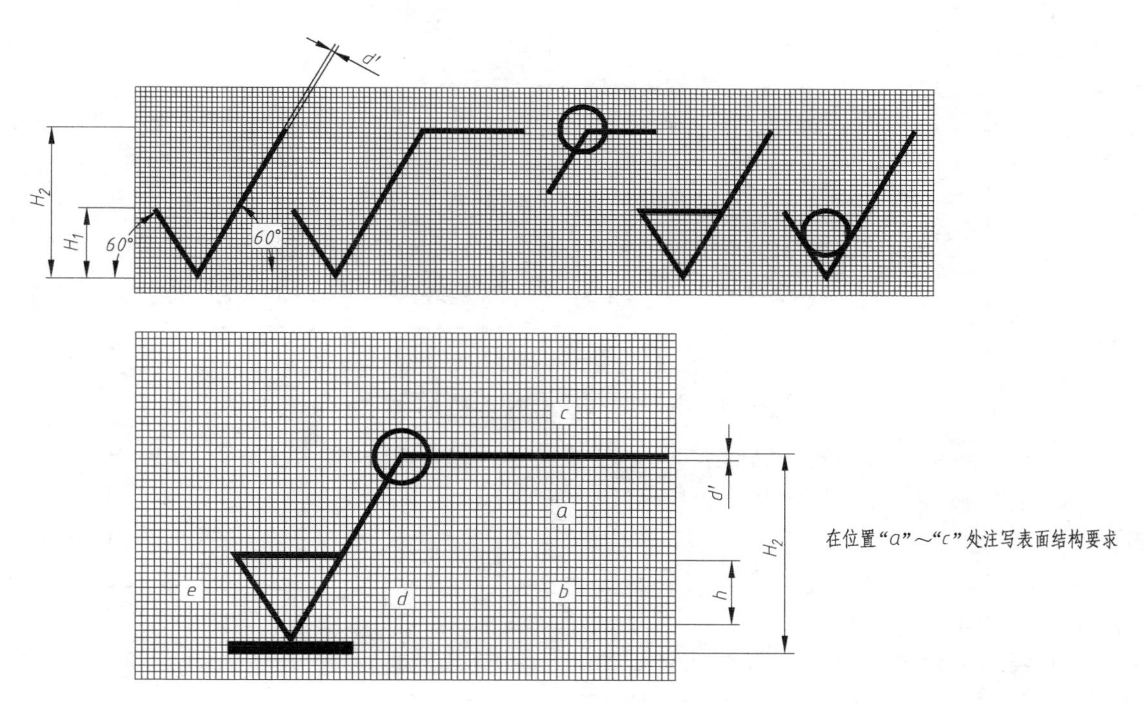


图 4-8　表面结构图形符号画法

**表 4-1　表面结构图形符号和附加标注的尺寸**　　（单位：mm）

| 相关尺寸 | 尺寸数值 | | | | | | |
|---|---|---|---|---|---|---|---|
| 数字和字母高度 $h$ | 2.5 | 3.5 | 5 | 7 | 10 | 14 | 20 |
| 符号线宽度 $d'$ | 0.25 | 0.35 | 0.5 | 0.7 | 1 | 1.4 | 2 |
| 高度 $H_1$ | 3.5 | 5 | 7 | 10 | 14 | 20 | 28 |
| 高度 $H_2$（最小值） | 7.5 | 10.5 | 15 | 21 | 30 | 42 | 60 |

2）表面结构要求可标注在轮廓线上，其符号应从材料外指向接触表面。必要时，表面结构符号也可以用带箭头或黑点的指引线引出标注，如图 4-10 和图 4-11 所示。

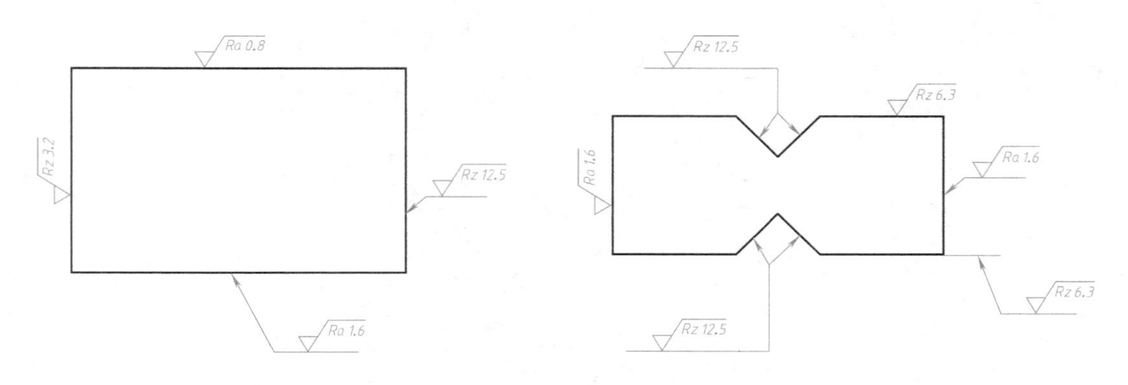


图 4-9　表面结构要求的注写方向　　图 4-10　表面结构要求在轮廓线上的标注

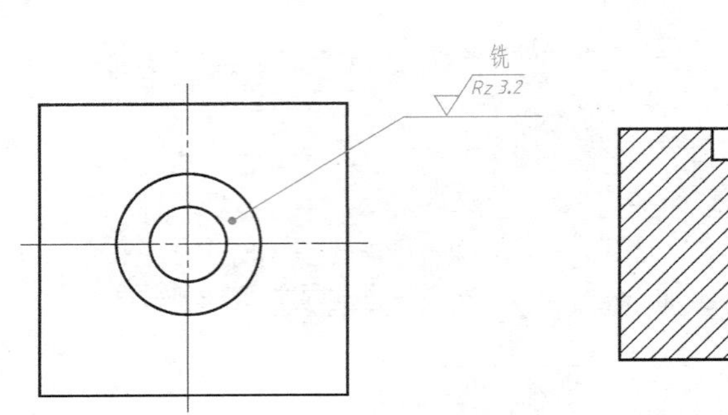


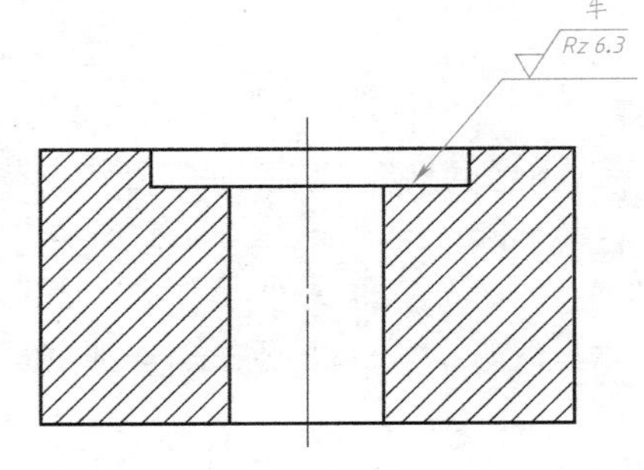


图 4-11　用指引线引出标注表面结构要求

3）在不致引起误解时，表面结构要求可以标注在给定的尺寸线上，如图 4-12 所示。

4）表面结构要求可标注在几何公差框格的上方，如图 4-13 所示。

5）表面结构要求可以直接标注在延长线上，或用带箭头的指引线引出标注，如图 4-14所示。

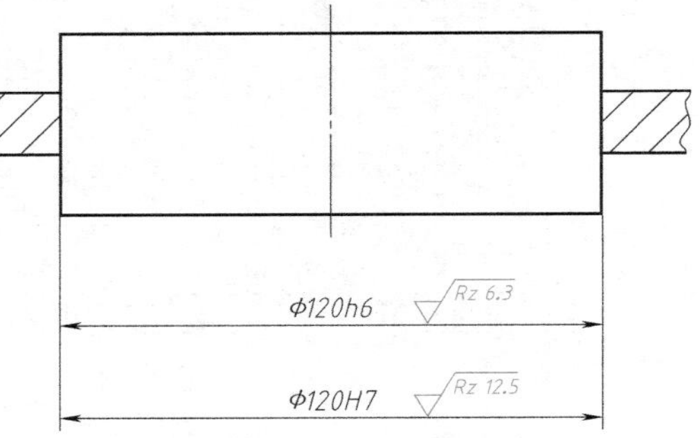


图 4-12　表面结构要求标注在尺寸线上

6）圆柱和棱柱表面的表面结构要求只标注一次，如图 4-14 所示。如果每个棱柱表面有不同的表面结构要求，则应分别单独标出，如图 4-15 所示。

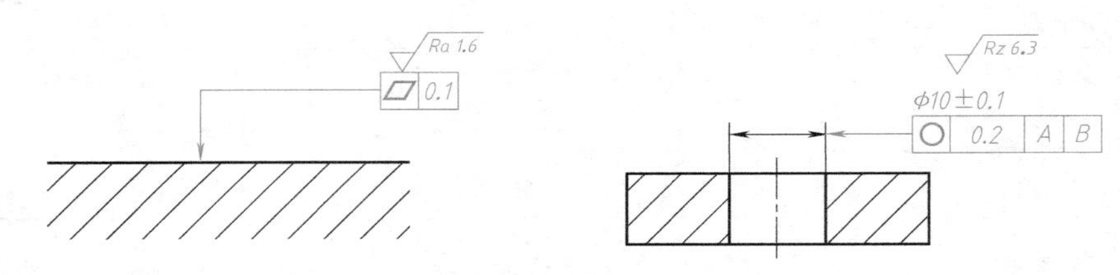


图 4-13　表面结构要求标注在几何公差框格的上方

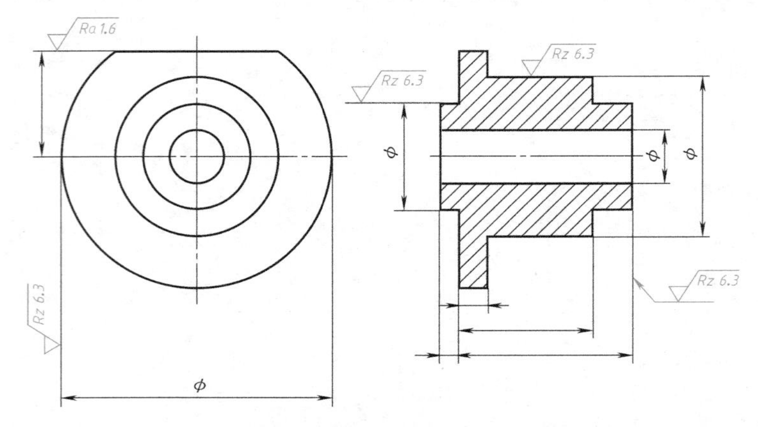


图 4-14　表面结构要求标注在圆柱特征的延长线上

7）如果在工件的多数（包括全部）表面有相同的表面结构要求，则其表面结构要求可统一标注在图样的标题栏附近，不同的表面结构要求应直接标注在图中，如图4-16所示。图4-16a所示为在圆括号内给出无任何其他标注的基本符号，图4-16b所示为在圆括号内给出不同的表面结构要求。

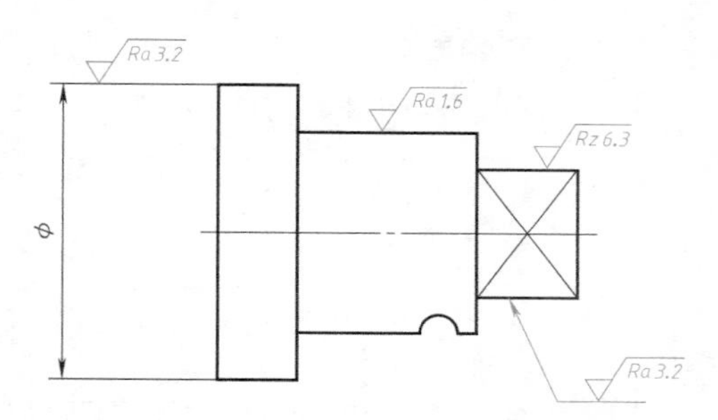


图4-15　圆柱和棱柱的表面结构标法

8）当多个表面具有相同的表面结构要求或图纸空间有限时，可采用简化画法。如图4-17所示，用带字母的完整符号，以等式的形式，在图形或标题栏附近，对有相同表面结构要求的表面进行简化标注。图4-18所示是只用表面结构符号以等式形式的简化标注，图4-18a是未指定加工方法，图4-18b是要求去除材料，图4-18c是不允许去除材料。

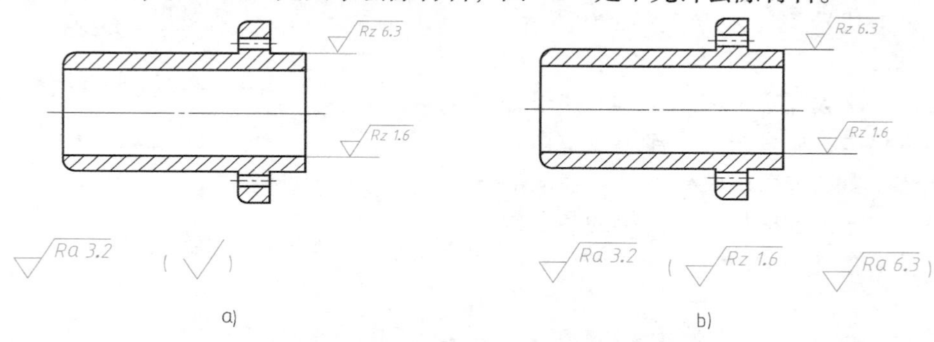


图4-16　大多数表面有相同表面结构要求的简化注法

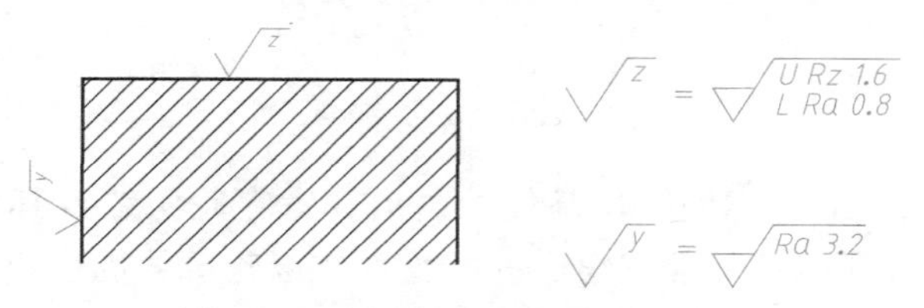


图4-17　在图纸空间有限时的注法

9）由几种不同的工艺方法获得的同一表面，当需要明确每种工艺方法的表面结构要求时，可按图4-19所示进行标注。

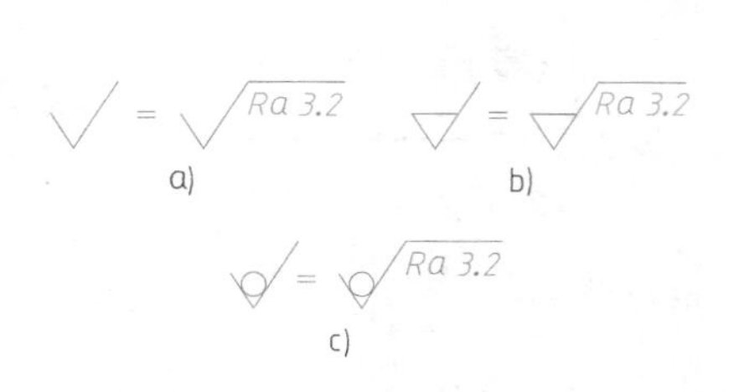


图4-18　只用表面结构符号的简化注法

a）未指定工艺方法　b）要求去除材料　c）不允许去除材料

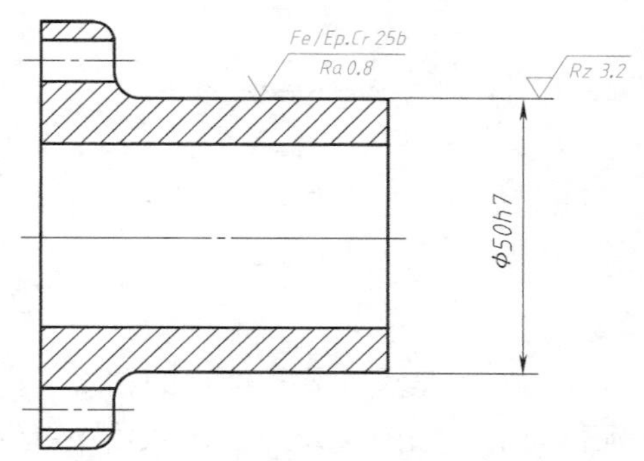


图4-19　同时给出镀覆前后的表面结构要求的注法

## 二、尺寸公差

1）尺寸基本偏差代号和公差等级的尺寸公差的表示方法：

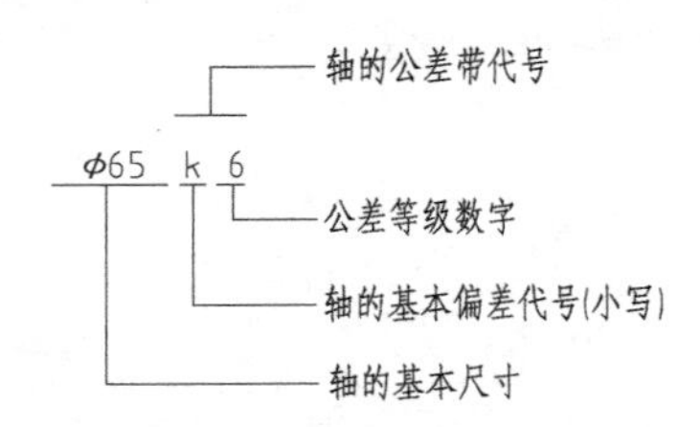


2）尺寸上极限偏差、下极限偏差的尺寸公差的表示方法：

$$62_{-0.24}^{\ 0}$$

## 三、几何公差

1. 几何公差的表示

几何公差代号及其含义如图 4-20 所示。

2. 基准

基准用一个大写字母表示。基准字母标注在基准方格内，方框与一个涂黑或空白的三角形相连，如图 4-21 所示；表示基准的字母还应标注在公差框格内。涂黑的和空白的基准三角形含义相同。

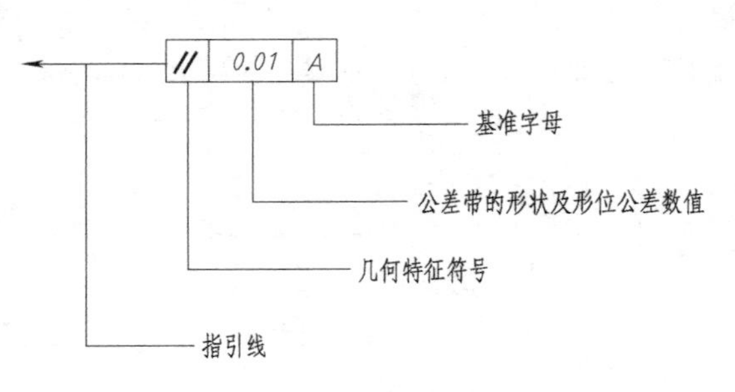


图 4-20　几何公差代号

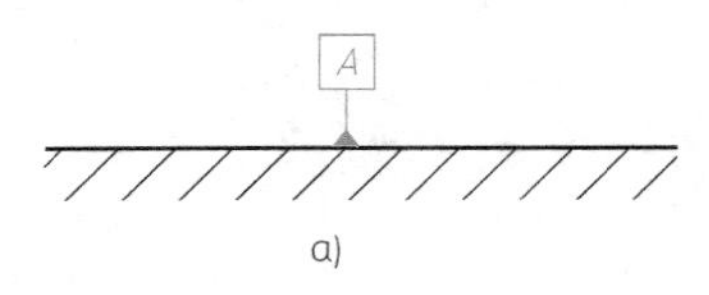


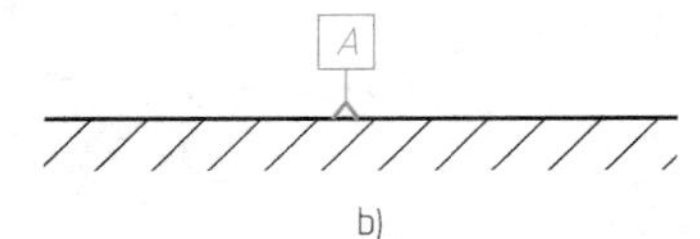


图 4-21　基准符号

当基准要素是轮廓线或轮廓面时，基准三角形放置在轮廓线或其延长线上（与尺寸线明显错开），如图 4-22a 所示；基准三角形也可放置在该轮廓线面引出线的水平线上，如图 4-22b 所示。

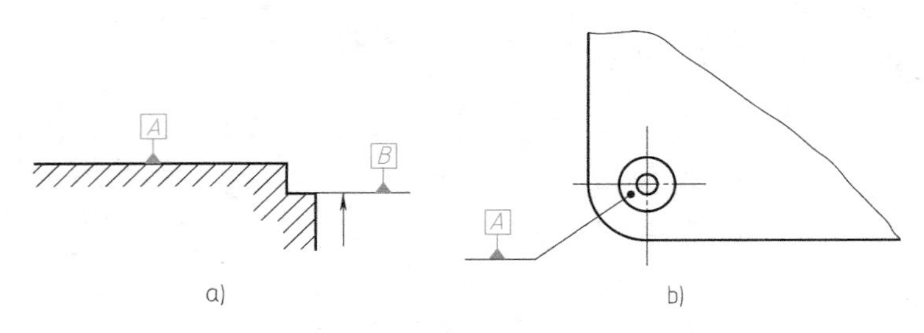


图 4-22　基准符号的标注（一）

当基准是尺寸要素确定的轴线、中心平面或中心点时，基准三角形应放置在该尺寸线的延长线上，如图 4-23 所示；如果没有足够的位置标注基准要素尺寸的两个尺寸箭头，则其中一个箭头可用基准三角形代替，如图 4-23b、c 所示。

如果只以要素的某一局部作为基准，则应用粗点画线表示出该部分并加注尺寸，如

图 4-24所示。

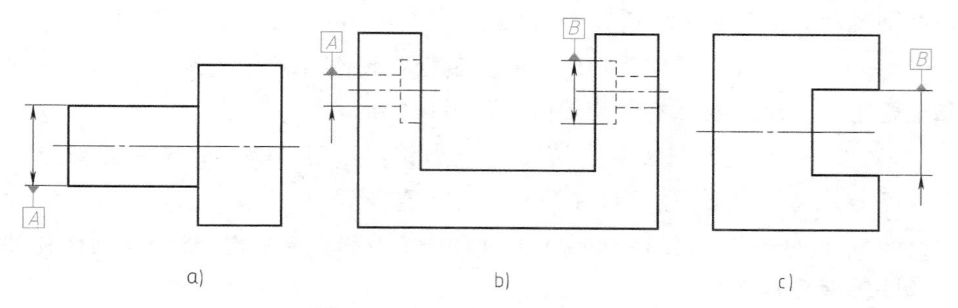


图 4-23　基准符号的标注（二）

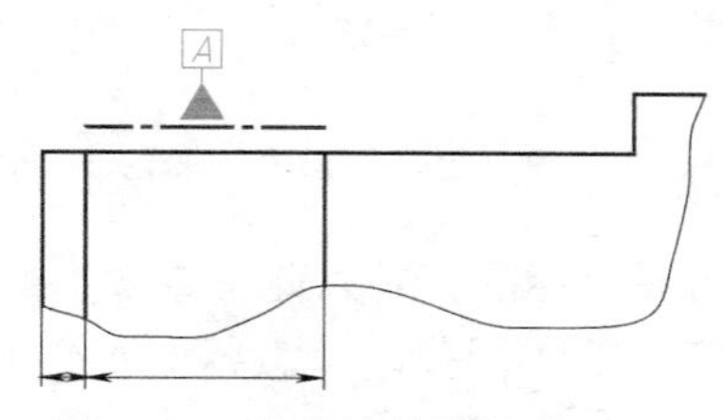


图 4-24　基准符号的标注（三）

## 拓展

识读图 4-25 中公差框格的含义。

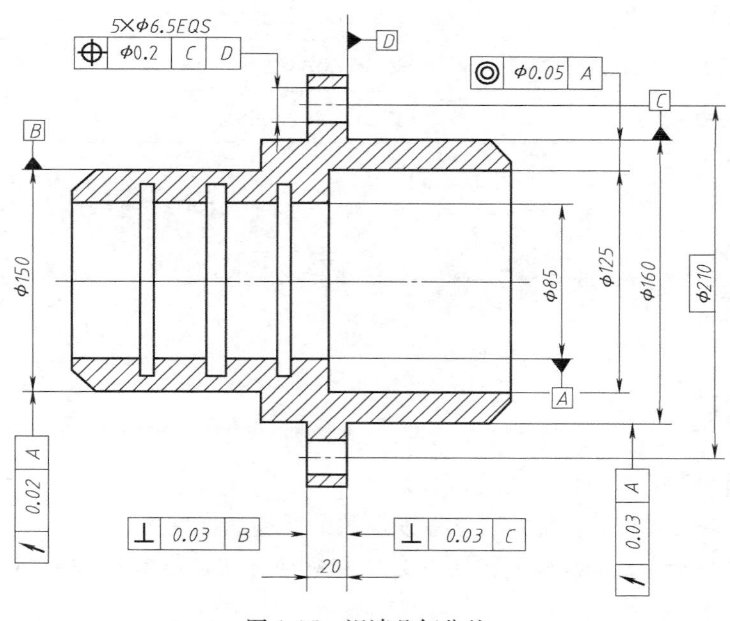


图 4-25　识读几何公差

1）[↗ 0.03 A] 的含义：$\phi$160mm 圆柱外表面（被测要素）对 $\phi$85mm 圆柱孔轴线（基准要素）的径向圆跳动公差（公差项目）为 0. 03mm（公差值）。

2) [↗ | 0.02 | A] 的含义：$\phi$150mm 圆柱表面（被测要素）对 $\phi$85mm 圆柱孔轴线（基准要素）的径向圆跳动公差（公差项目）为 0.02mm（公差值）。

3) [⊥ | 0.03 | B] 的含义：厚度为 20mm 的安装板左端面（被测要素）对 $\phi$150mm 圆柱面轴线（基准要素）的垂直度公差（公差项目）为 0.03mm（公差值）。

4) [⊥ | 0.03 | C] 的含义：安装板右端面（被测要素）对 $\phi$160mm 圆柱面轴线（基准要素）的垂直度公差（公差项目）为 0.03mm（公差值）。

5) [◎ | $\phi$0.05 | A] 的含义：$\phi$125mm 圆柱孔的轴线（被测要素）对 $\phi$85mm 圆柱孔轴线（基准要素）的同轴度公差（公差项目）为 $\phi$0.05mm（公差值）。

6) [⌖ | $\phi$0.2 | C | D] 的含义：均布于 $\phi$210mm 圆周上的 5 个 $\phi$6.5mm 的孔（被测要素）对基准 $C$ 和 $D$（基准要素）的位置度公差（公差项目）为 $\phi$0.2mm（公差值）。

## 学习效果评价

1. 以学生完成任务情况作为评分标准，并以此考查学生的理论知识。

2. 要求学生独立或分小组完成工作任务，由教师对每位及每一组同学的完成情况进行评价，给出每个同学完成本工作任务的成绩。

3. 本模块的评价内容、评分标准及分值分配见表 4-2。

**表 4-2　评价内容、评分标准及分值**

| 评价内容 | 评分标准 | 分　值 |
|---|---|---|
| 表面结构要求的标注 | 能正确标注表面结果要求 | 40 |
| 尺寸公差代号的标注与识读 | 能正确标注尺寸公差代号 | 30 |
| 几何公差代号的标注与识读 | 能正确标注几何公差代号 | 30 |

# 模块二　识读轴类零件

## 学习目标

1. 了解轴类零件的结构特点和表达方式。

2. 学会识读轴类零件，读懂零件图中所反映的所有加工信息。

3. 理解剖视的概念，掌握画剖视图的方法和标注方法，掌握单一剖切画局部剖视图的方法和标注方法。

## 工作任务

识读图 4-26 所示的轴的零件图。

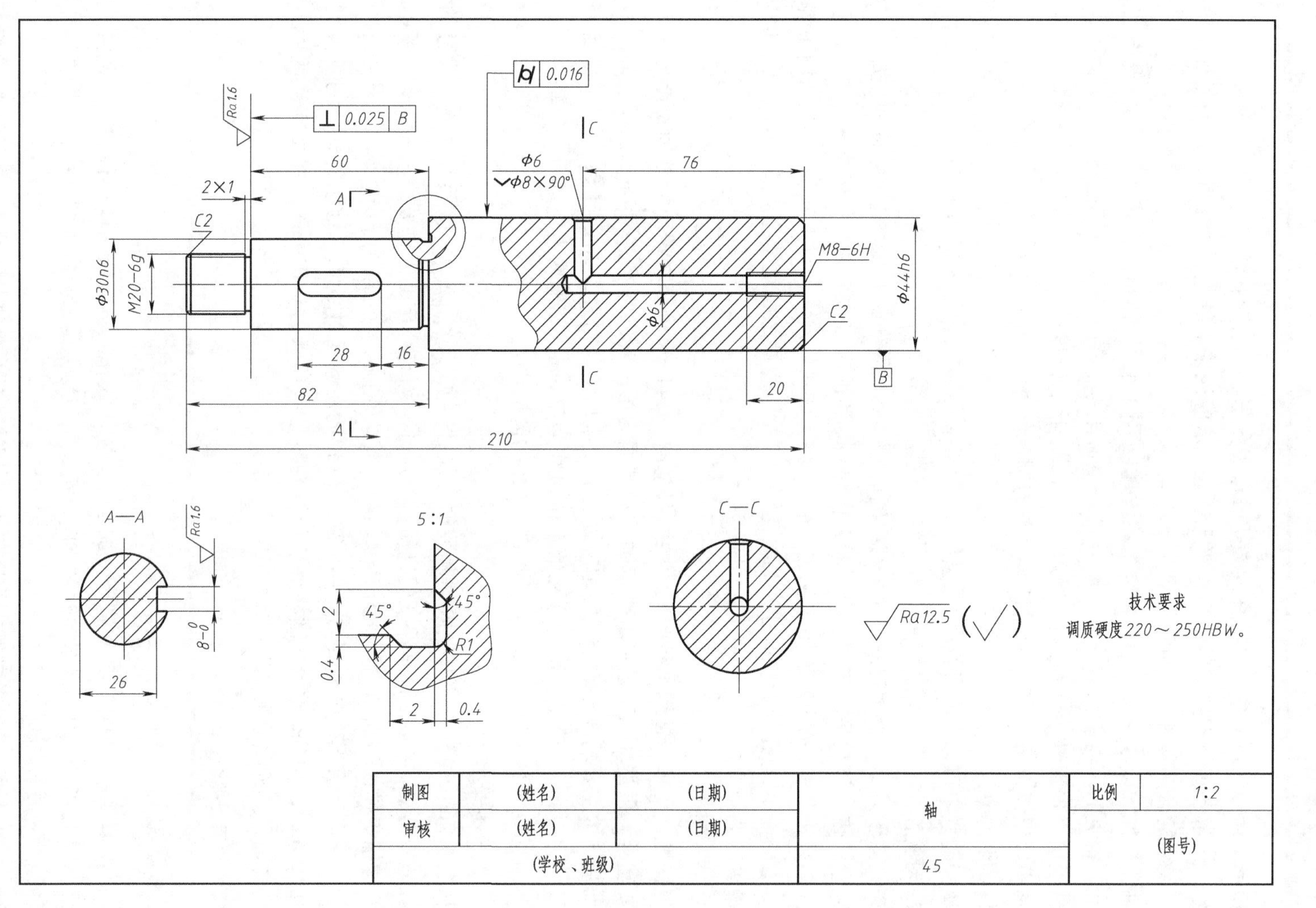
0.016
Ra 1.6
0.025 B
C
60
Φ6
⌵Φ8×90°
76
2×1
A
C2
M8-6H
Φ30n6
M20-6g
Φ44h6
Φ6
C2
28
16
C
B
20
82
A
210
A—A
Ra 1.6
5:1
C—C
45°
45°
2
R1
0.4
8-0
26
2
0.4
Ra 12.5
技术要求
调质硬度220～250HBW。
制图
(姓名)
(日期)
审核
(姓名)
(日期)
(学校、班级)
轴
45
比例
1:2
(图号)

图 4-26　轴

## 任务实施

识读零件图的目的是通过图样的表达方法想象出零件的形状结构，理解每个尺寸的作用和要求，了解各项技术要求的内容和实现这些要求应该采取的工艺措施等，以便于加工出符合图样要求的合格零件。

轴类零件大多数由位于同一轴线上数段直径不同的回转体组成，其轴向尺寸一般比径向尺寸大。常见的轴类零件有光轴、阶梯轴和空心轴等。轴上常见的结构有键槽、销孔、螺纹、越程槽（退刀槽）、中心孔、倒角、圆角、油槽、锥度等。

本模块以识读图 4-26 所示轴的零件图为例，分析读图的一般步骤。

1. 看标题栏

从标题栏中可知，零件的名称是轴，其材料是 45 钢，绘图比例为 1: 2。

2. 看视图

该零件图采用一个主视图，两个移出断面图和一个局部放大图表达。主视图按加工位置水平放置，表示该轴是由三段直径不同并在同一轴线的回转体组成的，其轴向尺寸远大于径向尺寸。采用 *A—A* 移出断面图表示 $\phi$30mm 轴颈上键槽的尺寸，采用 *C—C* 移出断面图表示 $\phi$44mm 轴颈上两通孔的形状尺寸，同时还表达了轴上左端的螺纹结构。此外轴上还有倒角、退刀槽等工艺结构。

3. 看尺寸

根据设计要求，轴线为径向尺寸的主要基准，$\phi$44mm 轴颈右端面为该轴长度方向尺寸的主要基准。根据加工工艺要求确定轴的右端面为第一辅助基准；$\phi$44mm 轴颈左端面为第二辅助基准。主要基准与两个辅助基准之间的定位尺寸分别为 210mm 和 82mm。确定键槽的定位尺寸为 16mm，确定 $\phi$6mm 圆孔的定位尺寸为 76mm，其他均为定形尺寸。轴上左端有一个 M20—6g 的外螺纹，右端有一个 M8—6H 的内螺纹。

4. 看技术要求

从图 4-26 中可知，注有极限偏差数值的尺寸（如 $8^{\ 0}_{-0.036}$ mm）以及有公差带代号的尺寸（如 $\phi$30n6、$\phi$44h6）都是保证配合质量的尺寸，均有一定的公差要求。$\phi$30n6 轴颈的左端面及键槽工作面表面结构要求为 *Ra*1. 6μm，其余表面结构要求为 *Ra*12. 5μm，此外 $\phi$30n6 轴颈的左端面还有形位公差要求，如 $\phi$30n6 轴颈的左端面对 $\phi$44h6 轴颈的轴线的垂直度公差为 0. 025mm，$\phi$44h6 轴颈的圆柱外表面圆柱度公差要求为 0. 016mm。在文字说明中，要求该零件需经调质处理到 220 ~ 250HBW。

## 相关知识

1. 轴类零件表达方法的选用

1）轴类零件一般在车床和磨床上加工，为便于操作人员对照图样进行加工，通常选择垂直于轴线的方向作为主视图的投射方向，按加工位置原则选择主视图的位置，即将轴类零件的轴线水平放置。

2）一般只用一个完整的基本视图（即主视图）即可把轴上各回转体的相对位置和主要形状表示清楚。

3）常用局部视图、局部剖视图、断面图、局部放大图等补充表达主视图中尚未表达清楚的部分。

4）对于形状简单而轴向尺寸较长的部分常断开后缩短绘制。

2. 剖视图的画法

（1）剖视图 假想用一个剖切面把机件分开，移去观察者和剖切面之间的部分，将余下的部分向投影面投射，所得到的图形称为剖视图，简称剖视。剖切面与机件接触的部分，称为断面，在断面图形上应画出剖面符号。不同的材料采用不同的剖面符号。一般机械零件是金属，采用45°的间隔均匀斜线。剖视图的形成过程如图4-27所示。

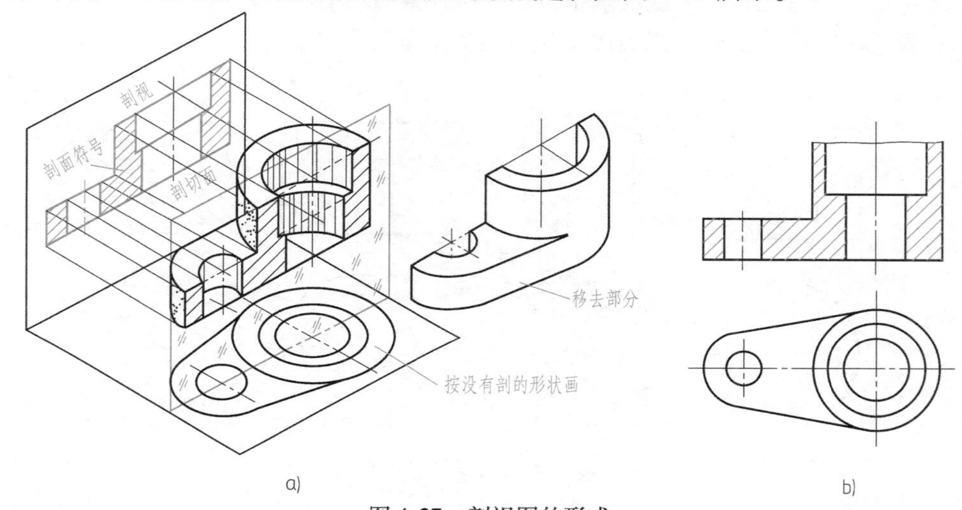


图4-27 剖视图的形成

a）直观图 b）剖视图

因为剖切是假想的，虽然机件的某个视图画成剖视图，而机件仍是完整的。所以其他图形的表达方案应按完整的机件考虑。

（2）画剖视图的方法与步骤 绘制图4-27所示剖视图，其步骤如下：

1）绘制断面图（剖切面与机件的接触部分），如图4-28a所示。

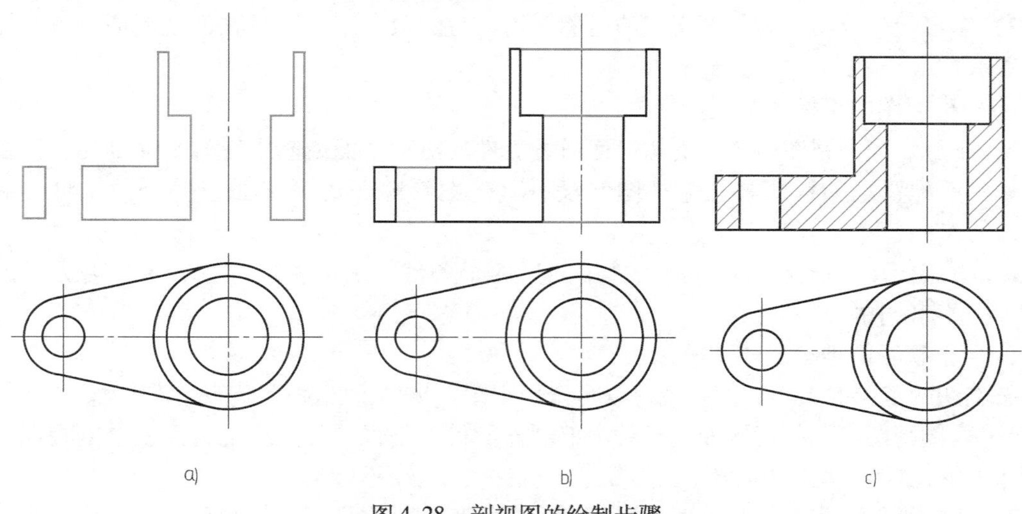


图4-28 剖视图的绘制步骤

2）绘制剖切面后面结构的图形（注意不要漏线和多线），如图 4-28b 所示。

3）绘制剖面线，完成全图。在剖切面与机件的实体接触部分绘制剖面线，剖面线为间隔均匀的 45°倾斜的实线，如图 4-28c 所示。

（3）绘制剖视图的注意事项

1）剖切机件的剖切面必须垂直于相应的投影面。

2）机件的一个视图画成剖视图后，其他视图的完整性不应受其影响，如图 4-27 的主视图画成剖视图后，俯视图一般仍应完整画出。

3）剖切面后的可见结构一般应全部画出，如图 4-29 所示。

4）一般情况下，尽量避免用细虚线表示机件上不可见的结构。

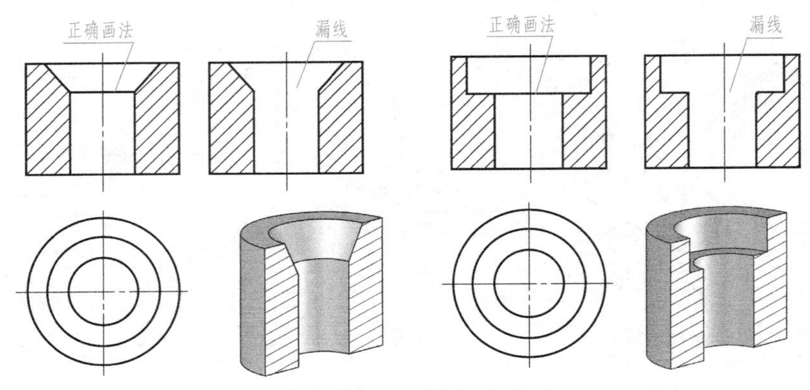


图 4-29　画剖视图的注意事项

（4）剖视图的标注　为便于读图，剖视图应进行标注，以标明剖切位置和指示视图间的投影关系。标注剖视图需标注以下三个要素：

1）剖切线。剖切线是指示剖切面位置的线，用细点画线表示，剖视图中通常省略不画此线。

2）剖切符号。剖切符号是指示剖切面起讫和转折位置（用粗实线的短画表示）及投射方向（用箭头表示）的符号。

3）字母。字母用来表示剖视图的名称，用大写的拉丁字母注写在剖视图的上方，如图 4-30所示。

（5）剖视图的不标和省略标注

1）不标。当剖视图由单一剖切平面通过机件的对称平面或基本对称平面剖切，剖视图按投影关系配置且剖视图与相应视图间没有其他图形隔开时可不加任何标注，如图 4-27 所示。

2）省略标注。指仅满足不标条件中的后两个条件，则可省略标注表示投射方向的箭头，如图 4-30 中的 *B—B*。

（6）剖视图的种类

按剖切的范围的大小，剖视图可分为全剖视图、半剖视图和局部剖视图三类。

1）全剖视图。用剖切平面把机件全部剖开所得的剖视图称为全剖视图。全剖视图一般适用于外形比较简单、内部结构较为复杂的机件，如图 4-31 所示。

2）半剖视图。当机件具有对称平面时，在垂直于对称平面的投影面上的投影，可以以

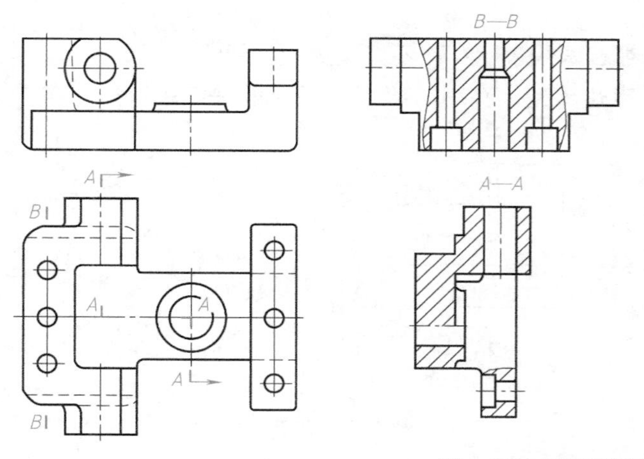

图 4-30　剖视图的标注

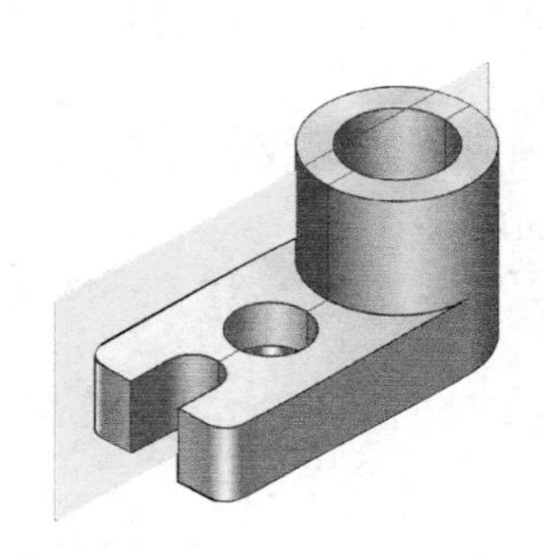

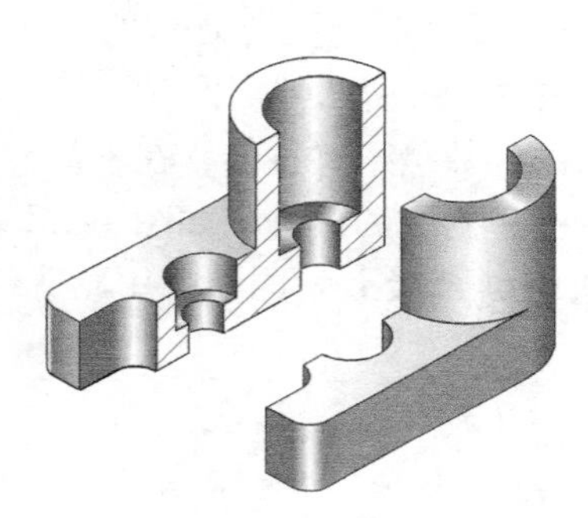

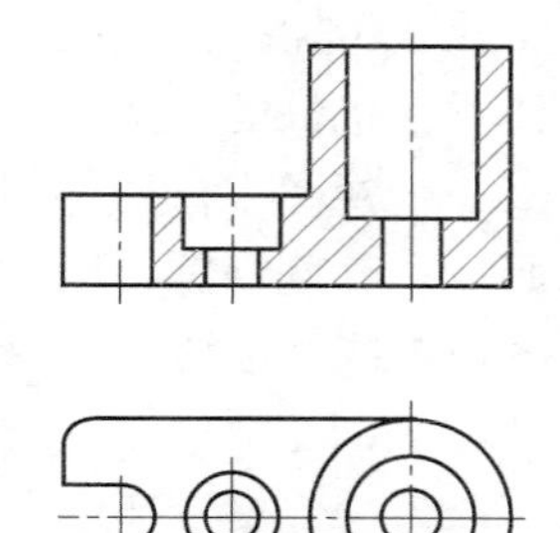

图 4-31　全剖视图

对称中心线为界，一半画剖视，一半画视图，这样的图形叫做半剖视图，如图 4-32 所示。

半剖视图既表达了机件的内部形状，又保留了外部形状，所以常用于表达内外形状都比较复杂的对称机件。图 4-33 所示的机件，其左右对称，前后也对称，所以主、俯视图都可以画成半剖视图。

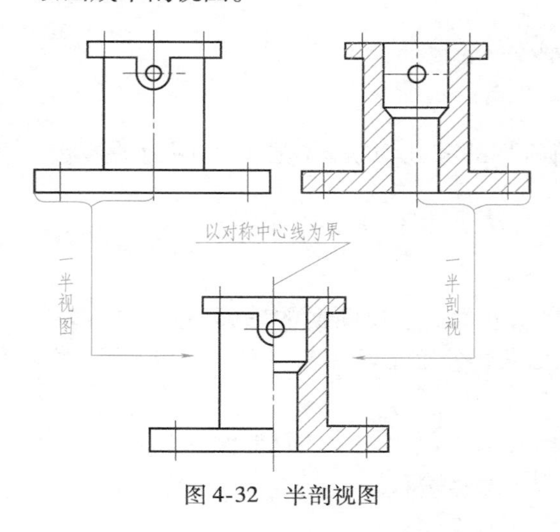


图 4-32　半剖视图

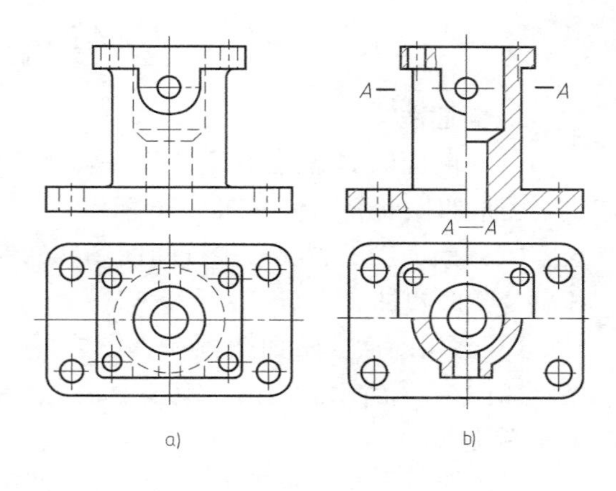


图 4-33　机件的视图与半剖视图
a）视图　b）半剖视图

画半剖视图时应注意以下几个问题：

① 半个视图与半个剖视的分界线用细点画线表示，而不能画成粗实线。

② 机件的内部形状已在半剖视图中表达清楚，在另一半表达外形的视图中一般不再画出虚线。

3）局部剖视图。用剖切平面局部地剖开机件所得的剖视图称为局部剖视图。如图 4-34 所示的机件，虽然上下、前后都对称，但由于主视图中才方孔轮廓线与对称中心线重合，所以不宜采用半剖视，应采用局部剖视。

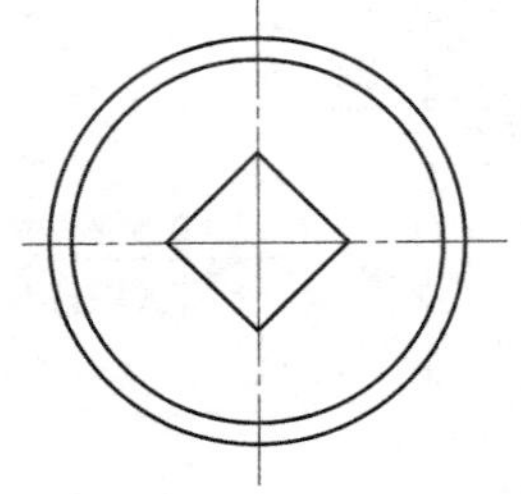

图 4-34　局部剖视图

画局部剖视图时应注意以下几个问题：

① 局部剖视图可用波浪线分界，波浪线应画在机件的实体上，不能超出实体轮廓线，也不能画在机件的中空处，如图 4-35a 所示。

②一个视图中，局部剖视图的数量不宜过多，在不影响外形表达的情况下，可在较大范围内画成局部剖视图，以减少局部剖视的数量，如图 4-35b 所示。

③波浪线不应画在轮廓线的延长线上，也不能用轮廓线代替，或与图样上其他图线重合，如图 4-35c 所示。

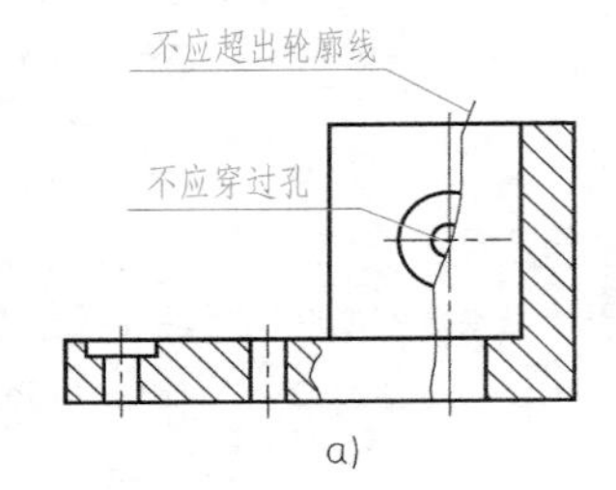


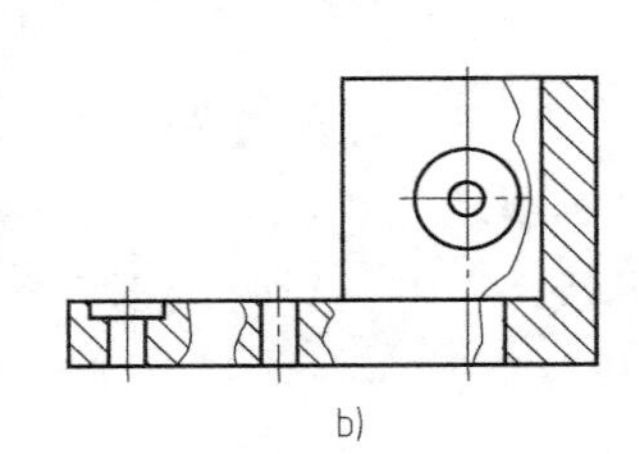


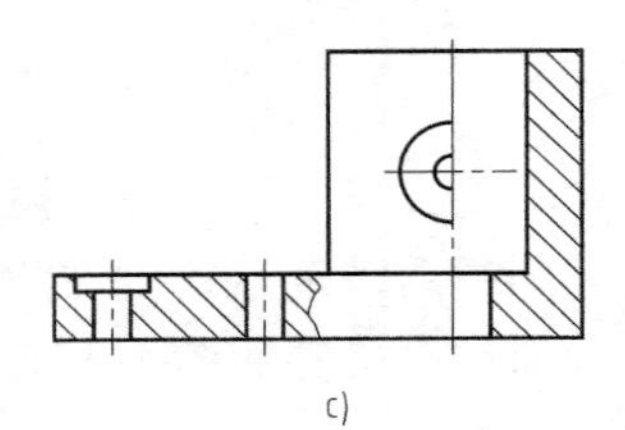


图 4-35　局部剖视图的注意事项

3. 断面图

（1）断面图的概念　假想用一个剖切平面将机件的某处切断，仅画出其断面的形状，这个图形叫做断面图，如图 4-36 所示。

（2）断面图的种类　根据断面图在绘制时所配置的位置不同，断面图可分为移出断面和重合断面两种。

1）移出断面。断面图画在视图之外，称为移出断面。移出断面的轮廓线用粗实线绘制。如图 4-37 所示。由两个或多个相交的剖切平面获得的移出断面，中间一般应断开，如图 4-37 所示

当剖切平面通过回转面形成的孔或凹坑的轴线（图 4-38a），或通过非圆孔会导致出现完全分离的断面时（图 4-38b），则这些结构按剖视图要求绘制。

移出断面图的配置及标注方法见表 4-3。

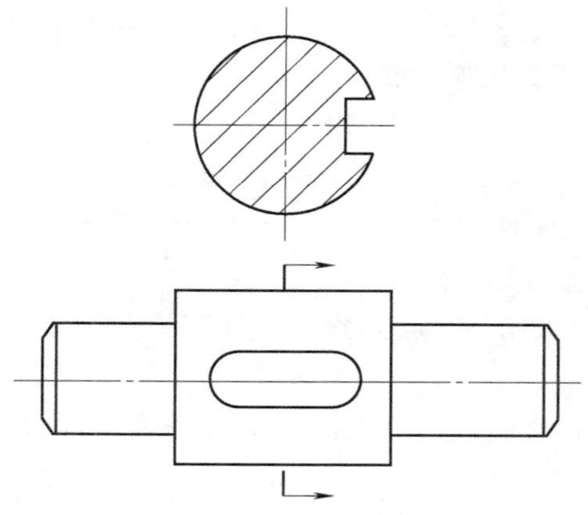

图 4-36　断面图

图 4-37　由两个相交的剖切平面获得的移出断面

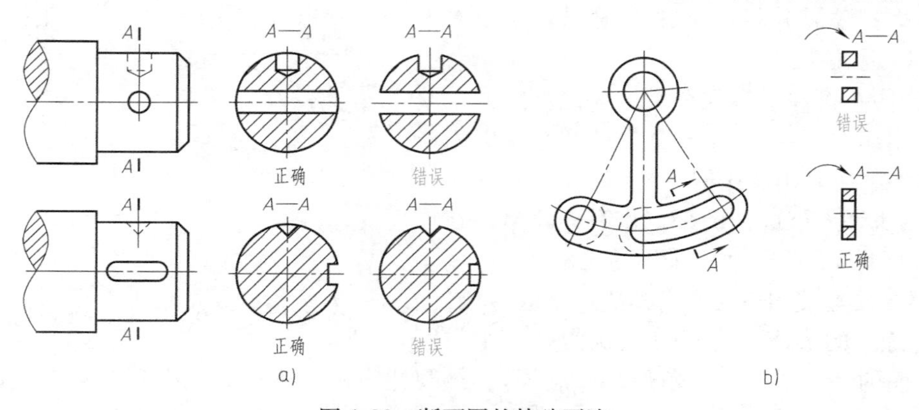


图 4-38　断面图的特殊画法

**表 4-3　移出断面图的配置与标注**

| 配　　置 | 对称的移出断面 | 不对称的移出断面 |
| --- | --- | --- |
| 配置在剖切线或剖切符号延长线上 | 剖切线(细点画线)<br>不必标注字母和剖切符号 | 不必标注字母 |
| 按投影关系配置 | A　A—A　A<br>不必标注箭头 | A　A—A　A<br>不必标注箭头 |
| 配置在其他位置 | A　A—A　A<br>不必标注箭头 | A　A—A　A<br>应标注剖切符号(含箭头)和字母 |

2）重合断面。在不影响图形清晰的条件下，断面图也可画在视图里面，称为重合断面。重合断面轮廓线用细实线绘制，如图4-39所示。

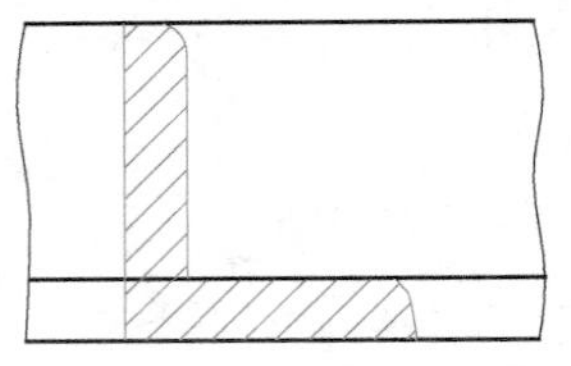
图4-39　重合断面

4. 局部放大图

（1）局部放大图的概念　将机件的部分结构用大于原图形的比例所画出的图形，称为局部放大图。当机件上某些细小结构在视图中表达不清或不便于标注尺寸和技术要求时，常采用局部放大图，如图4-40所示。

（2）局部放大图的画法及标注

1）局部放大图可以画成视图、剖视图、断面图的形式，与被放大部位的表达形式无关。且与原图采用的比例无关。

2）绘制局部放大图时，应在视图上用细实线圈出被放大部位，并将局部放大图配置在被放大的部位的附近。

3）当同一机件上有几个被放大的部分时，应用罗马数字编号，并在局部放大图上方注出相应的罗马数字和所采用的比例。

4）当机件上被放大的部位仅有一个时，在局部放大图的上方只需注明所采用的比例。

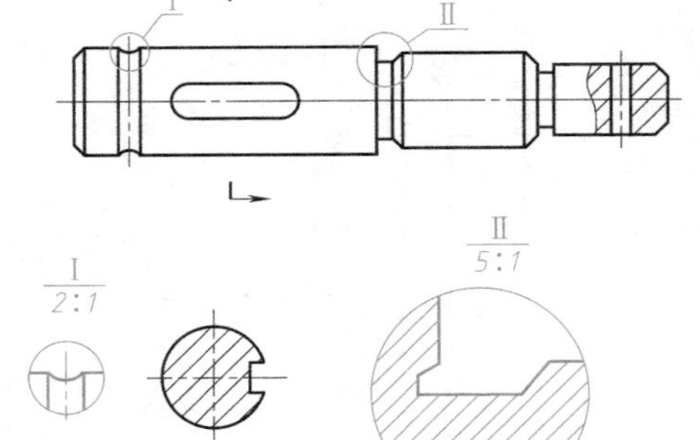

图4-40　局部放大图

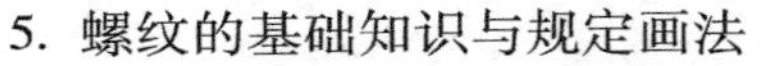
5. 螺纹的基础知识与规定画法

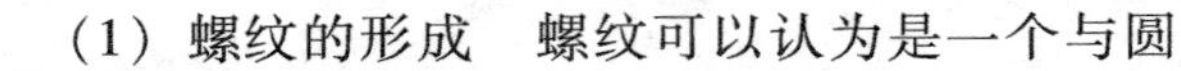
（1）螺纹的形成　螺纹可以认为是一个与圆柱轴线共面的平面图形（三角形、梯形等），绕圆柱面做螺旋运动，得到一个圆柱螺旋体。在圆柱外表面上形成的螺纹为外螺纹，在圆柱内表面上形成的螺纹为内螺纹。

加工螺纹的方法如图4-41、图4-42所示。

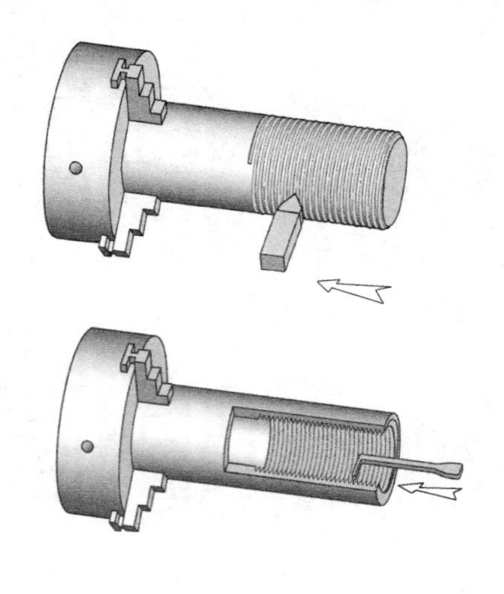
图4-41　车削内、外螺纹

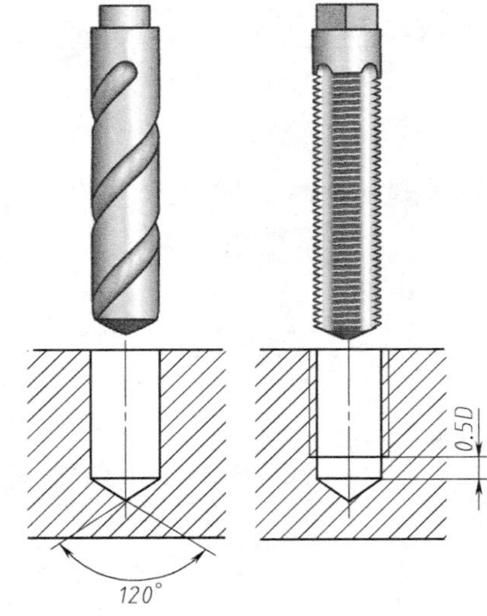

图4-42　攻螺纹

（2）螺纹的工艺结构

1）螺纹牙顶、牙底和直径如图4-43所示。

2）螺纹倒角和倒圆如图 4-44a 所示。图 4-45 所示是螺尾、退刀槽的加工示意图。

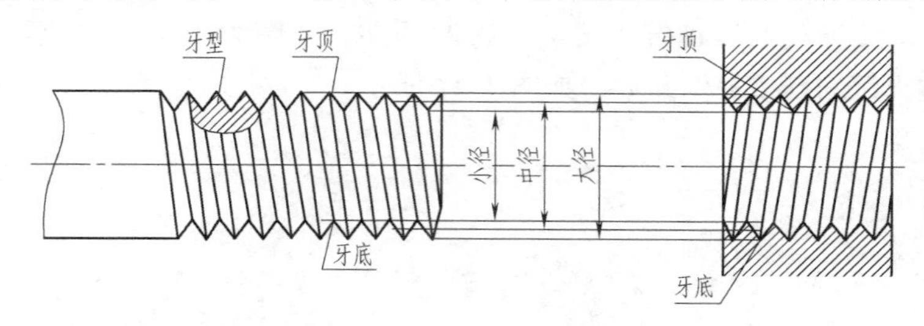


图 4-43　螺纹的牙顶、牙底和直径

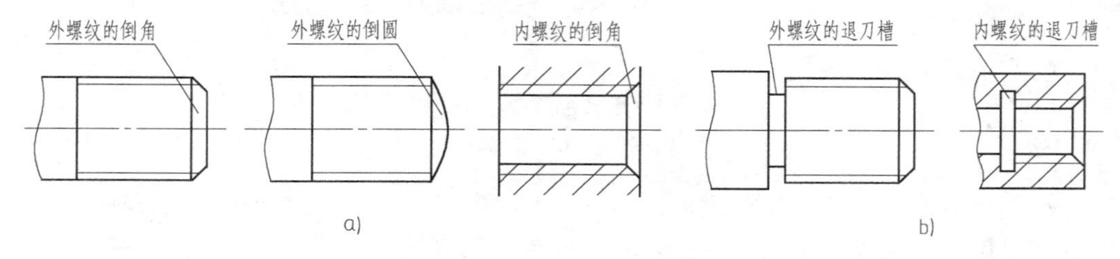


图 4-44　螺纹的倒角、倒圆和退刀槽
a）倒角、倒圆　b）退刀槽

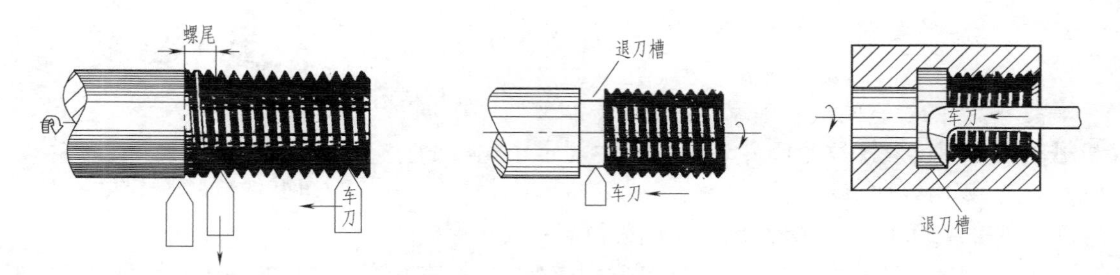


图 4-45　螺尾、退刀槽的加工示意图

（3）螺纹要素　螺纹的基本要素主要有牙型、直径、螺距、线数和旋向。

1）牙型。常见的螺纹牙型有三角形、梯形、锯齿形和矩形等，如图 4-46 所示。

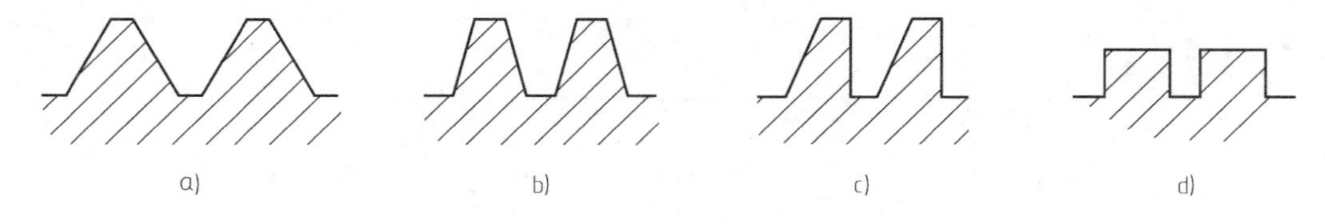


图 4-46　螺纹的牙型
a）三角形　b）梯形　c）锯齿形　d）矩形

2）直径。螺纹直径分大径（$d$、$D$）、中径（$d_2$、$D_2$）和小径（$d_1$、$D_1$）。其中大径是螺纹的公称直径，外螺纹的大径 $d$ 和内螺纹的小径 $D_1$ 又称顶径，如图 4-43 所示。

3）线数 $n$。螺纹有单线和多线之分，沿一条螺旋线形成的螺纹为单线螺纹；沿轴向等距分布的两条或两条以上的螺旋线所形成的螺纹为多线螺纹。

4）螺距 $P$ 和导程 $Ph$。螺纹相邻两牙在中径线上对应两点间的轴向距离称为螺距。同一条螺旋线上的相邻两牙在中径线上对应两点间的轴向距离称为导程。单线螺纹的导程等于螺距，即 $Ph = P$；多线螺纹的导程等于线数与螺距的乘积，即 $Ph = nP$。螺距或导程及线数，可为加工螺纹时机床的调整提供参数，如图 4-47 所示。

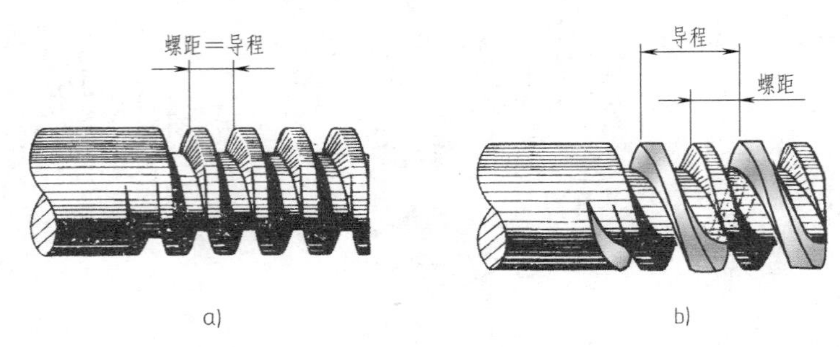


图 4-47　螺纹的线数和导程
a）单线螺纹　b）双线螺纹

5）旋向。螺纹分左旋、右旋两种，如图 4-48 所示。顺时针旋转时旋入的螺纹，称为右旋螺纹；逆时针旋转时旋入的螺纹，称为左旋螺纹。工程上常用右旋螺纹。旋向用于确定走刀方向和旋进方向。

只有上述各要素完全相同的内、外螺纹才能相互旋合。

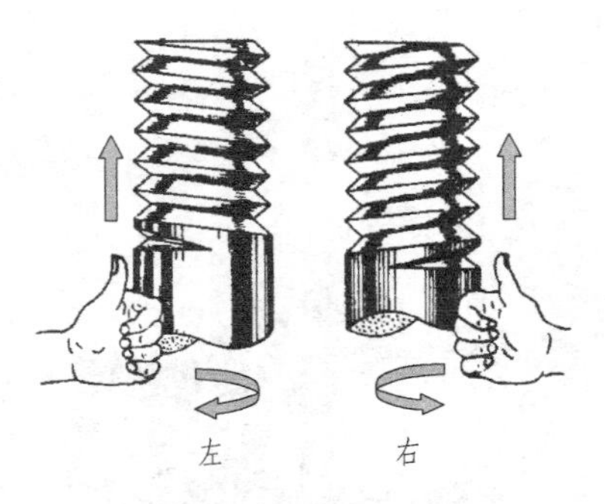


图 4-48　螺纹的旋向

（4）螺纹的规定画法　国家标准 GB/T 4459. 1—1995《机械制图　螺纹及螺纹紧固件表示法》中规定了螺纹的画法，其主要内容如下：

1）外螺纹的画法。外螺纹的大径画成粗实线。在螺杆的倒角或倒圆内的部分也应画出。小径通常画成细实线，在垂直于螺纹的轴线的投影面上的视图中，表示牙底的细实线圆只画约 3/4 圈，此时倒角省略不画，如图 4-49 所示。完整螺纹的终止界线用粗实线表示。画剖视图时，终止线只画一小段粗实线到小径处，剖面线应画到粗实线。

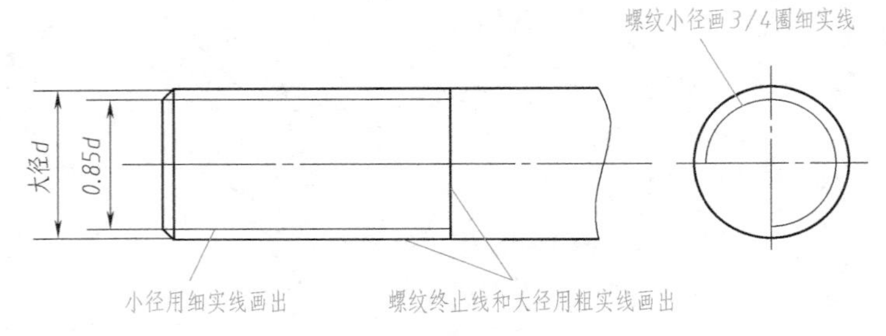


图 4-49　外螺纹的规定画法

2）内螺纹的画法。当用剖视图表达内螺纹时，其小径用粗实线，大径用细实线表示；在投影为圆的视图上，表示大径圆用细实线只画约 3/4 圈，倒角圆省略不画，螺纹的终止线仍用粗实线表示，剖面线画到粗实线处，如图 4-50a 所示。绘制不穿通的螺纹时，应将钻孔深度和螺孔深度分别画出，一般钻孔应比螺孔深约 4 倍的螺距，钻孔底部的锥角应画成

120°。表示不可见螺纹，所有的图线均画成虚线，如图 4-50b 所示。

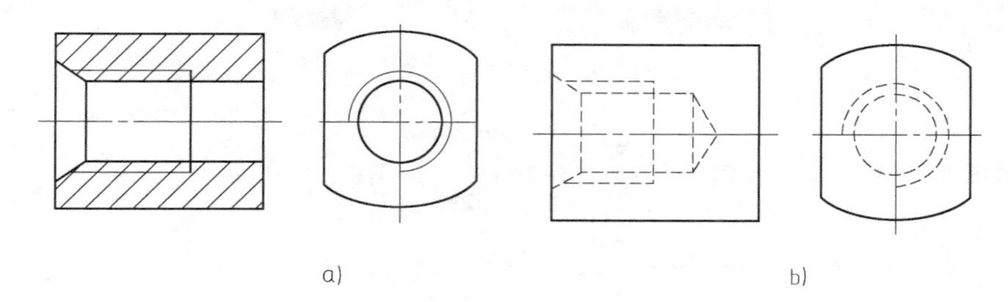


图 4-50　内螺纹的画法

a）剖视图画法　b）不可见螺纹表示法

3）螺纹联接的画法。内外螺纹旋合时，在剖视图中，旋合部分按外螺纹的画法表示；未旋合部分按内外螺纹各自的规定画法表示。在螺纹联接的剖视图中，当剖切平面通过实心螺杆的轴线时，螺杆按不剖绘制，如图 4-51 所示。

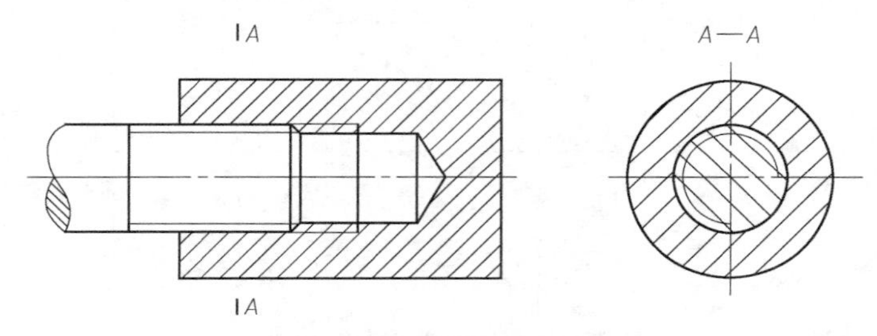


图 4-51　螺纹联接的画法

（5）螺纹的图样标注　无论是三角形螺纹，还是梯形螺纹，按上述画法规定画出后，在图上均不能反映其牙型、螺距、线数和旋向等结构要素，因此，还必须按规定的标记在图样中进行标注。常用标准螺纹的标记规定见表 4-4。

表 4-4 中，序号 1、2 为紧固螺纹，序号 3 为传动螺纹，序号 4、5 为管螺纹。由表可见，标准规定的各螺纹的标记方法不尽相同。现仅介绍应用最广的普通螺纹的标记规定。

**表 4-4　常用标准螺纹的标记方法**

| 序号 | 螺纹类别 | 标准编号 | 特征代号 | 标记示例 | 螺纹副标记示例 | 说　明 |
|---|---|---|---|---|---|---|
| 1 | 普通螺纹 | GB/T 197—2003 | M | M8 × 1—LH<br>M8<br>M16 × Ph 6 P2—5g6g—L | M20—6H/5g6g | 粗牙不注螺距，左旋时末尾加“-LH”<br>中等公差精度（如 6H、6g）不注公差代号；中等旋合长度不注 N（下同）<br>多线时注出 Ph（导程）、P（螺距） |
| 2 | 小螺纹 | GB/T 15054.4—1994 | S | S0.8—4H5<br>S1.2LH—5h3 | S0.9—4H5/5h3 | 标记中末位的 5 和 3 为顶径公差等级，顶径公差带位置仅有一种，故只注等级，不注位置 |

（续）

<table>
<tr><th>序号</th><th colspan="2">螺纹类别</th><th>标准编号</th><th>特征代号</th><th>标记示例</th><th>螺纹副标记示例</th><th>说　明</th></tr>
<tr><td>3</td><td colspan="2">梯形螺纹</td><td>GB/T 5796. 4—2005</td><td>Tr</td><td>Tr40 ×7—7H<br>Tr40 ×14(P7)<br>LH—8c—L</td><td>Tr36 ×6—7H/7e</td><td>公称直径一律用外螺纹的基本大径表示;仅需给出中径公差带代号;无短旋合长度</td></tr>
<tr><td>4</td><td colspan="2">55°非密封管螺纹</td><td>GB/T 7307—2001</td><td>G</td><td>G1½A<br>G1/2—LH</td><td>G1½A</td><td>外螺纹需注出公差等级 A 或 B;内螺纹公差等级只有一种,故不注;表示螺纹副时,仅需标注外螺纹的标记</td></tr>
<tr><td rowspan="4">5</td><td rowspan="4">55°密封管螺纹</td><td>圆柱外螺纹</td><td rowspan="2">GB/T 7306. 1—2000</td><td>$R_1$</td><td>$R_1$3</td><td rowspan="2">Rp/$R_1$3</td><td rowspan="4">内、外螺纹均只有一种公差带，故不注;表示螺纹副时,尺寸代号只注写一次</td></tr>
<tr><td>圆柱内螺纹</td><td>Rp</td><td>Rp1/2</td></tr>
<tr><td>圆锥外螺纹</td><td rowspan="2">GB/T 7306. 2—2000</td><td>$R_2$</td><td>$R_2$3/4</td><td rowspan="2">Rc/$R_2$3/4</td></tr>
<tr><td>圆锥内螺纹</td><td>Rc</td><td>Rc1½—LH</td></tr>
</table>

根据 GB/T 197—2003 规定，普通螺纹的完整标记由螺纹代号、尺寸代号、公差带代号、旋合长度代号和旋向代号组成。现以一多线的左旋普通螺纹为例，说明标记中各代号含义。

例如

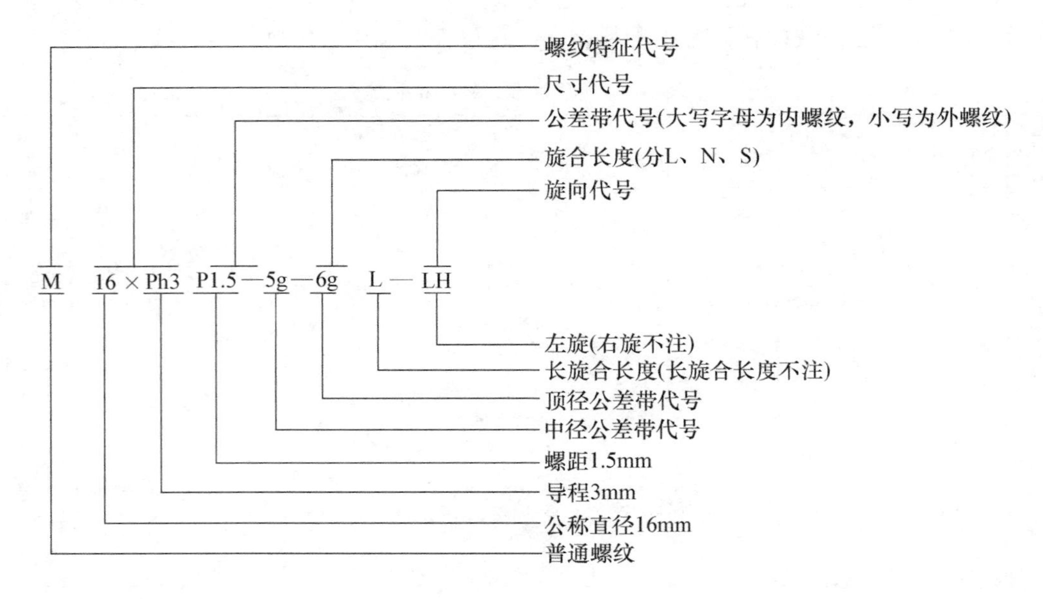

上述示例是普通螺纹的完整标记，当遇到以下情况时，其标记可以简化。

① 螺纹为单线时，尺寸代号为“公称直径×螺距”，此时不必注写 Ph 和 P；当为粗牙时不注螺距。

② 中径与顶径公差带代号相同时，只注写一个公差带代号。

③ 最常用的中等公差精度螺纹（公称直径≤1.4mm 的 5H、6h 和公称直径≥1.6mm 的 6H、6g）不注公差带代号。例如，公称直径为 8mm、螺距为 1mm 的单线细牙普通螺纹标记为 M8×1；公称直径为 8mm、螺距为 1.25mm 的单线粗牙普通螺纹标记为 M8。

普通螺纹的上述简化标记规定，同样适用于内外螺纹（即螺纹副）的标记。

理解表 4-4 的标记规定时，还需要注意以下两点。

① 无论何种螺纹，旋向为左旋时均应在规定位置注写“LH”字样，未注“LH”者均指右旋螺纹。

② 各种螺纹标记中，用拉丁字母表示的螺纹特征代号均位于标记的左端，紧随螺纹特征代号之后的数值分为两种情况：序号 1～3 中的该数值是指螺纹的公称直径，单位为 mm；序号 4～5 中的该数值是指螺纹的尺寸代号，无单位，不得称为“公称直径”。

（6）螺纹的标注方法　公称直径以毫米为单位的螺纹（如普通螺纹、梯形螺纹等），其标记应直接注在大径的尺寸线上或其引出线上；管螺纹的标记一律注在引出线上，引出线应由大径处或对称中心处引出，如图 4-52 所示。

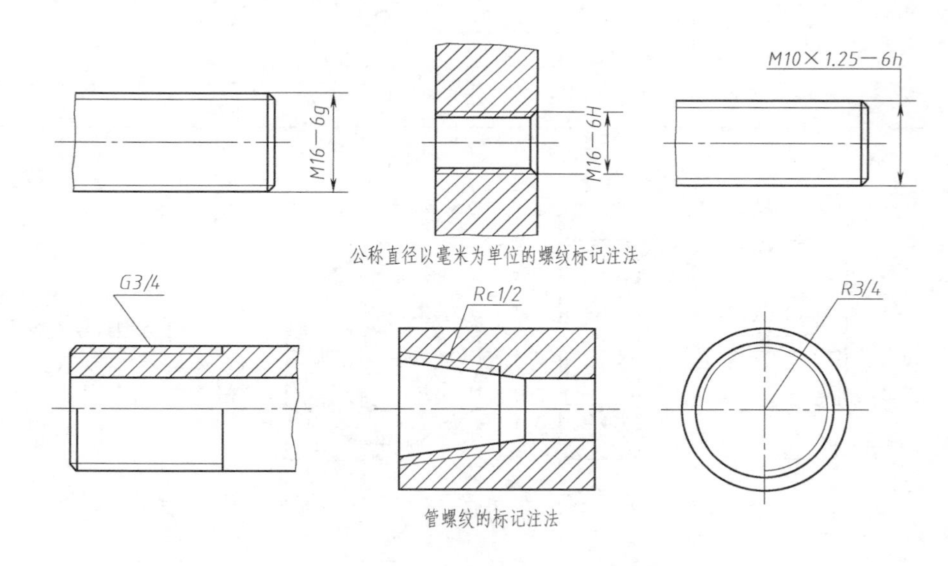


图 4-52　螺纹的标注

（7）螺纹联接件的画法及标记　螺纹联接通常可分为螺栓联接、双头螺柱联接和螺钉联接。

螺纹联接件的种类很多，其中最常见的一般都是标准件，即它们的结构尺寸均按其规定标记可从相应的标准中查出。常见螺纹联接件的标记见表 4-5。

1）螺栓联接的画法。螺栓联接用于联接厚度不大的两个零件。两个零件钻有通孔，其直径略大于螺纹大径（约为 1.1$d$），其紧固件组由螺栓、螺母、垫圈组成。通常按比例画法，如图 4-53 所示。

**表 4-5　螺纹联接件**

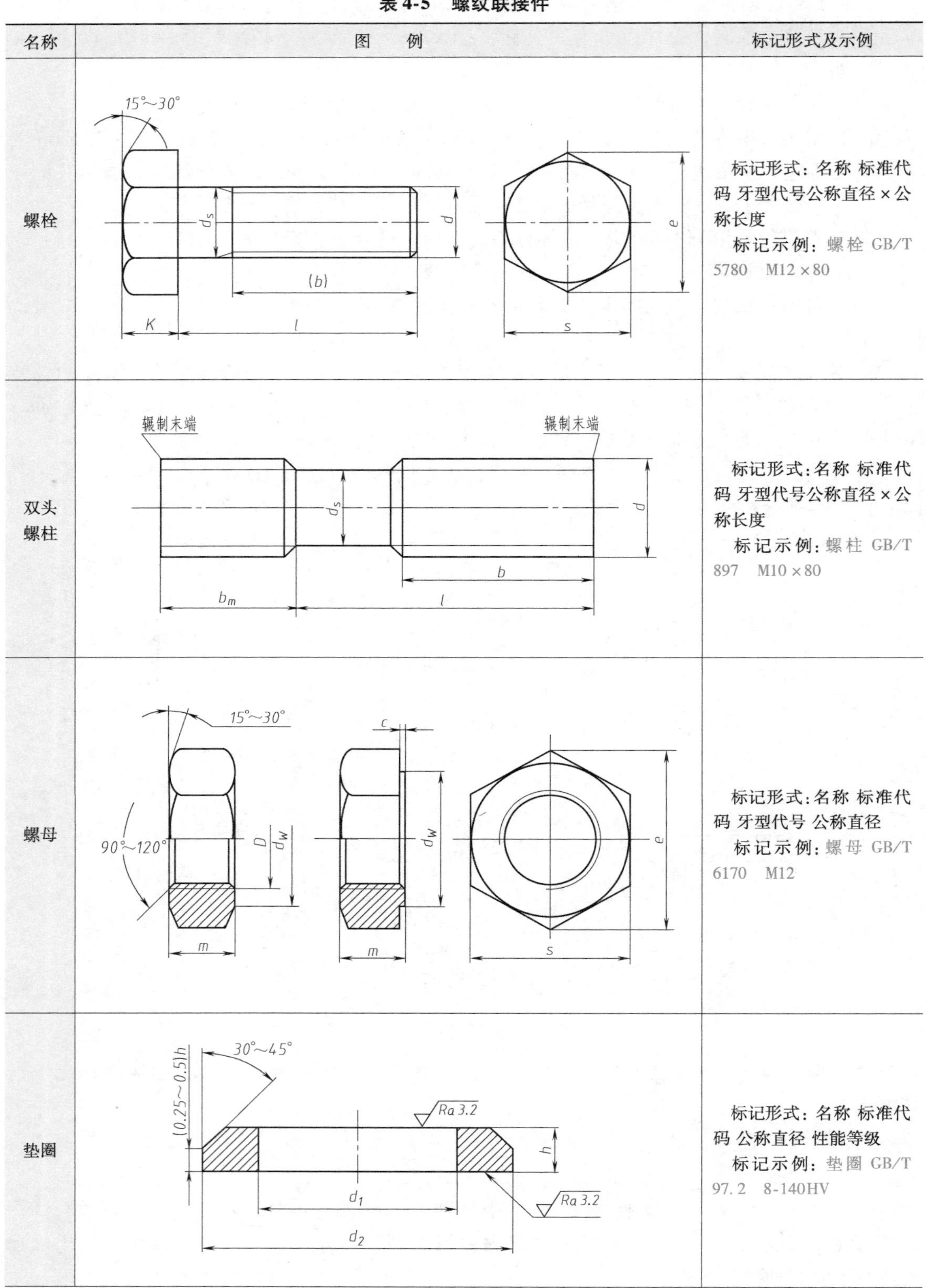


| 名称 | 图　例 | 标记形式及示例 |
|---|---|---|
| 螺栓 | | 标记形式：名称 标准代码 牙型代号公称直径 × 公称长度<br>标记示例：螺栓 GB/T 5780　M12 × 80 |
| 双头螺柱 | | 标记形式：名称 标准代码 牙型代号公称直径 × 公称长度<br>标记示例：螺柱 GB/T 897　M10 × 80 |
| 螺母 | | 标记形式：名称 标准代码 牙型代号 公称直径<br>标记示例：螺母 GB/T 6170　M12 |
| 垫圈 | | 标记形式：名称 标准代码 公称直径 性能等级<br>标记示例：垫圈 GB/T 97.2　8-140HV |

（续）

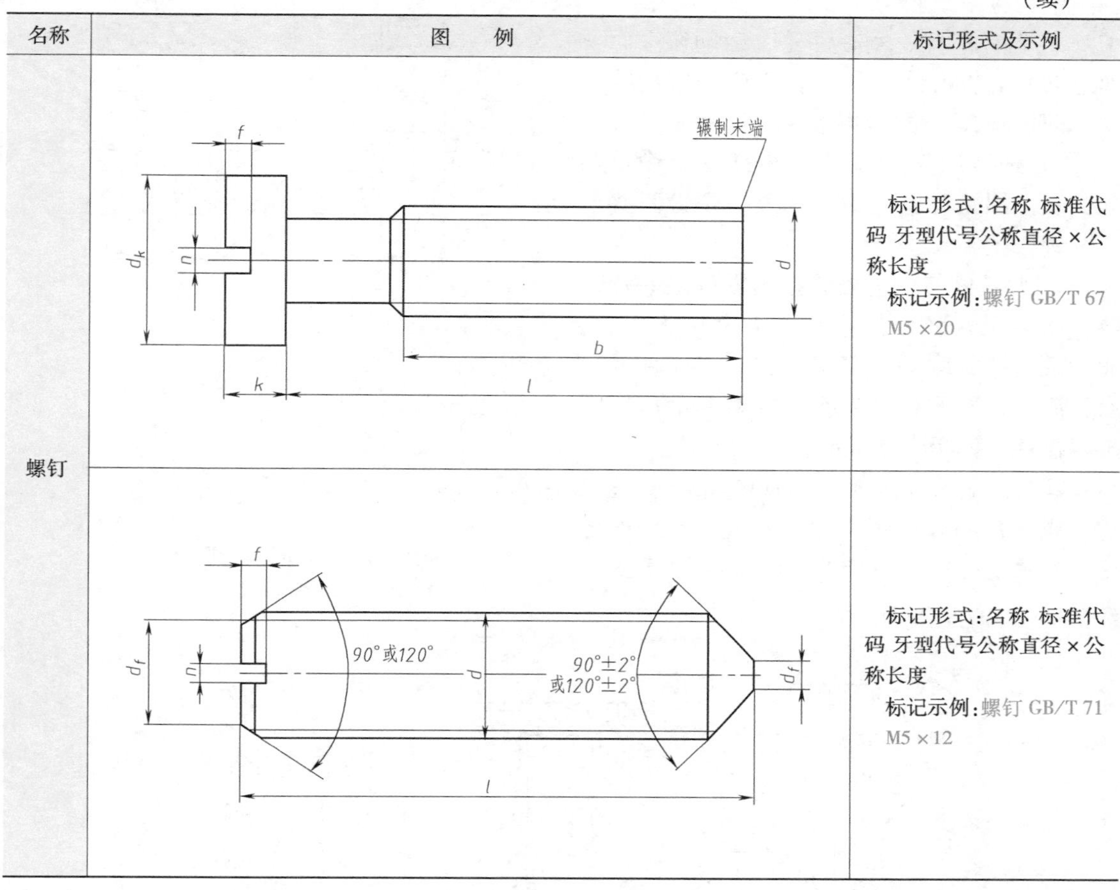


| 名称 | 图　例 | 标记形式及示例 |
|---|---|---|
| 螺钉 | | 标记形式：名称 标准代码 牙型代号公称直径 × 公称长度<br>标记示例：螺钉 GB/T 67 M5 × 20 |
| | | 标记形式：名称 标准代码 牙型代号公称直径 × 公称长度<br>标记示例：螺钉 GB/T 71 M5 × 12 |

① 螺栓联接的查表画法：

第一步，根据紧固件螺栓、螺母、垫圈的标记，在有关标准中，查出它们的全部尺寸。

第二步，确定螺栓的公称长度 $l$。

$$l \geqslant \delta_1 + \delta_2 + h + m + a$$

$a$ 取（0.2～0.3）$d$。

② 螺栓联接的比例画法。为了提高画图速度，螺栓联接可按比例关系画图，主要以螺栓公称直径为依据，但不得把按比例关系计算的尺寸作为螺纹紧固件的尺寸进行标注。

绘制螺纹紧固件联接装配图，应遵守下列基本规定：

① 两零件相接触表面画一条线，否则应画两条线。

② 相邻两零件的剖面线方向应相反或方向相同而间隔不等。而同一零件的剖面线方向间隔不论在哪一

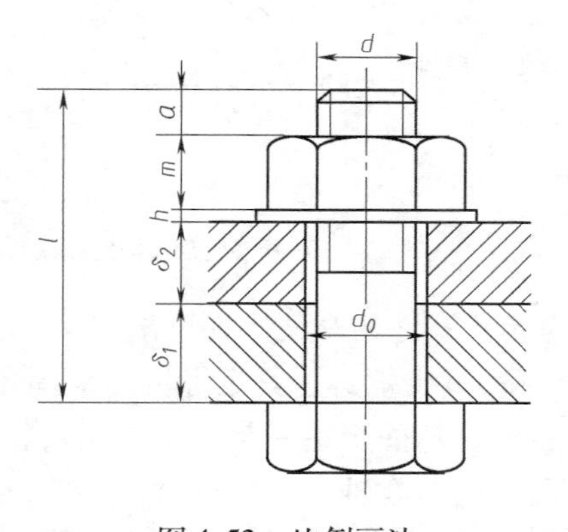


图 4-53　比例画法

视图中均应一致。

③ 对标准件、实心件等，当剖切平面通过它们的轴心线剖切时，仍应按未剖绘制，即仍画其外形，如图 4-54 所示。

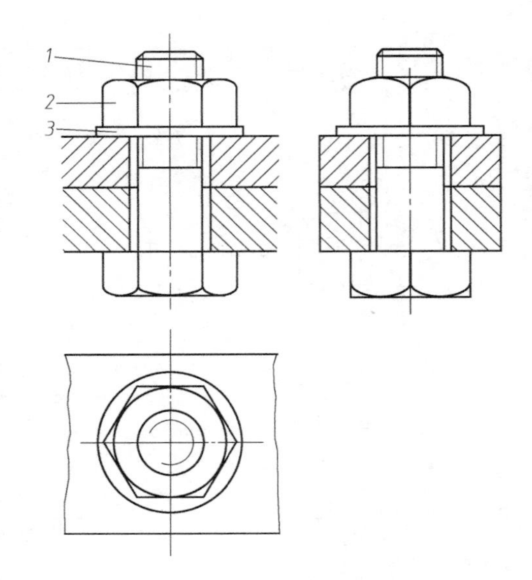


图 4-54 螺栓联接三视图

1—螺栓 2—螺母 3—垫圈

2）螺钉联接的画法。螺钉按用途可分为联接螺钉和紧定螺钉两类。螺钉联接的画法如图 4-55 所示。

① 联接螺钉。当被联接的零件之一较厚，而装配后联接件受轴向力又不大时，通常采用螺钉联接，即螺钉穿过薄零件的通孔而旋入厚零件的螺孔，螺钉头部压紧被联接件，如图4-55所示。

螺钉的旋入长度 $b_m$ 可通过查表 4-6 确定。螺钉各部分比例尺寸参看表 4-5 中的比例并查表确定。螺钉长度 $l$ 可按下式计算：

$$l = \delta + b_m$$

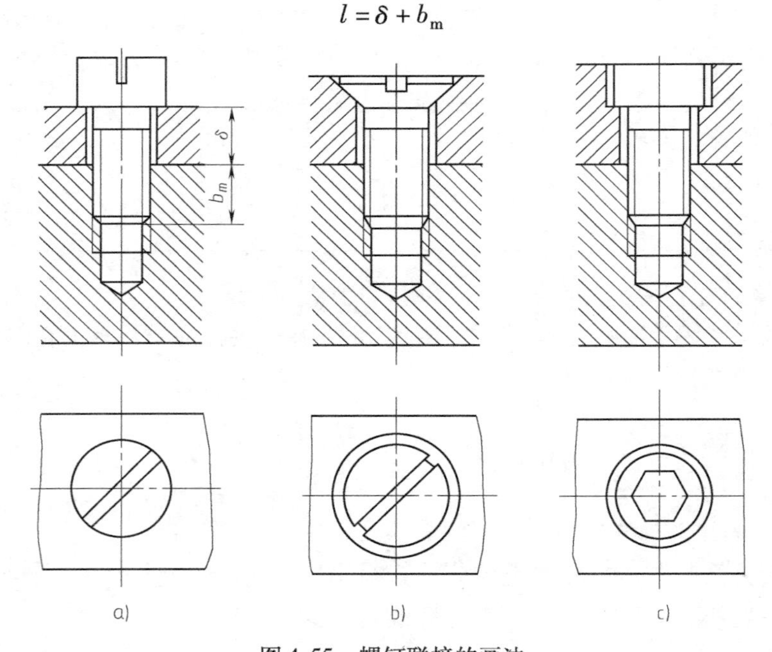


图 4-55 螺钉联接的画法

a）开口槽盘头螺钉联接 b）开口沉头螺钉联接 c）内六角圆柱头螺钉联接

$\delta$ 为光孔零件的厚度。计算出 $l$ 后，还需从螺钉的标准长度系列中选取与 $l$ 相近的标准值。

② 紧定螺钉。紧定螺钉用来固定两零件的相对位置，使它们不产生相对运动。例如，欲将轴、轮固定在一起，可先在轮毂的适当部位加工出螺孔，然后将轮、轴装配在一起，以螺孔导向，在轴上钻出锥坑，最后拧入螺钉，即可限定轮、轴的相对位置，使其不产生轴向相对移动和径向相对转动。

表 4-6　旋入端长度

| 螺孔的材料 | 旋入端的长度 | 标 准 编 号 |
|---|---|---|
| 钢与青铜 | $b_m = d$ | GB/T 897—1988 |
| 铸铁 | $b_m = 1.25d$ | GB/T 898—1988 |
| 铸铁或铝合金 | $b_m = 1.5d$ | GB/T 899—1988 |
| 铝合金 | $b_m = 2d$ | GB/T 900—1988 |

3）双头螺柱联接的画法。当被联接的零件较厚，或不允许钻成通孔（不宜采用螺栓联接），或因拆装频繁（不宜采用螺钉联接）时，可采用双头螺柱联接。通常将较薄的零件制成通孔（孔径≈$1.1d$），较厚零件制成不通的螺孔，双头螺柱的两端都制有螺纹。装配时，先将螺纹较短的一端（旋入端）旋入较厚零件的螺孔，再将通孔零件穿过螺纹的另一端（紧固端），套上垫圈，用螺母拧紧，将两个零件联接起来，如图 4-56a 所示。

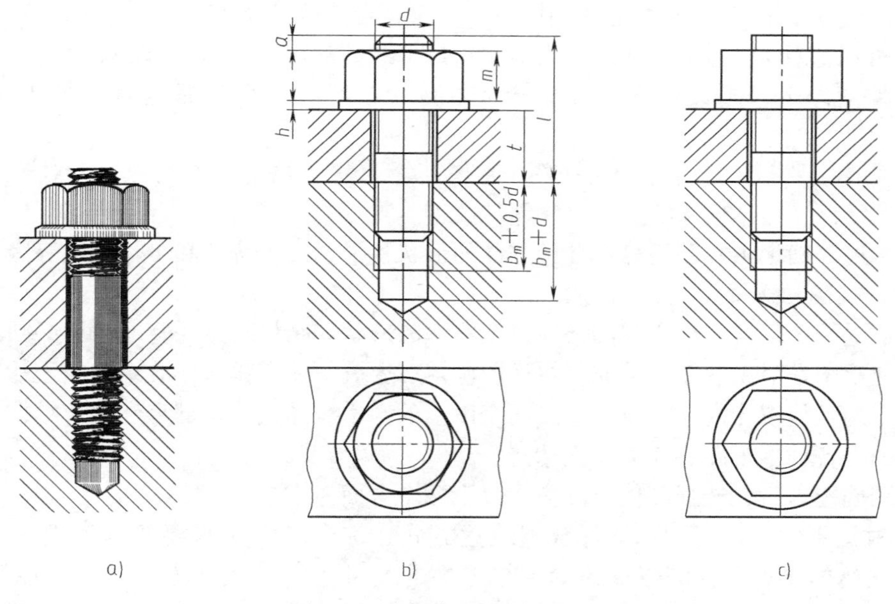


图 4-56　双头螺柱联接的画法

a）双头螺柱联接示意图　b）近似画法　c）简化画法

在装配图中，双头螺柱联接常采用近似画法或简化画法画出，如图 4-56b、c 所示。画图时，应按螺柱的大径和螺孔件的材料确定旋入端的长度 $b_m$，见表 4-6。螺柱的公称长度 $l$ 可按下式计算：

$$l = t + h + m + a$$

式中　$t$——通孔零件厚度（mm）；

$h$——垫圈厚度（mm），$h = 0.15d$（采用弹簧垫圈时 $h = 0.2d$）；

$m$——螺母厚度（mm），$m = 0.85d$；

$a$——螺栓伸出螺母的长度（mm），$a \approx (0.2 \sim 0.3)d$。

计算出 $l$ 后，还需从螺栓的标准长度系列中选取与 $l$ 相近的标准值。较厚零件上不通的螺孔深度应大于旋入端螺纹长度 $b_m$，一般取螺孔深度为 $b_m+0.5d$，钻孔深度为 $b_m+d$。

在联接图中，螺柱旋入端的螺纹终止线应与两零件的结合面平齐，表示旋入端已全部拧入，足够拧紧。

## 拓展

### 零件的视图表达及画法

1. 主视图选择

主视图是表达物体的核心，要使零件表达明确，看图方便，在选择主视图时，应综合考虑以下三个原则：

（1）形状特征原则　选择的主视图应是最能反映零件各部分的形状特征及各组成部分相互位置关系的视图。

（2）加工位置原则　主视图投射方向应尽量与零件主要的加工位置一致，这样在加工时就可以直接进行图物对照，既便于看图和测量尺寸，又可以减少差错。例如，轴套类零件的加工，多数工序是在车床或磨床上进行，因此通常要按照加工位置画其主视图。

（3）工作位置原则　选择的主视图，应考虑零件在机器上工作的位置。对于工作位置倾斜放置的零件，因不便于绘图，应将零件放正。

综上所述，确定主视图要综合分析零件的形状特征、加工位置和工作位置等因素。

2. 其他视图的选择

一般情况下，仅有一个主视图是不能把零件的形状和结构表达完整的，还必须配合其他视图。其他视图是对主视图的补充，主视图确定后要分析还有哪些形状结构没表达完全，考虑选择适当的其他视图常常需要两个或两个以上的基本视图。连接部分和细部结构则用局部视图、视图、各种剖视图、断面图表达。

主视图确定以后，选择其他视图应从以下两个方面考虑：

（1）根据零件复杂程度和选择合理表达方式，综合考虑所需要的其他视图，使每个视图有其表达的要点。视图数量的多少与零件的复杂程度和表达方式有关，原则是在表达清楚、正确的基础上选用尽量少的视图，使表达方案简洁、合理，以便于识图和绘图。

（2）优先考虑采用基本视图，在基本视图上作剖视图，并尽可能按投影关系配置各视图。

总之，确定零件的主视图及整体表达方案，应综合、灵活地运用上述原则。从实际出发，根据具体情况全面地加以分析、比较，使零件的表达符合正确、完整、合理、清晰的要求。

### 绘制轴的零件图

绘制图 4-26 所示轴的零件图。

1. 选择视图，确定表达方案

根据轴类零件的结构特点和主要工序的加工位置情况，一般选择轴线水平放置，因此可用一个基本视图——主视图来表达它的整体结构形状。选择主视图投影方向时，考虑键槽的

表达，选择正对键槽的位置为主视图投影方向。同时，主视图中采用一局部剖来表达两 $\phi$6mm 正交孔和 M8 内螺纹的结构特征。

除了主视图外，还需两个移出断面图来进一步表达键槽和两个 $\phi$6mm 正交孔的结构特征。同时，还需一局部放大图来表达 $\phi$30mm 外圆退刀槽的结构尺寸。这两个移出断面图和一个局部放大图都放在主视图的下面。

2. 选择比例，确定图幅

根据零件总长尺寸 210mm 和所需标注的尺寸，可以确定视图所占空间长大约为 300mm，根据零件最大直径 $\phi$44mm 和所需标注尺寸，以及放大图、断面图的尺寸，可以确定视图所占空间宽大约为 200mm，由于轴类零件视图较简单，所以，可以选择 1:2 的比例使用 A4 幅面的图纸。

3. 布置视图

根据图幅的尺寸以及各视图每个方向上的最大尺寸和视图间要留的间隙，来确定每个视图的位置。视图间的空隙要保证标注尺寸后尚有适当的余地，并且要求布置均匀，不宜偏向一方。

4. 画底图

1）先画出每个基本视图互相垂直的两根基准线，如图 4-57 所示。

2）根据尺寸画出主视图，如图 4-58 所示。

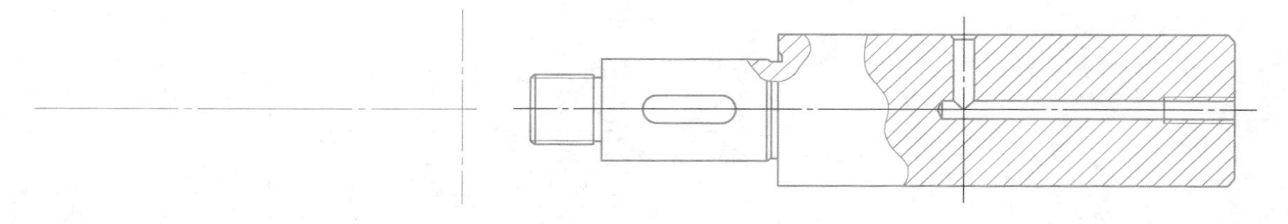

图 4-57　画基准线　　　　图 4-58　画主视图

**提示：** 由于相交两孔的直径均为 6mm，属于等直径两孔相贯，相贯线为相交两直线。

3）根据尺寸画出键槽和 $\phi$6mm 正交孔的移出断面图，如图 4-59 所示。

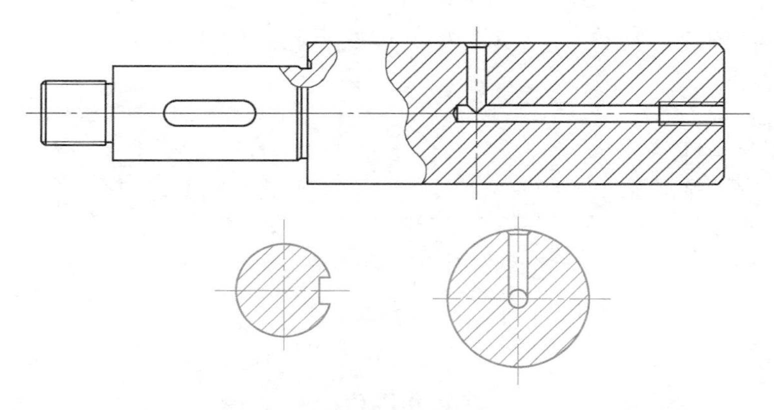

图 4-59　画移出断面图

4）按照 5:1 的比例画出退刀槽的局部放大图，如图 4-60 所示。

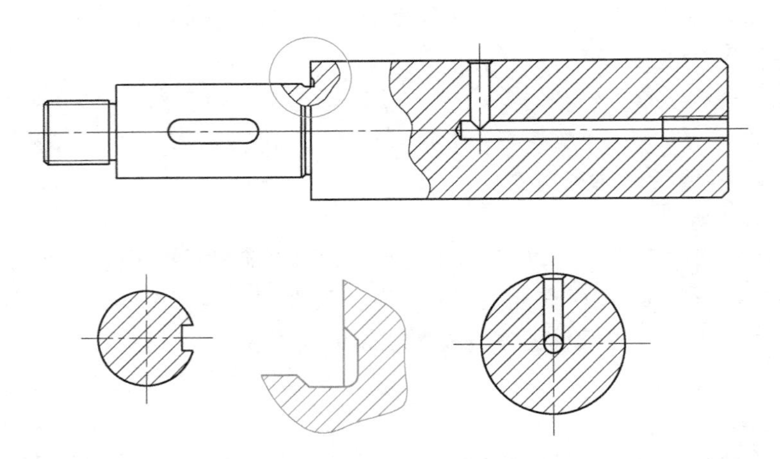

图 4-60　画退刀槽的局部放大图

5）检查描深。检查底稿，改正错误，然后描深。

6）标注尺寸。按照国标规定的标注尺寸的方法标注各个视图的尺寸。先标注定位尺寸，再标注定形尺寸，最后标注总体尺寸，如图 4-61 所示。

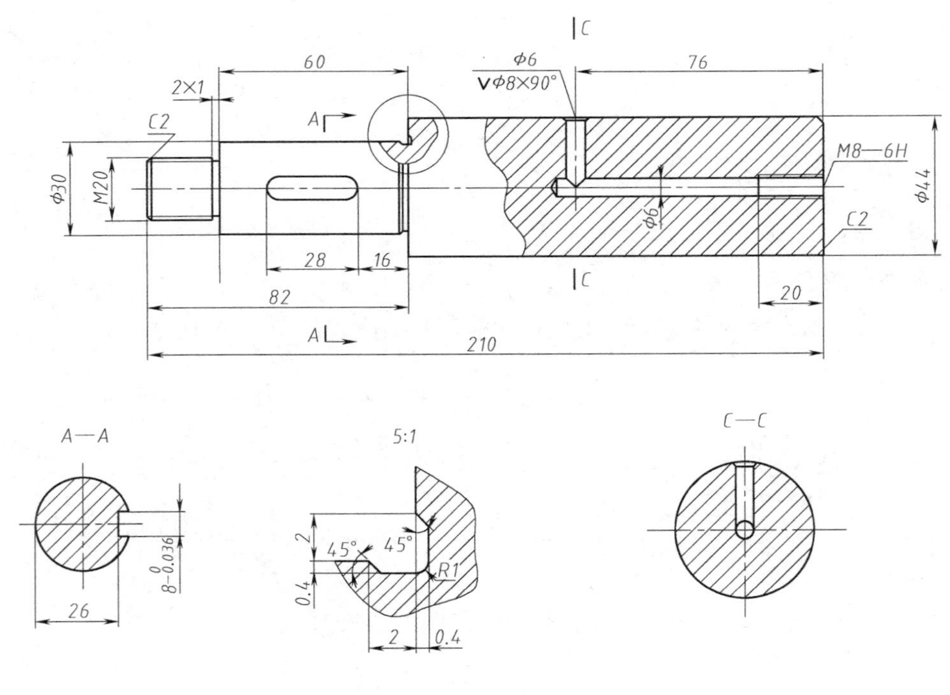


图 4-61　标注尺寸

7）技术要求。按照国标规定标注表面粗糙度，标注尺寸公差和形位公差，注写技术要求，如图 4-62 所示。

8）画标题栏，加深图框线。按照教学中推荐使用的简化的零件图标题栏尺寸画出标题

栏，填写相关内容并加深外边框线，最后加深图幅的图框线。

9）完成全图。再次检查，改正错误，完成全图，如图 4-26 所示。

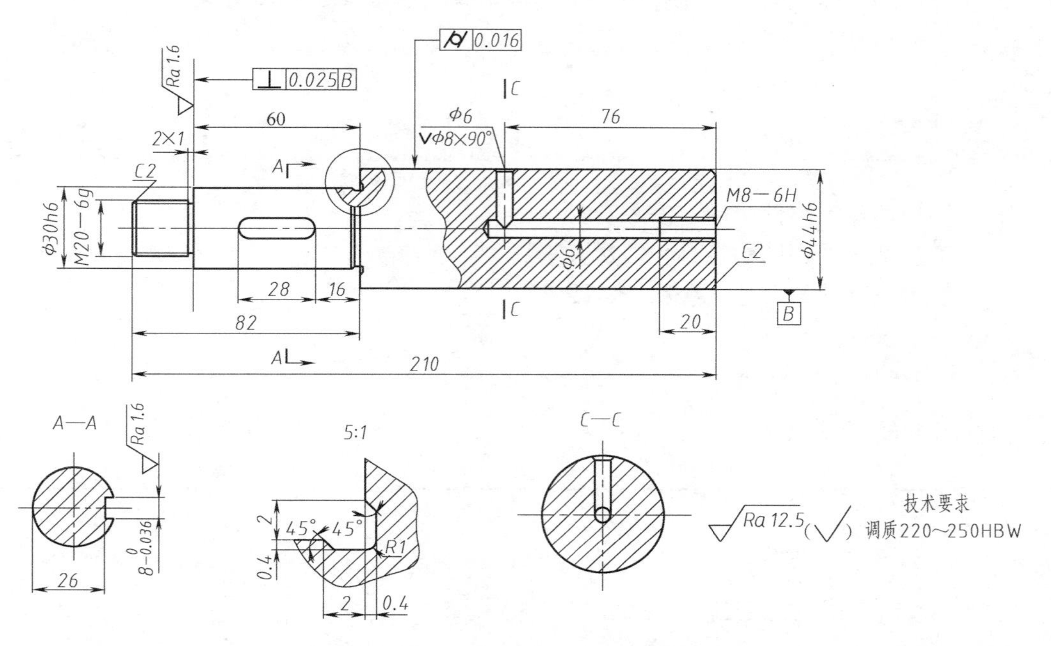


图 4-62　标注尺寸公差、形位公差、注写技术要求

## 学习效果评价

1. 以学生完成任务情况作为评分标准，并以此考查学生的理论知识。

2. 要求学生独立或分小组完成工作任务，由教师对每位及每一组同学的完成情况进行评价，给出每个同学完成本工作任务的成绩。

3. 本模块的评价内容、评分标准及分值分配见表 4-7。

**表 4-7　评价内容、评分标准及分值**

| 评价内容 | 评分标准 | 分值 |
|---|---|---|
| 测绘工具使用情况 | 能正确使用测绘工具 | 10 |
| 零件图 | 绘图步骤正确 | 10 |
| | 绘图方法正确 | 10 |
| | 标题栏绘制正确 | 10 |
| | 尺寸标注合理 | 20 |
| | 技术要求标注正确 | 20 |
| | 能运用相关理论知识理解绘图方法 | 10 |
| 图面质量 | 布局合理 | 10 |
| | 图线符合国家标准要求 | |
| | 图面整洁 | |

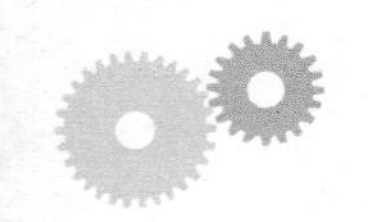



# 模块三　识读盘类零件

## 学习目标

1. 掌握识读盘类零件图的方法和步骤。
2. 了解盘类零件的结构特点和表达方法。
3. 了解盘类零件的尺寸注法和技术要求。

## 工作任务

识读图 4-63 所示端盖。

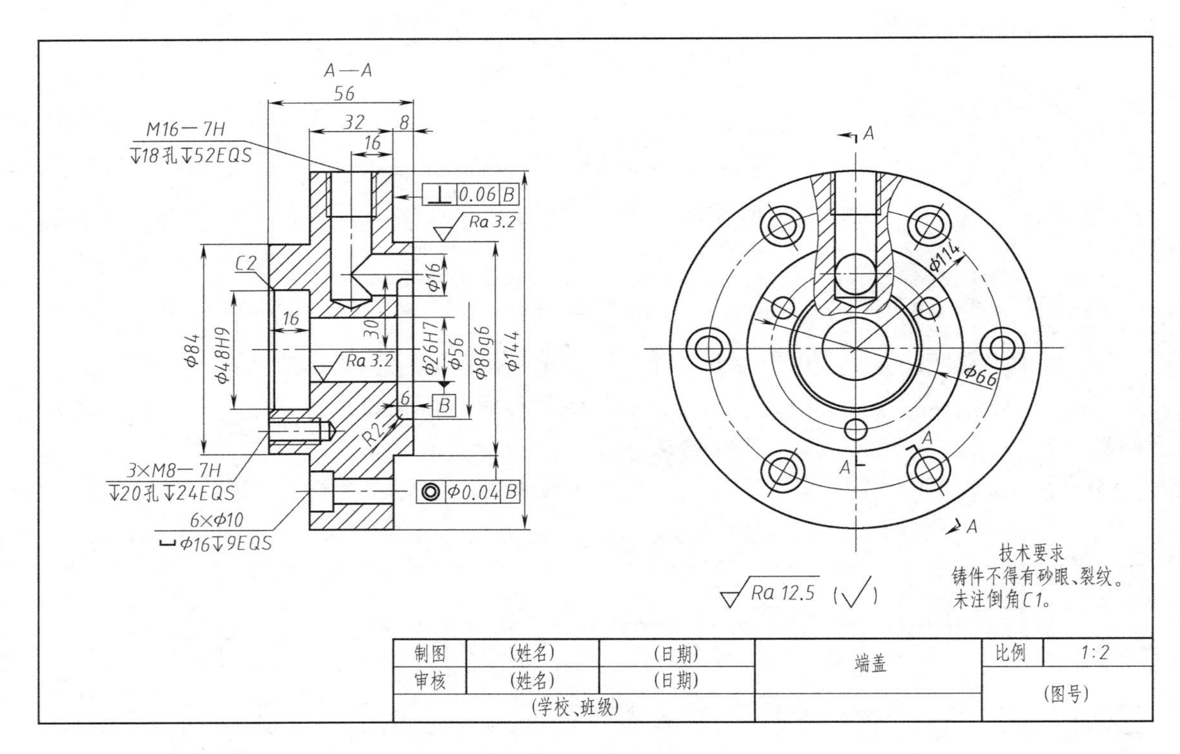


图 4-63　端盖

## 任务实施

识读图 4-63 所示端盖图。

(1) 识读标题栏　该零件的名称是端盖，绘图的比例是 1:2。因图 4-63 中的标题栏是简易标题栏，材料没有标出（**注：生产单位的图样必须写明材料**）。

（2）分析表达方案　端盖零件图共用了两个图形，图形的名称是主视图和左视图。主视图采用了全剖视的表达方法；左视图采用的是局部剖的表达方法。

（3）分析形体　端盖是回转体，其外部有三段圆柱，直径分别是 $\phi$144mm、$\phi$86mm、$\phi$84mm，同轴的内孔有三段，分别是 $\phi$56mm 深 6mm，$\phi$26mm 通孔、$\phi$48mm 深 16mm 孔，端盖的厚度有两段尺寸，分别是 56mm、32mm，端盖的周边有 6 个均匀分布的阶梯通孔，大直径是 $\phi$16mm、小直径是 $\phi$10mm，大径孔深为 9mm。在端盖左侧的凸台上均匀分布 3 个螺纹孔，其尺寸是 M8mm，深度是 24mm。在图的上端中间有一螺纹孔，其尺寸是 M16，螺纹深度是 18mm，孔深是 52mm。在主视图的右侧与 M16 螺纹孔垂直相通的不通孔直径是 $\phi$16mm。

（4）尺寸分析　端盖同轴圆的基准是公共轴线，端盖厚度基准面是主视图的右侧 $\phi$86mm 的端面，端盖周边均匀分布的 6 个阶梯孔的定位尺寸是 $\phi$114mm，凸台上均匀分布的 3 个螺纹不通孔的定位尺寸是 $\phi$66mm，主视图上端的螺纹孔的定位尺寸是 16mm，$\phi$16mm 孔的定位尺寸是距端盖中心 30mm。

（5）分析技术要求　从图 4-63 的标注来看，技术要求稍微复杂。从直径 $\phi$86g6、$\phi$26H7 公差标注来看，要求是比较高的，同时还要求直径 $\phi$86mm 的同轴度误差在 0.04mm 之内。还要求端盖大盘平面与轴线垂直度误差在 0.06mm 之内。直径 $\phi$86mm 的外径和 $\phi$26mm 的内径的表面粗糙度值为 $Ra3.2\mu m$。

## 相关知识

1. 剖视图中剖切面的种类

根据机件内部结构形状的复杂程度不同，常选用不同数量和位置的剖切面来剖开机件，把机件的内部形状表达清楚。国家标准规定的剖切面有单一剖切面、几个平行的剖切平面、几个相交的剖切面（交线垂直于某一投影面）。

（1）单一剖切面　单一剖切面包括两种。

1）平行于基本投影面的单一剖切平面。全剖视图、半剖视图和局部剖视图都是平行于基本投影面的单一剖切平面剖开机件而得到的剖视图。

2）不平行于基本投影面的单一剖切平面，如图 4-64 所示，这种剖视图一般应与倾斜部分保持投影关系，但也可配置在其他位置。

（2）几个平行的剖切平面　这种剖切面可以用来剖切表达位于几个平行平面上的机件内部结构，如图 4-65a 所示。

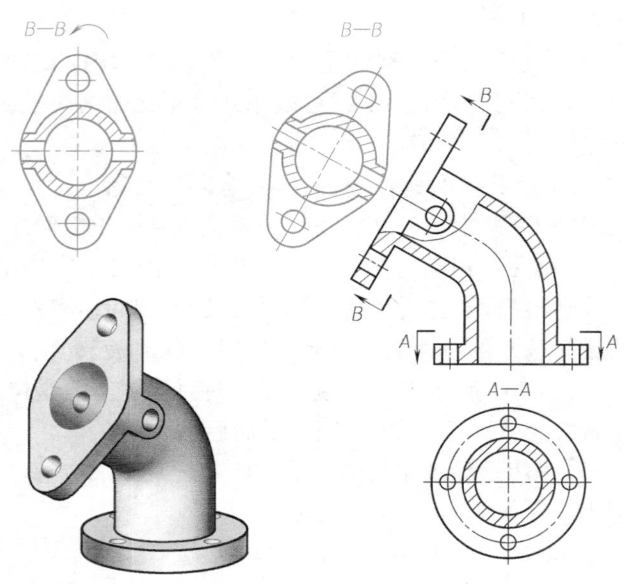


图 4-64　单一剖切面

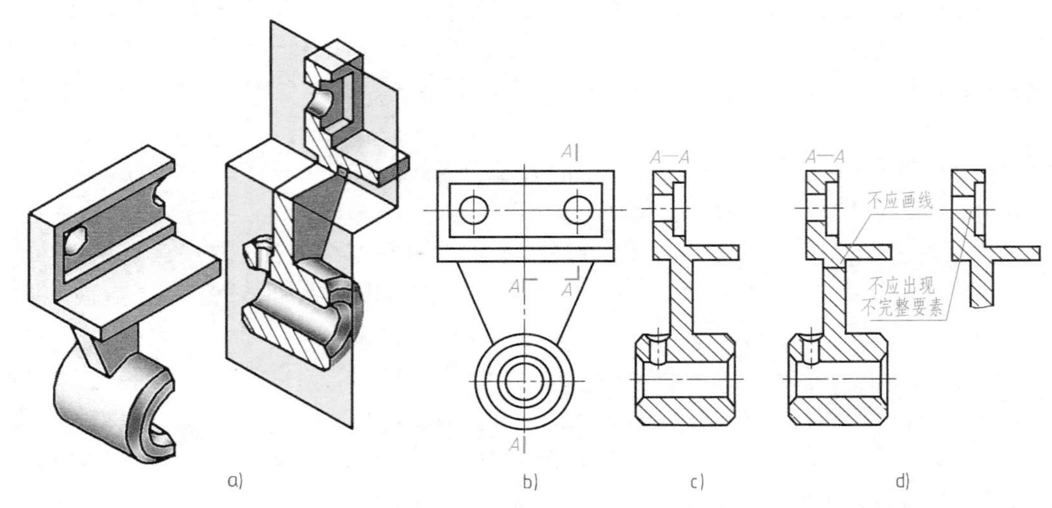


图 4-65　用两个平行剖切平面剖切时剖视图的画法

画这种剖视图是应注意以下问题：

1）必须在相应视图上用剖切符号表示剖切位置，在剖切平面的起讫和转折处注写相同字母，如图 4-65b 所示。

2）因为剖切平面是假想的所以不应画出剖切平面转折处的投影，如图 4-65c 所示。

3）剖视图中不应出现不完整结构要素，如图4-65d 所示。但当两个要素在图形上具有公共对称中心线或轴线时，可各画一半，此时应以对称中心线或轴线为界，如图 4-66 所示。

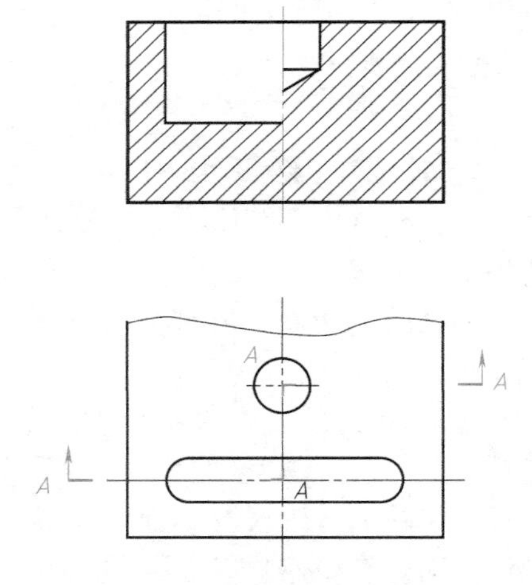


图 4-66　两个要素在图形上具有公共对称中心线或轴线

（3）几个相交的剖切平面　如果机件的内部结构分布在几个相交的平面上，可以用几个相交的剖切平面剖开机件，如图 4-67 所示。

采用这种剖切面画剖视图应注意以下问题：

1）相邻两剖切平面的交线应垂直于某一投影面。

2）用几个相交的剖切面剖开机件绘图时，应先剖开后旋转再投射，要将倾斜剖切平面所剖到的结构旋转至与某一选定的投影面平行后再投射。此时旋转部分的某些结构与原图形不再保持投影关系，如图 4-67 所示机件中倾斜部分的剖视图。但是位于剖切面后的其他结果一般仍应按原来位置投影，如图 4-67 中剖切平面后的小圆孔。

3）采用这种剖切面剖切后，应对剖视图加以标注。剖切符号的起讫及转折处用相同字母标出。

2. 盘类零件的基本知识

（1）盘类零件的用途　常用盘类零件有齿轮、手轮、带轮、法兰、端盖等。这类零件在机器或部件中主要起传递转矩、支承、定位、密封、固定等作用。

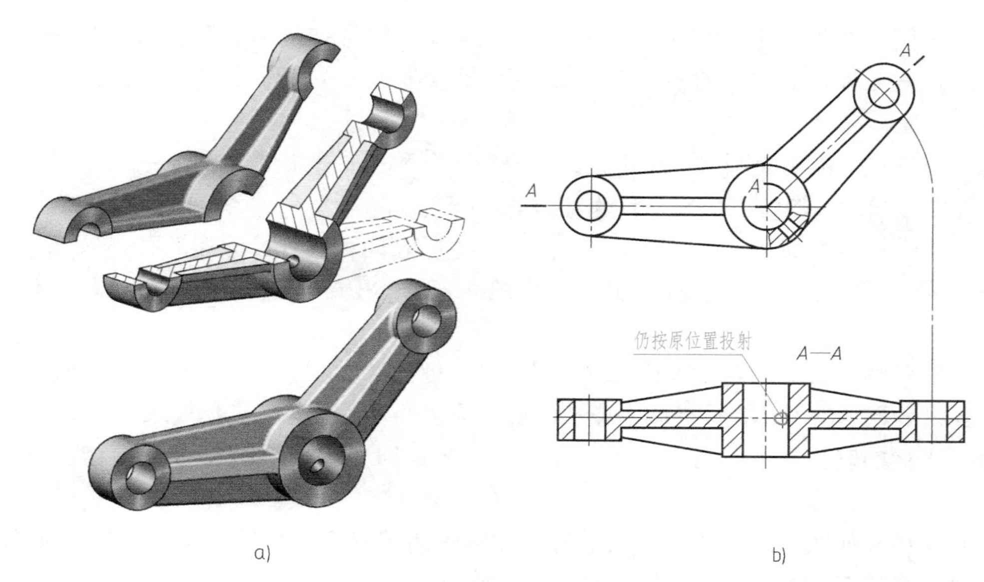


图 4-67　用相交剖切面剖切时的剖视图

(2) 盘类零件的结构特点　盘类零件的主体一般由直径不同的回转体组成，径向尺寸比轴向尺寸大。在盘类零件上，通常有退刀槽、凸台、凹坑、倒角、圆角、轮齿、轮辐、肋板、螺孔、键槽等结构。

(3) 盘类零件的表达方法　盘类零件一般用两个基本视图表达，主视图按加工位置原则，轴线水平放置，通常采用全剖视图表达内部结构，另一个视图表达外形轮廓和其他结构，如孔、肋、轮辐的相对位置等。

3. 盘类零件的尺寸标注

标注盘类零件尺寸时，一般情况下，径向尺寸以回转轴线为基准，轴向尺寸以主要结合面为基准，对于圆或圆弧形盘类零件上的均匀孔，一般要用“$n\times\phi$EQS”的形式标注，角度定位尺寸可省略。

4. 盘类零件的技术要求

重要的轴孔和端面尺寸精度较高，且一般都有几何公差要求，如同轴度、垂直度、平行度和端面圆跳动等。配合的内、外表面及轴向定位端面的表面有较高的表面粗糙度要求，材料多为铸件，有时效处理和表面处理等要求。

## 拓展

1. 简化画法

简化画法是指包括规定画法、省略画法、示意画法等在内的图示方法。其中，规定画法是对标准中规定的某些特定的表达对象所采用的特殊图示方法，如机械图样中对螺纹、齿轮的表达；省略画法是通过省略重复投射、重复要素、重复图形等使图样简化的图示方法，本节所介绍的简化画法多为省略画法；示意画法是用规定符号、较形象的图线绘制图样的示意性图示方法，如滚动轴承、弹簧的示意画法等。下面介绍国家标准中规定的几种常用简化画法。

（1）相同结构要素的简化画法　当机件具有若干相同结构（齿、槽等），并按一定规律分布时，只需要画出几个完整的结构，其余用细实线连接，在零件图中则必须注明该结构的总数。

（2）对称机件的简化画法　在不引起误解时，对称机件的视图可只画一半或四分之一，并在对称中心线的两端画出两条与其垂直的平行细实线。

（3）多孔机件的简化画法　对于机件上若干直径相同且成规律分布的孔（圆孔、螺孔、沉孔等），可以仅画出一个或几个，其余用点画线表示其中心位置，但在零件图上应注明孔的总数。

（4）网状物及滚花的示意画法　网状物、编织物或机件上的滚花部分，可在轮廓线附近用细实线示意画出，并在零件图上或技术要求中注明这些结构的具体要求。

（5）平面的表达方法　当图形不能充分表达平面时，可用平面符号（两相交细实线）表示。

（6）移出断面图的简化画法　在不致引起误解的情况下，零件图中的移出断面图，允许省略剖面符号，但须按标准规定标注。

（7）细小结构的省略画法　机件上较小的结构，如在一个视图上已表示清楚时，其他视图可简化或省略。

（8）局部视图的简化画法　零件上对称结构的局部视图可按一半绘制。

（9）折断画法　当较长机件（如轴、杆、型材等）沿长度方向的形状一致或按一定规律变化时，可断开后缩短绘制。采用这种画法时，尺寸应按原长标注。

（10）剖视图的规定画法

1）对于机件的肋、轮辐及薄壁等，如果按纵向剖切，这些结构都不画剖面符号，而用粗实线将它们与邻接部分分开。

2）当零件回转体上均匀分布的肋、轮辐、孔等结构不处于剖切平面上时，可将这些结构旋转到剖切平面上画出。

2. 尺寸与尺寸公差

（1）公称尺寸　由设计确定的尺寸。

（2）实际尺寸　通过测量获得的尺寸。

（3）极限尺寸　允许零件尺寸变化的两个界限值称为极限尺寸。分最大极限尺寸和最小极限尺寸。

（4）尺寸偏差　某一尺寸减其基本尺寸所得的代数差称为尺寸偏差，简称偏差。最大极限尺寸减其公称尺寸所得的代数差，称为上极限偏差，孔、轴的上极限偏差分别用 ES 和 es 表示。最小极限尺寸减其基本尺寸所得的代数差，称为下极限偏差，孔、轴的下极限偏差分别用 EI 和 ei 表示。

（5）尺寸公差　允许尺寸的变动量称为尺寸公差，简称公差。

公差 = 最大极限尺寸 − 最小极限尺寸 = 上极限偏差 − 下极限偏差

公差是一个没有正负号的绝对值。

（6）公差带　由代表上、下偏差的两条线所限定的一个区域。

公差带包括了“公差带大小”与“公差带位置”。国标规定，公差带大小和公差带位置

分别由标准公差和基本偏差来确定。

（7）标准公差　由国家标准所列的，用以确定公差带大小的公差称为标准公差。用“IT”表示，共分20个等级。

（8）基本偏差　用以确定公差带相对于零线位置的那个极限偏差称为基本偏差。它可以是上偏差或下偏差，一般是指靠近零线的那个偏差。

3. 几何公差

几何公差包括形状和位置公差，旧称形位公差，是零件要素（点、线、面）的实际形状和实际位置对理想形状和理想位置的允许变动量。

几何公差的项目和符号，见表4-8。

**表4-8　几何公差的项目和符号**

| 公　差 | | 特征项目 | 符　号 | 有或无基准要求 |
|---|---|---|---|---|
| 形状 | 形状 | 直线度 | — | 无 |
| | | 平面度 | ▱ | 无 |
| | | 圆度 | ○ | 无 |
| | | 圆柱度 | ⌭ | 无 |
| 形状或位置 | 轮廓 | 线轮廓度 | ⌒ | 有或无 |
| | | 面轮廓度 | ⌓ | 有或无 |
| 位置 | 定向 | 平行度 | // | 有 |
| | | 垂直度 | ⊥ | 有 |
| | | 倾斜度 | ∠ | 有 |
| | 定位 | 位置度 | ⌖ | 有或无 |
| | | 同轴（同心）度 | ◎ | 有 |
| | | 对称度 | ⌯ | 有 |
| | 跳动 | 圆跳动 | ↗ | 有 |
| | | 全跳动 | ⌰ | 有 |

## 学习效果评价

1. 以学生完成任务情况作为评分标准，并以此考查学生的理论知识。

2. 要求学生独立或分小组完成工作任务，由教师对每位及每一组同学的完成情况进行评价，给出每个同学完成本工作任务的成绩。

3. 本模块的评价内容、评分标准及分值分配见表 4-9。

**表 4-9　评价内容、评分标准及分值**

| 评价内容 | 评分标准 | 分　值 |
|---|---|---|
| 测绘工具使用情况 | 能正确使用测绘工具 | 10 |
| 零件图 | 绘图步骤正确 | 10 |
| | 绘图方法正确 | 10 |
| | 标题栏绘制正确 | 10 |
| | 尺寸标注合理 | 20 |
| | 技术要求标注正确 | 20 |
| | 能运用相关理论知识理解绘图方法 | 10 |
| 图面质量 | 布局合理 | 10 |
| | 图线符合国家标准要求 | |
| | 图面整洁 | |

# 模块四　识读叉架类零件

## 学习目标

1. 学会叉架类零件的识读方法。
2. 了解叉架类零件的结构特点。
3. 了解叉架类零件的尺寸注法。
4. 了解叉架类零件的技术要求。

## 工作任务

绘制图 4-68 所示拨叉零件图。

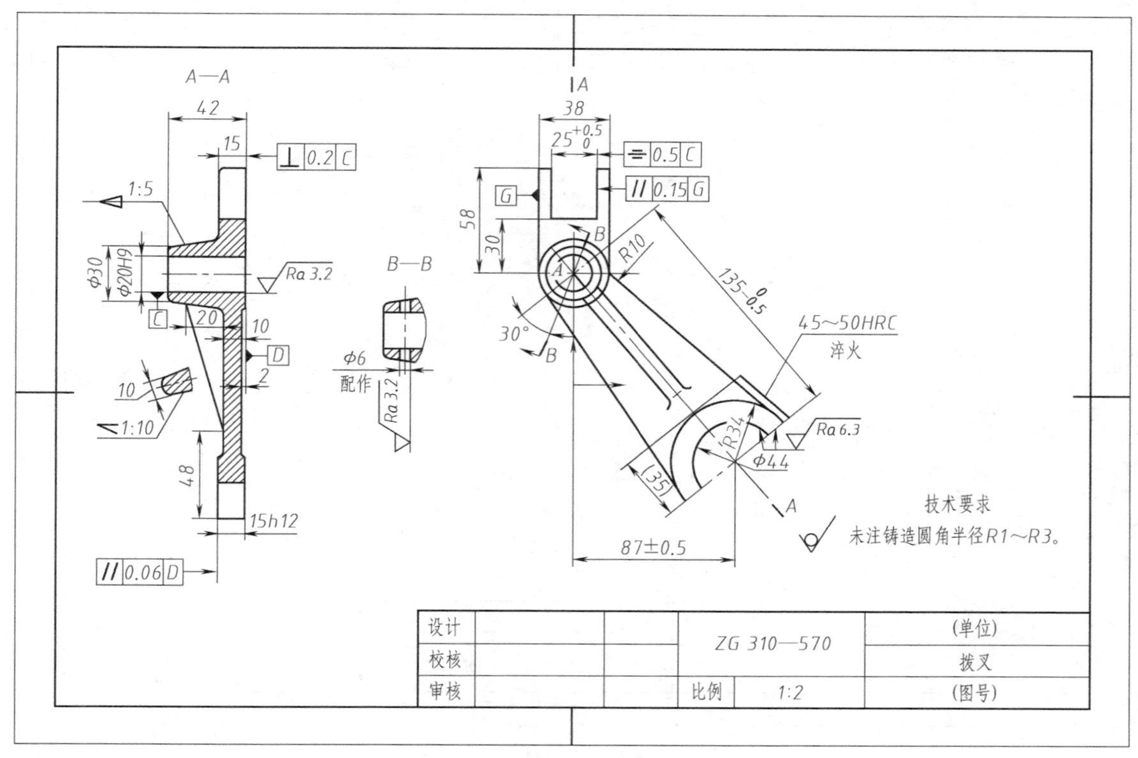


图 4-68　拨叉零件图

## 任务实施

绘制拨叉零件图的作图步骤如下：

1）选择视图，确定零件的表达方案。拨叉主要用在各种机械的操纵机构上，操控机器或调节速度等。本例拨叉选择两个基本视图，一个局部剖视图和一个移出断面图。主视图采用 *A—A* 剖视图，左视图主要表达拨叉的外形，并表示了 *B—B* 局部剖视的剖切位置。

主、左视图表达了拨叉的主要结构形状，上部呈叉状，方形叉口，宽 25mm、深 28mm 的槽；中间是圆台，圆台中有 $\phi$20mm 的左右通孔；下部圆弧叉口是比半圆柱略小的圆柱体，其上有一个 $\phi$44mm 的圆柱形槽，圆弧形叉口通过连接板与圆台连接为一体，都表达清楚了。圆弧形叉口与圆台之间有连接板，连接板上有一个三角肋，用移出断面图来表示。用 *B—B* 局部剖视图表达了圆台壁上未表达清楚的销孔，图形绘在主、俯视图之间。

2）选择比例，确定图幅，绘制图框、标题栏。拨叉用主视图表达，中间又有局部剖视图，其高约 195mm，图形周边还要标注尺寸，所以，可以选择 1:2 的比例使用 A4 幅面的图纸绘图。

3）布置视图，确定基准位置。根据图幅的尺寸以及主、左视图长、宽、高的最大尺寸和标注尺寸的需要，其他视图的位置，整幅图纸布局匀称等因素，来确定各视图的基准位置。基准的选择如图 4-69 所示。

4）根据主要尺寸绘制部分轮廓，如图 4-70 所示。

5）绘全外形轮廓，如图 4-71 所示。

6）绘出小的细节，作出剖面线，检查无误后，整理加深图线、完成全图，如图 4-72 所示。

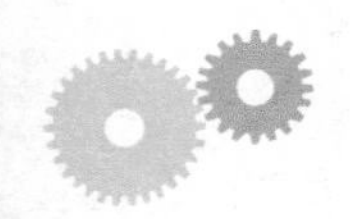



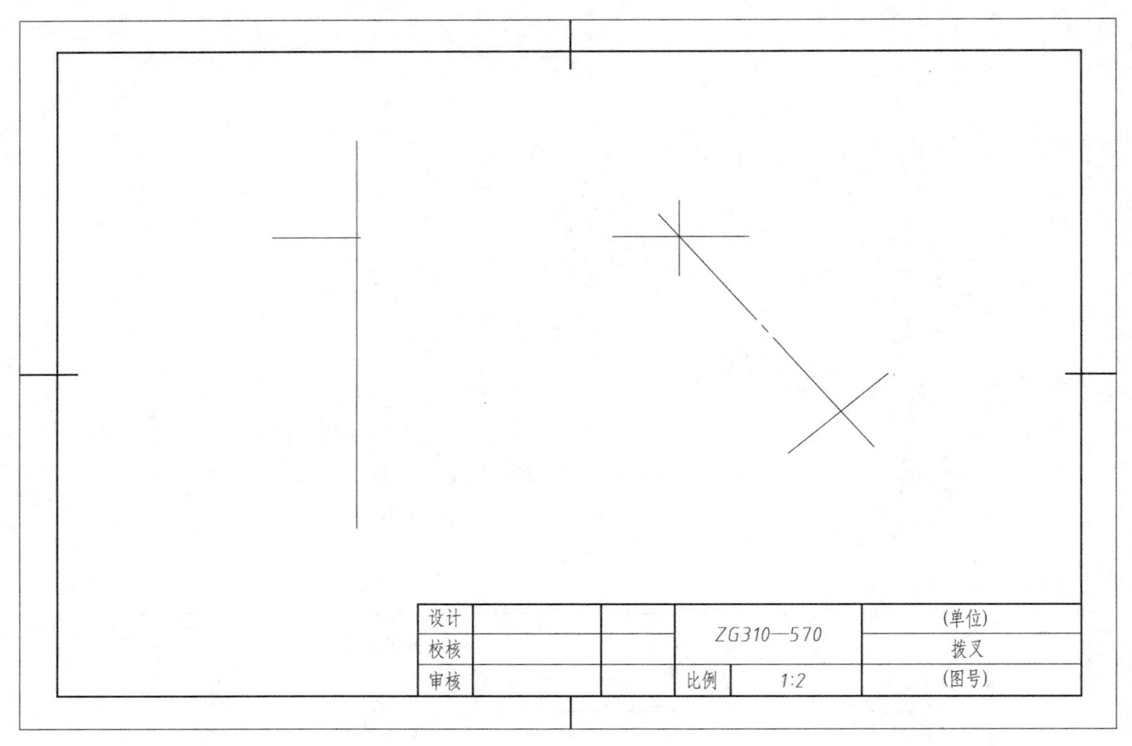


图 4-69　布置视图

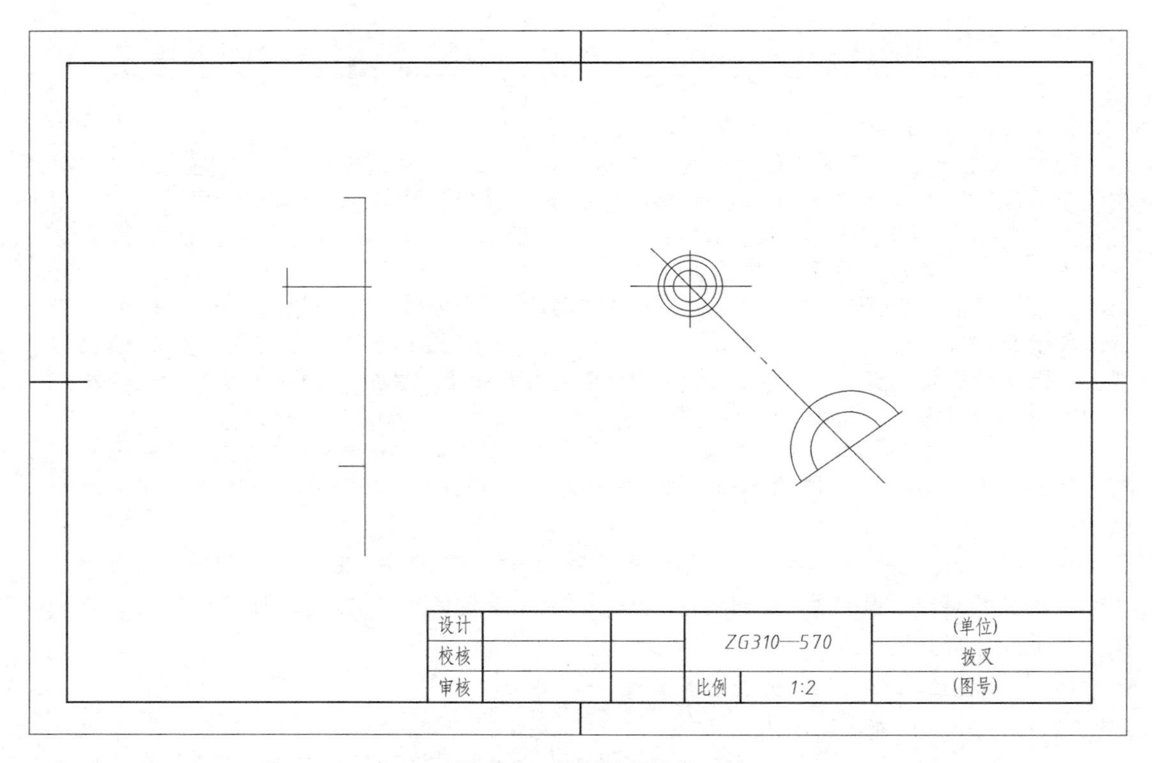


图 4-70　绘制部分轮廓

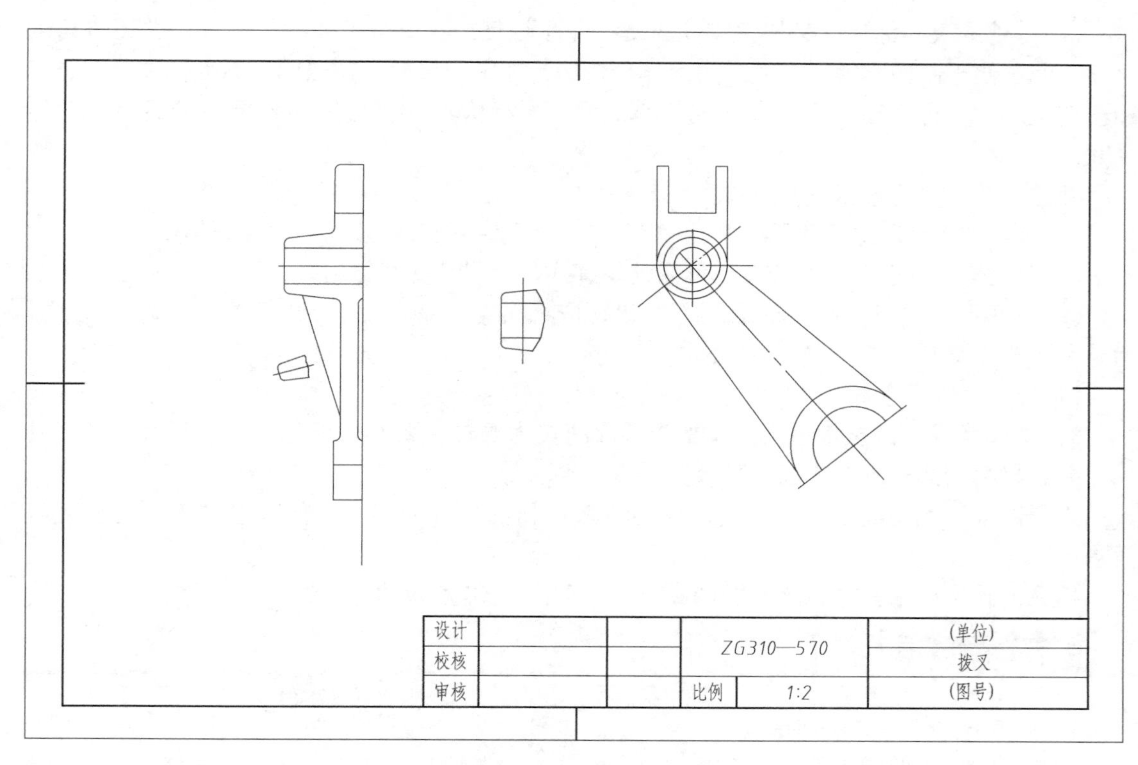


图 4-71　绘全外形轮廓

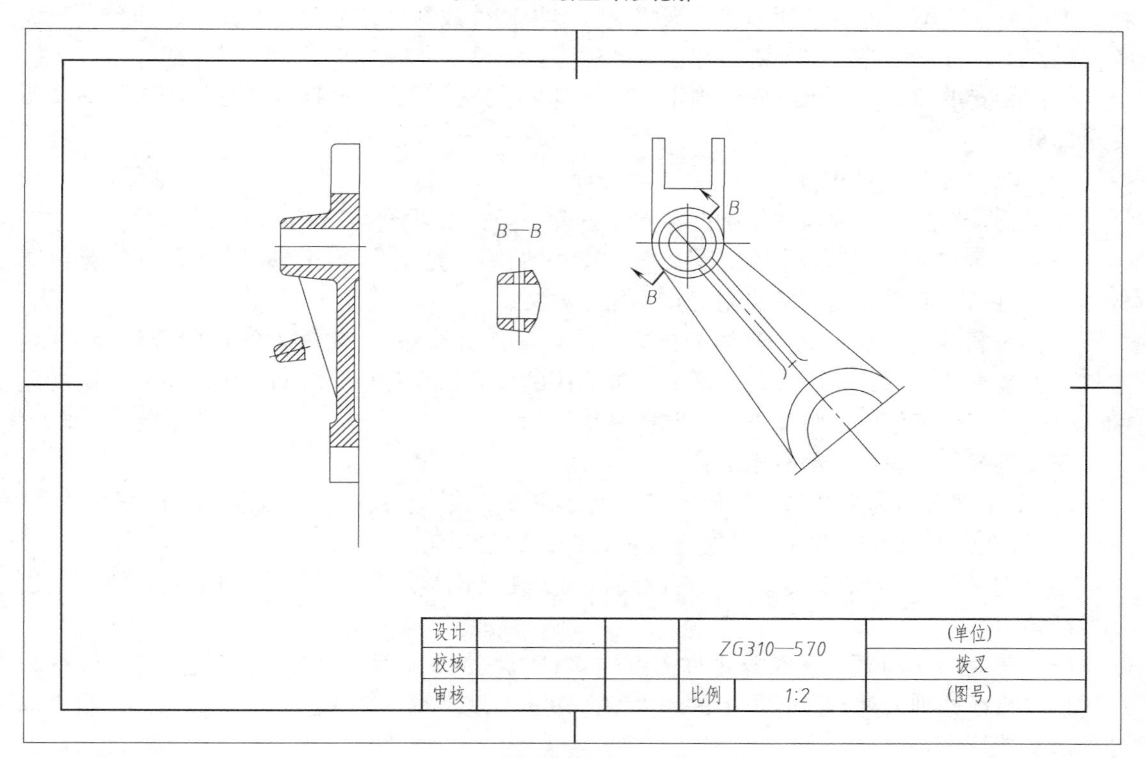


图 4-72　完成全图

7）零件的尺寸标注。叉架类零件的尺寸标注较复杂，定位尺寸比较多，往往还有角度尺寸。为了便于制作木模，一般采用形体分析法标注定形尺寸。按照国家标准标注尺寸，先标注定位尺寸，再标注定形尺寸；先标小尺寸，再标大尺寸；由里向外标，最后标注总体尺寸。

标注尺寸时要注意以下几点：

① 标注尺寸时定位尺寸要与基准联系，必须从基准处直接注出，以保证精度要求。

② 叉架类零件小，尺寸较多，可借助轮廓线作为尺寸界线标出。

③ 标注尺寸时要避免出现封闭的尺寸链，应将次要的部分尺寸空出不注（称为开口环）。另外考虑零件加工，测量和制造的要求，不同加工方法所用尺寸分开标注，便于看清加工。

④ 尺寸标注要注意所注尺寸是否便于测量。

8）叉架类零件的技术控制。叉架类零件的技术要求主要有表面粗糙度、尺寸公差、几何公差、材料的热处理、表面处理及其他有关要求等。

支撑部分、运动配合面以及安装面均有较严格的尺寸公差、几何公差和表面粗糙度等要求。

拨叉的技术要求标注在零件图的右下方，如图4-68所示。

## 相关知识

1. 支架类零件的结构特点

支架类零件主要用来操纵、调节连接、支承，包括拨叉、摇臂、杠杆、连杆、支架、拉杆、支座等。这类零件的毛坯形状较为复杂，多为铸件或锻件，因而具有圆角、凸台、凹坑等常见结构，且需要经过多种机械加工。此类零件通常由三部分组成：①工作部分，传递预定动作；②支承部分，支承或安装固定零件自身；③连接部分，连接零件自身的工作部分和支承部分。

2. 支架类零件图的识读

支架类零件图的识读与其他类型零件图识读一样，现以图4-73所示的支架为例分析。

（1）看标题栏　了解零件的名称、材料、比例等，并浏览全图，对零件大致轮廓和结构等有个概括了解，以便正确选用刀具及加工方法。

（2）分析结构特点　利用形体分析法（辅以线面分析法），将零件按功能分解为主体、连接、安装等几个部分，明确各个部分主视图中的投影以及各部分之间的相对位置，认真仔细地分析，综合想象机体整体形状，掌握其作用。

支架类零件一般由三部分组成：

1）支承部分。为带孔的圆柱体，其上面往往有安装油杯的凸台或安装端盖的螺孔。

2）连接部分。为带有加强肋的连接板，结构比较均匀。

3）安装部分。为带安装个孔和槽的底板，为使底面接触良好和减少加工面，底面做成凹坑结构。

（3）表达方案分析　叉架类零件需经过多种机械加工。所以主视图一般按工作位置和结构形状特征原则来处理。这类零件图大都采用三个基本视图来表达，分别显示三个组成部分的形状特征。

先找主视图，围绕主视图分析其他视图。然后看零件采用的是什么表达方法，弄清各视

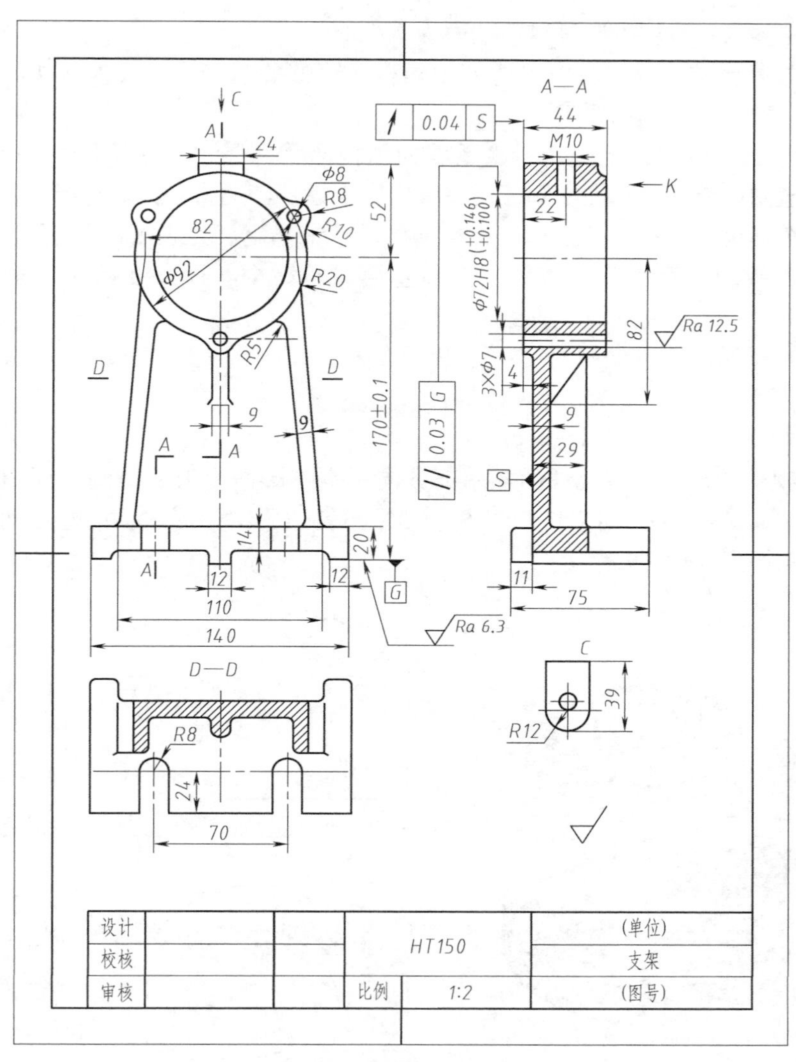


图 4-73　支架类零件图

图的投影关系。对于剖视图、断面图要找到剖切位置及方向，局部视图、斜视图和局部放大图要找到投射方向和部位。分析主视图及各视图的表达重点。

由支架零件图可知，*K* 向作为主视投射方向，配合带阶梯剖的左视图，表达了支承套筒、支承肋板、底板等的相互位置关系和零件大部分结构形状。俯视图突出了肋板的剖面形状和底板形状，顶部凸台用 *C* 向视图表示。此处要注意左视图中肋板的规定画法。采用这样的视图方案，基本满足了表达完整、清晰的要求。

（4）识读零件尺寸　综合分析视图和形体，分析确定长、宽、高各个方向的主要基准。由基准出发，以结构形状分析为线索，再了解各形体的定形尺寸和定位尺寸，弄清各个尺寸的作用。

视图和尺寸是从形状和大小两个方面来表达零件的，读图时应把视图、尺寸和形状结构三者结合起来分析。

支架的底面为装配基准面，它是高度方向的尺寸基准；支架左右结构对称，即选对称面为长度方向尺寸基准；宽度方向是以后端面为基准的。

（5）了解技术要求　读图时应弄清楚表面粗糙度的要求、尺寸公差、几何公差、热处理、表面修饰、检验等方面的要求。

（6）综合考虑　通过以上分析，将零件的结构形状、尺寸标注及技术要求综合起来，就能比较全面地阅读零件图。在实际读图过程中，上述步骤通常是穿插进行的。对支架类零件一般需要三个视图，主视图按工作位置和结构形状来确定。为表示内外结构和相互关系，左视图常采用剖视图。尺寸基准一般选安装基面或对称中心面。接触面表面粗糙度要求较高。

看零件图的步骤可简单概括为“一看标题，二析视图，三想形状，四读尺寸，五识要求，最后综合。”

3. 局部剖视图

（1）局部视图的形成　将机件的某一部分向基本投影面投射所得到的视图称为局部视图。如图 4-74 所示的机件，用主、俯两个基本视图表达了主体形状，但左右两边凸缘形状则采用 *A*、*B* 两个局部视图来表达。

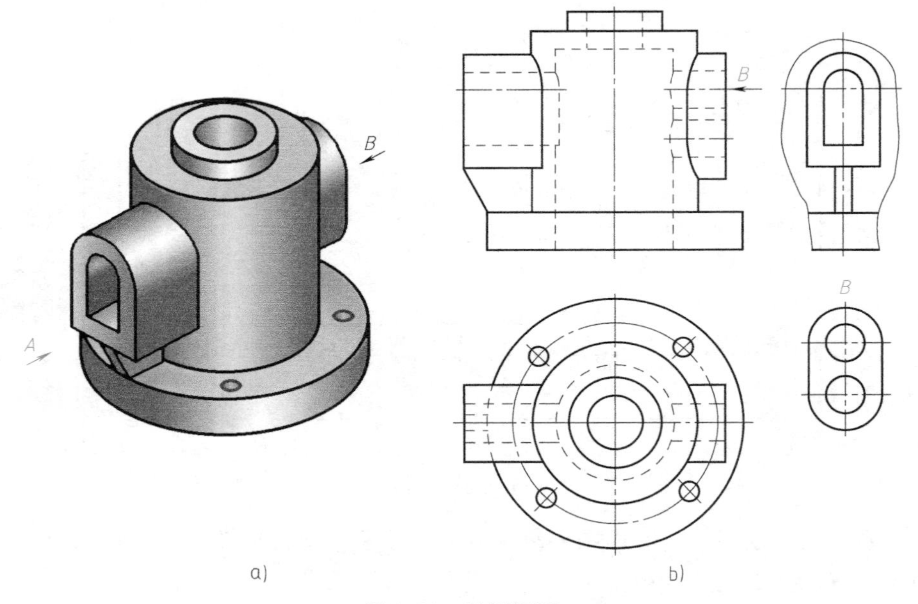


图 4-74　局部视图

（2）局部视图的配置、标注　局部视图最好按基本视图配置的形式配置，如图 4-74 中的 *A* 向视图（图中未标注），必要时也可配置在其他适当的位置，如图 4-74 中的 *B* 向视图。

绘局部视图时，一般在局部视图上标注出视图的名称“×”（×为大写拉丁字母代号），在相应视图附近用箭头指明投影方向，并注上同样的字母。当局部视图按投影关系配置，中间又没有其他图形隔开时，可省略标注，如图 4-74 中的 *A* 向局部视图，包括箭头和字母均可省略。

局部视图的断裂边界用波浪线或双折线表示，如图 4-74 中的 *A* 向局部视图，但当所表达的结构完整，且其图形的外形轮廓线封闭时，波浪线可省略不画，如图 4-74 中的 *B* 向视图。

## 学习效果评价

本模块的评价内容、评分标准及分值分配见表4-10。

**表4-10　评价内容、评分标准及分值**

| 评价内容 | 评分标准 | 分　值 |
|---|---|---|
| 视图表达方案选择 | 方案正确、合理 | 20 |
| 视图绘制过程 | 绘图步骤合理 | 20 |
| | 绘图方法正确 | 10 |
| | 尺寸标注完整、正确、清晰 | 10 |
| | 技术要求标注正确 | 10 |
| | 绘图工具选用熟练 | 10 |
| 知识面 | 相关知识掌握情况 | 10 |
| 图面质量 | 图线符合国标 | 5 |
| | 图形布局规范合理、图面整洁 | 5 |

# **模块五**　识读箱体类零件

## 学习目标

1. 学会识读箱体类零件图的方法及步骤。
2. 了解箱体类零件的结构特点和表达方法。
3. 了解箱体类零件的尺寸标注和技术要求。

## 工作任务

识读图4-75所示蜗杆减速器箱体零件图。

## 任务实施

1. 结构特点

箱体体积大，结构形状复杂。用形体分析的方法可见，箱体是由两个以上形体组合而成的组合体。蜗轮箱体是由上、下圆柱体的底板三个基本形体组成的一个结构紧凑、有足够强度和刚度的壳体。其材料是HT150，比例为1:2。

2. 图形分析

箱体类零件常用两个或者两个以上的基本视图和其他视图来表达，主视图常按其工作位置画出。图4-75中用了五个视图，分别为主视图（半剖）、左视图（全剖）、*A*向、*B*向及*C*向局部视图，它们都有各自的表达重点。从主视图和左视图上，可以看到在$\phi$210mm的端

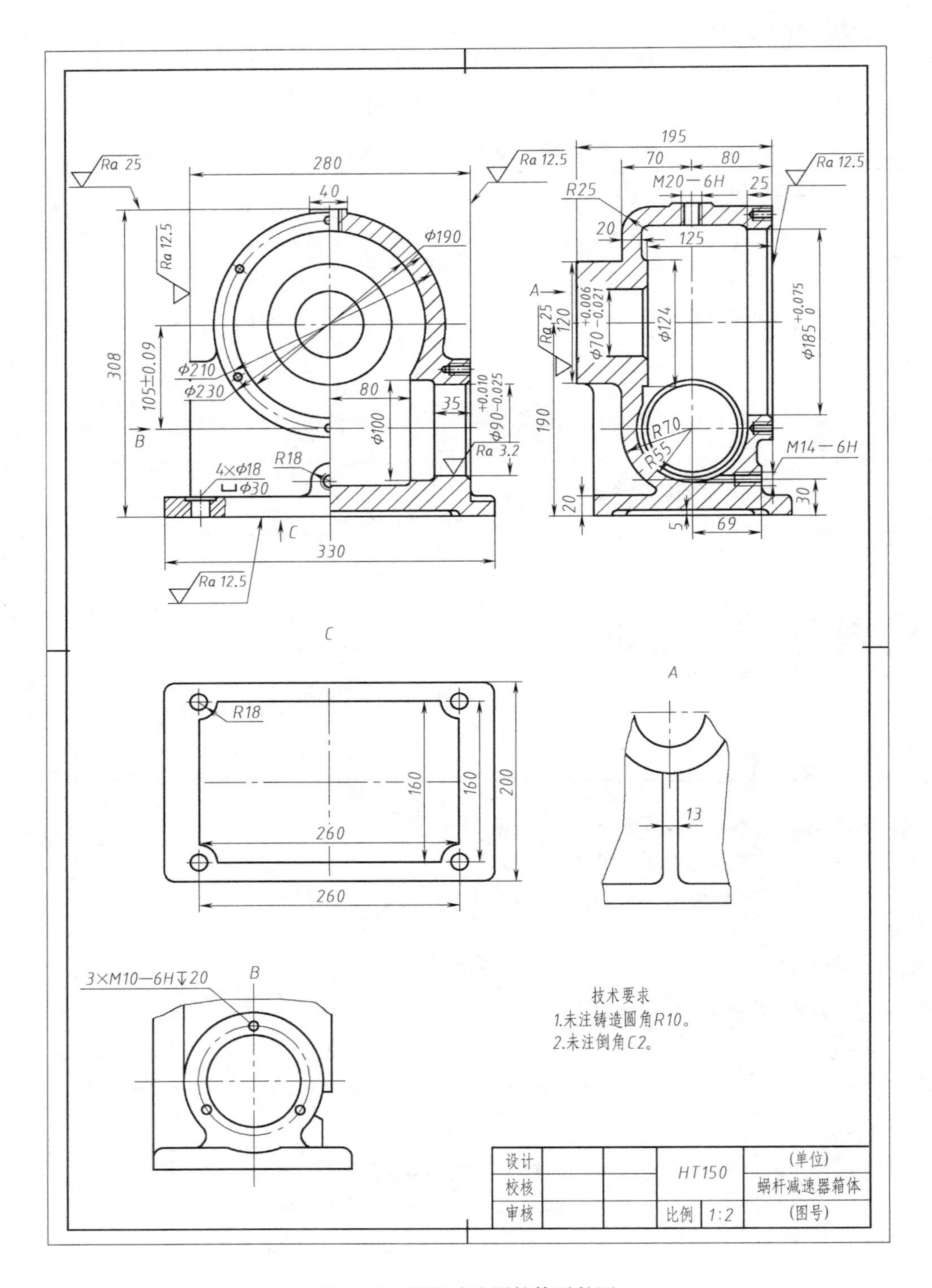


图 4-75　蜗杆减速器箱体零件图

面上有六个螺孔 M8 深 20mm；从剖视图部分和 $B$ 向视图，可以看到在 $\phi$140mm 的端面上有 3 个 M10 深 20mm 的螺孔，螺孔是用来安装箱盖和轴承盖的，同时能密封箱体。左视图上方

M20 和下方 M14 螺孔是用以安装注油和放油螺塞的。*C* 向视图表达了底板下面的形状。*A* 向局部视图表达了箱体后部加强肋的形状。

3. 尺寸分析

箱体零件结构复杂，标注的尺寸也较多，看图时应首先找出长、宽、高三个方向主要尺寸基准，然后按形体结构逐个找出各组成部分的定位尺寸和定形尺寸。

1）高度方向尺寸。因减速箱体的底面为安装面，而且箱体在机械加工时，一般都首先加工底平面，然后以它为基准加工各轴孔和其他高度方向的结构，所以底平面既是设计基准又是工艺基准。图 4-75 中蜗轮轴孔 $\phi70^{+0.006}_{-0.021}$mm 的中心孔高 190mm，螺孔 M14 中心高 30mm，箱体总高 308mm 等，均以此面为高度方向的主要基准进行标注。为保证蜗轮与蜗杆的装配质量，应以蜗轮轴孔的轴线为辅助设计基准，注出装配蜗杆的两孔中心距105 ± 0.09mm。

2）长度方向尺寸。箱体的左右对称平面是长度方向的主要基准，如 140mm、260mm 等尺寸以该基准定位。

3）宽度方向尺寸。包括蜗杆轴线的正平面是主要基准，箱体前段的定位尺寸 80mm，螺孔 M14 处的凸台的定位尺寸为 69mm，均以此面为基准标注。而且，底板上的 4 × M18 的前后定位尺寸为 160mm，也是以此基准标出。箱体的前端面是辅助基准，从此面标出 125mm，决定蜗轮轴孔 $\phi70^{+0.006}_{-0.021}$mm 的前端面位置。凡是影响产品工作性质、工作精度以及确定零件在机器中的位置和配合关系的尺寸，都是重要尺寸。蜗轮箱体的重要组成部分是蜗杆轴和蜗轮轴的轴孔系，用来安装支承蜗杆轴和蜗轮轴的滚动轴承和轴套，为了保证配合性质，各轴孔定形、定位尺寸均注有偏差。

4. 看技术要求

箱体类零件的技术要求，主要是支承传动轴的轴孔部分，轴孔的尺寸精度、表面粗糙度和几何公差，都将直接影响减速器的装配质量和使用性能。如尺寸 $\phi90^{+0.010}_{-0.025}$mm、$\phi70^{+0.006}_{-0.021}$mm、$\phi185^{+0.075}_{0}$mm，表面粗糙度有 *Ra*3.2μm、*Ra*12.5μm、*Ra*25μm 等。此外，也有重要尺寸，如图上 105 ±0.09mm 尺寸，将直接影响蜗轮蜗杆的啮合关系，必须严格要求尺寸精度，在加工过程中一定要保证。

## 相关知识

1. 箱体类零件的结构特点

箱体类零件主要起包容、支承其他零件的作用，常有内腔、轴孔、销孔、凸台、凹坑、肋、安装板螺纹孔及润滑系统等结构。

2. 箱体类零件的表达方式和画法

一般需要两个以上基本视图来表达，依其形状特征和工作位置的不同选择主视图，采用通过主要支承孔轴线的剖视图表达其内部形状结构，并要恰当灵活运用各个视图，如剖视图、局部视图、断面图等表达。

## 学习效果评价

本模块的评价内容、评分标准及分值分配见表 4-11。

表 4-11　评价内容、评分标准及分值

| 评价内容 | 评分标准 | 分值 |
|---|---|---|
| 识读零件图 | 能读懂零件图的表达方法 | 40 |
| | 能读懂表面结构要求的含义 | 20 |
| | 能读懂尺寸公差的含义 | 20 |
| | 能读懂几何公差的含义 | 20 |

# 模块六　运用 AutoCAD 绘制零件图

## 学习目标

1. 学会识读中等复杂零件图。
2. 学会使用 AutoCAD 的相关工具绘制简单零件图。
3. 学会运用 AutoCAD 对所绘制的零件进行标注。

## 工作任务

任务一：运用 AutoCAD 绘制图 4-76 所示轴的零件图，并按要求进行标注。

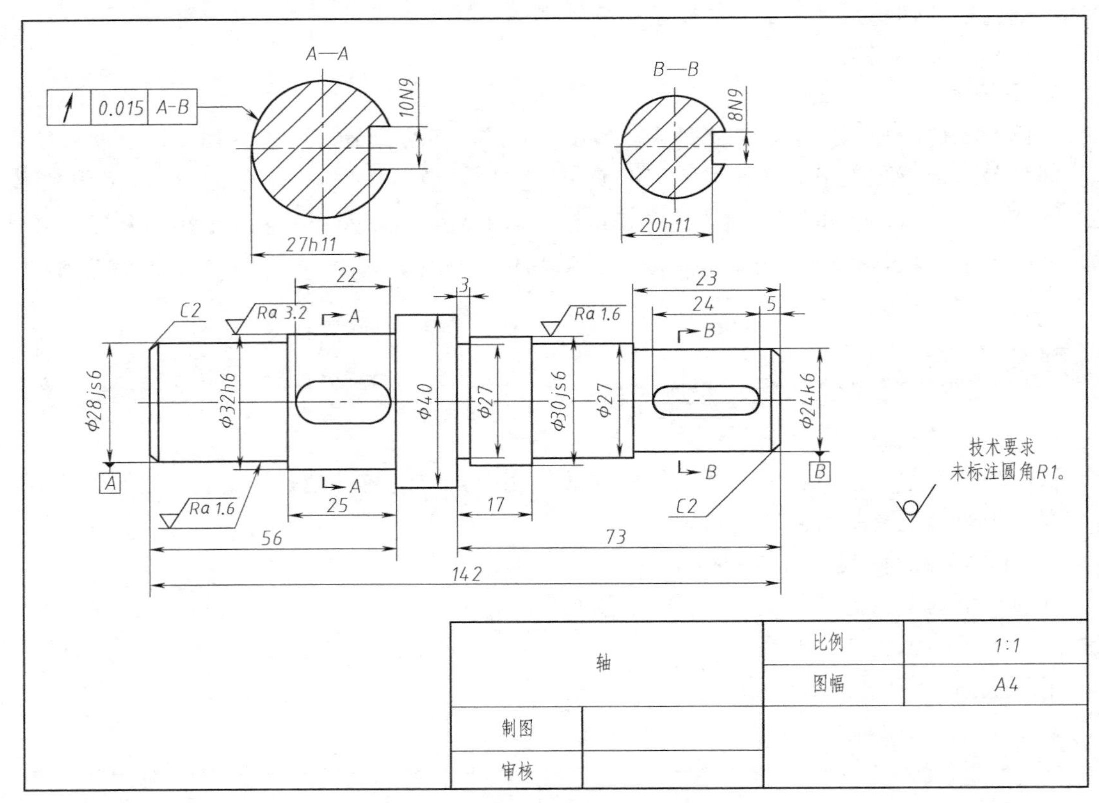


图 4-76　轴的零件图

任务二：运用 AutoCAD 绘制图 4-77 所示法兰盘零件图，并按要求进行标注。

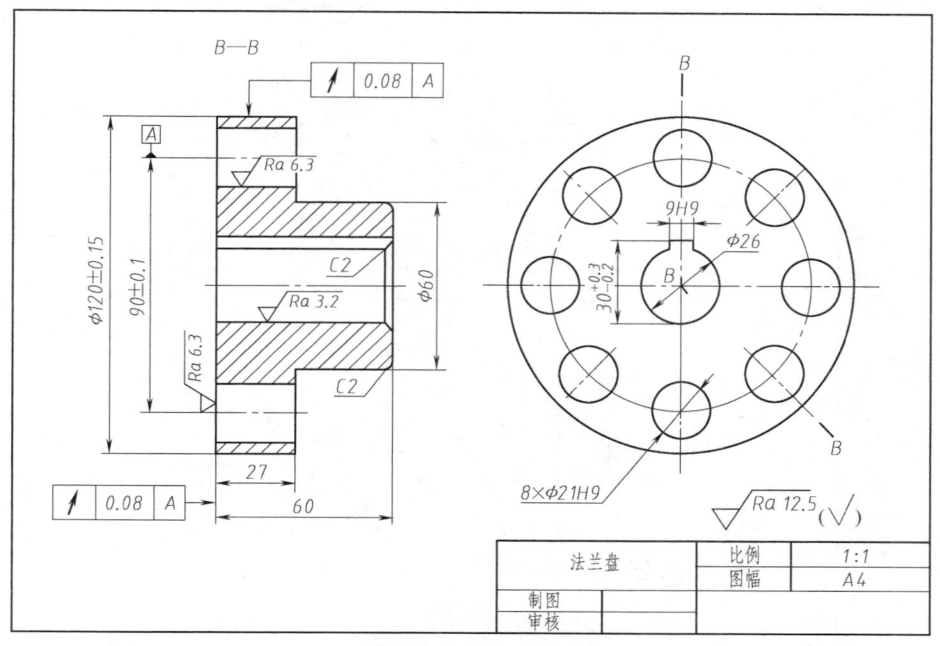


图 4-77　法兰盘零件图

任务三：运用 AutoCAD 绘制图 4-78 所示拨叉零件图，并按要求进行标注。
※任务四：运用 AutoCAD 绘制图 4-79 所示箱体零件图，并按要求进行标注。

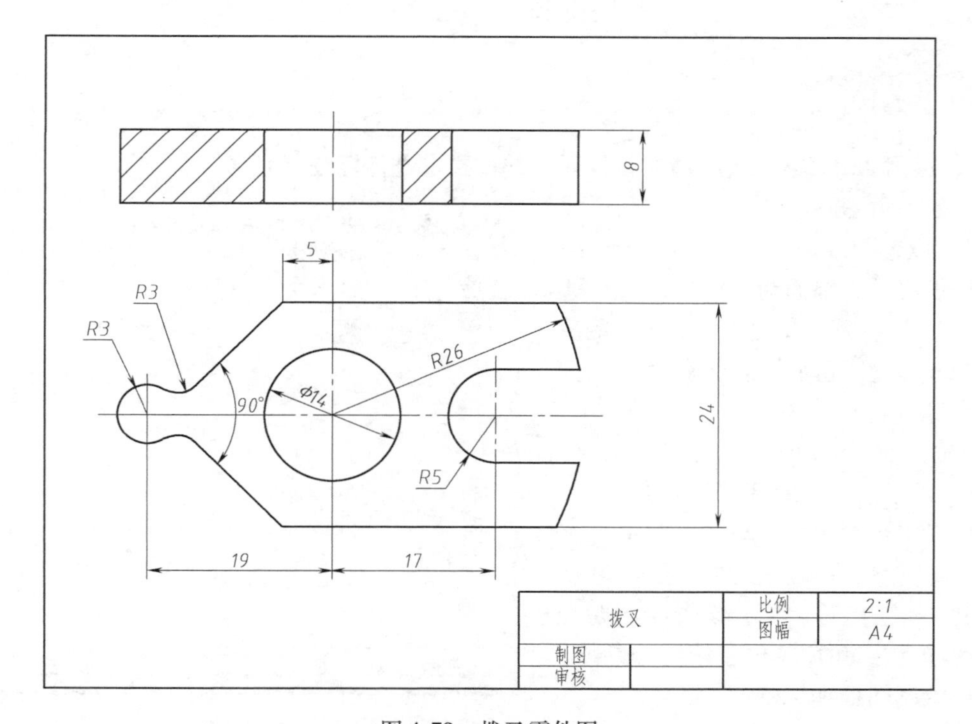


图 4-78　拨叉零件图

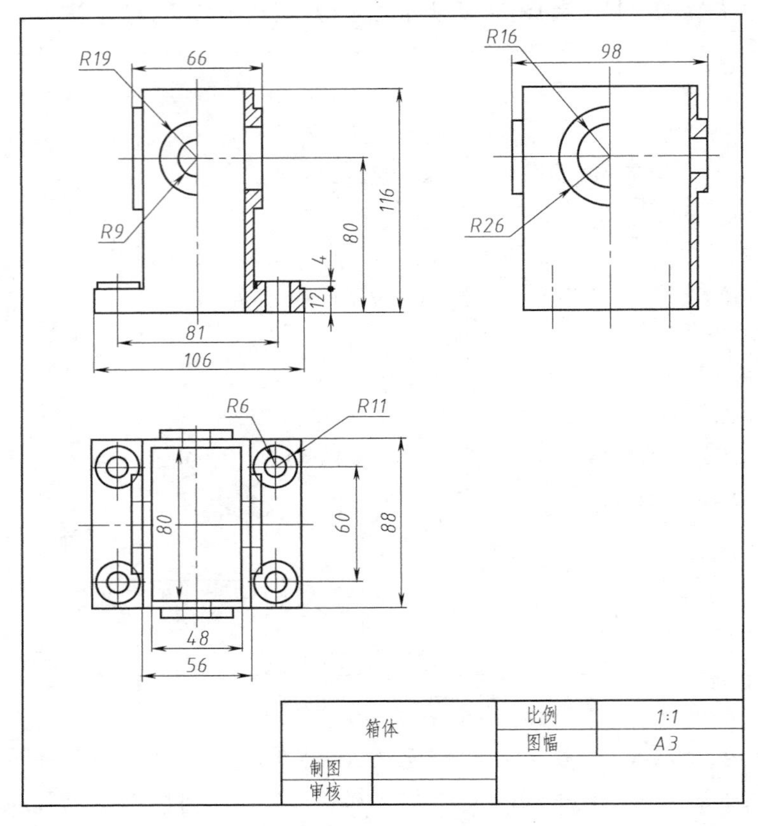


图 4-79　箱体零件图

## 任务实施

### 一、运用 AutoCAD 绘制轴的零件图，并按要求进行标注（任务一）

1. 绘图前的准备

(1) 设置图纸

1) 设置图纸幅面为 A4。

① 单击主菜单【格式（O）】/【图形界限（A）】，设置两个角点坐标分别为（0，0）和（297，210）。

② 输入命令 ZOOM（Z）回车，然后输入 a 回车，将图纸调整到最大。

2) 设置图形单位。单击主菜单【格式（O）】/【单位（U）】，弹出图 4-80 所示【图形单位】对话框，设置绘图时使用的长度单位、角度单位及精度等参数。

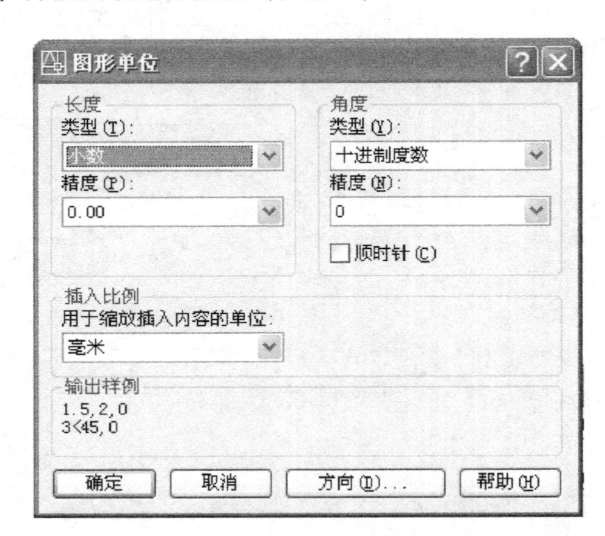


图 4-80　【图形单位】对话框

3) 绘制图框和标题栏。

① 绘制图框。在使用 AutoCAD 绘图

时，绘图边界不能直观地显示出来，所以在绘图时需要通过图框来确定绘图范围，使所有的图形绘制在图框线之内。根据机械制图标准，A4 图纸的图框尺寸可以为 267mm×200mm。

② 绘制标题栏。标题栏一般位于图框的右下角，在 AutoCAD 中，可以使用表格命令来绘制标题栏，也可以根据尺寸关系，采用【偏移】命令绘制。绘制好表格后，用【多行文字】命令编写文字。

（2）设置图层　启动【图层特性管理器】对话框，分别设置细点画线、粗实线、细实线、细虚线、填充、标注、文字等常用图层，并按照国家标准的要求设置每个图层的线型和线宽设置全局比例因子为 0.5。各图层具体设置参数见表 4-12。

**表 4-12　图层设置参数**

| 图　层 | 线　型 | 线宽/mm | 颜色(参考) |
|---|---|---|---|
| 细点画线 | CENTER | 0.25 | 红色 |
| 粗实线 | Continuous | 0.4 | 白色 |
| 细实线 | Continuous | 0.25 | 绿色 |
| 细虚线 | HIDDEN | 0.25 | 黄色 |
| 填充 | Continuous | 0.25 | 白色 |
| 标注 | Continuous | 0.25 | 白色 |
| 文字 | Continuous | 0.25 | 白色 |

（3）设置文字样式　国家标准规定，在绘制零件图时，图样中的汉字应写成长仿宋体，因此，字体文件应选择 gbcbig. shx，而文字的高度对不同的对象，要求也不同，故在设置文字样式时字体高度可以设置为零，等输入文字时再根据图纸大小设置合适的高度。

单击【格式（O）】/【文字样式（S）】或单击【样式】工具栏中的“文字样式”图标，创建一个样式名为“汉字”的【文字样式】对话框，如图 4-81 所示，并按图示设置文字样式。

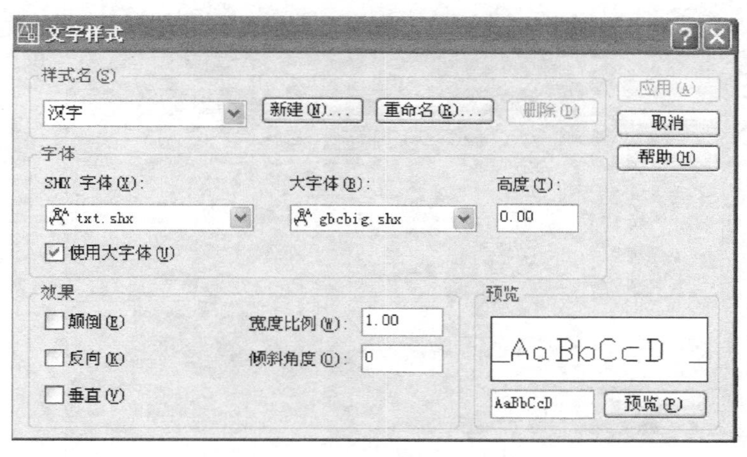


图 4-81　【文字样式】对话框

（4）设置尺寸标注样式　单击【格式（O）】/【标注样式（D）】或单击【样式】工具栏中的“标注样式”图标，新建图 4-82 所示的名为“标注”的父样式。

为了满足角度标注的要求，还需新建一个名为“角度标注”的子样式，如图 4-83 所示。

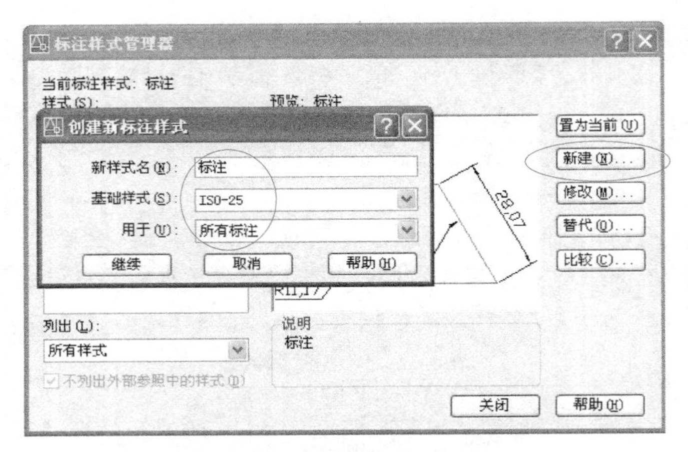


图 4-82　创建“标注”父样式

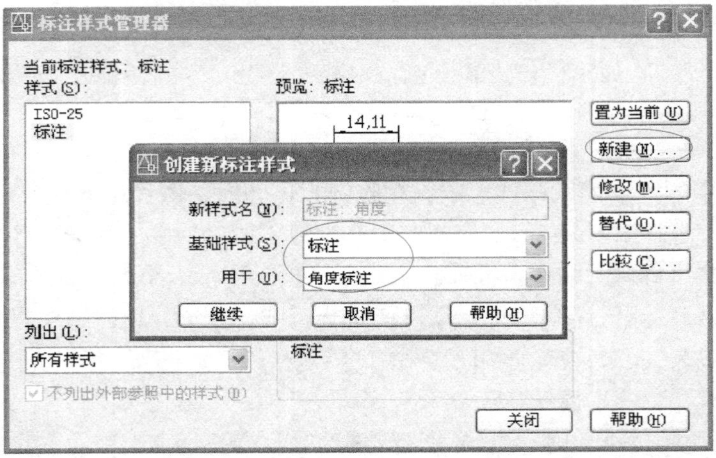

a)

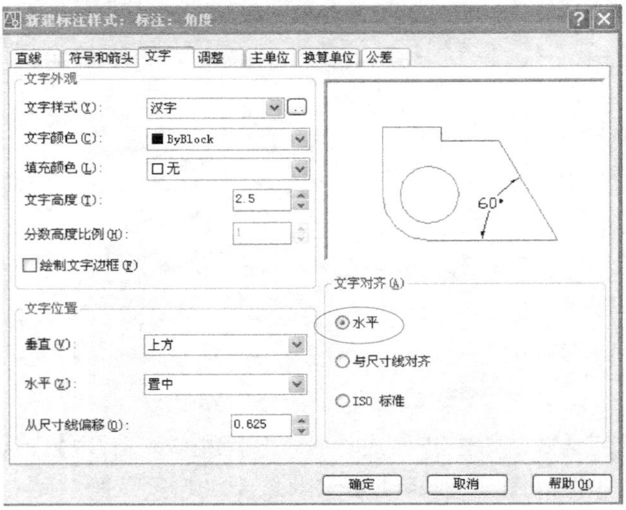

b)

图 4-83　创建“角度标注”子样式

（5）保存文件或另存为图形样板文件　单击主菜单【文件（F）】/【保存（S）】或【另存为（A）】，弹出“图形另存为”对话框，输入文件名“模板1”，“文件类型”选择“.dwt”，如图4-84所示，单击“保存”按钮保存模板，以后再画零件图时就可以直接调用。

图4-84　保存样板文件

保存完成后，弹出图4-85所示【样板说明】对话框，可以输入该模板的简短描述，并确定单位为“公制”，单击“确定”按钮完成图形样板的创建。

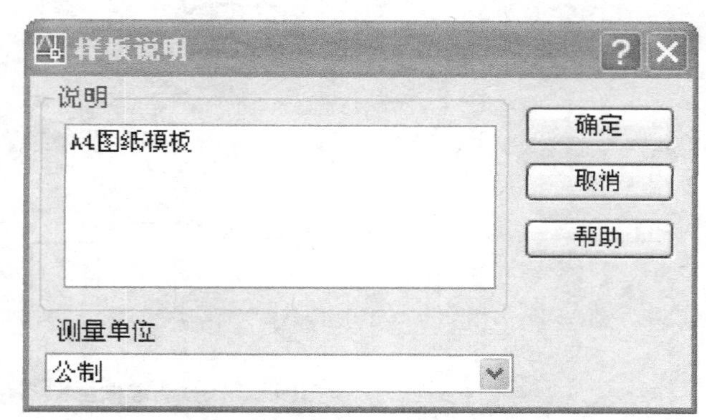


图4-85　【样板说明】对话框

2. 绘制零件图

（1）绘制中心线并确定图形的布局。将图层切换到设置好的“细点画线”图层；单击【绘图】/【直线】图标，根据轴的长度绘制适当长度中心线。

（2）绘制轴的上半部分轮廓线。将图层切换到设置好的粗实线图层，单击【绘图】/【直线】图标绘制轮廓线，如图4-86所示。单击【修改】/【倒角】图标，绘制倒角，如图4-87所示，用【直线】图标连接倒角轮廓线，单击【修改】工具栏的【延伸】图标，绘制阶梯轴的阶梯轮廓线，如图4-88所示。

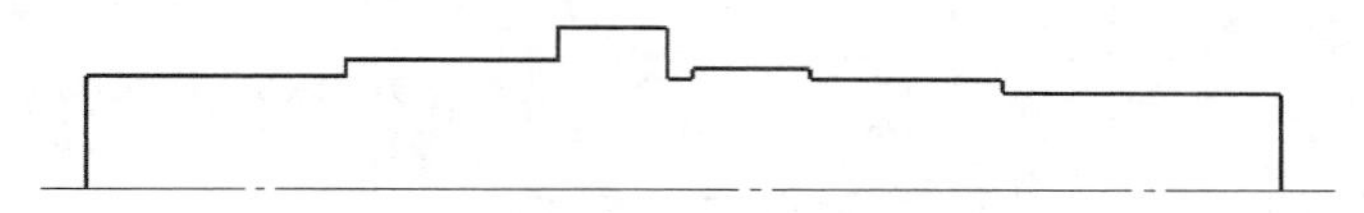

图4-86　绘制轮廓线

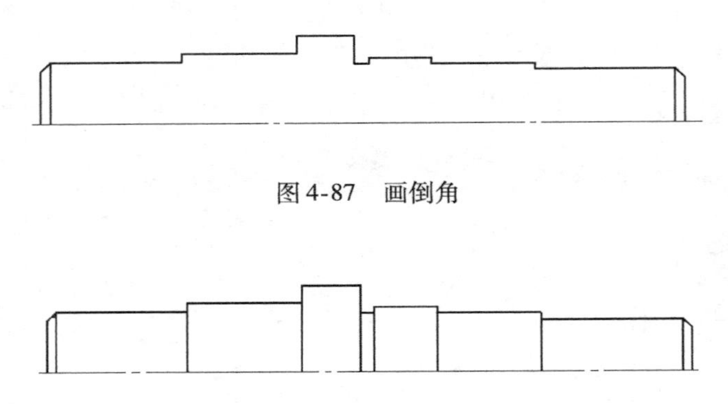

图 4-87　画倒角

图 4-88　画阶梯轮廓线

3. 绘制键槽

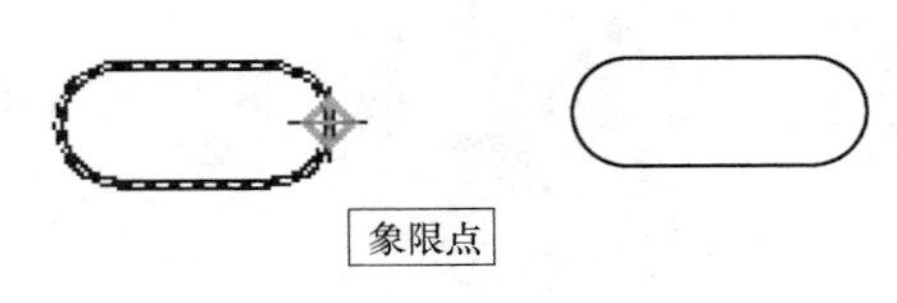


图 4-89　绘制键槽

单击【绘图】工具栏的【多段线】图标，按尺寸绘制键槽，宽度 $b$ 为 10mm，长度 $l$ 为 22mm，生成图 4-89 所示图形。单击【修改】工具栏的【移动】图标，将两个键槽分别移至图 4-90 所示的位置。将两个键槽分别向左移动 1.5mm 和 5mm，至图样要求的位置，如图4-91所示。

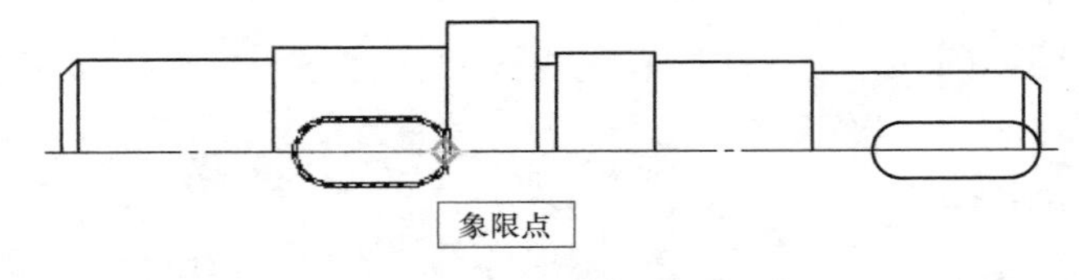


图 4-90　移动键槽

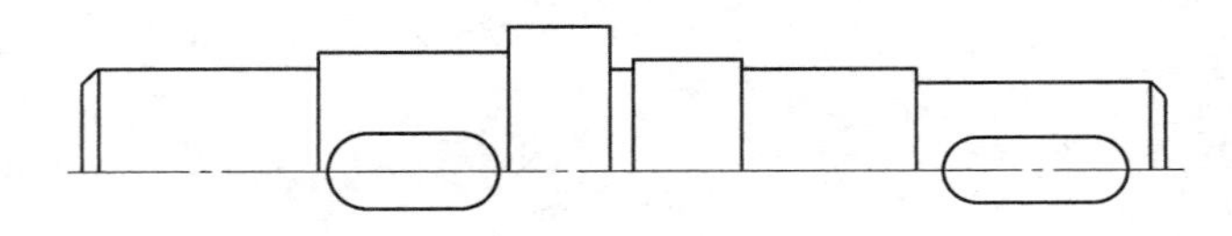

图 4-91　移动键槽至图样要求位置

4. 完成外轮廓

单击【修改】工具栏的【镜像】图标，绘制轴的另外一半的轮廓线，如图 4-92 所示。

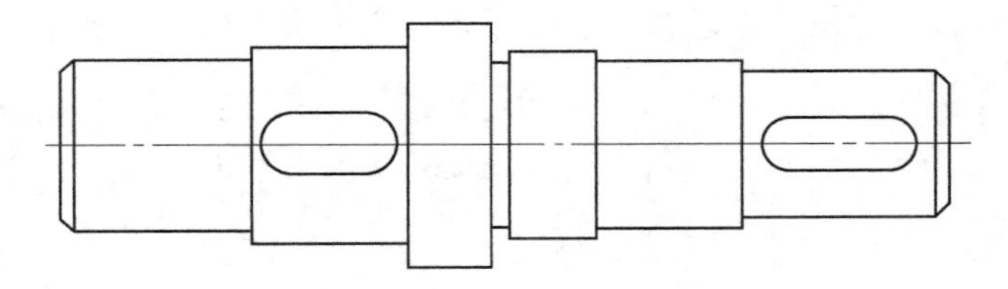

图 4-92　用【镜像】完成外轮廓

5. 绘制断面图

1）在指定位置处画出圆的中心线。

2）单击【圆】图标，按尺寸绘制 $\phi$32mm 的圆。

3）单击【修改】工具栏的【偏移】图标，按键槽尺寸 10mm × 22mm × 5mm 偏移出三条辅助线。

4）单击【绘图】工具栏的【直线】图标，绘制键槽轮廓，过程如图4-93所示。

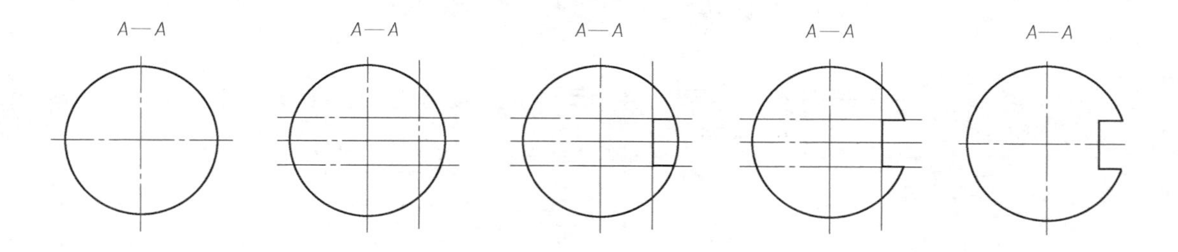


图4-93　绘制断面图

6. 填充断面图

单击【绘图】工具栏的【填充】图标，弹出图4-94所示【图案填充和渐变色】对话框，在【图案填充】选项卡中点选需要填充的区域，绘制断面的剖面线，如图4-95所示。

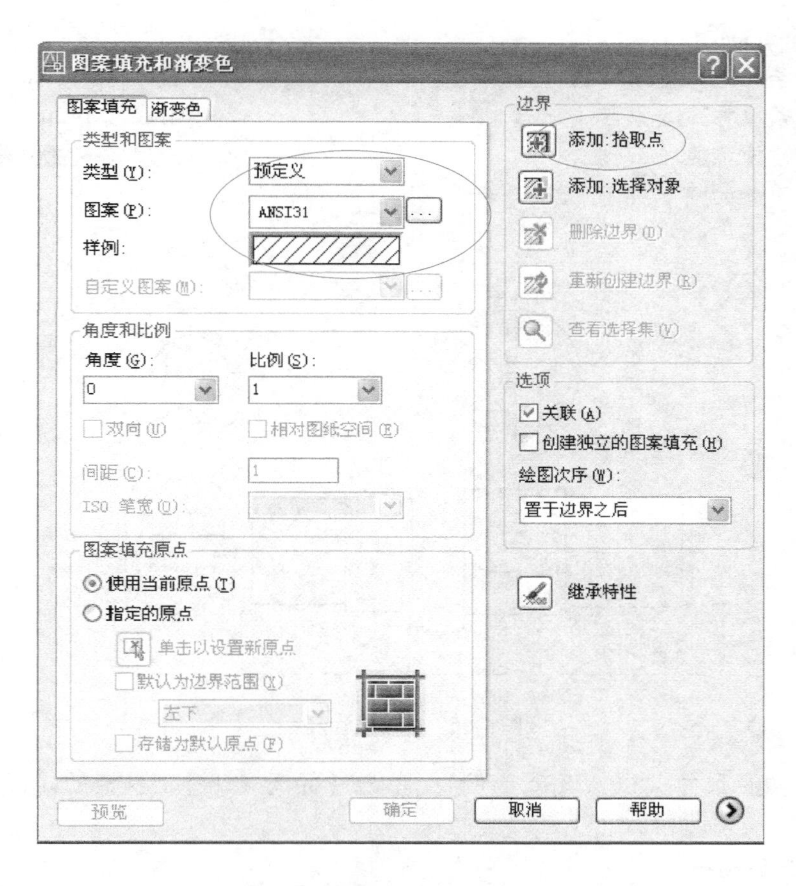


图4-94　【图案填充和渐变色】对话框

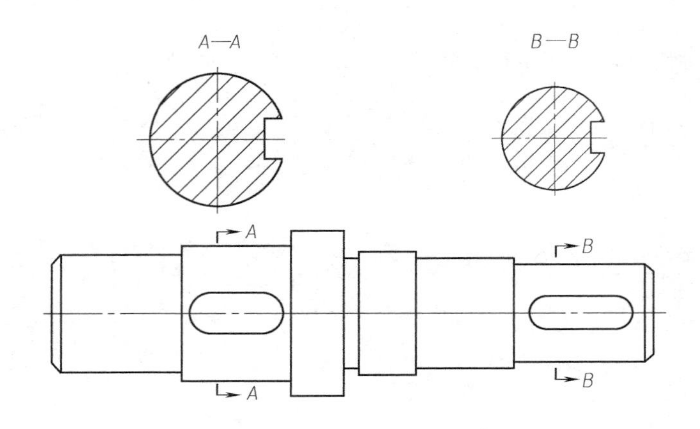


图 4-95　填充断面图

7. 标注零件图尺寸

（1）标注线性尺寸（以长度尺寸 142mm 为例）

1）将图层切换到“标注”图层；

2）单击【标注（N）】工具栏的【线性】图标，系统提示：

命令：_dimlinear

指定第一条尺寸界线原点或 <选择对象>：　　　　//单击尺寸 142mm 的左端点

指定第二条尺寸界线原点：　　　　//单击尺寸 142mm 的右端点

指定尺寸线位置或　　　　//单击尺寸放置位置

标注后的尺寸如图 4-96 所示。

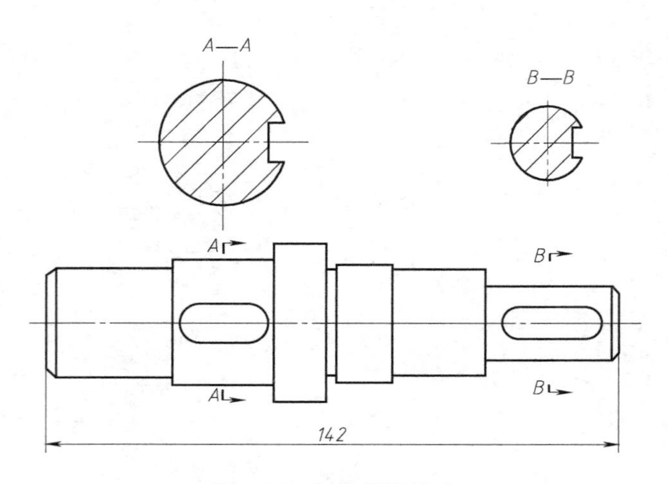


图 4-96　标注线性尺寸

（2）标注直径尺寸（以 $\phi$28js6 为例）　单击【标注（N）】工具栏的【线性】图标，系统提示：

命令：_dimlinear

指定第一条尺寸界线原点或 <选择对象>：　　　　//单击轴左上点

指定第二条尺寸界线原点：　　　　　　　　　　　　//单击轴左下点
指定尺寸线位置或
[多行文字(M)/文字(T)/角度(A)/水平(H)/垂直(V)/旋转(R)]:t
　　　　　　　　　　　　　　　　　　　　　　　　//选择单行文字
输入标注文字 <28>: %%C28js6　　　　　　　　//输入标注文字
指定尺寸线位置或　　　　　　　　　　　　　　　　//单击尺寸位置
标注后的尺寸如图4-97所示。

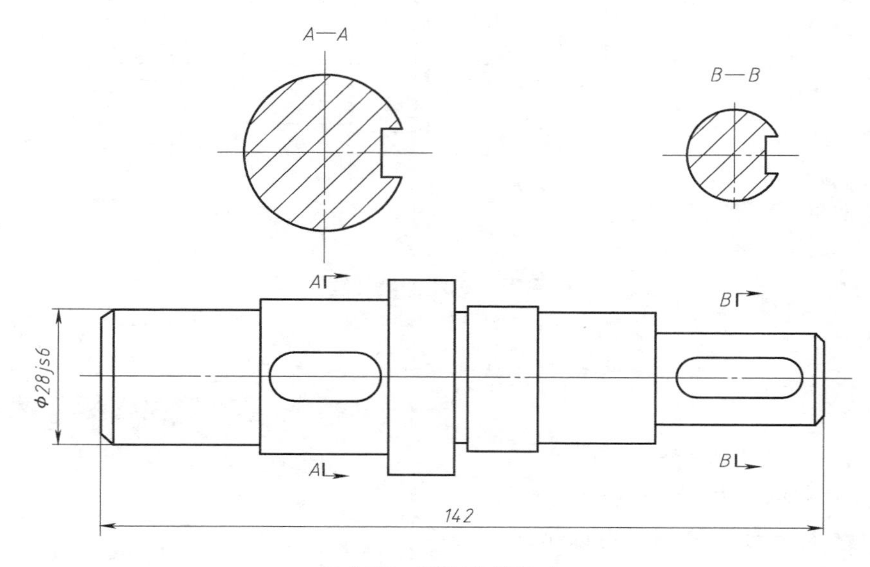


图4-97　标注直径尺寸

（3）标注公差　单击【标注（N）】工具栏的【公差】图标，弹出【形位公差】对话框，如图4-98a所示，单击“符号”下方的黑方框，弹出【特征符号】对话框，如图4-98b所示，选择“圆跳动”符号，返回到【形位公差】对话框，完成公差和基准两项的设置，单击【确定】，选择公差所放的位置，其结果如图4-98c所示。

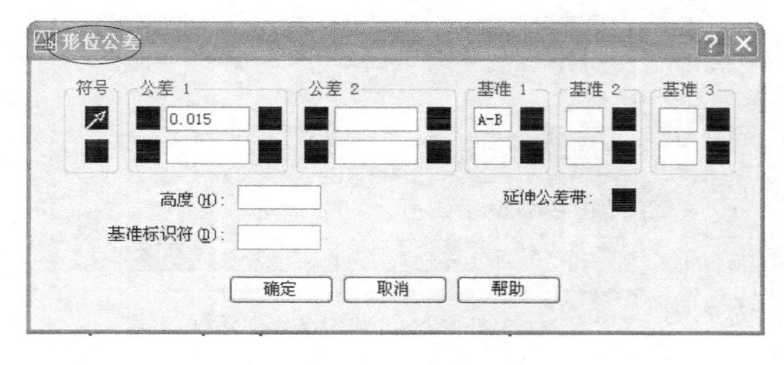


a)

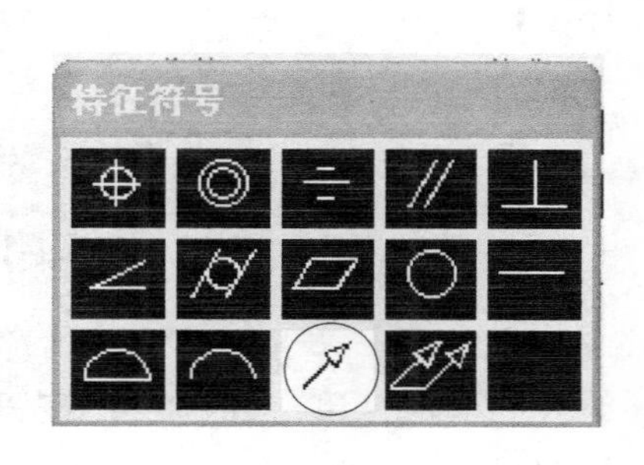


b)

图4-98　标注公差
a)【形位公差】对话框　b)【特征符号】对话框

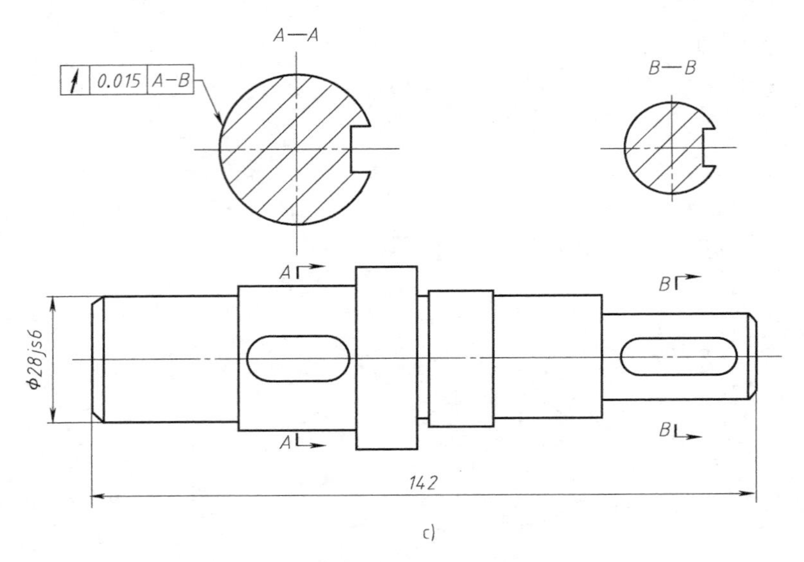


图 4-98　标注公差（续）

c）完成标注

**提示：**“公差”命令还需要和“快速引线”配合使用。

（4）标注表面结构符号　由于 AutoCAD 没有提供表面结构符号的标注符号，所以需要设计人员自己绘制。可以把表面结构符号定义为“图块”，然后把所定义的图块插入到所需标注的地方。

1）绘制 √Ra1.6，并定义为图块。

① 在绘图空白区域，绘制 √Ra1.6 符号，然后单击【绘图（D）】工具栏的【创建块】图标，弹出图 4-99 所示【块定义】对话框，在名称中输入“*Ra*1.6”

② 单击 拾取点（K） 按钮，选中 √Ra1.6 的底部作为基点，如图 4-100 所示。

③ 单击 选择对象（T） 按钮，选择表面结构符号的全部，单击【确定】按钮，完成图块的定义。

2）插入图块。单击【绘图】工具栏的【插入块】图标，弹出【插入】对话框，如图 4-101 所示。

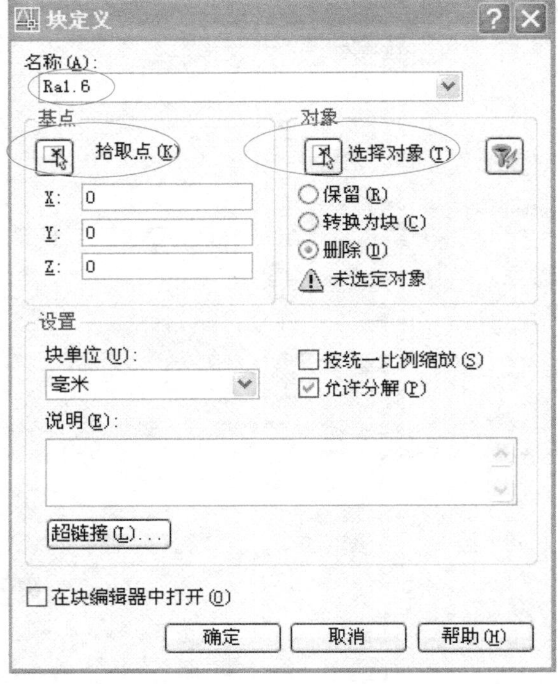


图 4-99　【块定义】对话框

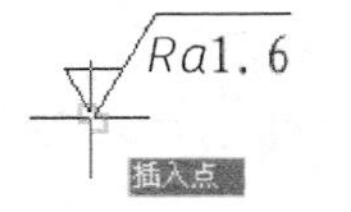


图 4-100　拾取基点

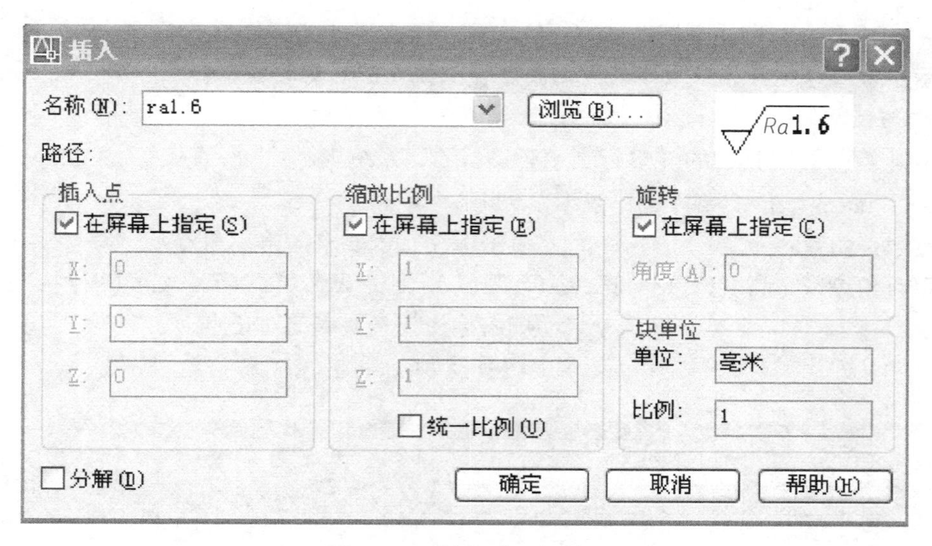


图 4-101　【插入】对话框

① 选择要插入的块名。从对话框中的“名称”下拉列表框选择“*Ra* 1.6”图块。

② 设置插入点、比例因子、旋转角度。按图 4-101 所示设置其他参数，单击“确定”按钮，AutoCAD 将退出“插入”对话框进入绘图状态，同时命令行中出现提示：

_insert

指定插入点或［基点(B)/比例(S)/X/Y/Z/旋转(R)/预览比例(PS)/PX/PY/PZ/预览旋转(PR)］：　　//单击需要插入的位置

输入 X 比例因子，指定对角点，或［角点(C)/XYZ］<1>：↵　　//使用默认的 X 比例因子

输入 Y 比例因子或 <使用 X 比例因子>：↵　　//使用默认的 Y 比例因子

指定旋转角度 <0>：↵　　//使用默认的转角度

结果如图 4-102。

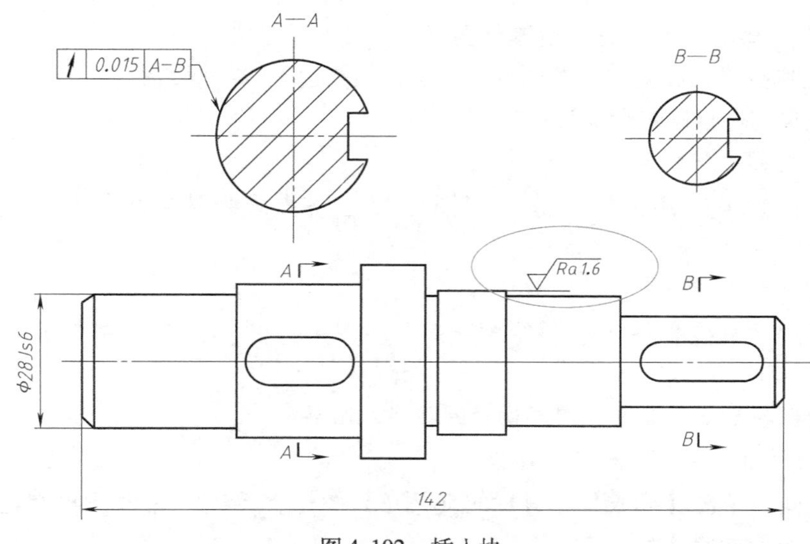


图 4-102　插入块

（5）完成剩余的标注　用上述方法完成剩余所有尺寸的标注。

**提示：**表面结构符号中文字的方向要符合机械制图的有关国家标准。

8. 编写技术要求

单击【绘图】工具栏的【多行文字】图标A，系统提示：

命令：_mtext 当前文字样式："汉字"　当前文字高度：2.5

指定第一角点：　　　　　　　　　　//单击标注技术要求的第一角点

指定对角点或［高度(H)/对正(J)/行距(L)/旋转(R)/样式(S)/宽度(W)］：

　　　　　　　　　　　　　　　　　//单击标注技术要求的对角点

AutoCAD 弹出多行文字编辑器，如图 4-103 所示。

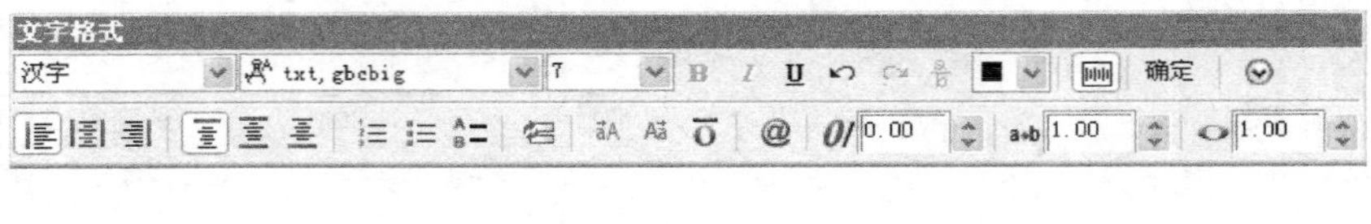


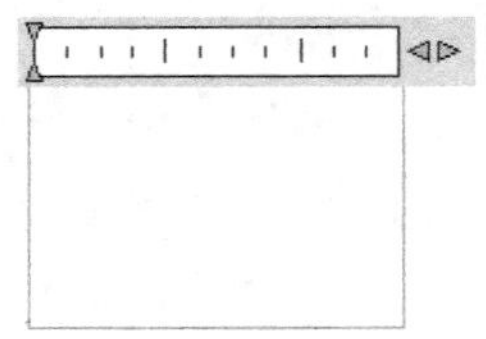

图 4-103　多行文字编辑器

输入技术要求，单击确定即可。

9. 绘制剖切符号、箭头，标注剖视图名称

采用【直线】和【多行文字】A命令绘制剖切符号、箭头及标注剖视图的名称。

**提示：**箭头还可通过分解尺寸标注箭头得到。

10. 整理保存

整理图形，使其符合机械制图标准，完成后保存图形。

**二、运用 AutoCAD 绘制法兰盘零件图**（任务二）

1. 了解绘图要求，按要求设置图幅、图层，绘制边框线和标题栏

方法同轴类零件绘制步骤的第一步。

2. 绘制中心线，进行初步布局

单击【绘图】工具栏的【直线】工具图标，在点画线图层的适当位置绘制中心线，完成初步定位和布局，如图 4-104 所示。

3. 绘制基本轮廓线

主视图运用【直线】命令绘制轮廓线；左视图用【圆】命令绘制三个轮廓圆，如图 4-105所示。

**提示：**绘制轮廓线首先要将图层切换到粗实线图层。

4. 绘制主视图倒角、左视图键槽

主视图倒角，单击【修改】工具栏的【倒角】图标倒角；左视图绘制键槽，方法步骤同轴类零件中的键槽绘制过程。

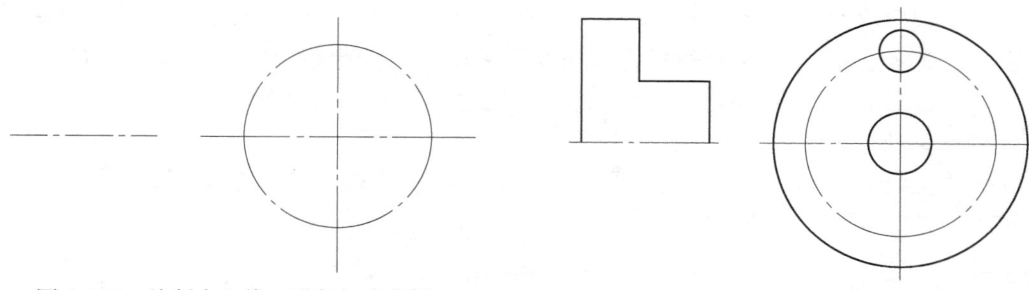

图 4-104　绘制中心线，进行初步布局

图 4-105　绘制基本轮廓线

5. 绘制剖视后的轮廓线

运用【直线】命令，根据主视图和左视图的对应关系绘制圆孔在主视图上的投影。绘制过程如图 4-106、图 4-107 所示。

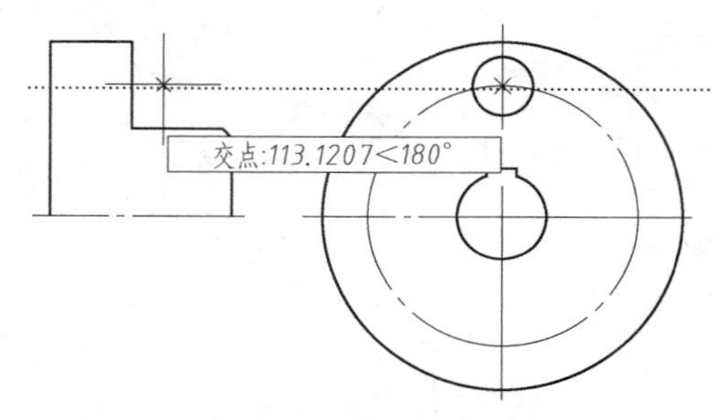


图 4-106　绘制剖视后的轮廓线（一）

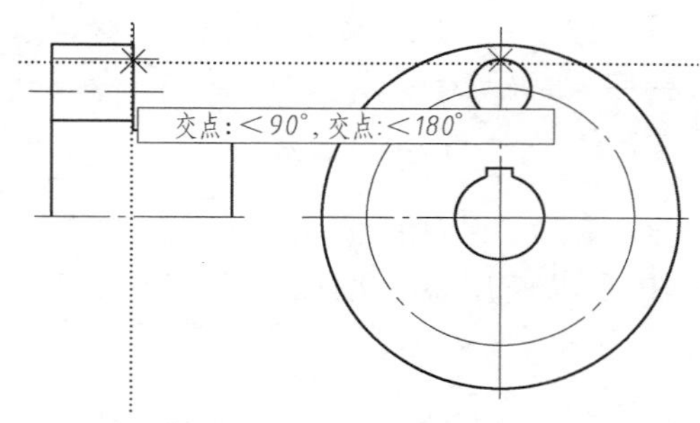


图 4-107　绘制剖视后的轮廓线（二）

6. 完成阵列和镜像操作

（1）左视图阵列　单击【修改】工具栏的【阵列】图标；弹出【阵列】对话框（图 4-108）；选择环形阵列模式；输入项目总数 8；选择对象，注意要连同小圆的中心线一起阵列。效果图如图 4-109 的左视图。

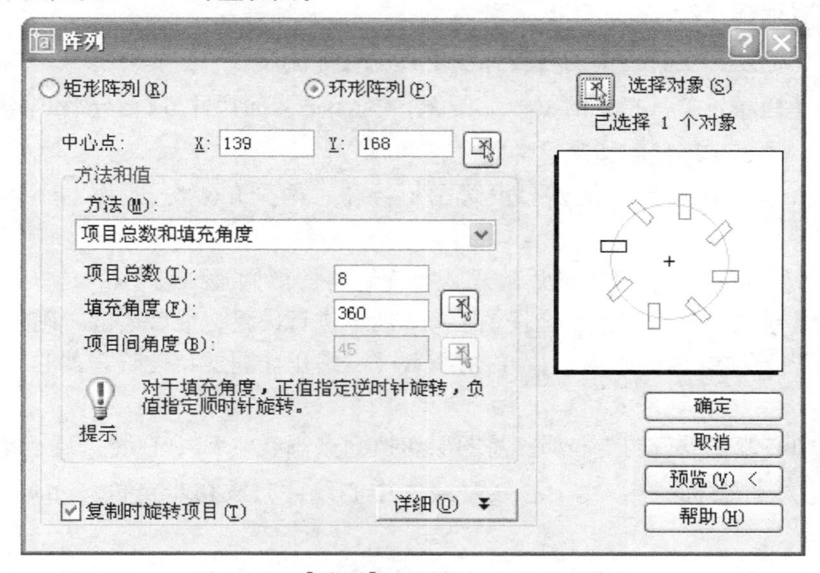


图 4-108　【阵列】对话框的环形阵列模式

(2) 主视图镜像　单击【修改】工具栏的【镜像】图标；根据提示选择对象（框选主视图的上半部分），点击；捕捉镜像线的第一点（单击中心线的左端点）；捕捉镜像线的第二点（点击中心线的右端点），完成镜像，如图 4-109 的主视图。

7. 绘制倒角、轮廓线

运用【直线】命令，绘制倒角轮廓线，并追踪绘制圆孔和键槽在主视图上的三条轮廓线，如图 4-109、图 4-110 所示。

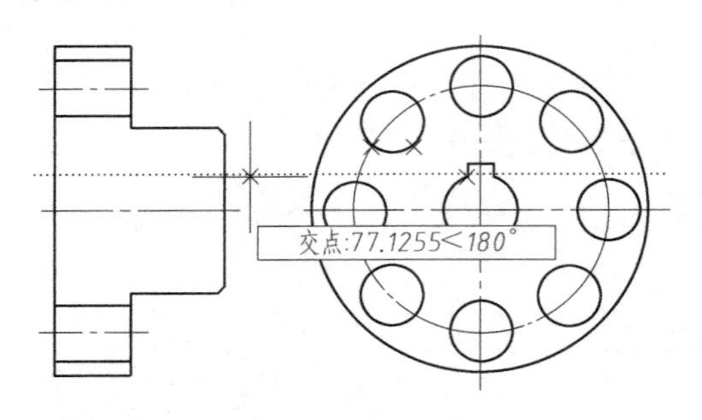


图 4-109　左视图阵列

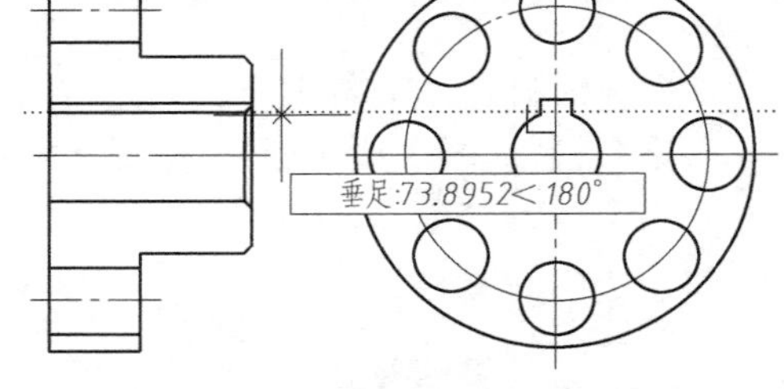


图 4-110　绘制倒角、轮廓线

8. 填充主视图的剖面线

按要求使用金属剖面的图案和适当的比例，如图 4-111 所示。

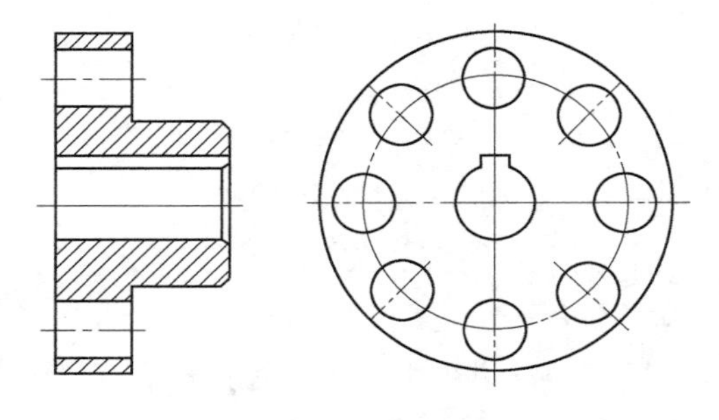

图 4-111　填充主视图剖面线

9. 标注尺寸

1）将图层切换到尺寸标注图层。

2）调出【标注】工具栏，单击【标注样式】调用【尺寸样式管理器】对话框，设置所需要的尺寸样式，并保存。

3）设置常用的对象捕捉方式，并打开【对象捕捉】对话框。

4）使用【标注】工具栏中的各种标注工具进行标注。

5）使用【标注】工具栏中的编辑工具，对不适当的尺寸进行修改和编辑。

**三、运用 AutoCAD 绘制拨叉零件图**（任务三）

1）启动 AutoCAD 并新建文件。设置图形界限，两个角点分别为（0，0）和（200，150）。

2）输入 ZOOM（Z）回车，然后输入 A 回车，将图形调整到最大。

3）打开【对象捕捉】对话框，按图 4-112 所示进行设置，最后单击“确定”按钮。

4）选择下拉菜单【格式（O）】→【图层(L)】→打开【图层特性管理器】对话框，设置图层。

5）绘制中心线，进行初步布局。将图层切换到点画线（即中心线）层；单击【绘图】工具栏的【直线】图标，在中心线层绘制中心线，完成初步定位和布局，如图4-113 所示。

6）绘制四个圆。单击【绘图】工具栏的【圆】图标，在轮廓线层绘制四个圆，如

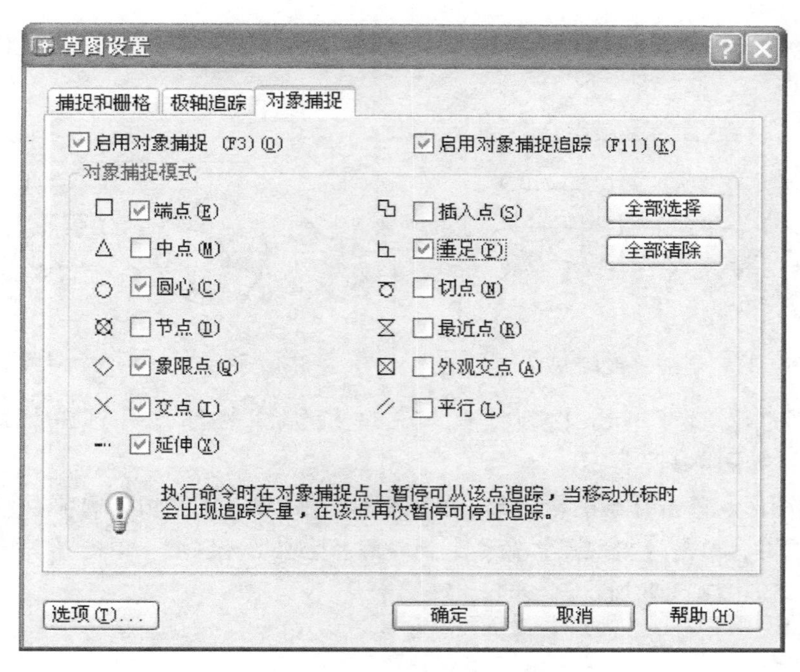


图 4-112　【对象捕捉】对话框

图 4-114 所示。

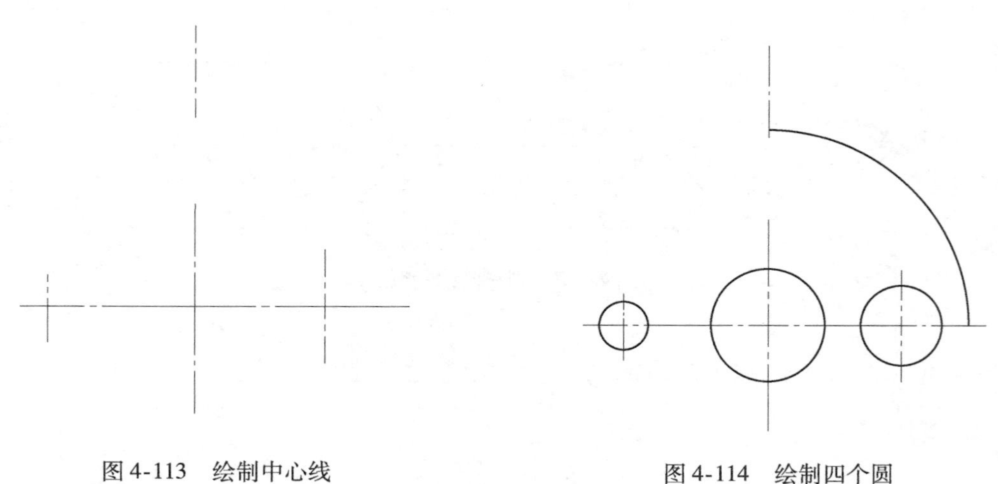

图 4-113　绘制中心线　　　　图 4-114　绘制四个圆

7）绘制三条线段。

① 单击【修改】工具栏的【偏移】图标，绘制如图 4-115 所示水平线 1、2，并修剪成图中所示的长度。

② 利用极坐标工具绘制图 4-115 所示线段 3，指定起点为图 4-115 所示 *A* 点，键入@ 30 <210°。

8）生成圆角和修剪图形　单击【修改】工具栏的【圆角】图标，输入圆角半径 3，生成圆角。单击【修改】工具栏的【修剪】图标，进行图形的修剪，如图4-116所示。

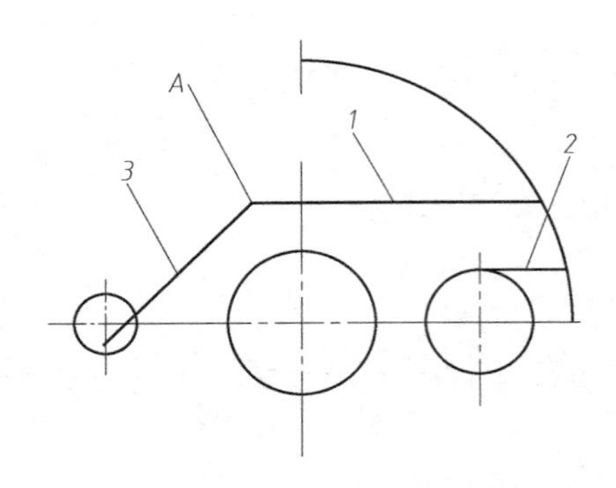


图 4-115　画三条线段

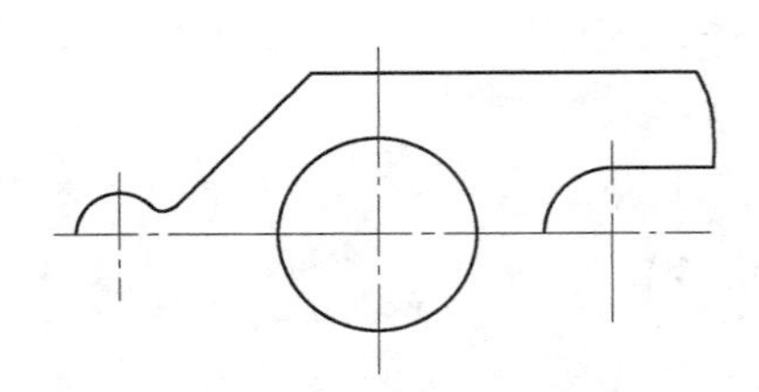

图 4-116　生成圆角和修剪图形

9）对图形进行镜像。单击【修改】工具栏的【镜像】图标，选择要镜像的对象对图形进行镜像，如图 4-117 所示。

10）完成图形。单击【绘图】工具栏的图标，弹出【图案填充选项板】对话框；选择45°剖面线图案；单击【拾取点】命令，到屏幕上拾取填充区域；单击【确定】按钮完成剖面线的绘制，如图 4-118 所示。

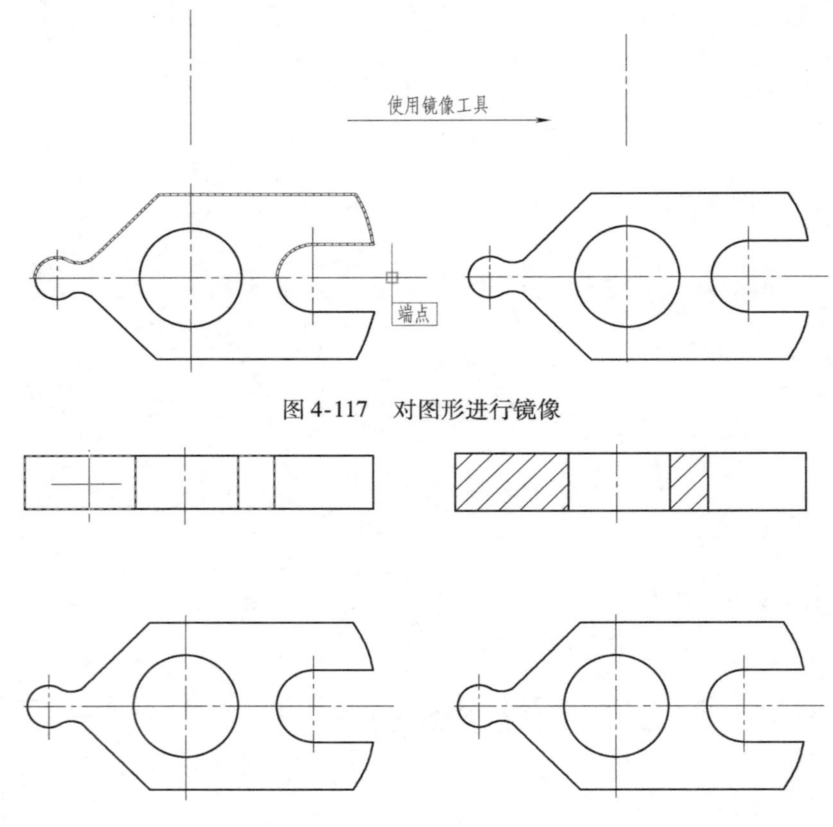


图 4-117　对图形进行镜像

图 4-118　完成图形

11）标注尺寸，如图 4-119 所示。

① 将图层切换到尺寸标注图层。

② 调出【标注】工具栏，单击【标注样式】调用【尺寸样式管理器】对话框，设置所需要的尺寸样式，并保存。

③ 设置常用的对象捕捉方式，并打开【对象捕捉】。

④ 使用【标注】工具栏中的各种标注工具进行标注。

⑤ 使用【标注】工具栏中的编辑工具，对不适当的尺寸进行修改和编辑。

**四、运用 AutoCAD 绘制箱体零件图**（任务四）

1. 设置 A3 图纸和所需的图层，绘制边框线和标题栏

1）设置图形界限，两个角点坐标分别为（0，0）和（420，297）。

2）输入命令 ZOOM（Z）回车，然后输入 a 回车，将图纸调整到最大。

3）设置图层。设置中心线、轮廓线、尺寸标注和剖面线图层。

4）绘制标题栏。

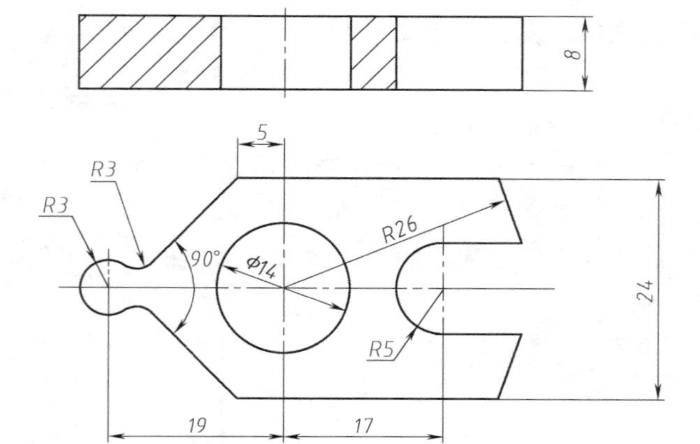


图 4-119　标注尺寸

2. 绘制中心线，对三视图进行初步布局

在【图层控制】对话框中，将【中心线】层置为当前图层。单击【绘图】工具栏的【直线】图标，在适当位置绘制两个视图中主要的中心线；单击【修改】工具栏的【偏移】图标，将垂直的中心线偏移到图中要求的尺寸；单击【修改】工具栏的【打断】图标，将偏移得到的中心线修剪成短中心线，完成初步定位和布局。中心线布局如图 4-120所示。

3. 绘制主视图和左视图的左半边轮廓线

在【图层控制】对话框中，将【粗实线】层置为当前图层。单击【绘图】工具栏的【直线】图标，依据中心线的位置和例图中要求的尺寸绘制箱体外轮廓的左半边轮廓线；单击【绘图】工具栏的【圆】图标，依据中心线的位置和例图中要求的尺寸绘制圆轮廓线，如图 4-120、图 4-121 所示。

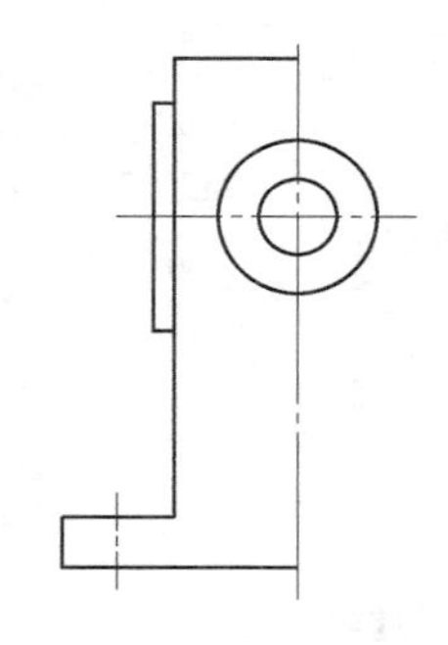

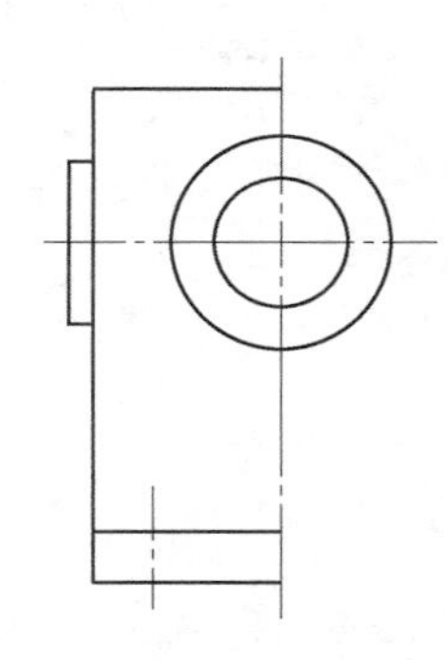

图 4-120　绘制中心线并布局

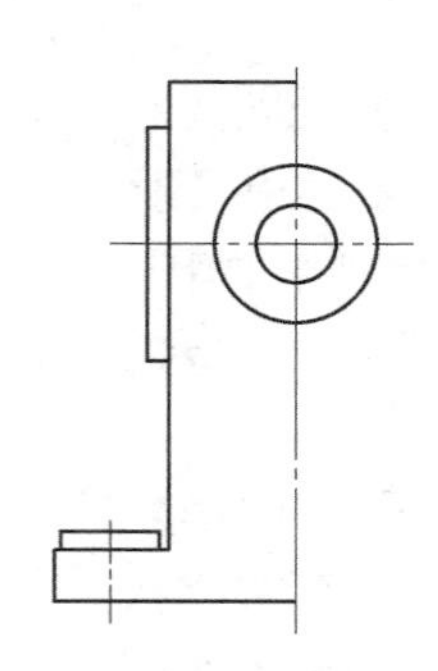

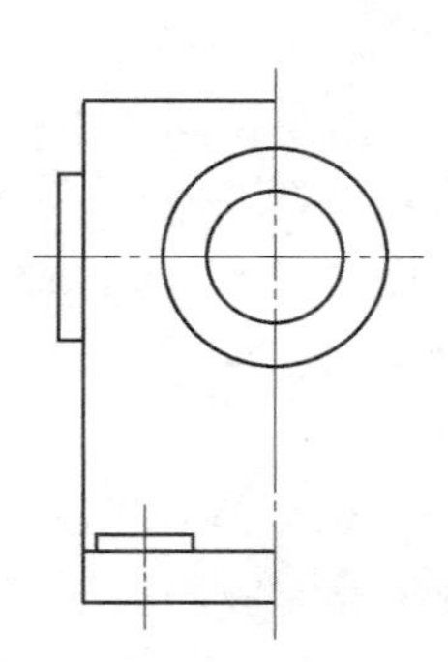

图 4-121　绘制主视图和左视图左半边轮廓线

4. 绘制主视图和左视图的全部轮廓线

单击【修改】工具栏的【镜像】图标，以垂直的中心线为镜像线，获得主视图和左视图的右半边图形，如图4-122所示。

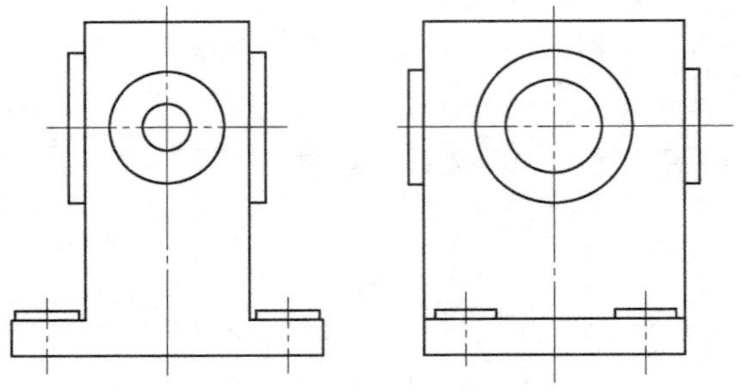
图4-122　用【镜像】作全部轮廓线

在主视图中绘制半剖视图的轮廓线并修剪箱体剖面中多余的线段。单击【修改】工具栏的【删除】图标；拾取要删除的线段，右击；单击【修改】工具栏的【修剪】图标，右击；拾取要修剪的线段，如图4-123所示。

将主视图中半剖部分绘制阶梯剖视图。完成图4-123主视图中右下角所示的阶梯剖视的小孔。将主视图的半剖改成局部剖视图，如图4-124的主视图所示。

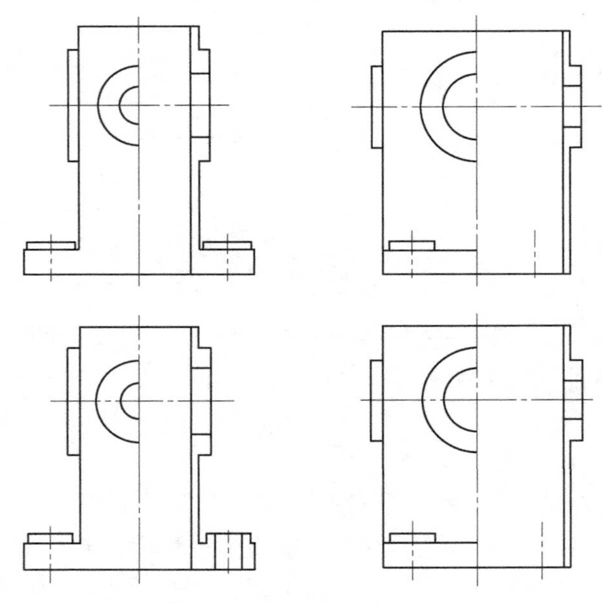
图4-123　修剪视图

5. 绘制俯视图

依据主视图和左视图与俯视图的对应关系和例图的尺寸要求，运用【直线】命令和【圆】命令绘制俯视图，如图4-125所示。注意图层、线型的切换。

6. 将主视图和左视图加工成半剖视图，并完成局部剖视部分的图案填充

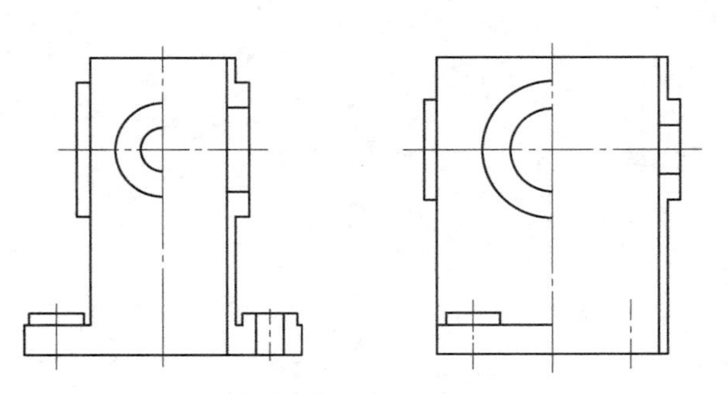
图4-124　将主视图改成局部剖视图

在【图层控制】框中，将【细实线】层置为当前图层；单击【绘图】工具栏的【图案填充】图标，弹出【图案填充选

项板】；选择45°剖面线图案，单击“拾取点”命令，到屏幕上拾取填充区域；单击【确定】按钮完成剖面线的绘制。

填充半剖视图剖面线的具体填充步骤如下：

1）单击【绘图】工具栏的【图案填充】图标，弹出【图案填充】对话框（图4-126）。

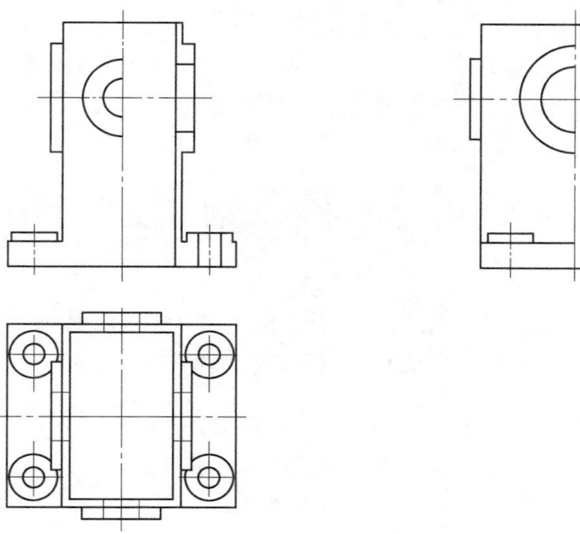

图4-125　绘制俯视图

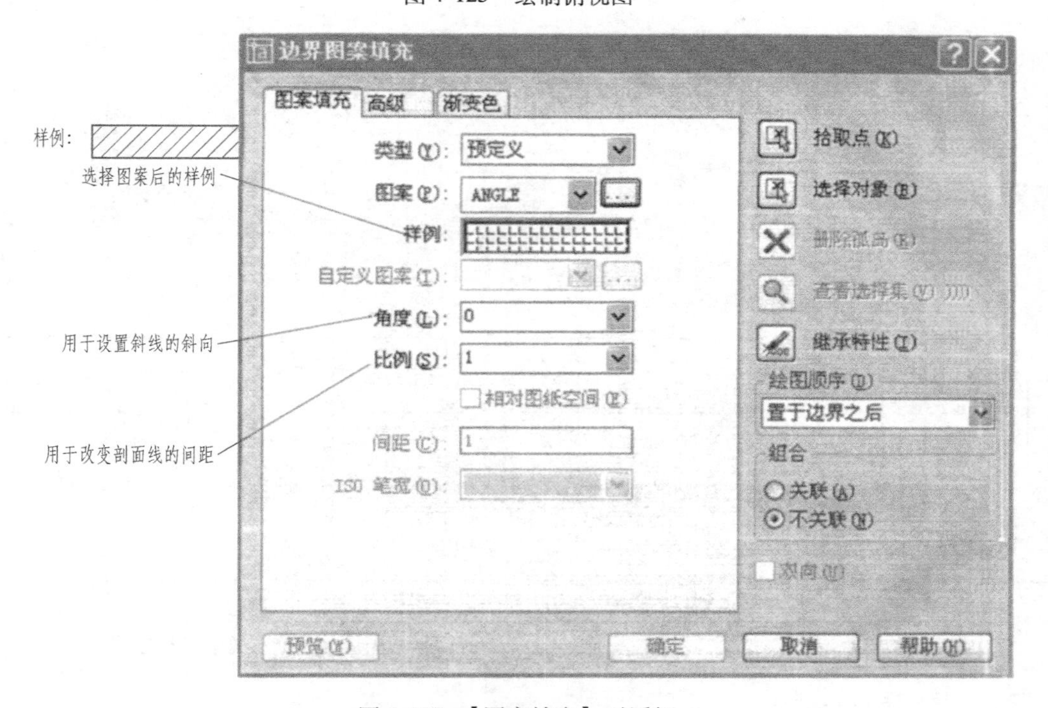


图4-126　【图案填充】对话框

2）单击【图案填充】对话框【图案】下拉列表框右侧的按钮，弹出【填充图案选项板】（图 4-127）。

3）单击【填充图案选项板】中代号为 ANSI31 的 45°剖面线作为金属材料的剖面线图案，单击【确定】按钮，被选中的图案就跳入【图案填充】对话框的样例图案框，如图 4-126左边的图案样例所示。

4）确定填充区间，完成图案填充。单击【图案填充】对话框中的【拾取点】按钮，对话框消失，命令行提示：选择内部点；将光标位于半剖视图中要填充的轮廓内，单击，绘图区域的轮廓变为虚线（图 4-128）；右击，在弹出的菜单中选择快捷菜单中【确认】选项，重现【图案填充】对话框；单击【预览】按钮，观察填充效果（图 4-129）；若无误，右击确认填充效果，完成半剖视图的图案填充，如图 4-130 所示。

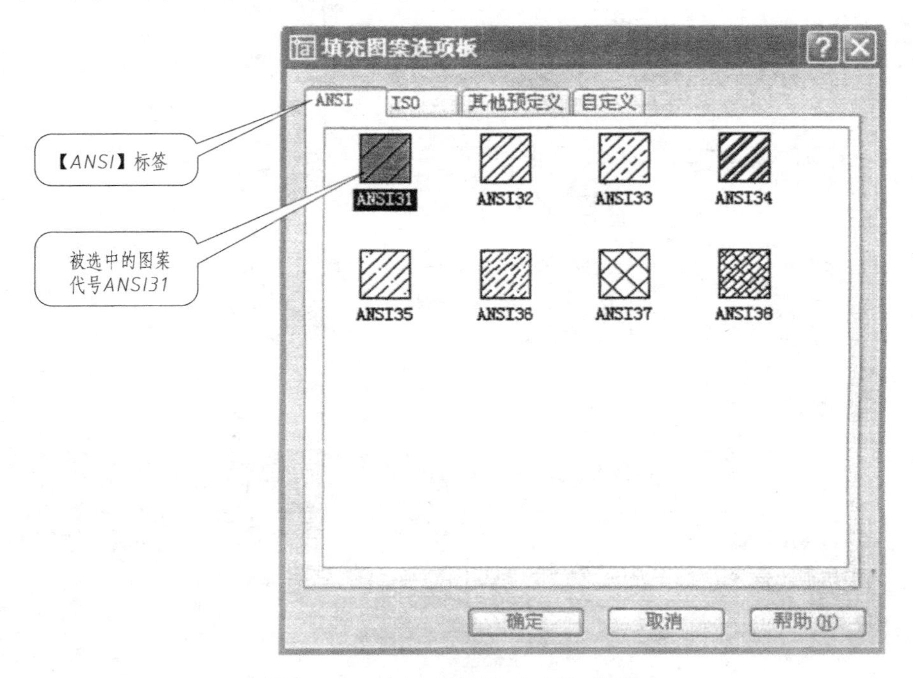


图 4-127 【填充图案选项板】对话框

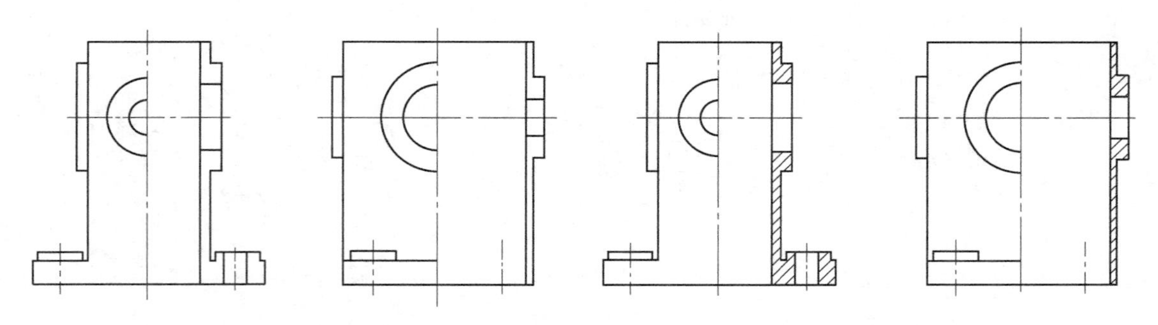

图 4-128 确定填充区间　　　　图 4-129 观察填充效果

7. 对三视图进行标注

在【图层控制】框中，将专门为标注尺寸设置的【细实线】层置为当前图层。

1）运用【格式（O）】菜单下的【标注样式（D）】选项设置适当的样式，然后运用

【标注】工具对图 4-131 所示三视图进行标注。本张图纸需设置三种样式，一种不加前缀，一种加“2 ×”前缀，一种加“4 ×”前缀。

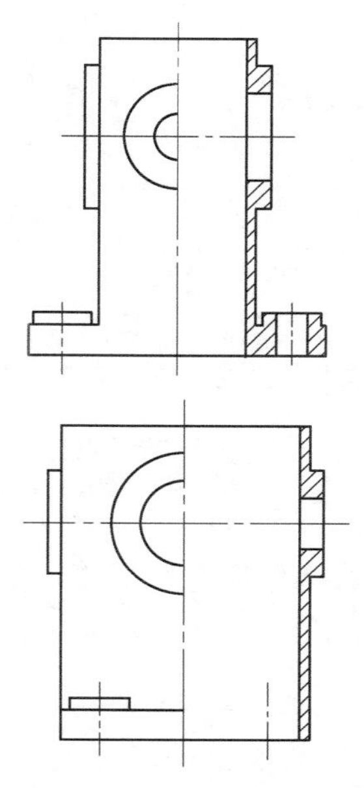

图 4-130　完成半剖图案填充

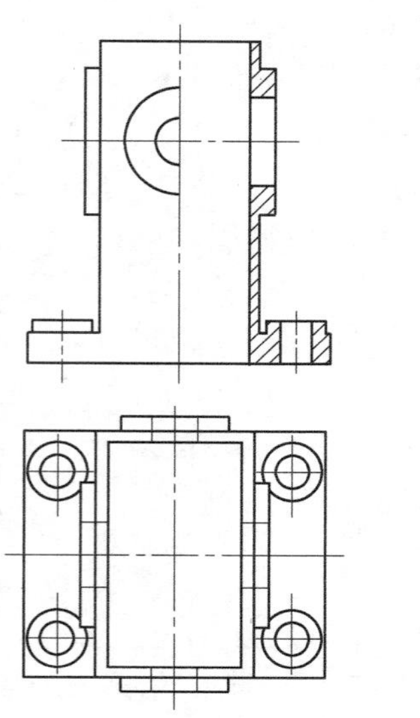

图 4-131　箱体三视图

2）标注水平和垂直的尺寸。单击【标注】工具栏的【线性标注】图标；捕捉到标注对象的一个端点，单击，指定所标尺寸的起点；按提示捕捉到标注对象的第二个端点，单击，指定所标尺寸的起点；移动鼠标，在适当的位置处单击，完成标注。

3）单击【标注】工具栏的【直径标注】图标；拾取要标注直径的圆，单击；移动鼠标，确定尺寸数值的位置后，单击，完成标注。

4）单击【标注】工具栏的【半径标注】图标；拾取要标注半径的圆，单击；移动鼠标，确定尺寸数值的位置后，单击，完成标注，如图 4-132 所示。

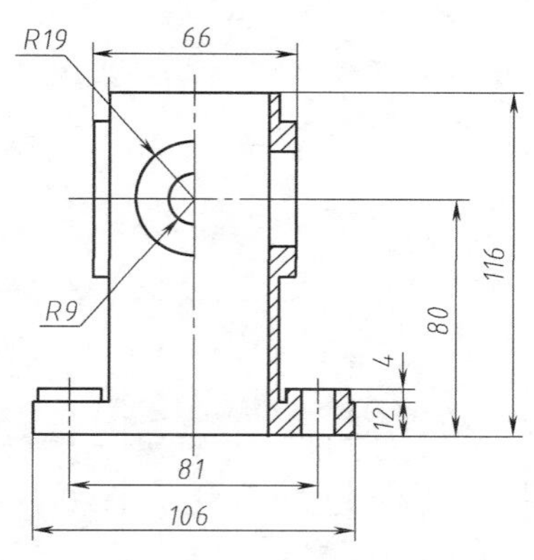


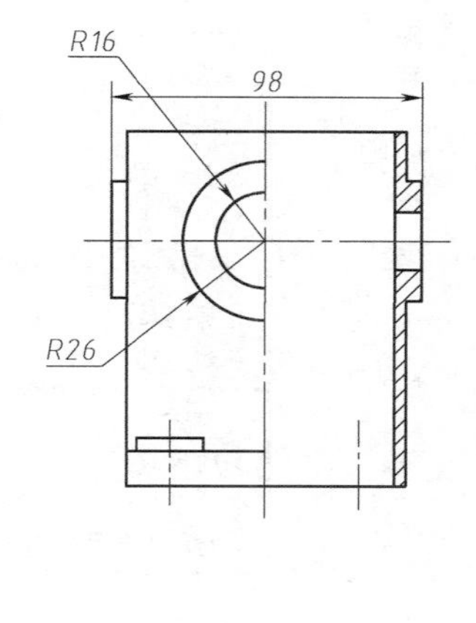


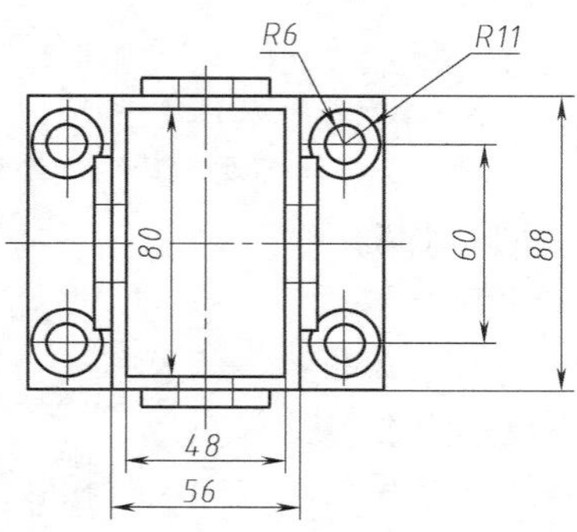


图 4-132　箱体零件图的尺寸标注

## 相关知识

1. 标注的组成元素

工程制图中，一组完整的尺寸标注由尺寸线、尺寸界线、起止点符号和尺寸数字四部分组成。各组成部分的含义如图 4-133 所示。

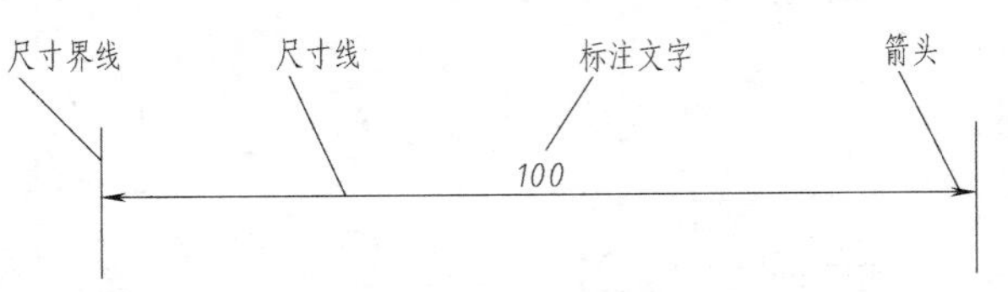


图 4-133　尺寸的组成及各组成部分的名称

2. 尺寸的标注类型

AutoCAD 设置了各种标注类型，如图 4-134 所示的【标注】菜单的下拉菜单与【标注】工具栏工具图标的对应关系图。AutoCAD 最常用的标注类型有 8 种，如图 4-135 所示。

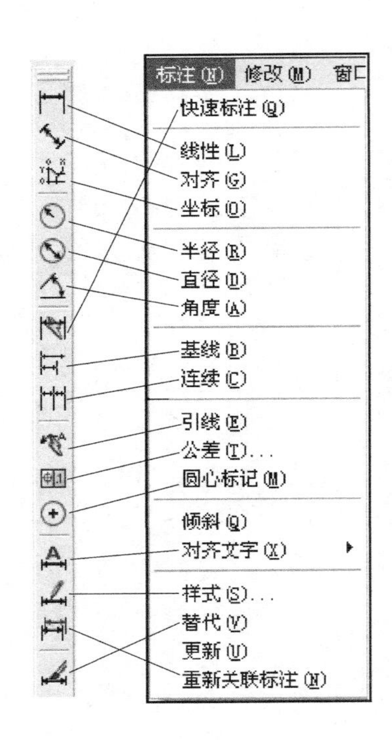


图 4-134　【标注】工具栏和菜单选项

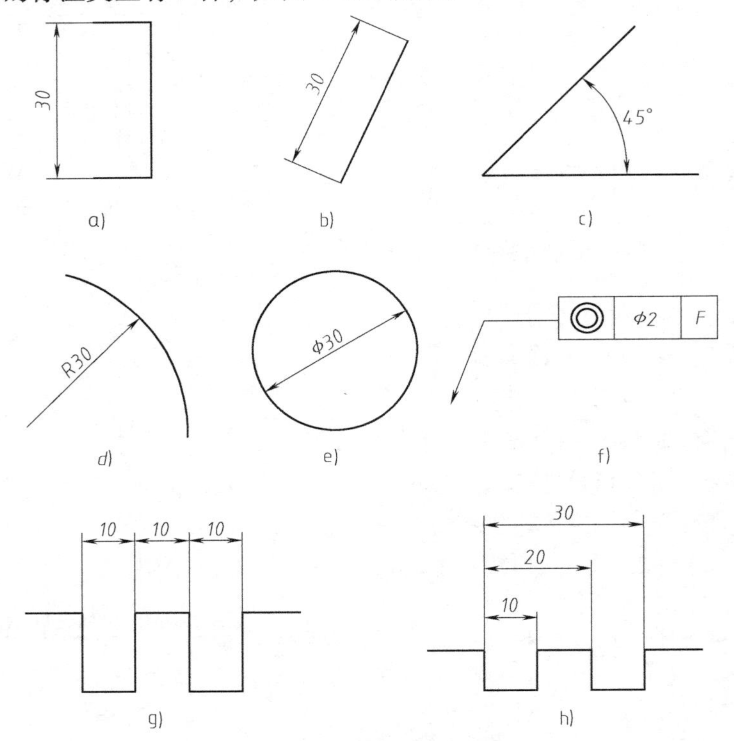


图 4-135　常用标注类型

a）线性标注　b）对齐标注　c）角度标注　d）半径标注　e）直径标注　f）快速引线和形位公差　g）连续标注　h）基准标注

3. 影响尺寸样式的要素（图 4-136）

（1）各组成部分的颜色和线宽

颜色：一般随层。

线宽：随层（在标注层中设置为细实线）。

（2）尺寸线的各要素　基线间距采用基线标注时相邻尺寸线间的距离。

（3）尺寸界线的各要素

1）超出尺寸线。尺寸界线超出尺寸线的距离。

2）起点偏移量。尺寸界线的起点距离被标注对象的距离。

（4）箭头大小　箭头大小指箭头的长度。

（5）标注文字

1）文字高度。尺寸文字的高度。

2）从尺寸线偏移。标注文字底边距尺寸线的距离。

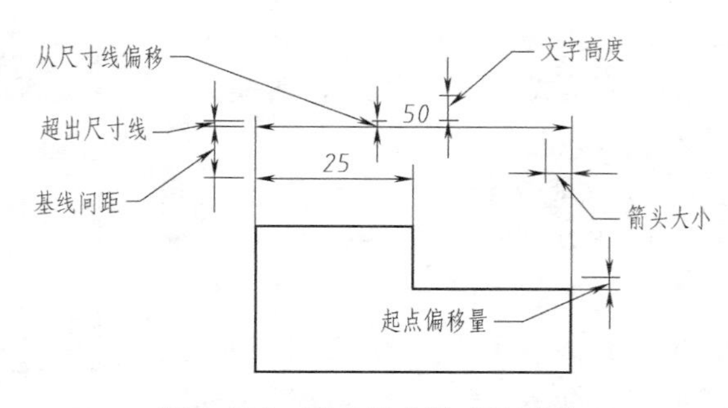


图 4-136　影响尺寸样式的要素

4. 设置标注样式

工程图中，尺寸标注的组成部分有尺寸界线、尺寸线、起止点符号和尺寸数字。不同的图纸，对它们的格式有不同的要求。

AutoCAD 中默认的标注样式只有一种（ISO-25），一般不适合直接使用。所以，在 AutoCAD中，为图形标注尺寸前，必须按照国家标准规定，根据图纸及其图形的大小和比例，设置出所需要的标注样式。所有的工程图都要设置“线性标注的标注样式”，根据需要，有时还要设置“角度标注的标注样式”等其他标注样式。

设置方法是利用【标注样式】对话框，设定标注的名称，分布对尺寸界线、尺寸线、起止点符号和尺寸数字等进行定义和设置。

具体方法：单击【格式（O）】菜单；单击【标注样式（D）…】选项，或者单击【标注】工具栏中的【标注样式】图标，弹出【标注样式管理器】对话框，如图4-137所示。

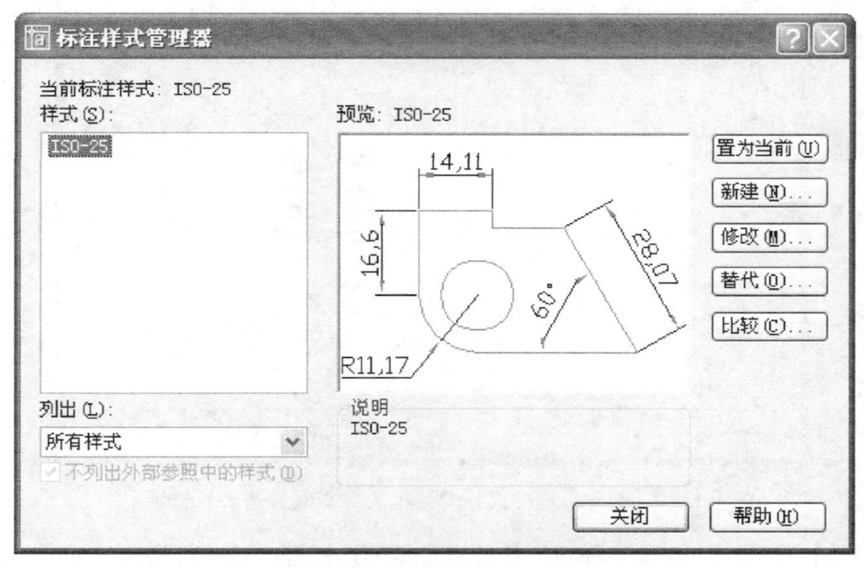


图 4-137　【标注样式管理器】对话框

单击【标注样式管理器】对话框中的【新建】按钮，弹出【创建新标注样式】对话框。然后设置对话框中的各选项卡的有关项目。

创建用于一般线性标注的标注样式。单击【标注样式管理器】对话框中的【新建】按钮，弹出【创建新标注样式】对话框（图 4-138）。在对话框【新样式名】文本框中键入

“基本-1”；单击【继续】按钮，弹出【新建标注样式：基本-1】对话框，根据国家有关规定逐项进行设置。

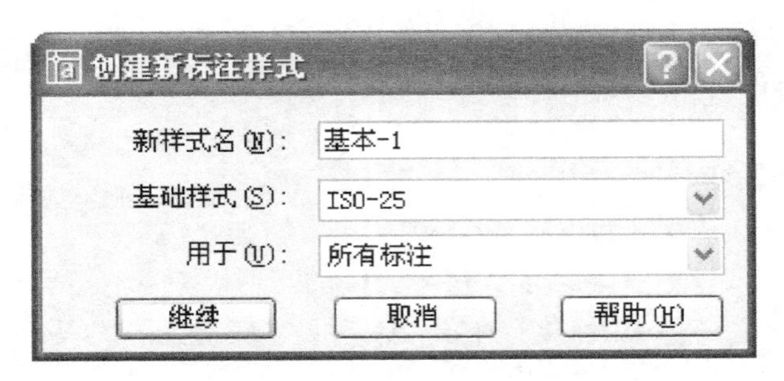

图4-138 【创建新标注样式】对话框

1）【直线和箭头】选项卡上对尺寸线、尺寸界线的颜色、线宽，以及箭头的大小、形式等内容进行设置。尺寸线、尺寸界线的颜色、线宽如前所述，要求随层；箭头的大小要与图纸幅面大小相适应，如图4-139所示。

2）【文字】选项卡上对文字和数字的字体、高度、排列形式等内容进行设置，如图4-140所示。

文字和数字的颜色、线宽如前所述，要求随层；文字和数字的字体、高度、排列形式要符合图样要求外，还应与箭头大小相适应；文字和数字的位置一般根据图纸要求选择“在尺寸线上方”或者“置中”；文字和数字超出尺寸线的距离要根据图纸的大小来定；文字和数字的对齐方式有“水平”、“与尺寸线对齐”、“ISO标准”三种，一般选择“ISO标准”。设置好后单击【确定】按钮，完成文字项目的设置。

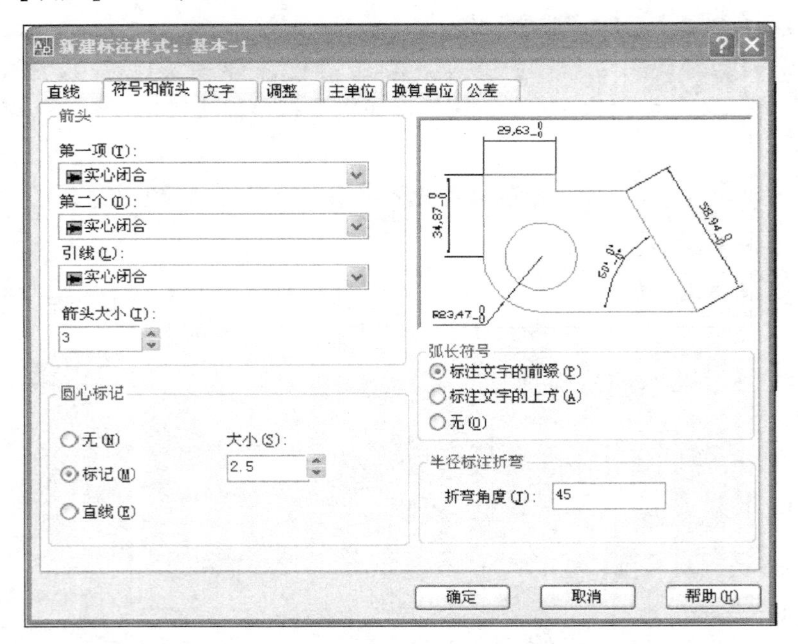

图4-139 【新建标注样式】对话框的【直线和箭头】选项卡

3）【调整】选项卡上对文字和数字的位置、排列形式等内容进行设置，如图4-141所示。

4）【主单位】选项卡上对数字的单位格式、精度、比例等内容进行设置，如图4-142所示。

用【线性标注】工具标注直径时，可以在该选项卡的【前缀】文本框中注写“%%C”的直径符号。

5）【换算单位】选项卡上对数字单位格式、精度、舍入精度等内容进行设置，如图

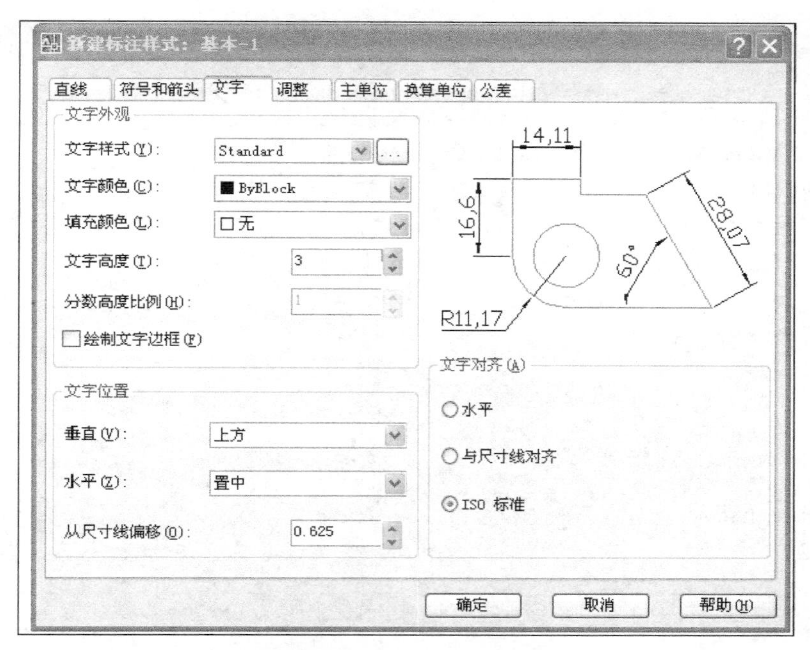


图 4-140　【新建标注样式】对话框的【文字】选项卡

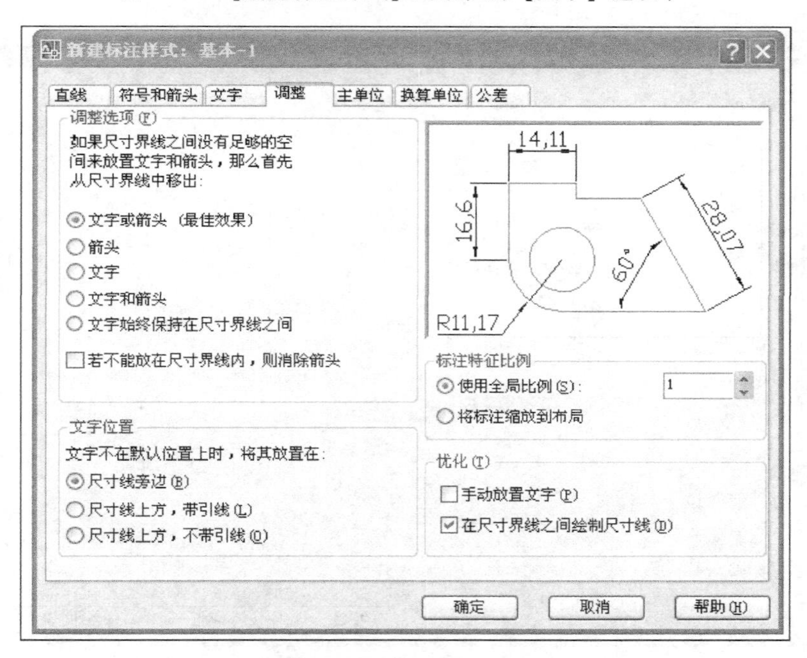


图 4-141　【新建标注样式】对话框的【调整】选项卡

4-143所示。

6）【公差】标签上对尺寸公差的格式，包括方式、精度、上极限偏差和下极限偏差等内容进行设置。

公差包括尺寸公差和几何公差两种。

几何公差则单击【标注】工具栏中的【公差】图标，调出图 4-144 所示【形位公

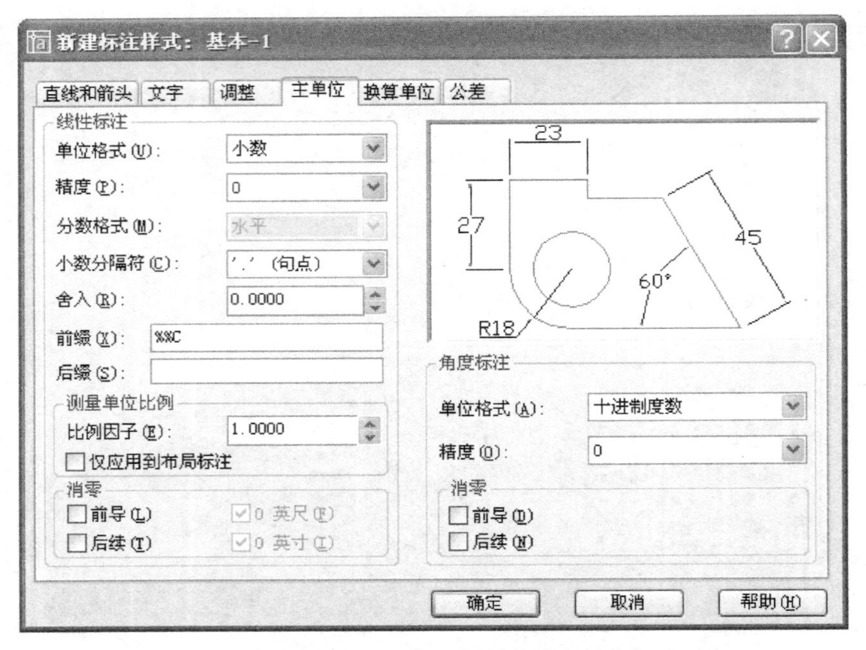


图 4-142 【新建标注样式】对话框的【主单位】选项卡

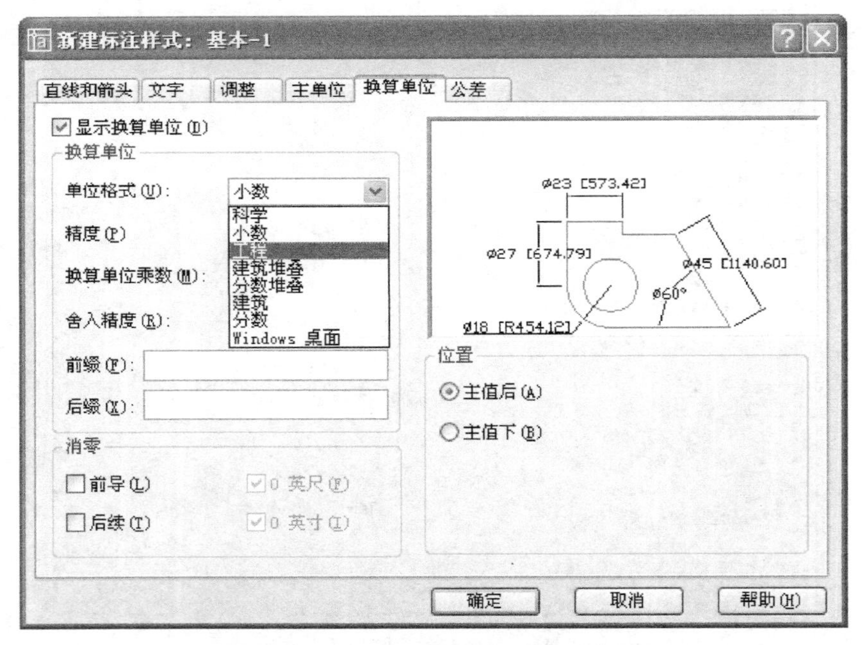


图 4-143 【新建标注样式】对话框的【换算单位】选项卡

差】对话框，选择特征符号、填写公差和基准，确定之后即可。

尺寸公差可以单击【标注】工具栏中的【标注样式】图标，调出【新建标注样式】对话框，选择【公差】标签，选择“极限偏差”或者“对称”，输入相关的偏差值，如图4-145所示。

还可以创建“角度标注”等其他新的标注样式。打开图 4-137 所示的【标注样式管理

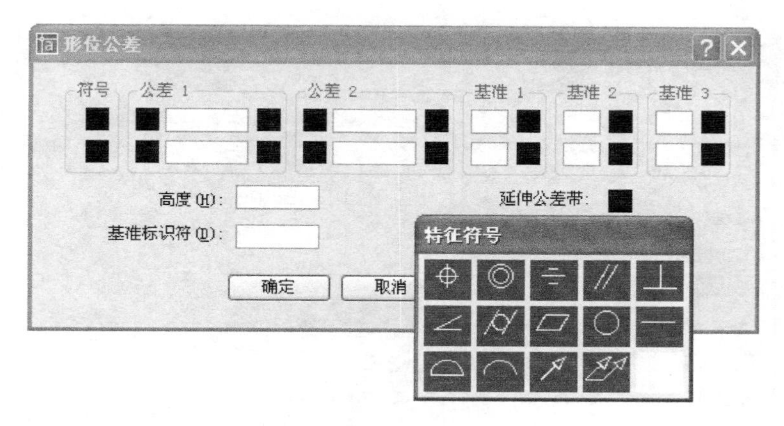


图 4-144　【形位公差】对话框

图 4-145　【新建标注样式】对话框的【公差】选项卡

器】对话框，单击新建按钮，弹出图 4-146 所示【创建新标注样式】的对话框，新样式命名为“角度标注样式”单击【继续】按钮，以后的步骤同创建“基本-1”的过程相同。需要使用哪一种样式就将其置为当前，此后的标注将按这种样式进行。

对于设置好的标注样式，当某些设置需要修改时，可以利用【标注样式】对话框进行修改。具体步骤如下：单击【格式】菜单；单击【标注样式(D)…】选项；或者单击【标注】工具栏中的【标注样式】图标，弹出

图 4-146　【创建新标注样式】对话框

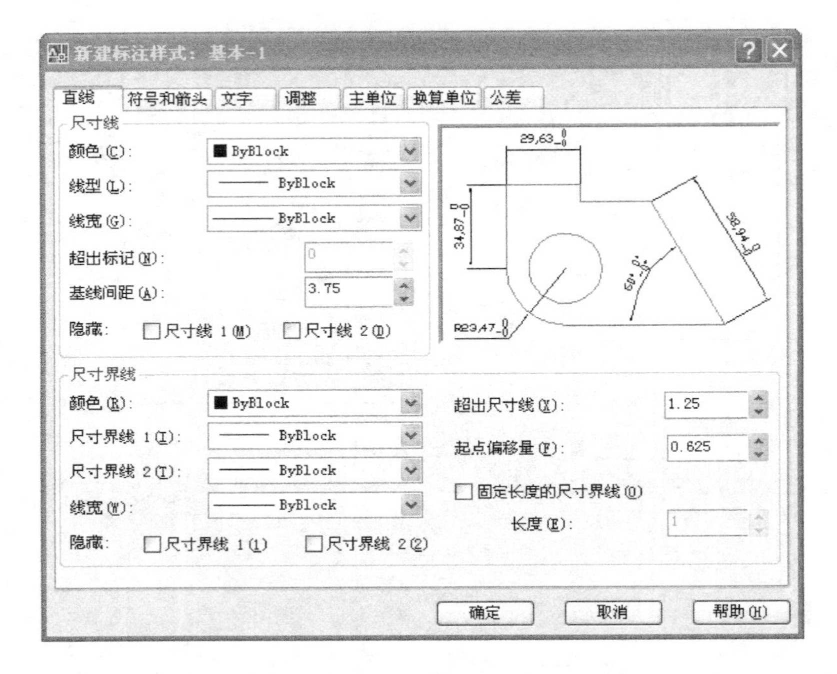


图 4-147 【修改标注样式】对话框的【直线和箭头】调整选项卡

图 4-137 所示【标注样式管理器】对话框。单击【标注样式管理器】对话框中的【修改】按钮，弹出【修改标注样式】对话框。然后调整对话框中的各选项卡的有关项目。图 4-147【修改标注样式】对话框的【直线和箭头】调整标签，可以修改有关直线和箭头的内容和参数。之后依次选择【文字】、【调整】、【主单位】、【换算单位】和【公差】选项卡中的内容。

然后依次修改其余选项卡的内容。修改标注样式之后，所有应用该样式标注的尺寸（包括已经标注的和将要标注的尺寸）均自动按照修改之后的标注样式进行更新。

5. 使用【标注】工具栏中的各种标注工具进行标注

标注前应首先将图层切换到尺寸标注图层，设置常用的对象捕捉方式，并打开【对象捕捉】按钮。运用【格式】菜单下的【标注样式】选项设置适当的样式，然后运用【标注】工具对图样所示图形进行标注。

（1）标注水平和垂直尺寸　单击【标注】工具栏的【线性标注】图标；捕捉到标注对象的一个端点，单击，指定所标尺寸的起点；按提示捕捉到标注对象的第二个端点，单击，指定所标尺寸的起点；移动鼠标，在适当的位置处单击，完成标注。

（2）标注倾斜方向尺寸　单击【标注】工具栏的【对齐标注】图标。

（3）标注直径尺寸　单击【标注】工具栏的【直径标注】图标；单击拾取要标注直径的圆；移动鼠标，确定尺寸数值的位置后，单击，完成标注。

（4）标注半径尺寸　单击【标注】工具栏的【半径标注】图标；单击拾取要标注半径的圆；移动鼠标，确定尺寸数值的位置后，单击，完成标注。

（5）标注角度尺寸　单击【标注】工具栏的【角度标注】图标；单击拾取要标注半径的圆；移动鼠标，确定尺寸数值的位置后，单击，完成标注。

（6）标注形位公差 单击【标注】工具栏的【形位公差标注】图标，弹出【形位公差】对话框；在对话框中填写公差形式、公差等级、公差基准等内容，单击【确定】按钮；移动鼠标，在适当的位置处单击，完成标注。也可在快速引线中设置公差模式，标注形位公差。

6. 表面粗糙度

当表面粗糙度符号较多时，需要将表面粗糙度符号创建成块，重复插入至适当的位置。

7. 技术要求和其他内容

单击【绘图】工具栏的【多行文字】图标 A，输入文字，填写技术要求。

## 拓展

1）分析图 4-148、图 4-149，并按标准图纸要求绘图并标注尺寸。

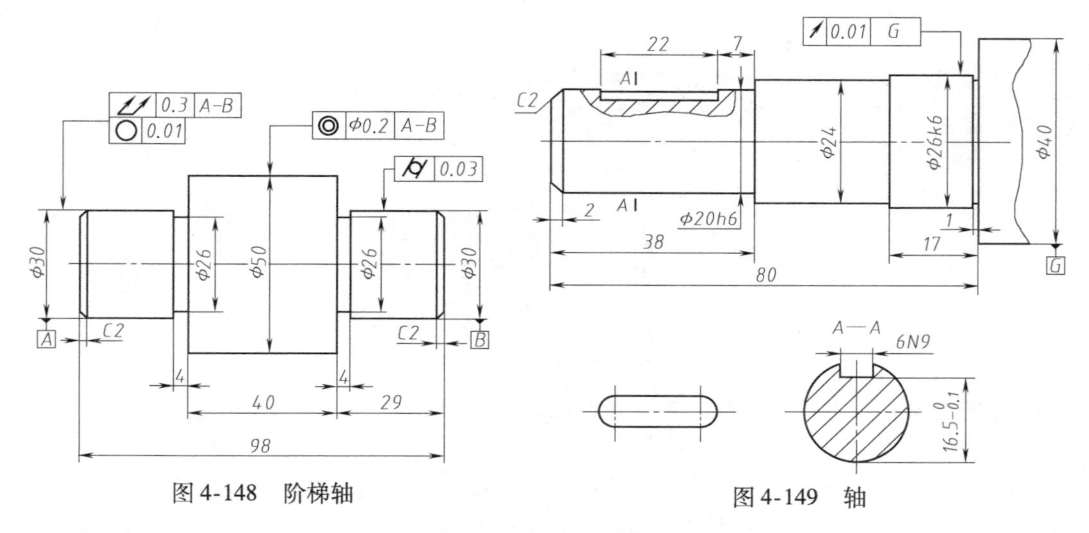


图 4-148 阶梯轴　　图 4-149 轴

2）运用适当工具绘制图 4-150 所示阀盖的零件图，并按图中样式设置适当的标注样式，进行尺寸标注。

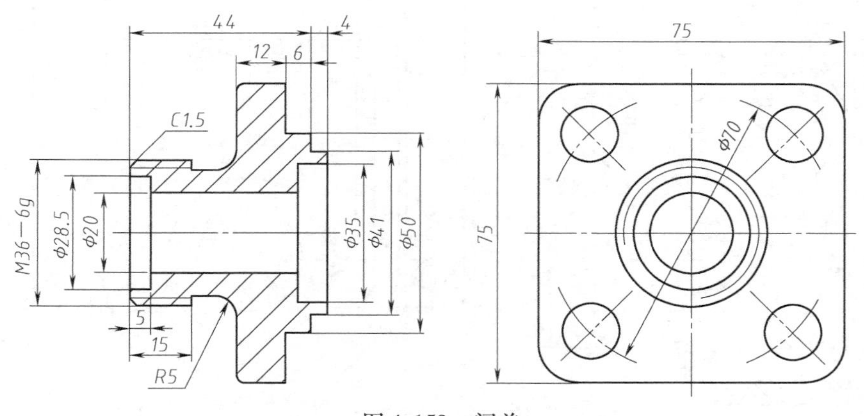


图 4-150 阀盖

3）运用适当工具绘制图 4-151 所示拨叉类的零件图，并按图中样式设置适当的标注样式，进行尺寸标注。

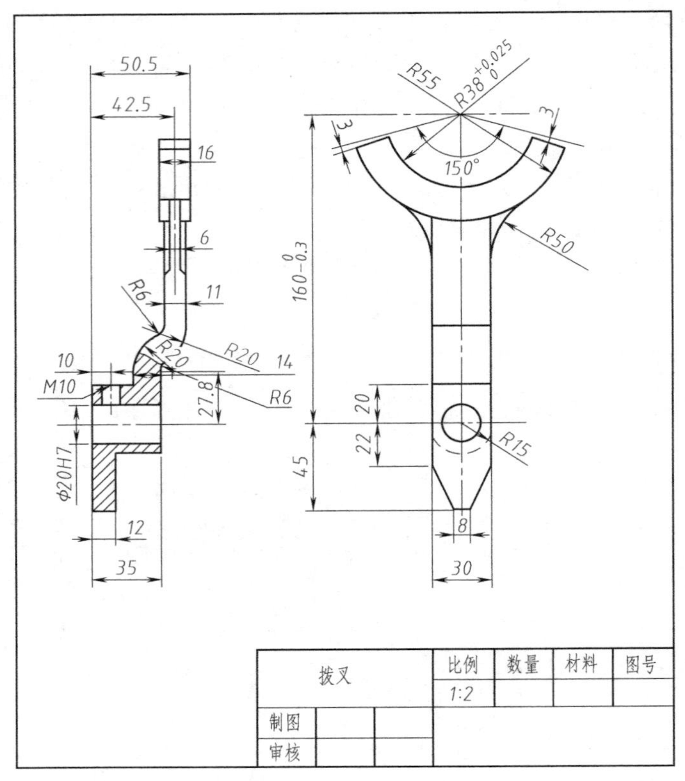


图 4-151　拨叉

4）绘制图 4-152 所示箱体零件图，并按图中样式设置适当的标注样式进行尺寸标注。

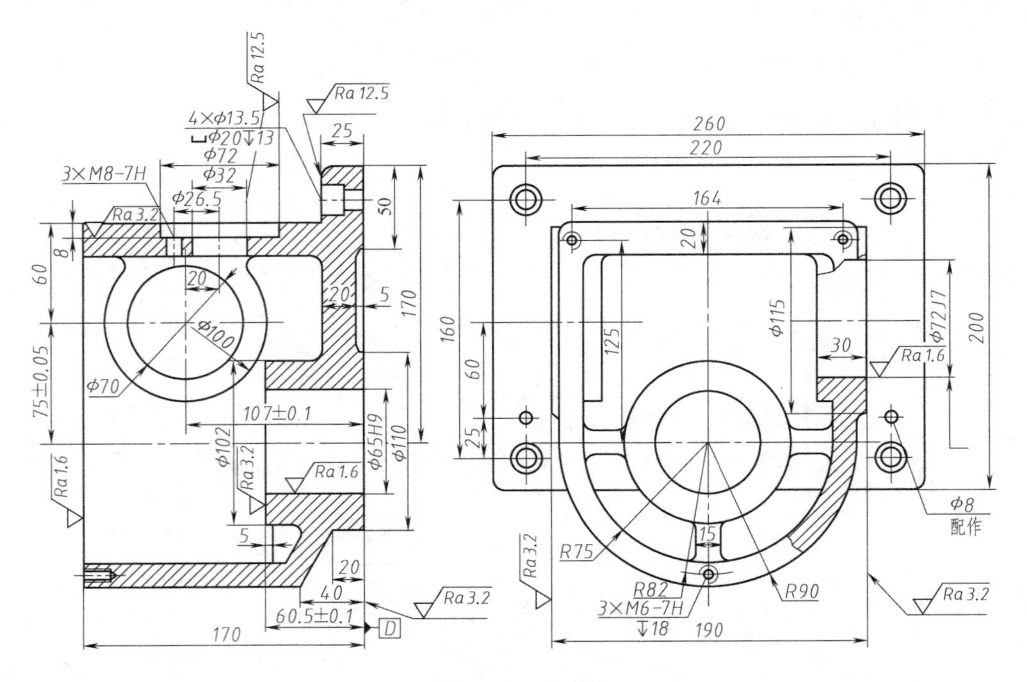


图 4-152　箱体

## 学习效果评价

1. 以学生完成任务情况作为评分标准，并以此考查学生的理论知识。

2. 要求学生独立或分小组完成工作任务，由教师对每位及每一组同学的完成情况进行评价，给出每个同学完成本工作任务的成绩。

3. 本模块的评价内容、评分标准及分值分配见表4-13。

**表4-13　评价内容、评分标准及分值**

| 评价内容 | 评分标准 | 分值 |
|---|---|---|
| 任务一 | 正确绘制轴类零件图、布局合理 | 10 |
| | 对轴类零件进行恰当的标注 | 10 |
| | 熟练使用轴类零件的绘图技巧 | 5 |
| 任务二 | 正确绘制盘类零件图、布局合理 | 10 |
| | 对盘类零件进行恰当的标注 | 10 |
| | 熟练使用盘类零件的绘图技巧 | 5 |
| 任务三 | 正确绘制拨叉零件图、布局合理 | 10 |
| | 对拨叉类零件进行恰当的标注 | 10 |
| | 熟练使用拨叉类零件的绘图技巧 | 5 |
| 任务四 | 正确绘制箱体零件图、布局合理 | 10 |
| | 对箱体零件进行恰当的标注 | 10 |
| | 熟练使用箱体零件的绘图技巧 | 5 |

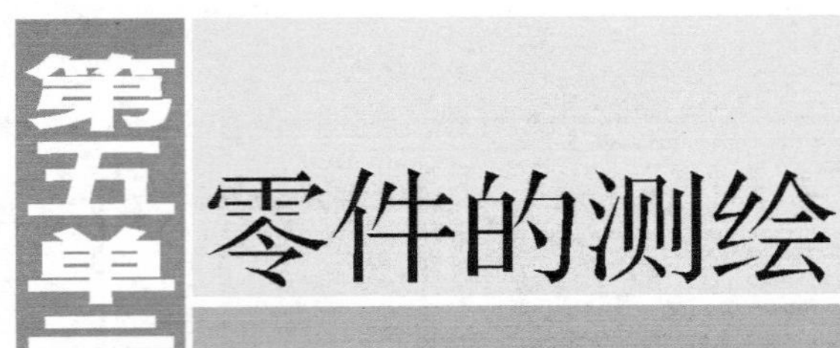

# 第五单元 零件的测绘

## 学习目标

1. 通过零件测绘，加深对零件工艺结构的感性认识。

2. 通过零件测绘，熟悉常用测量工具，掌握几种常见的测量方法，掌握零件测绘的步骤。

3. 掌握徒手绘图的能力。

4. 提高综合运用制图知识的能力。

## 工作任务

选用正确的表达方案，绘制出符合生产要求的零件草图，具体内容包括视图、尺寸、公差、表面粗糙度、配合等内容。

## 任务实施

1. 测绘准备

1）仔细阅读相关理论知识，明确测绘任务。

2）成立测绘小组，每组 4 ~ 8 人，领取测绘部件、工具、量具，准备绘图工具、仪器及用品。

3）仔细分析减速器的工作原理、传动方式、主要结构及装配关系。

4）研究拆装顺序，每人至少拆装一次。

2. 零件分析

分析每一个零件的名称、用途、材料及其在减速器中的位置、作用、与相邻零件的关系，然后对零件的内、外结构形状进行初步分析。

3. 拟订零件表达方案

先根据零件的结构形状特征、工作位置或加工位置选择主视图，再根据需要确定其他视图并选择表达方式，如剖视图、断面图或简化画法等。视图表达方案要求完整、清晰、简练。

1）箱盖、箱体的表达方案为局部剖的主视图，不剖的俯视图和半剖的左视图。

2）主动齿轮轴、从动轴的表达方案为不剖的主视图、移出断面图和局部放大图。

3）其他零件可选择全剖的主视图和左视图。

4. 画零件草图

以箱体、齿轮为例分析测绘步骤。

（1）箱体测绘

1）在图纸上定出各视图的位置，画出主、俯、左视图的对称中心线和作图基准线，如图5-1所示。布置视图时，要考虑预留标注尺寸的位置。

2）目测比例，详细地画出零件的外部及内部结构形状，从主视图入手按投影关系完成各视图、剖视图，如图5-2所示。

3）选定尺寸基准，按正确、齐全、清晰和合理标注尺寸的要求，画出全部尺寸界线、尺寸线和箭头，如图5-3所示。

4）逐个测量并标注尺寸，注写表面粗糙度、尺寸公差等技术要求及标题栏内的相关内容，完成零件草图。

5）经校核后按规定线型描深图线，完成零件草图。

6）根据零件草图画零件图。

零件草图的图形及尺寸是根据实物画出并测绘的，由于零件形状的误差，标注的尺寸不一定是最完善和合理的，因此根据草图画零件图之前要对草图进一步校核，检查表达方案是否恰当，标注的尺寸是否齐全、清晰和合理，及时作出必要的修正。画零件图要求在AutoCAD中完成，完成后如图5-4所示。

**零件测绘注意事项：**

1）零件上的铸造缺陷，如砂眼、气孔等，以及长期使用所造成的磨损，均不应画出。

2）零件上的工艺结构如铸造圆角、倒角、退刀槽、越程槽、凸台、凹槽等都必须画出，不可遗漏。

3）有配合功能要求的尺寸（如配合的孔和轴的直径），一般只需测量出其基本尺寸，其配合性质和相应的公差值应在仔细分析后查阅相应的标准后确定。一般应将测得的尺寸适当圆整为整数（如24.8mm可取整数25mm）。

4）对螺纹、键槽、齿轮轮齿等标准结构的尺寸，应将测量结果与标准值核对，采用标准结构尺寸。

（2）齿轮的测绘

1）数出齿数。此减速器的大齿轮齿数为$z=55$，与其配合的齿轮轴齿数为15。

2）用游标卡尺测量出齿顶圆直径$d_a$。如图5-5所示，如果是偶数齿，可直接测得，如图5-5a所示。若是奇数齿，则可先测出孔的直径尺寸$D_1$及孔壁到齿顶间的单边径向尺寸$H$，如图5-5c所示，则齿顶圆直径$d_a=2H+D_1$测得大齿轮齿顶圆直径$d_a=114\text{mm}$。

3）确定模数$m$。根据$m=d_a/(z+2)$可以计算出模数$m=114\text{mm}/(55+2)=2\text{mm}$。

4）计算其他各基本尺寸分度圆直径$d=110\text{mm}$，齿根圆直径$d_f=105\text{mm}$。

5）用游标卡尺测量齿轮其他各部分尺寸。齿轮厚度26mm，轮毂孔径为$\phi32\text{mm}$，并且经查表得键槽深度为3.3mm。

6）绘制齿轮零件图。

① 根据上面测量和计算出来的尺寸绘制齿轮的零件图并标注。

② 检查零件图，确认无误后加深，得到图5-6所示齿轮零件草图。

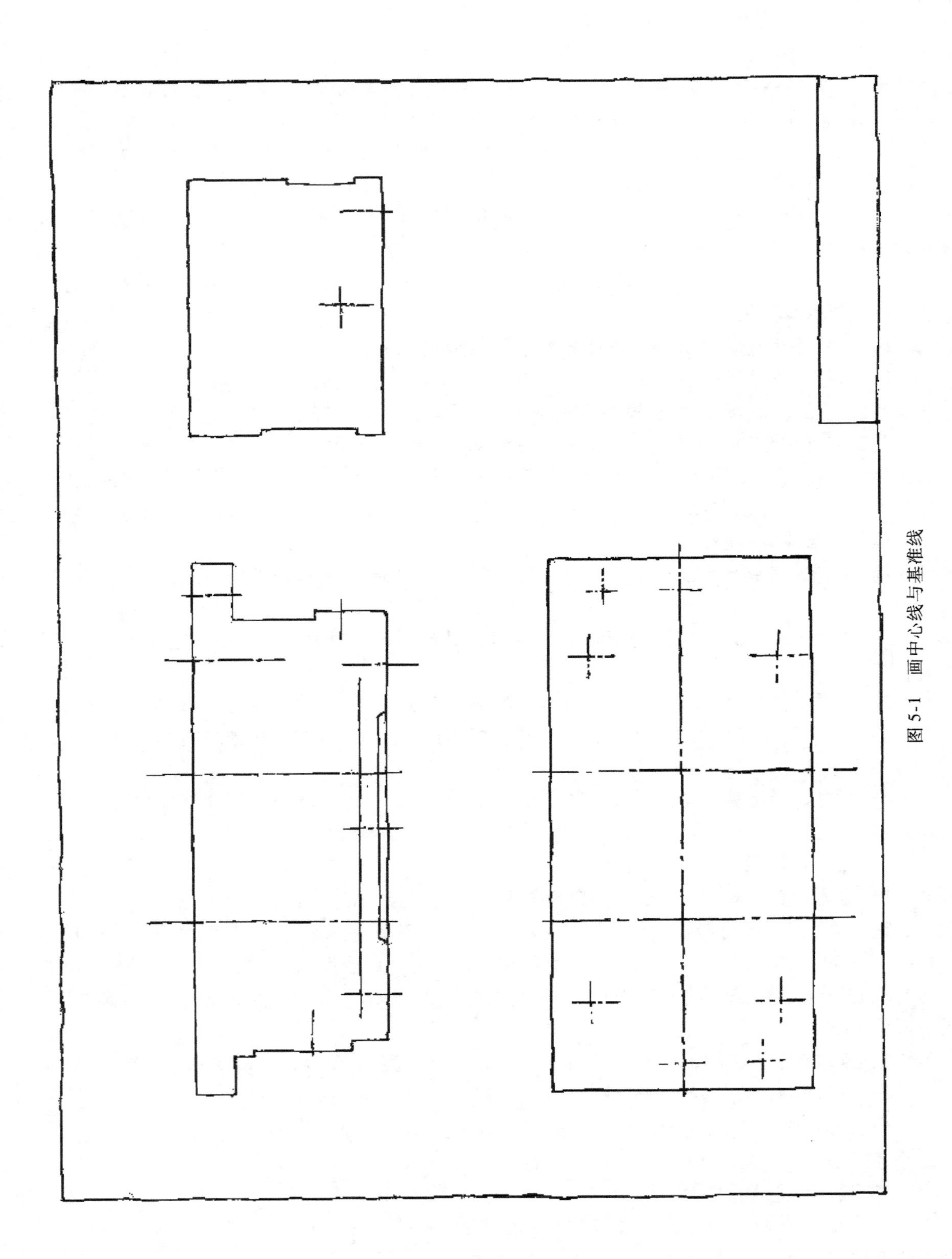

图 5-1　画中心线与基准线

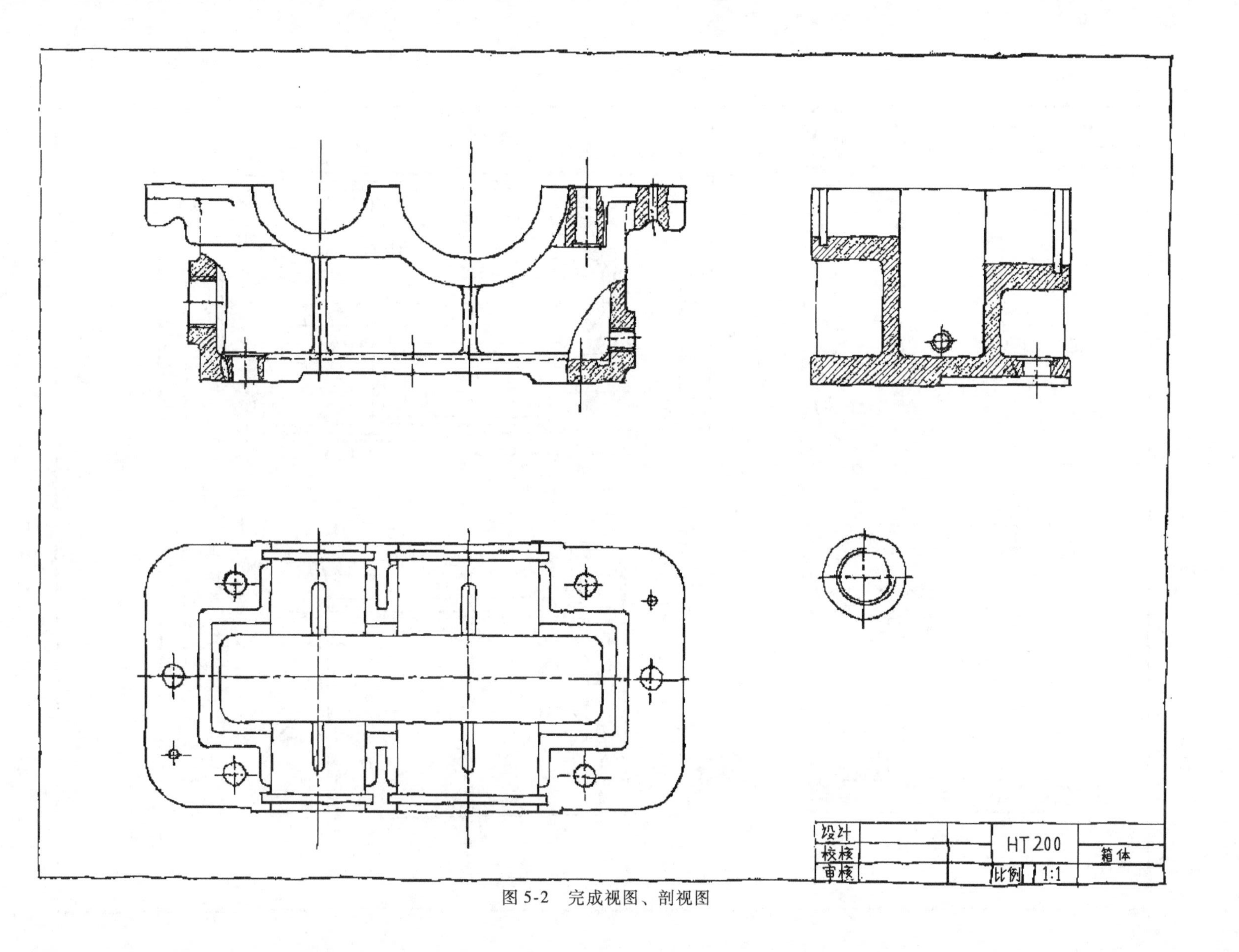


图 5-2　完成视图、剖视图

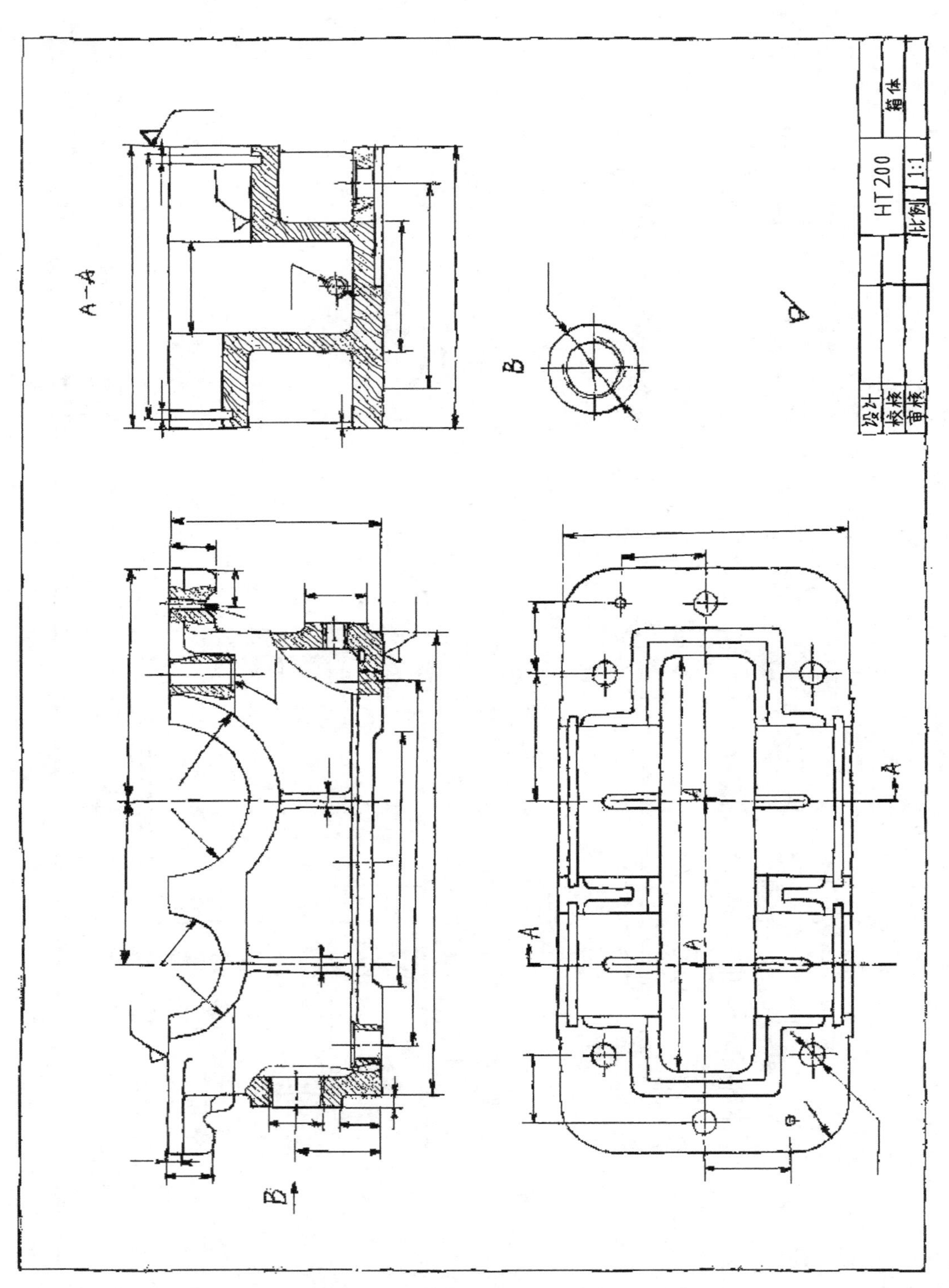


图 5-3 完成尺寸线

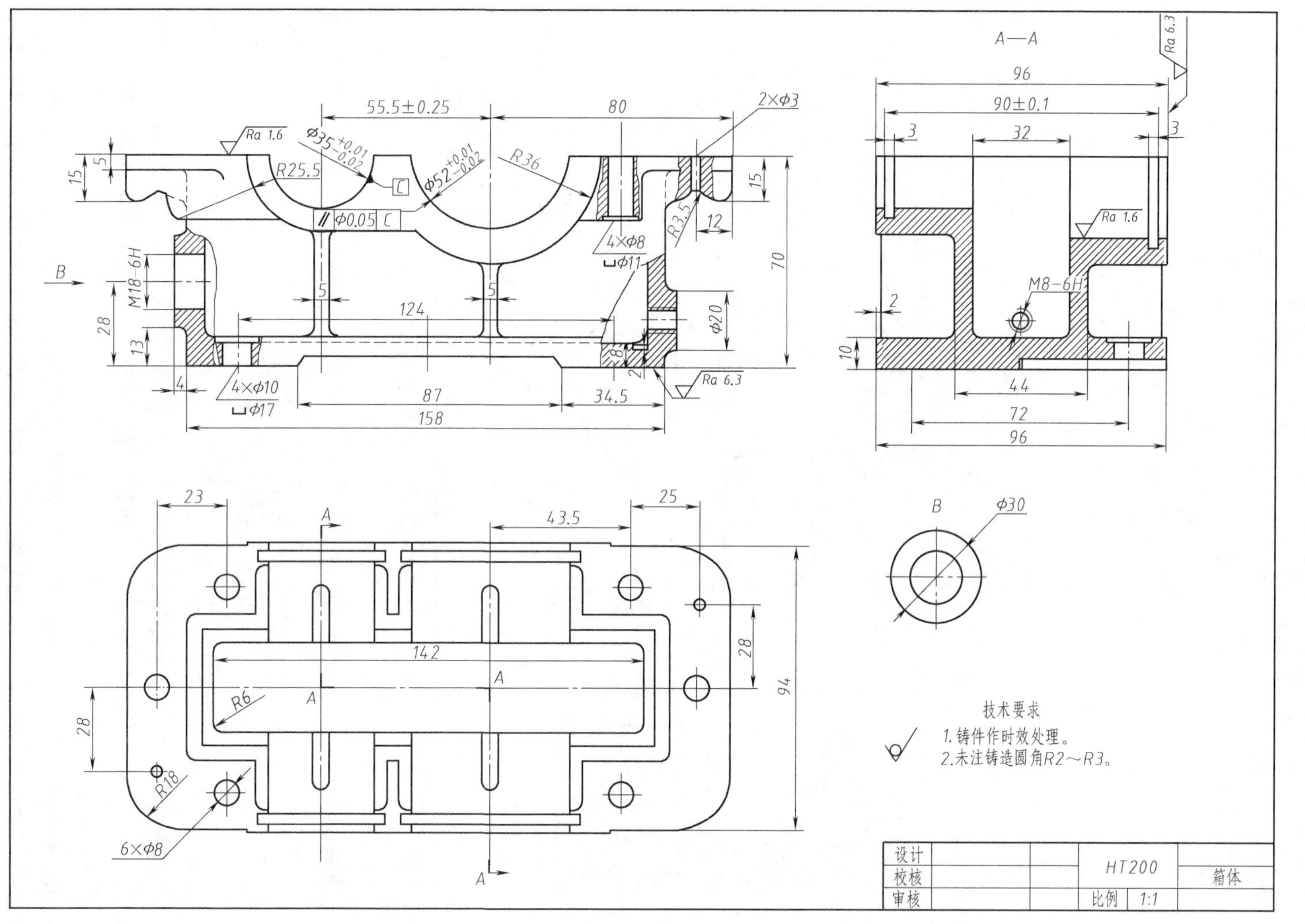


图 5-4　箱体零件图

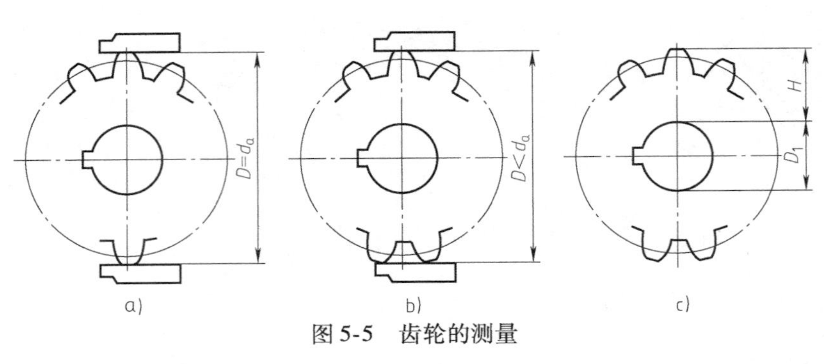


图 5-5　齿轮的测量

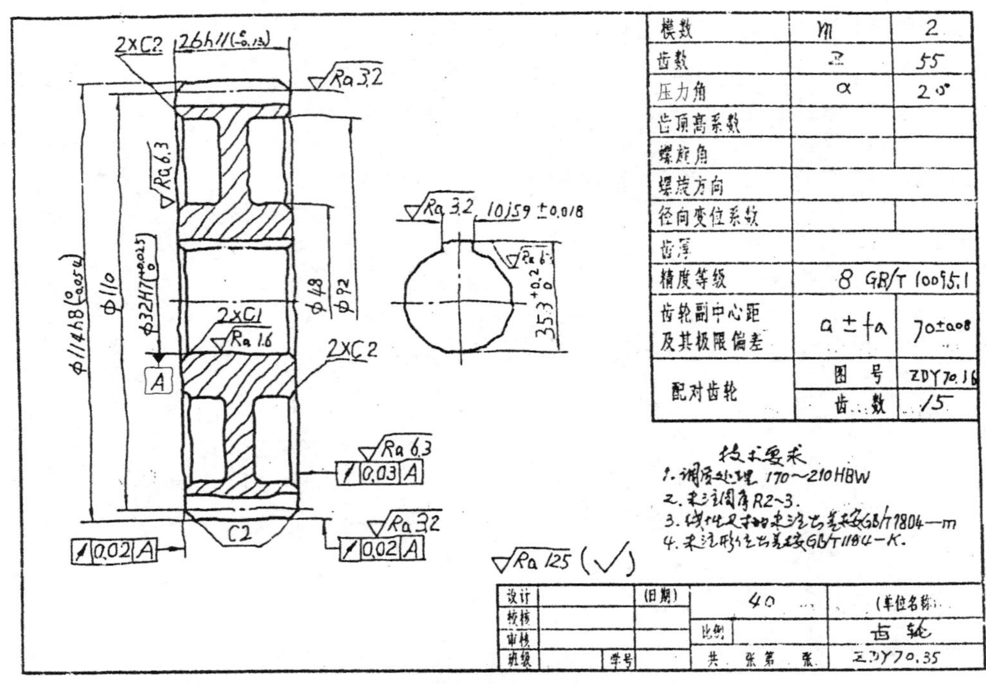


图 5-6　齿轮零件草图

**相关知识**

## 减　速　器

1. 减速器的作用及工作原理

（1）齿轮减速器的作用　减速器是一种装在原动机与工作机之间用以降低转速，增加转矩的装置，在生产中使用十分广泛，常见的有齿轮减速器、蜗杆减速器等，本次测绘的部件为一级圆柱齿轮减速器。

（2）齿轮减速器的工作原理　减速器是一种把较高的转速转变为较低转速的专门装置。由于输入齿轮轴的轮齿与输出轴上大齿轮啮合在一起，而输入齿轮轴的轮齿数少于输出轴上大齿轮的轮齿数，根据齿数比与转速比成反比，当动力源（如电动机）或其他传动机构的高速运动，通过输入齿轮轴传到输出轴后，输出轴便得到了低于输入轴的低速运动，从而达

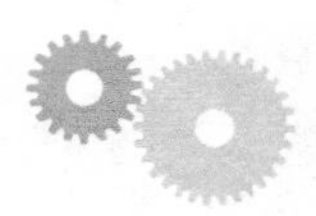

到减速的目的。

2. 减速器的主要结构

根据每组分配的减速器模型，分析减速器的七个主要结构。

（1）减速传动装置　减速及传动功能由输入齿轮轴、大齿轮、键、输出轴完成。

（2）定位联接装置　为了使减速器的箱体、箱盖能重复拆装，并保证安装精度，本减速器在箱体、箱盖间采用锥销定位和螺栓联接的方式。

（3）润滑装置　本减速器需要润滑的部位有齿轮轮齿和轴承。齿轮轮齿的润滑方式为大齿轮携带润滑油作自润滑；轴承润滑方式为大齿轮甩出的油，通过箱盖内壁流入箱体上方的油槽内，再从油槽流入轴承进行润滑。

（4）密封装置　为了防止润滑油泄漏，减速器一般都设计有密封装置，本减速器采用的嵌入式密封装置，由两个透盖和两个闷盖完成密封。

（5）轴向定位装置　输入齿轮轴的轴向定位由两端闷盖和透盖完成，间隙由调整垫片完成。输出轴的轴向定位由其两端的闷盖、透盖和定位轴套完成，间隙调整由调整垫圈套完成。

（6）观察装置　观察装置由箱盖上方的观察孔及箱体左下部油标组件组成。观察孔主要用来观察齿轮的运转情况及润滑情况。油标的作用是监视箱体内润滑油面是否在适当的高度。油面过高，会增大大齿轮运转的阻力从而损失过多的传动功率。油面过低则齿轮、轴承的润滑会不良，甚至不能润滑，使减速器很快磨损和损坏。

（7）通气平衡装置　箱盖上方的通气螺钉用来平衡箱体内外的气压，使两者基本相等，否则箱体内的压力过高会增加运动阻力，同时会增加润滑油的泄漏量。

3. 零件尺寸的测量

在零件测绘中，常用的测量工具、量具有金属直尺、内卡钳、外卡钳、游标卡尺、内径千分尺、外径千分尺、高度尺、螺纹规、圆弧规、量角器、曲线尺、铅丝和印泥等。

对于精度要求不高的尺寸，一般用金属直尺、内外卡钳等测量即可，精确度要求较高的尺寸，一般用游标卡尺、千分尺等精确度较高的测量工具。特殊结构，一般要用特殊工具如螺纹规、圆弧规、曲线尺来测量。

下面介绍几种常见的测量方法。

（1）长度尺寸的测量　长度尺寸一般可用金属直尺或游标卡尺直接测量读数，如图5-7所示。

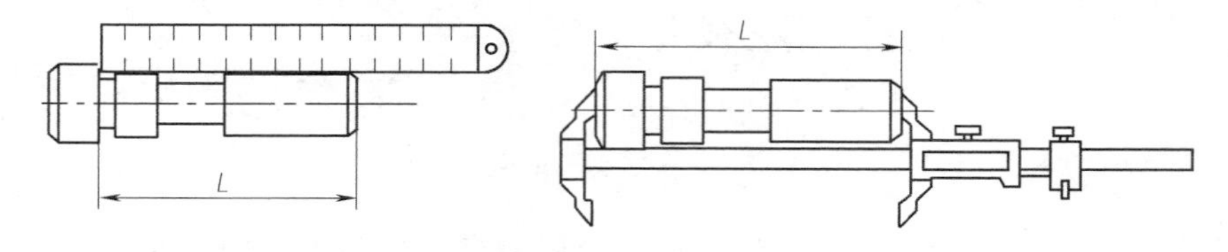


图5-7　测量长度

（2）测量直径　一般直径尺寸，用内、外卡钳和金属直尺配合测量即可，如图5-8所示。

较精确的尺寸，多用游标卡尺或内、外千分尺测量，如图5-9所示。

有时，如果孔口小不能取出卡钳，则可先在卡钳的两腿上任取 $a$、$b$ 两点，并量取 $a$、$b$ 间的距离 $L$，如图5-10a所示，然后并拢卡钳腿取出卡钳，再将钳腿分开至 $a$、$b$ 间距离为 $L$，这时在金属直尺上量得钳腿两端点的距离便是被测孔的直径，如图5-10b所示。也可以用图5-10c所示的内外同值卡钳进行测量。

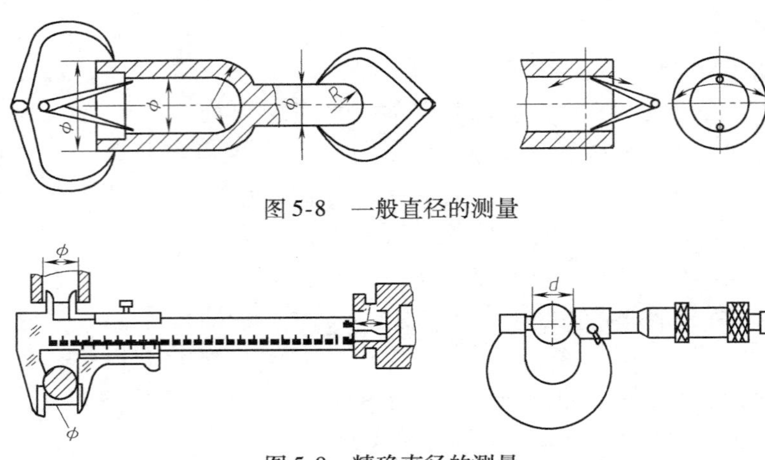


图 5-8　一般直径的测量

图 5-9　精确直径的测量

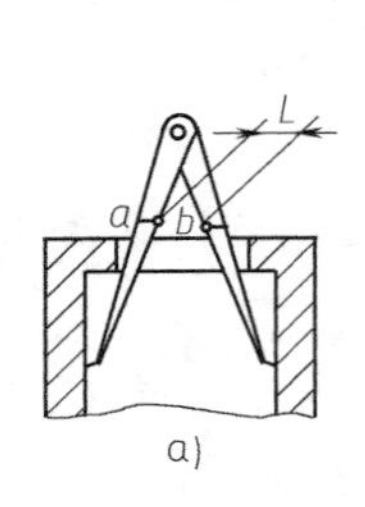


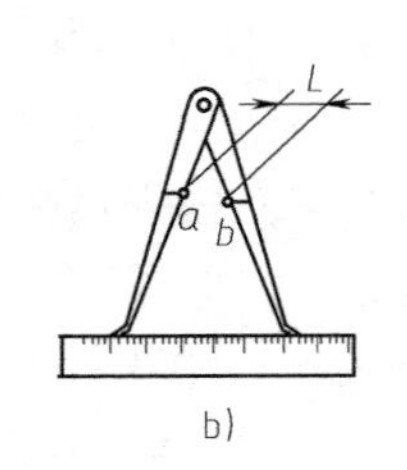


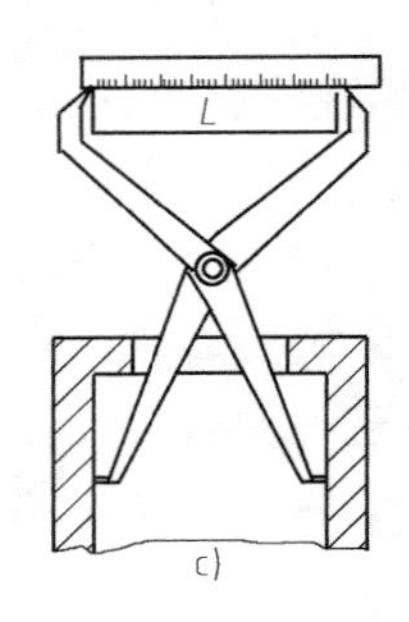


图 5-10　测量内径

（3）测量壁厚　若遇用卡钳或游标卡尺不能直接测出的壁厚时，可采用图 5-11 所示的方法测量计算得出壁厚。

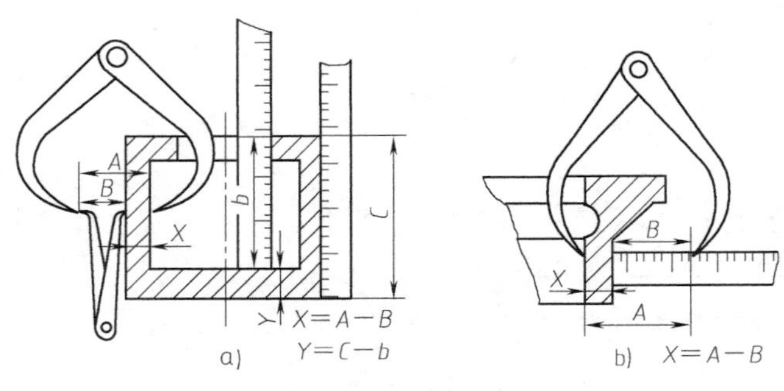


图 5-11　测量壁厚

（4）测量深度　深度尺寸可用游标卡尺或金属直尺进行测量，如图 5-12 所示。也可用专用的深度游标卡尺测量。

（5）测量孔距及中心高

1）测量孔距如图 5-13 所示，可用金属直尺测量，也可用游标卡尺测量。

2）中心高，可用图 5-14 所示的方法测量。

（6）测量圆弧及螺距

1）测量较小的圆弧可直接用圆弧规，如图 5-15 所示。测量大的圆弧，可用托印法、坐标法等方法。

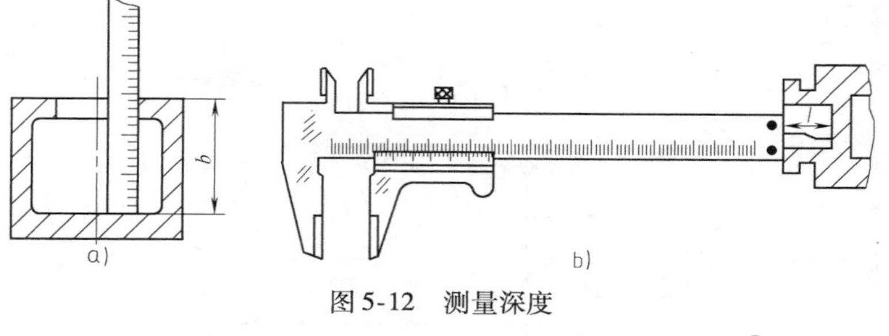


图 5-12　测量深度

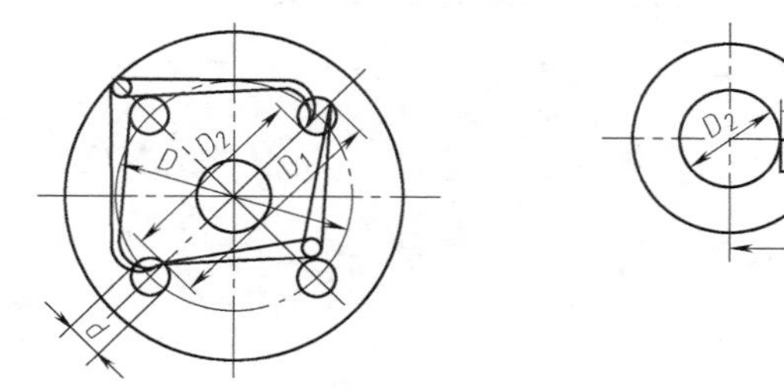


图 5-13　测量孔距

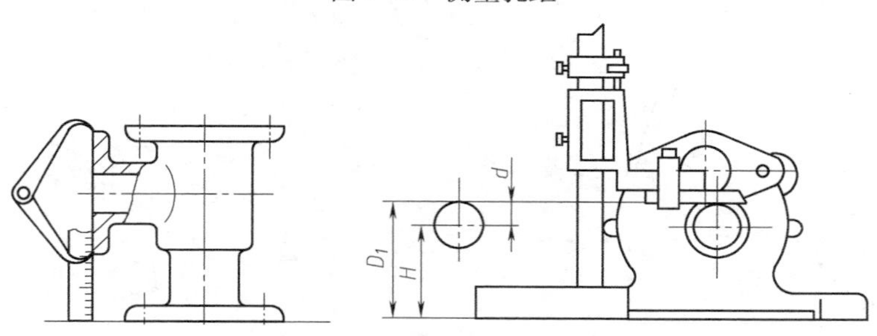


图 5-14　测量中心高

2）测量螺距可用螺纹规直接测量，如图 5-16 所示。

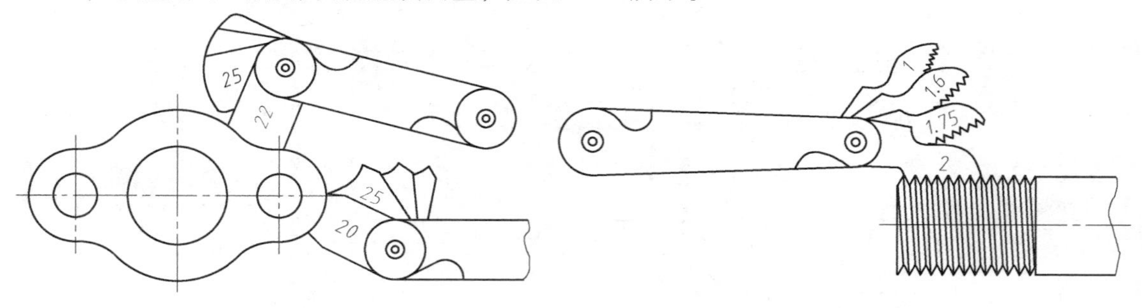


图 5-15　测量圆弧　　　　图 5-16　测量螺距

（7）测量角度　测量角度可用游标量角器测量，如图 5-17 所示。

（8）测量曲线、曲面

1）测量平面曲线，可用纸拓印其轮廓，再测量其形状尺寸，如图 5-18 所示。

2）测量曲线回转面的素线，可用铅丝弯成与其曲面相贴的实形，得平面曲线，再测出其形状尺寸，如图 5-19 所示。

3）一般的曲线和曲面都可用金属直尺和三角板定出曲线或曲面上各点的坐标，作出曲线再测出其形状尺寸，如图 5-20 所示。

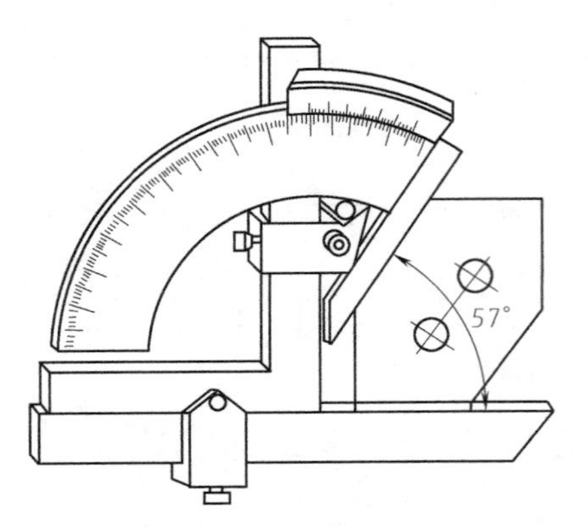


图 5-17　测量角度

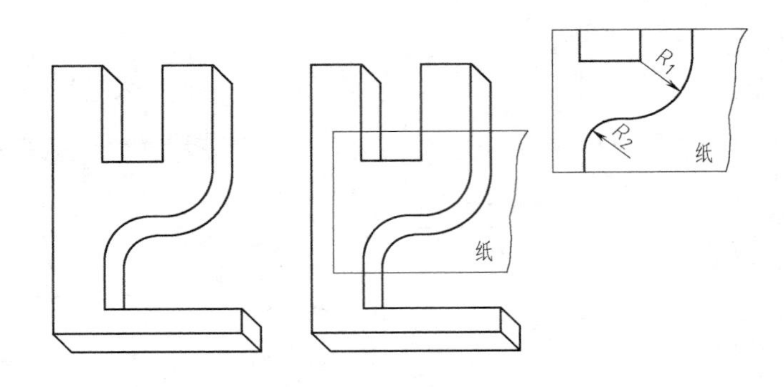


图 5-18　用纸拓印轮廓，测量曲线

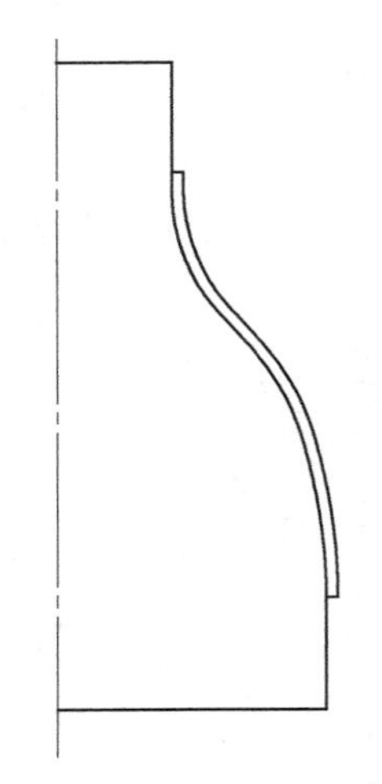

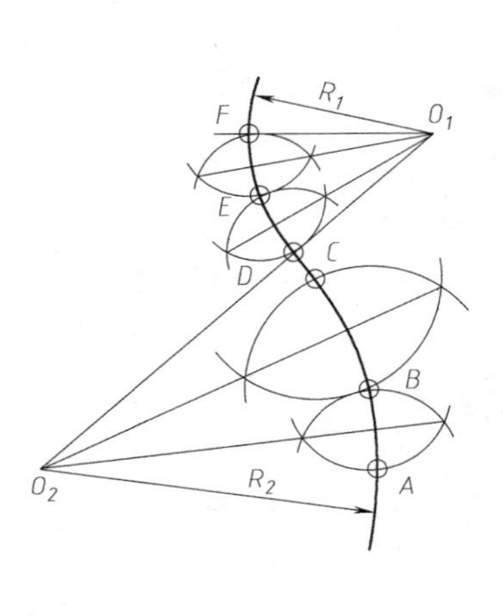


图 5-19　用铅丝测量曲线

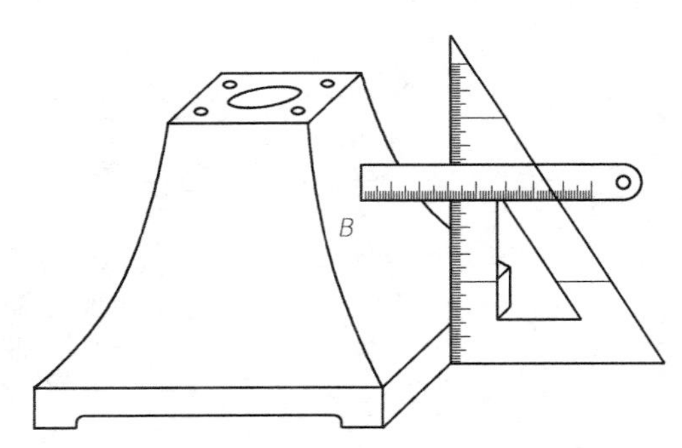


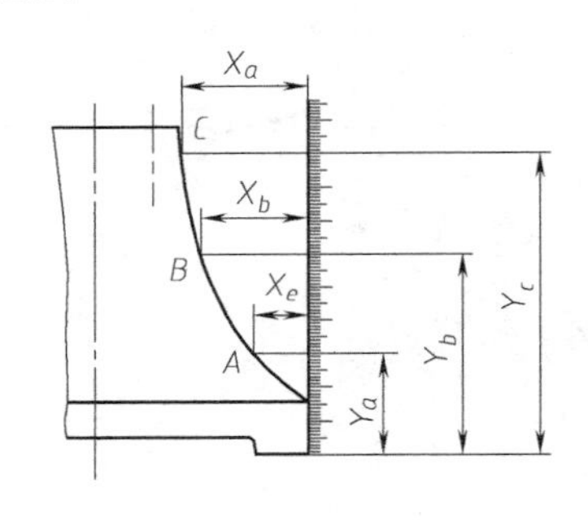


图 5-20　测量曲面

4. 直齿圆柱齿轮的几何要素的尺寸计算（表 5-1）

**表 5-1　直齿圆柱齿轮的几何要素的尺寸计算**

基本参数：模数 $m$、齿数 $z$

| 名　称 | 代号 | 计 算 公 式 | 名　称 | 代号 | 计 算 公 式 |
|---|---|---|---|---|---|
| 齿顶高 | $h_a$ | $h_a = m$ | 齿顶圆直径 | $d_a$ | $d_a = d + 2h_a = m(z+2)$ |
| 齿根高 | $h_f$ | $h_f = 1.25m$ | 齿根圆直径 | $d_f$ | $d_f = d - 2h_f = m(z-2.5)$ |

（续）

| 名　称 | 代号 | 计算公式 | 名　称 | 代号 | 计算公式 |
|---|---|---|---|---|---|
| 齿高 | $h$ | $h = h_a + h_f$ | 齿距 | $p$ | $p = \pi m$ |
| 分度圆直径 | $d$ | $d = mz$ | 齿厚 | $s$ | $s = p/2$ |
| 中心距 | $a$ | $a = (d_1 + d_2)/2 = m(z_1 + z_2)/2$ | | | |

5. 零件的尺寸公差及配合要求（表5-2）

**表5-2　零件的尺寸公差及配合要求**

| 配合零件名称 | 配合代号 | 配合零件名称 | 配合代号 |
|---|---|---|---|
| 座孔与轴承外圈 | H7 | 轴与轴承内圈 | m6 |
| 齿轮与输出轴 | H7/r6 | | |

6. 零件的表面粗糙度要求（表5-3）

**表5-3　零件的表面粗糙度要求**

| 表面粗糙度值 | 适用范围 | 表面粗糙度值 | 适用范围 |
|---|---|---|---|
| $\sqrt{Ra\ 0.8}$ ~ $\sqrt{Ra\ 1.6}$ | 配合表面、重要接触面 | $\sqrt{Ra\ 3.2}$ ~ $\sqrt{Ra\ 6.3}$ | 一般接触面 |
| $\sqrt{Ra\ 12.5}$ | 一般表面 | | |

## 测绘进程安排

为便于大家能集中复习有关知识，思考有关问题，提高测绘质量，有条不紊地完成测绘任务，我们采用专用周集中测绘方法。测绘进程安排见表5-4。

**表5-4　测绘进程安排表**

| 星期 | 时间 | 任务及内容 | 课时 |
|---|---|---|---|
| 一 | 上午 | 1. 讲授<br>(1)本次测绘的要求及安排;(2)零件测绘方法及步骤<br>2. 做测绘准备工作(分组、发放测绘工具及减速器、安排测绘场地) | 4 |
| | 下午 | 测绘非标准件小零件 | 2 |
| 二 | 上午 | 测绘箱体及小零件 | 4 |
| | 下午 | 画箱体零件草图 | 2 |
| 三 | 上午 | 测绘齿轮零件及小零件 | 4 |
| | 下午 | 画齿轮零件草图 | 2 |
| 四 | 上午 | 测绘箱盖及小零件 | 4 |
| | 下午 | 画箱盖零件草图 | 2 |
| 五 | 上午 | 测绘齿轮轴及小零件 | 4 |
| | 下午 | 画齿轮轴零件草图 | 2 |
| 一 | 上午 | 测绘轴及小零件 | 4 |
| | 下午 | 画轴零件图 | 2 |

（续）

| 星期 | 时间 | 任务及内容 | 课时 |
|---|---|---|---|
| 二 | 上午 | 测绘完剩余非标准件 | 4 |
|  | 下午 | 装配好减速器并清理测绘场地，做计算机绘图准备 | 2 |
| 三 | 上午 | 到机房用 AutoCAD 画箱体零件图 | 4 |
|  | 下午 | 用 AutoCAD 画齿轮零件图 | 2 |
| 四 | 上午 | 用 AutoCAD 画箱盖零件图 | 4 |
|  | 下午 | 用 AutoCAD 画齿轮轴零件图 | 2 |
| 五 | 上午 | 用 AutoCAD 画轴零件图 | 2 |
|  |  | 写总结报告 | 2 |
|  | 下午 | 测绘答辩 | 2 |

## 实训考核标准

表 5-5　实训考核标准

| 考核内容 | 评分标准 | 分值 |
|---|---|---|
| 测绘方法 | 测绘方法正确<br>测绘思路清晰<br>动手能力强 | 10 |
| 测绘工具的使用情况 | 能正确使用测绘工具 | 10 |
| 国家标准的贯彻程度 | 能正确贯彻国家标准的有关规定 | 10 |
| 本章节知识的综合运用能力 | 能综合运用本章节有关知识<br>运用能力强 | 15 |
| 图面质量 | 布局合理<br>图线符合国家标准要求<br>图面整洁 | 10 |
| 尺寸标注 | 标注合理<br>尺寸标注四要素符合国家标准要求 | 10 |
| 表达方案 | 方案合理<br>表达形式简明扼要 | 15 |
| 图样画法 | 图样画法正确<br>符合国家标准要求 | 20 |

## 拓展

1. 箱体、箱盖的内外结构

（1）加强肋　箱盖、箱体是减速器的主要零件，为剖分式铸钢件，用来支承和固定轴系零件以及在其上装设其他附件，保证传动零件齿轮的正确啮合和具有良好的润滑和密封作用。如图 5-21 所示，由于箱盖、箱体是剖分式铸钢件，而且对轴和轴承起支承作用，所以在箱盖和箱座的轴承座处等位置一般要有加强肋，以保证有足够的刚度。

（2）箱体凸缘　为保证箱盖（图 5-22）和箱体（图 5-23）的联接刚度，其联接部分应有较厚的凸缘，上面钻有螺栓孔和定位销孔。

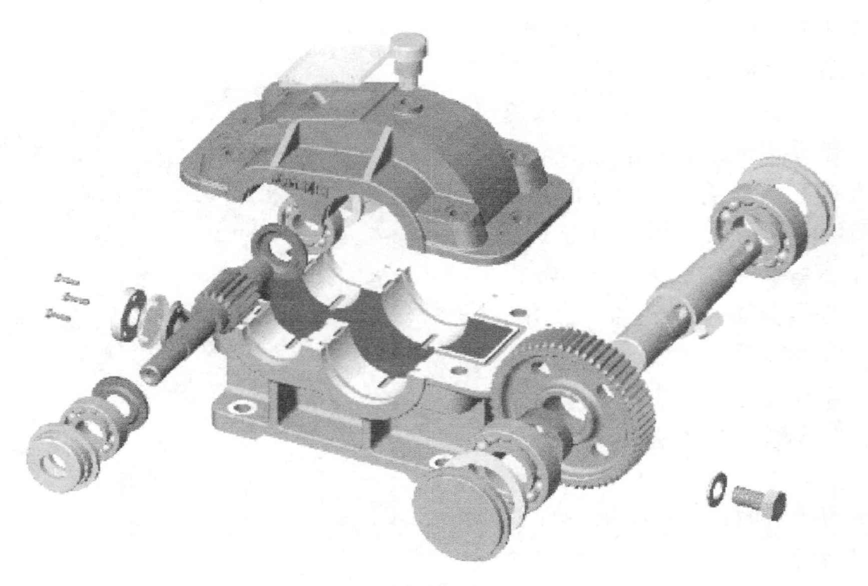

图 5-21　一级圆柱齿轮减速器零件分解图

(3) 凸台或凹坑　为减少加工面，在螺栓联接处的螺栓孔部位都制成凸台或凹坑。凸台或凹坑高度应保证在拧螺母时扳手所需的足够空间。

(4) 箱体内腔空间　箱体的内尺寸由轴系零件排布空间来决定。为满足润滑和散热的需要，箱内应有足够的润滑油量和深度。为避免润滑油被搅动时泛起沉渣，一般大齿轮齿顶到油池底面的距离不得小于30～35mm。

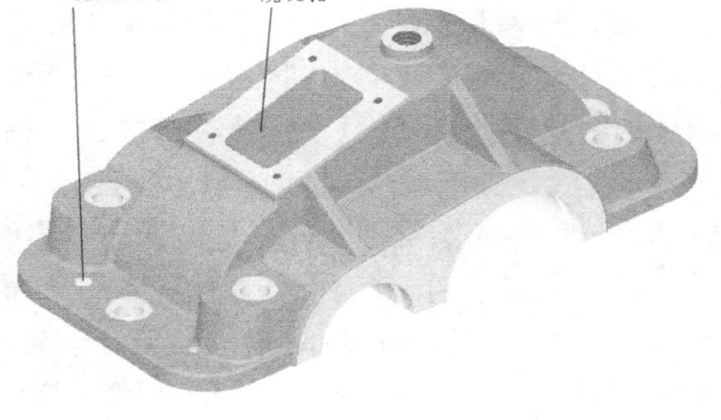


图 5-22　箱盖

(5) 油沟　当滚动轴承采用脂润滑时，为了提高箱体的密封性，有时在箱体的剖分面上加工出回油沟，以使飞溅的润滑油能够通过回油沟和回油道流回油池。

(6) 箱体结构工艺性　箱体壁厚应尽量均匀，壁厚变化处应有过渡斜度，应有起模斜度和铸造圆角。

(7) 箱体机加工结构工艺性　箱体的轴承座外端面、窥视孔、通气塞、吊环螺钉、油标和放油塞等结合处均为加工面，应有凸台或凹坑，以减少加工面并增大接触面积。

2. 减速器的附件及其结构

(1) 窥视孔和窥视孔盖　窥视孔是为了观察传动件齿轮的啮合情况、润滑状态而设置的，也可由此注入润滑油。一般将窥视孔开在箱盖顶部（为减少油中杂质可在孔口装一滤油网）。为了减少加工面，窥视孔口处应设置凸台（上表面为加工面）。窥视孔平时用窥视孔盖盖住，下面垫有纸质封油垫，以防漏油。窥视孔盖常用钢板或铸件制成，用一组螺钉与箱盖联接。

(2) 通气塞　由于传动件工作时产生热量使箱体内温度升高，压力增大，所以必须采用通气塞来沟通箱体内外的气流，以平衡内外气压。故通气塞内一般制成轴向与径向垂直贯通的孔，既保证内外通气，又能避免灰尘进入箱内。

(3) 起吊装置或结构　起吊装置通常有吊环螺钉、吊耳和吊钩，用于减速器的拆卸和搬运。为保证吊运安全，吊环螺钉拧入螺孔的旋合长度不能太短。有些零件采用的是吊耳，即在箱盖上直接铸出吊耳（弯钩形结构）。吊环螺钉或吊耳，一般只限于吊装箱盖时使用；为了吊运整台减速器，一般应在箱座两端凸缘下面铸出吊钩，如图5-23中箱体上的吊钩。本次测绘的减速器采用的就是吊钩。

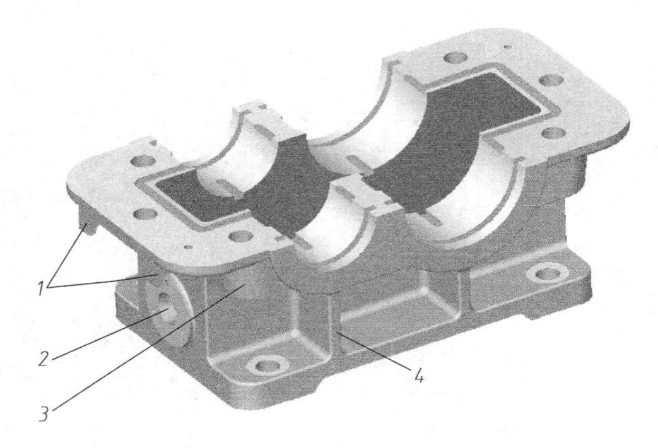


图5-23　箱体
1—吊钩　2—油标　3—箱体凸缘　4—加强肋

(4) 油标　油标用来指示油面高度，设置在便于检查及油面较稳定之处。油标结构形式多样，其中以油标尺为最简单，其上有刻线，用来测知油面高度，看是否在限度之内。

(5) 油塞和排油孔　为了将箱内的废油排出，在箱座底面的最低处设置有排油孔，箱座的内底面也常做成向排油孔方向倾斜的平面，以使废油能够彻底排除。不用时，排油孔用油塞加密封垫拧紧封住。为保证密封性，油塞一般采用细牙螺纹结构。

(6) 定位销　为保证箱体轴承座孔在合箱后的装配精度，在上下箱体联接凸缘处，安置两个定位用的圆锥销，并尽量放在不对称的位置，以确保定位精度。

(7) 起盖螺钉　为保证上下箱体剖分面的密封性，剖分面上允许涂密封胶或水玻璃，但不允许塞入任何垫片或填料，以免影响轴承座孔与轴承的配合精度。为便于起盖（即使不涂密封材料），可在箱盖侧边的凸缘上装1～2个起盖螺钉，起盖时先拧动此螺钉用来顶起箱盖。

(8) 上下箱体联接用螺栓　此处螺栓应有足够长度；箱体结构应确保螺栓拆装时扳手所需的活动空间。

3. 轴系零件

(1) 主动轴系零件

1) 主动齿轮轴。因齿轮径向尺寸较小，为便于加工制造，可将其与轴制成一体。齿轮轴上轮齿部分应按传动比要求作精确计算。齿轮轴的各段轴径和长度由轴上零件形状、尺寸和相对位置来决定。轴上常有倒角、圆角、轴肩、退刀槽、键槽等结构。这些标准化结构，测出尺寸后应查相应标准，复核后标注，并正确图示。

2) 滚动轴承。直齿圆柱齿轮啮合传动，无轴向力作用，一般采用一对向心球轴承。在装配图上可采用规定画法、通用画法或特征画法。滚动轴承内圈与轴颈采用基孔制，外圈与轴承座孔采用基轴制。

3) 挡油环。因大齿轮采用浸油润滑，通过大齿轮激溅作用使与小齿轮啮合得到润滑；而滚动轴承通常采用脂润滑，为避免油池中的润滑油被溅至滚动轴承内稀释润滑脂，降低润滑效果，故在轴承内侧加一挡油环。挡油环在轴向定位作用下与主动齿轮轴及轴承内圈一起旋转。

4）调整环。为轴上零件的轴向定位和调整滚动轴承的轴向间隙而设置。调整环的一端面与轴承端盖凸缘接触，另一端面与轴承外圈端面应有合适间隙。可通过加减调整垫片，调整轴承的轴向间隙。

5）透盖。主动齿轮轴的动力输入端应伸出箱外，以便与原动机相接（一般通过带传动），故此处的轴承端盖应制成透盖，透盖加调整垫片后用一组螺钉联接在上、下箱体上。为保证滚动轴承的轴向定位，透盖的内侧凸缘应与调整环端面接触，调整环端面与滚动轴承外圈端面应有合适间隙。透盖的环槽内用毡圈（浸油后装入）密封，以防灰尘侵入磨损轴承。亦可加密封盖，在密封盖与透盖间制槽装入毡圈来密封，如图 5-24 所示。

6）闷盖。主动齿轮轴的末端设置的轴承端盖为闷盖，闷盖与箱体接触处也设有调整垫片，用一组螺钉联接在上、下箱体上，如图 5-25 所示。

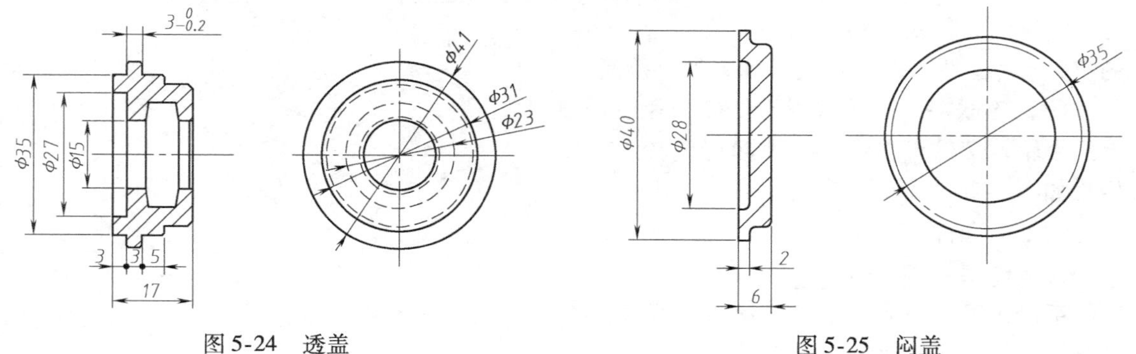


图 5-24　透盖　　　　图 5-25　闷盖

（2）从动轴系零件

1）大齿轮。大齿轮的结构形式可分为实体式、辐板式、辐条式等。闭式传动多采用辐板式，常在辐板上设有均布的减轻孔。齿轮在轮毂处有轴向贯通的键槽，用键与从动轴实现周向联接，从而将运动和动力传给从动轴。

2）从动轴。从动轴的各段直径及其轴向长度根据轴上零件的结构形状大小和相对位置来决定。其上常有倒角、圆角、轴环、轴肩、退刀槽、键槽、中心孔等结构。

3）滚动轴承。采用一对深沟球轴承。配合基准制，同主动轴系的滚动轴承。如系斜齿圆柱齿轮传动，应采用圆锥滚子轴承，并且两轴承的锥向应按反向安装。

4）定位套筒。由于轴向定位和拆装的需要，大齿轮端面一侧以轴环定位，另一侧则以套筒定位，定位套筒的一侧与滚动轴承内圈接触。

5）调整环。为轴向定位和调整轴承轴向间隙所设，调整环的一端面与轴承外圈端面留有合适间隙，调整环的另一端面与轴承端盖凸缘接触；可通过加减调整垫片，调整轴承的轴向间隙。

6）透盖与闷盖。其结构、联接、密封、定位均与主动轴系的透盖、闷盖相同，只是尺寸大小不同。

4. 标准件与常用件的画法

（1）螺纹

1）外螺纹的测绘

① 测螺纹公称直径。用卡尺或外径千分尺测出螺纹实际大径，与标准值比较，取较接近的标准值为被测外螺纹的公称直径。

② 测螺距。可用螺纹规直接测量。无螺纹规时，可用压痕法测量，即用一张薄纸在外螺纹上沿轴向压出痕迹，再沿轴向测出几个（至少 4 个）痕迹之间的尺寸，除以间距数（痕迹数减去 1）即得平均螺距，然后再与标准螺距比较，取较接近的标准值为被测螺纹的螺距。也可以沿外螺纹轴向用卡尺或直尺直接量出若干螺距的总尺寸，再取平均值，然后查表比较取标准值。

③ 旋向。将外螺纹竖直向上，观察者正对螺纹，若螺纹可见部分的螺旋线从左往右上升，则该外螺纹为右旋螺纹，若螺纹可见部分的螺旋线从右往左上升，则为左旋螺纹。

④ 测螺纹其他尺寸。

2）内螺纹测绘。内螺纹一般不便直接测绘，但可找一能旋入（能相配）的外螺纹，测出外螺纹的大径及螺距，取标准值即为内螺纹的相关尺寸。螺纹孔的深度可用卡尺直接量取。

（2）键联接　键通常用于联接轴和装在轴上的齿轮、带轮等传动零件，起传递转矩的作用，如图 5-26 所示。

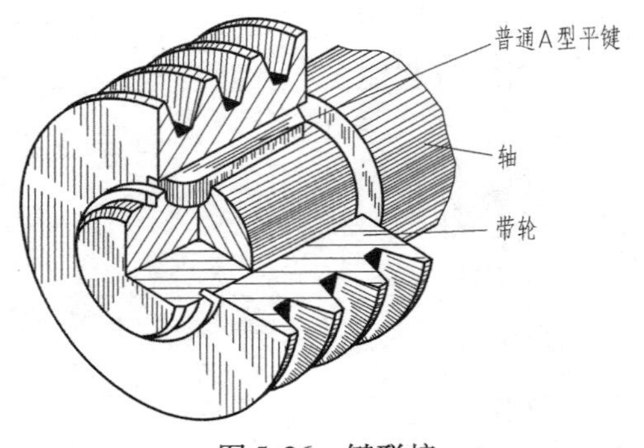

图 5-26　键联接

键是标准件，常用的键有普通平键、半圆键和钩头楔键等，如图 5-27 所示。

本书主要介绍应用最多的普通 A 型平键及其画法。

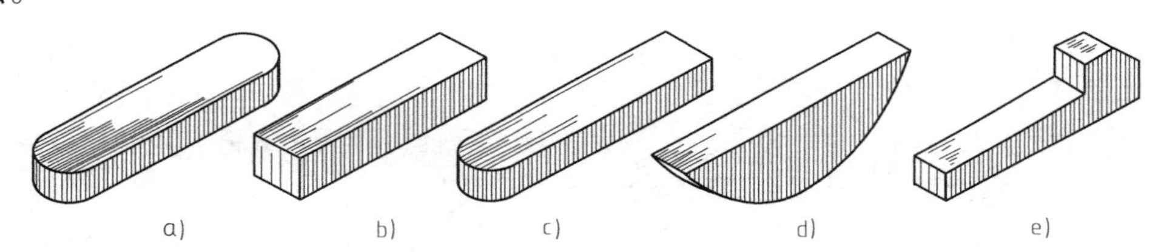

图 5-27　常用的几种键

a）普通 A 型平键　b）普通 B 型平键　c）普通 C 型平键　d）半圆键　e）钩头楔键

普通平键的公称尺寸为 $b \times h$（键宽 × 键高），可根据轴的直径在相应的标准中查得。

普通平键的规定标记为键宽 $b$ × 键长 $L$。例如，$b = 18$mm，$h = 11$mm，$L = 100$mm 的圆头普通 A 型平键，应标记为 GB/T 1096　键 18 × 11 × 100（A 型可不标出 A）。

图 5-28a、b 所示为轴和轮毂上键槽的表示法和尺寸注法（未注尺寸数字）。图 5-28c 所示为普通平键联接的装配图画法。

图 5-28c 所示的键联接图中，键的两侧面是工作面，接触面的投影处只画一条轮廓线；键的顶面与轮毂上键槽的顶面之间留有间隙，必须画两条轮廓线，在反映键长度方向的剖视图中，轴采用局部剖视，键按不剖视处理。在键联接图中，键的倒角或小圆角一般省略不画。

（3）销联接　销通常用于零件之间的联接、定位和防松，常见的有圆柱销、圆锥销和开口销等，它们都是标准件。圆柱销和圆锥销可以联接零件，也可以起定位作用（限定两零件间的相对位置），如图 5-29a、b 所示。开口销常用在螺纹联接的装置中，以防止螺母的松动，如图 5-29c 所示。表 5-6 为销的形式、标记示例及画法。

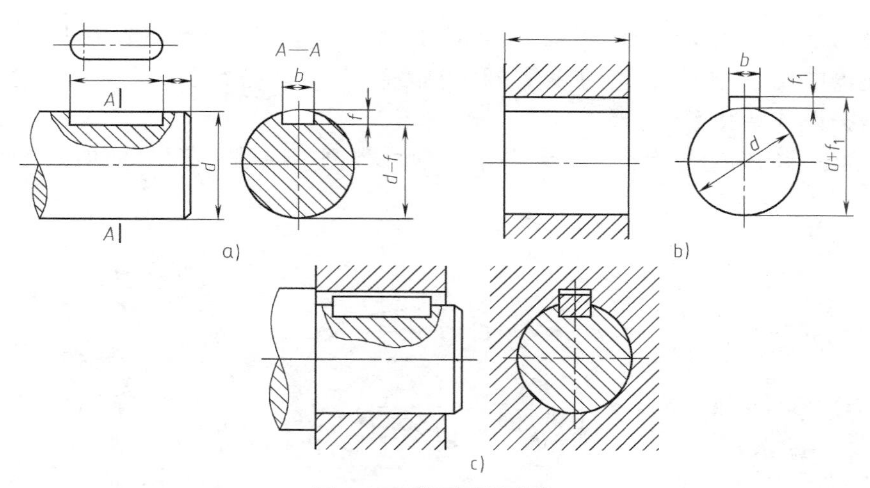


图 5-28　普通平键联接

a）轴上的键槽　b）轮毂上的键槽　c）键联接画法

**表 5-6　销的形式、标记示例及画法**

| 名称 | 标准号 | 图　例 | 标记示例 |
|---|---|---|---|
| 圆锥销 | GB/T 117—2000 | $R_1 \approx d \quad R_2 \approx d+(l-2a)/50$ | 直径 $d=10$mm，长度 $l=100$mm，材料35钢，热处理硬度28～38HRC，表面氧化处理的圆锥销。<br>销 GB/T 117　A10×100<br>圆锥销的公称尺寸是指小端直径 |
| 圆柱销 | GB/T 119.1—2000 |  | 直径 $d=10$mm，公差为 m6，长度 $l=80$mm，材料为钢，不经表面处理。<br>销 GB/T 119.1　10m6×80 |
| 开口销 | GB/T 91—2000 |  | 公称直径（指销孔直径）$d=4$mm，$l=20$mm，材料为低碳钢不经表面处理。<br>销 GB/T 91　4×20 |

在销联接中，两零件上的孔是在零件装配时一起配钻的。因此，在零件图上标注销孔的尺寸时，应注明“配作”。

绘图时，销的有关尺寸从标准中查找并选用。在剖视图中，当剖切平面通过销的回转轴线时，按不剖处理，如图 5-29 所示。

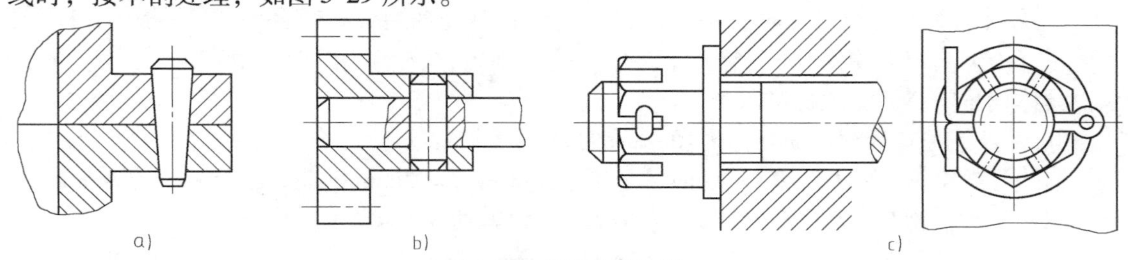


图 5-29　销联接的画法

a）圆锥销联接的画法　b）圆柱销联接的画法　c）开口销联接的画法

（4）滚动轴承　滚动轴承是用来支承轴的组件，由于它具有摩擦阻力小，结构紧凑等优点，在机器中被广泛应用。滚动轴承的结构形式、尺寸均已标准化，由专门的工厂生产，使用时可根据设计要求进行选择。

1）滚动轴承的构造与种类。滚动轴承一般由外圈、内圈、滚动体和保持架组成，如图5-30所示。

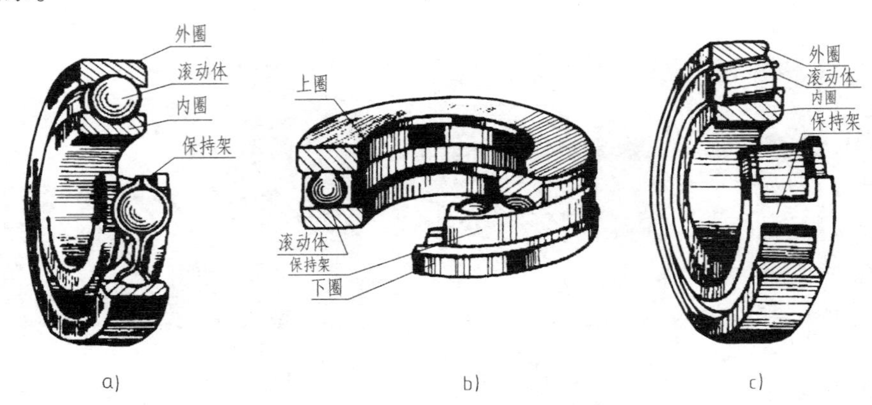


图5-30　常用滚动轴承的结构

a）深沟球轴承　b）推力球轴承　c）圆锥滚子轴承

按承受载荷的方向，滚动轴承可分为三类：

① 主要承受径向载荷，如图5-30a所示的深沟球轴承。

② 主要承受轴向载荷，如图5-30b所示的推力球轴承。

③ 同时承受径向载荷和轴向载荷，如图5-30c所示的圆锥滚子轴承。

2）滚动轴承的代号。滚动轴承常用基本代号表示，基本代号由轴承类型代号、尺寸系列代号、内径代号构成。

① 轴承类型代号用数字或字母表示，见表5-7。

**表5-7　轴承类型代号**（摘自GB/T 272—1993）

| 代号 | 0 | 1 | 2 | | 3 | 4 | 5 | 6 | 7 | 8 | N | U | QJ |
|---|---|---|---|---|---|---|---|---|---|---|---|---|---|
| 轴承类型 | 双列角接触球轴承 | 调心球轴承 | 调心滚子轴承 | 推力调心滚子轴承 | 圆锥滚子轴承 | 双列深沟球轴承 | 推力球轴承 | 深沟球轴承 | 角接触球轴承 | 推力圆柱滚子轴承 | 圆柱滚子轴承 | 外球面球轴承 | 四点接触球轴承 |

② 尺寸系列代号由轴承宽（高）度系列代号和直径系列代号组合而成，一般用两位数字表示（有时省略其中一位）。它的主要作用是区别内径（$d$）相同而宽度和外径不同的轴承，具体代号需查阅相关标准。

③ 内径代号表示轴承的公称内径，一般用两位数字表示。

当代号数字为00、01、02、03时，分别表示内径$d=10$mm、12mm、15mm、17mm。

当代号数字为04～96时，代号数字乘以5，即得轴承内径。

当轴承公称内径为1～9mm、22mm、28mm、32mm、500mm或大于500mm时，用公称内径毫米数值直接表示，但与尺寸系列代号之间用“/”隔开，如“深沟球轴承62/22，$d=22$mm”。

**例 5-1**　6209　09 为内径代号，$d=45\text{mm}$；2 为尺寸系列代号（02），其中宽度系列代号 0 省略，直径系列代号为 2；6 为轴承类型代号，表示深沟球轴承。

**例 5-2**　62/22　22 为内径代号，$d=22\text{mm}$（用公称内径毫米数值直接表示）；2 和 6 与例 1 的含义相同。

**例 5-3**　30314　14 为内径代号，$d=70\text{mm}$；03 为尺寸系列代号（03），其中宽度系列代号为 0，直径系列代号为 3；3 为轴承类型代号，表示圆锥滚子轴承。

3）滚动轴承的画法　在装配图中滚动轴承的轮廓按外径 $D$、内径 $d$、宽度 $B$ 等实际尺寸绘制，其余部分用简化画法或用示意画法绘制。在同一图样中，一般只采用其中的一种画法。常用滚动轴承的画法，见表 5-8。

**表 5-8　常用滚动轴承的画法**（摘自 GB/T 4459.7—1998）

| 名称、标准号和代号 | 主要尺寸数据 | 规定画法 | 特征画法 | 装配示意图 |
|---|---|---|---|---|
| 深沟球轴承 60000 | $D$ $d$ $B$ | 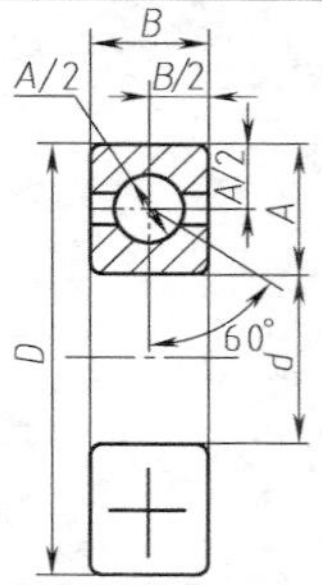 | 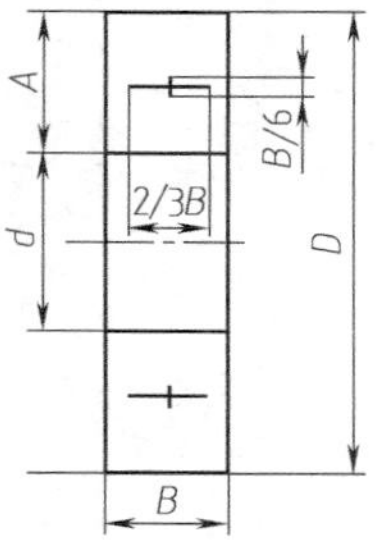 | 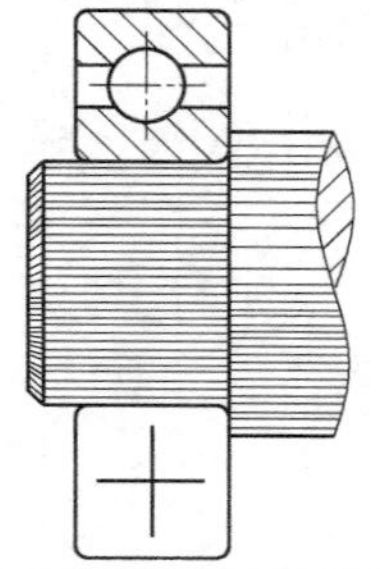 |
| 圆锥滚子轴承 30000 | $D$ $d$ $B$ $T$ $C$ | 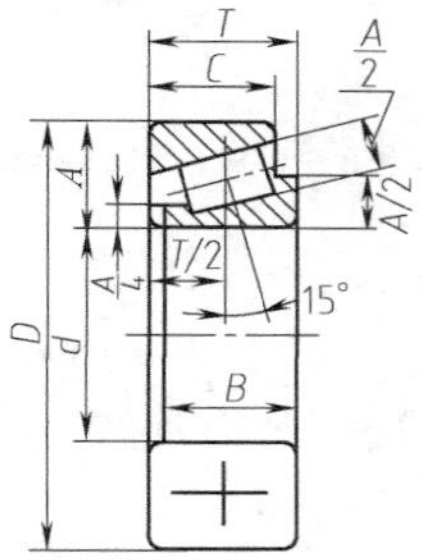 | 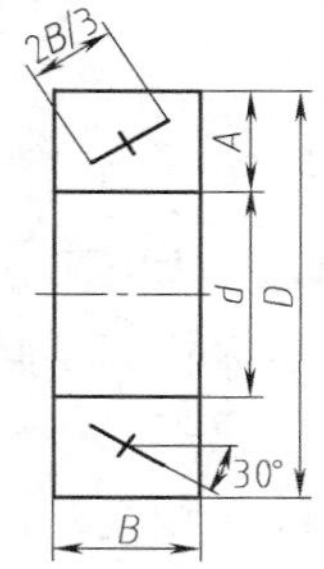 | 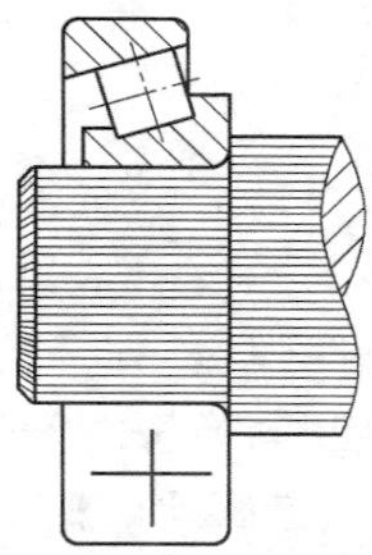 |
| 推力球轴承 50000 | $D$ $d$ $T$ | 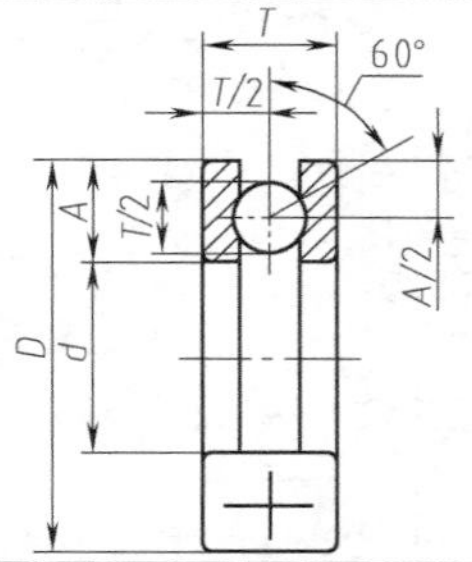 | 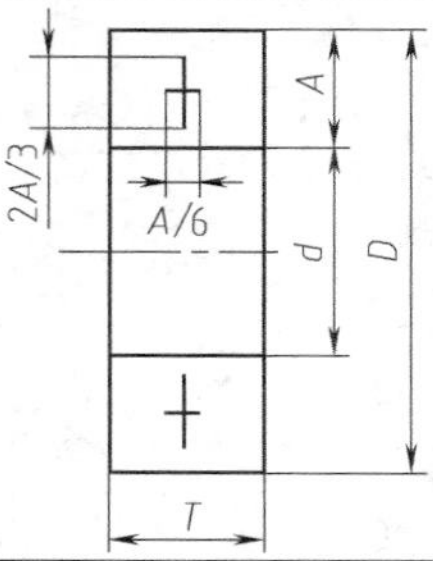 | 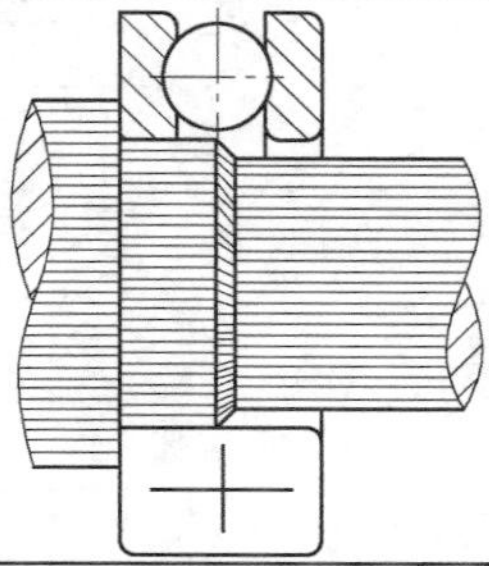 |

（5）弹簧　弹簧是在机械中广泛地用来减振、夹紧、储存能量和测力的零件。常用的弹簧如图 5-31 所示。本书主要介绍圆柱螺旋压缩弹簧各部分的名称、尺寸关系及其画法。

如图 5-32a 所示，制造弹簧用的金属丝直径用 $d$ 表示，弹簧的外径、内径和中径分别用 $D_2$、$D_1$ 和 $D$ 表示，节距用 $p$ 表示，高度用 $H_0$ 表示。

1）圆柱螺旋压缩弹簧的画图方法和步骤，如图 5-33 所示。

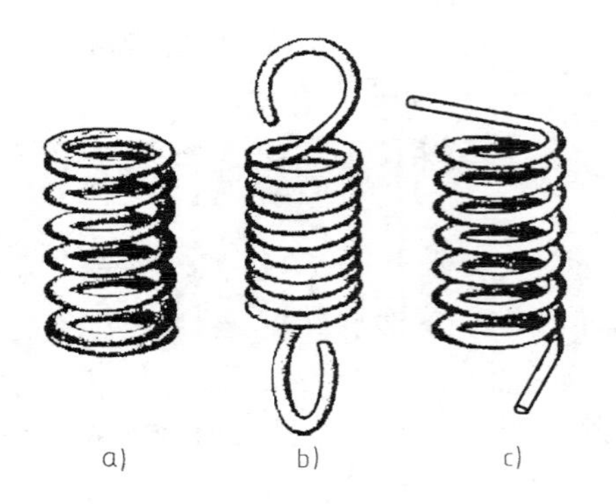


图 5-31　圆柱螺旋弹簧
a）压缩弹簧　b）拉力弹簧　c）扭力弹簧

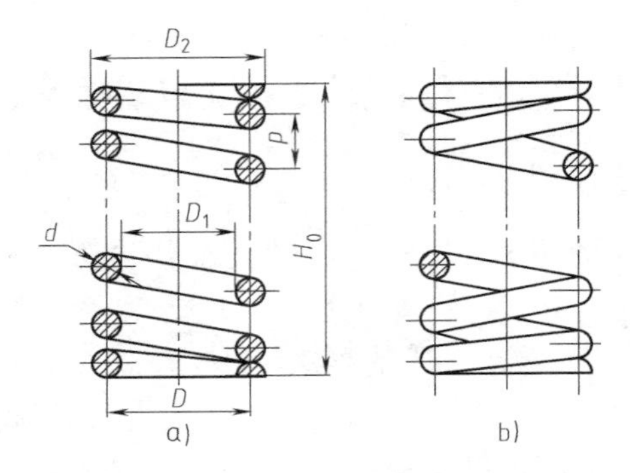


图 5-32　圆柱螺旋压缩弹簧的尺寸
a）剖视图　b）视图

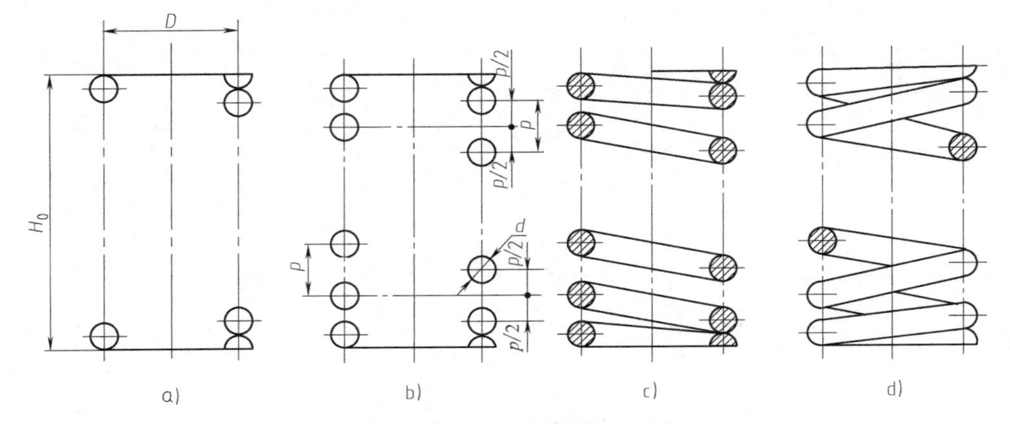


图 5-33　圆柱螺旋压缩弹簧的画图方法和步骤

2）弹簧在装配图中的画法，如图 5-34 所示。

① 弹簧后面被遮挡住的零件轮廓不必画出，如图 5-34a 所示。

② 当弹簧的簧丝直径小于或等于 2mm 时，端面可以涂黑表示，如图 5-34b 所示。也可采用示意画法画出，如图 5-34c 所示。

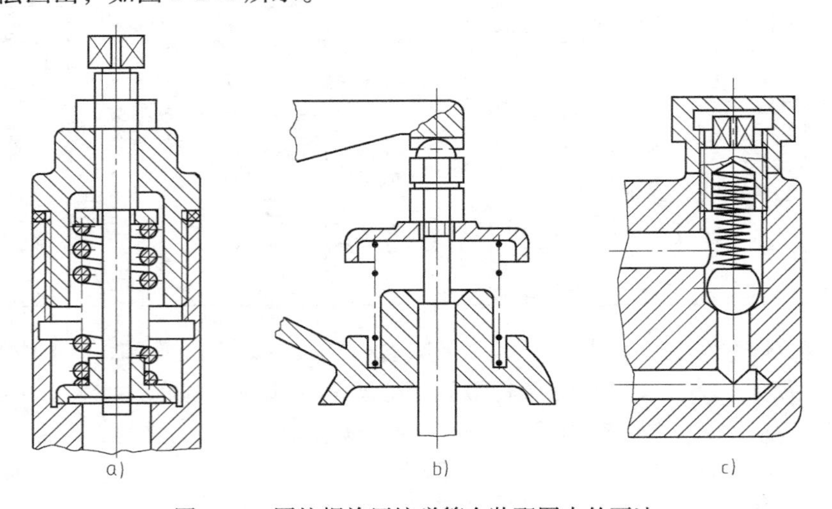


图 5-34　圆柱螺旋压缩弹簧在装配图中的画法

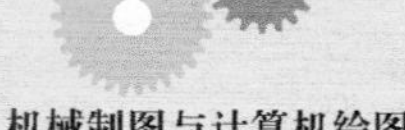

# 第六单元 运用AutoCAD绘制装配图

## 学习目标

1. 了解装配图的作用和内容。
2. 理解装配图的视图选择、识读装配图的规定画法、特殊表示方法和简化画法。
3. 理解装配图的尺寸标注，理解配合的概念，掌握配合在装配图上的标注与识读。
4. 理解装配图的零件序号及明细栏。

## 工作任务

用 AutoCAD 绘制图 6-1 所示顶拔器的零件图和装配图。

## 任务实施

1. 创建文档

启动 AutoCAD，创建一个新的文档。

2. 设置图层

在主菜单中选择【格式（O）】/【图层（L）】命令，或选择图层工具栏按钮，在弹出的【图层特性管理器】对话框中设置相应的图层，单击确定按钮，完成图层设置；该装配体包括 8 个零件，根据需要创建中心线、尺寸线、细实线、虚线、压紧螺杆、横梁、扳手和扳手头、压紧块、抓子、螺钉、销等图层。

**提示：**在绘制过程中，可以将一些不相关的图层冻结或者关闭，使图面更加简洁，绘图时更加方便。

3. 绘制中心线和压紧螺杆

把中心线图层置为当前，在适当位置绘制出视图的中心线；把压紧螺杆图层置为当前，按照零件图画法绘制压紧螺杆零件图，如图 6-2 所示。

4. 绘制横梁

把横梁图层置为当前，按照零件图画法绘制出横梁零件图，如图 6-3 所示。

5. 绘制抓子

把抓子图层置为当前，按照零件图画法绘制出抓子零件图，如图 6-4 所示。

6. 绘制压紧块

把压紧块图层置为当前，按照零件图画法绘制出压紧块零件图，如图 6-5 所示。

7. 绘制扳手和扳手头

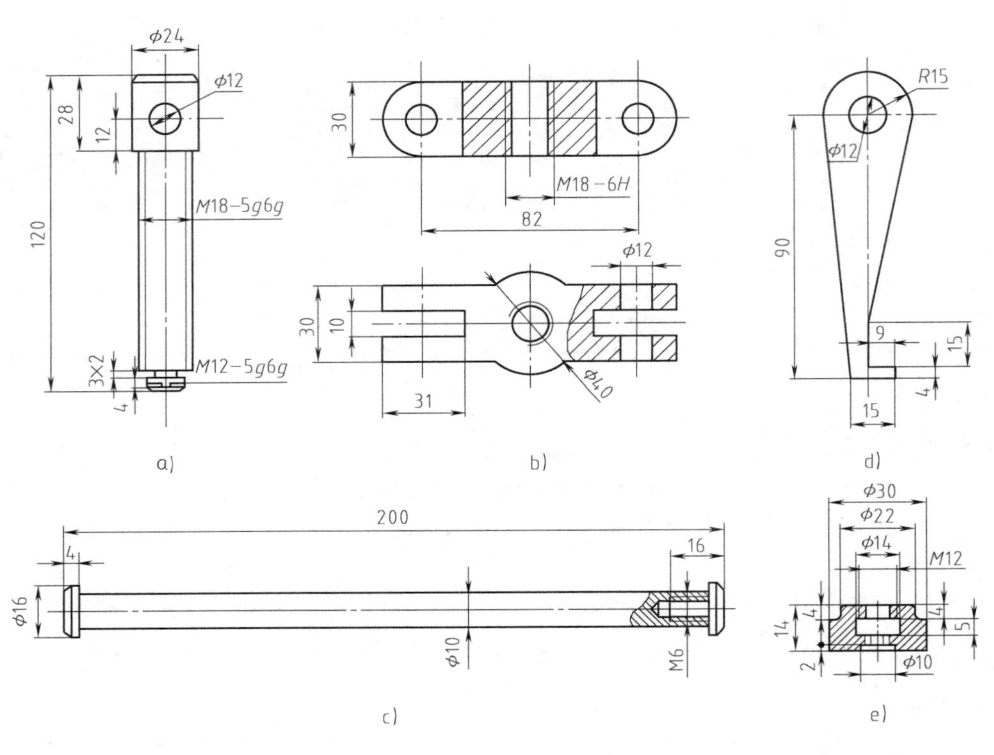


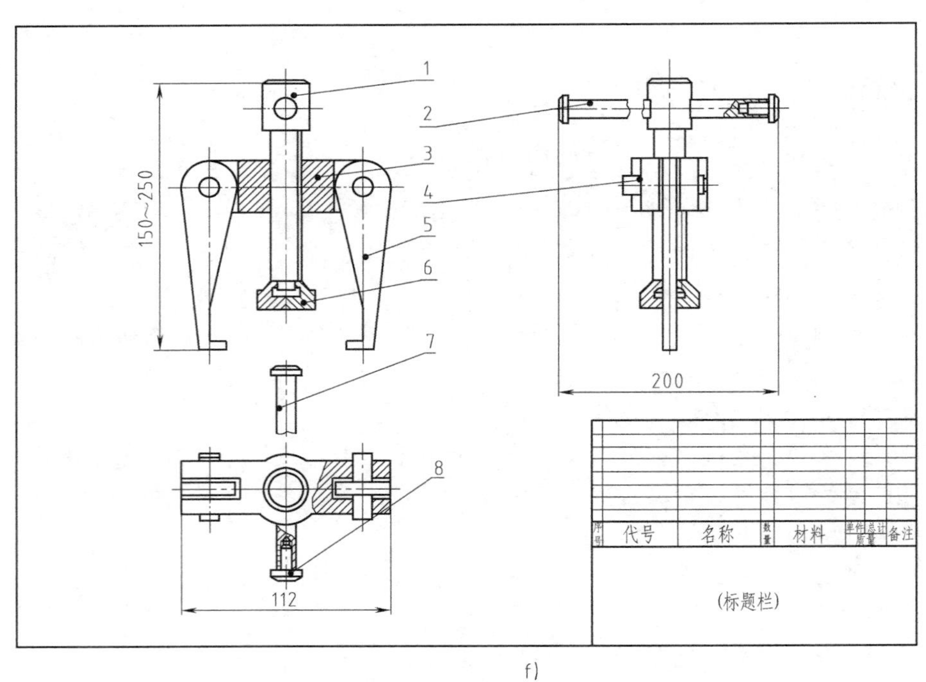


图 6-1　顶拔器零件图和装配图

a）压紧螺杆　b）横梁　c）扳手　d）抓子　e）压紧块　f）顶拔器装配图

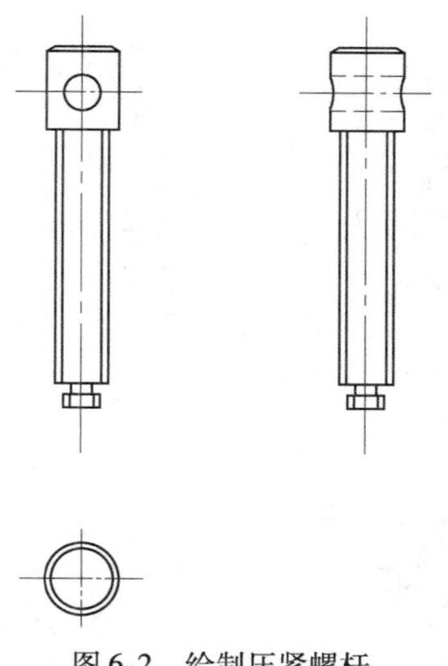

图6-2　绘制压紧螺杆

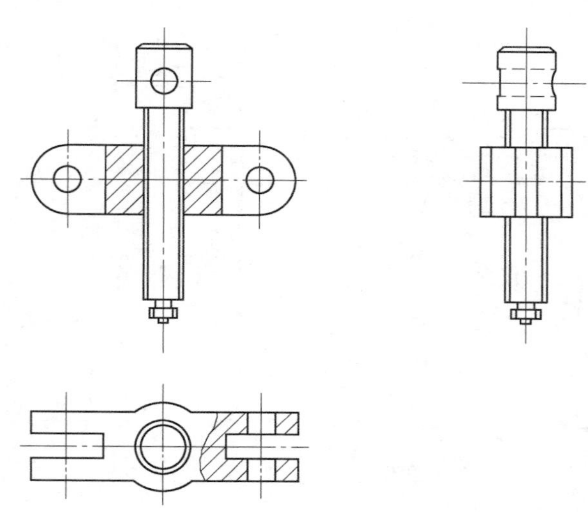

图6-3　绘制横梁

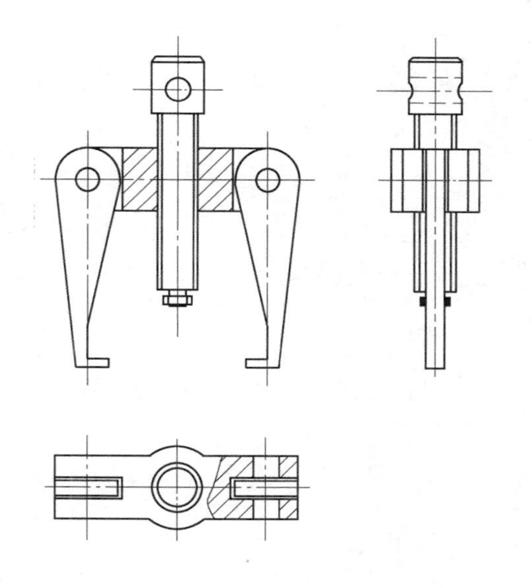

图6-4　绘制抓子

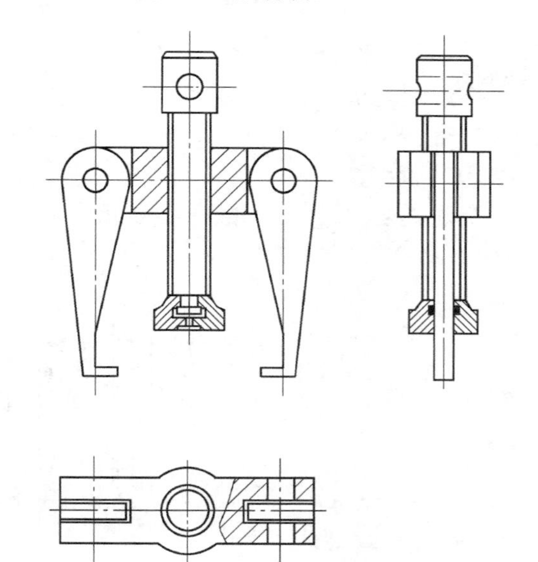

图6-5　绘制压紧块

把扳手图层置为当前，按照零件图画法绘制出扳手和扳手头零件图，因为扳手的特殊结构，可采用断开缩短画法，如图6-6所示。

8. 绘制销和螺钉

把销和螺钉图层置为当前，按照零件图画法绘制出销和螺钉零件图，如图6-7所示。

9. 整理全图

检查和修改全图，单击状态栏线宽按钮显示线宽，适当调整视图之间的距离，并且要正确处理不可见轮廓线的表示方法。

移动图形可选择主菜单【修改（M）】/【移动（V）】命令或者修改工具栏中的图标，然后在绘图区框选需要移动的图形，框选后的图形呈虚线显示，单击右键，命令行提示：

指定基点或［位移（D）］ <位移>：

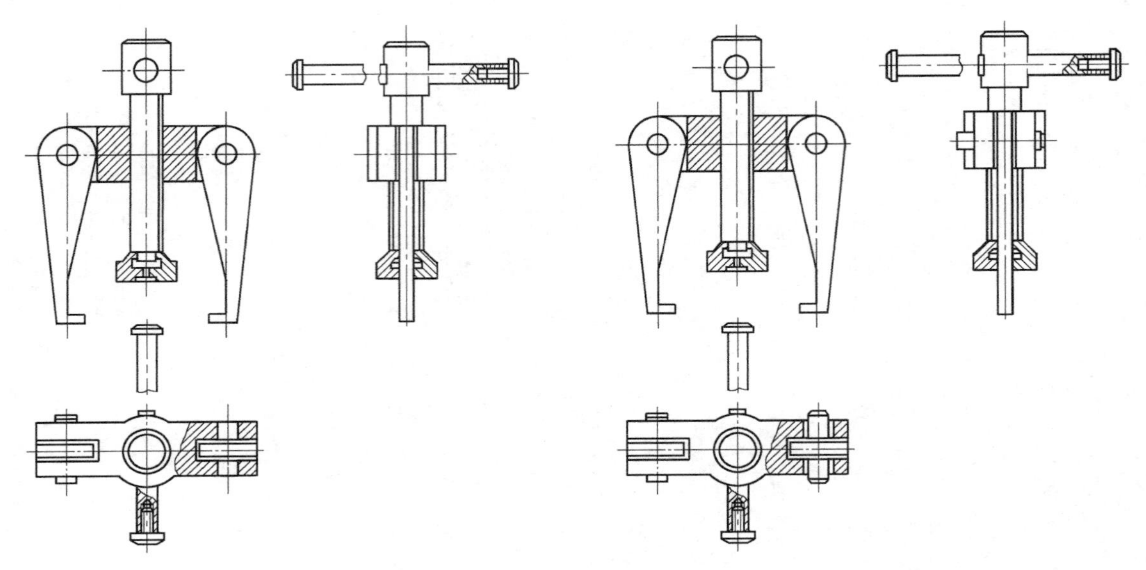

图 6-6　绘制扳手和扳手头　　　　图 6-7　绘制销和螺钉

在绘图区指定一点作为移动的基准点，所选图形会随着光标移动，到达合适位置后单击左键即可。

10. 标注尺寸

标注必要的尺寸，如图 6-8 所示。

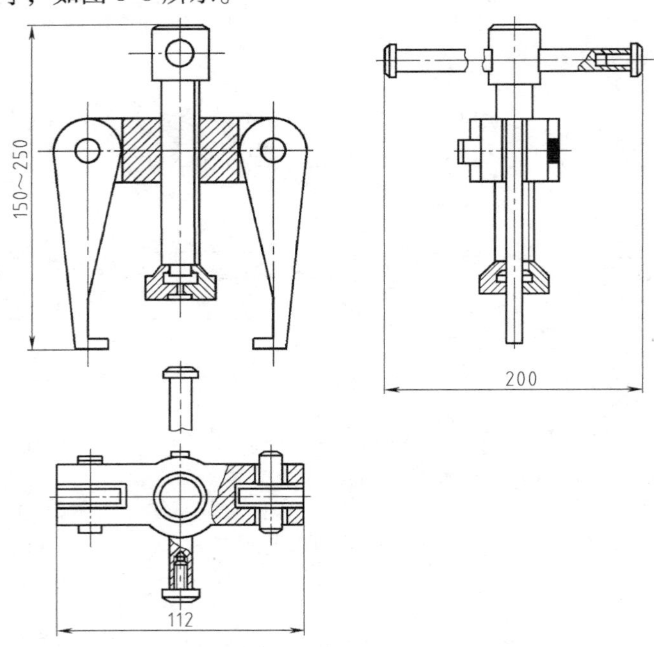


图 6-8　标注尺寸

11. 标出零件的序号

按照一定的顺序，用绘制直线的方法画出引出线，也可以用主菜单中【标注（N）】/【引线（E)】命令进行绘制，然后再用单行文字命令标出零件的序号。标注后如图 6-9 所示。

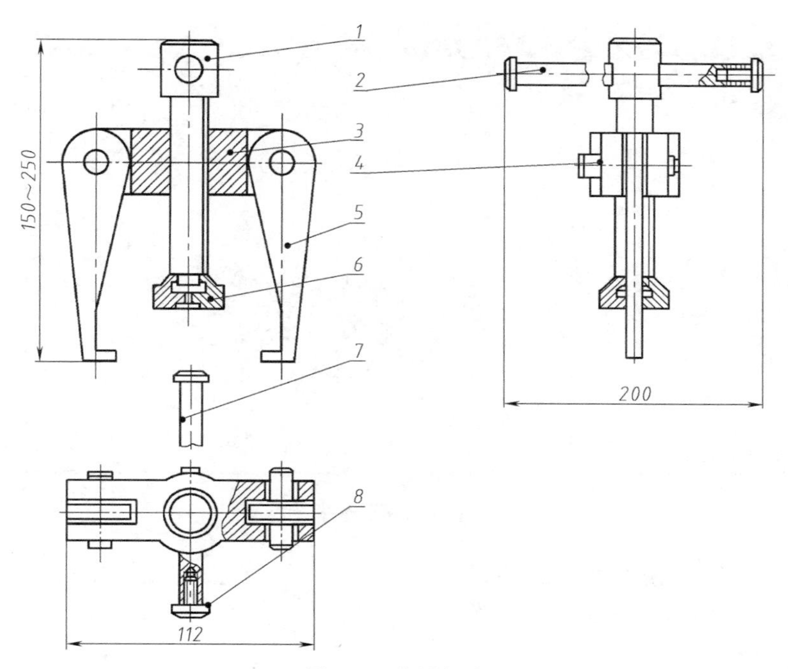


图 6-9　序号标注

用主菜单中【标注（N）】/【引线（E）】命令绘制引出线的方法如下：选择主菜单中【标注（N）】/【引线（E）】命令，命令行提示：

命令：_qleader

指定第一个引线点或[设置(S)]<设置>：　<正交关>　<对象捕捉　关>

在命令行输入 S 后弹出【引线设置】对话框，在【注释】选项卡中“注释类型”一栏选择◉无(O)单选按钮，如图 6-10 所示。

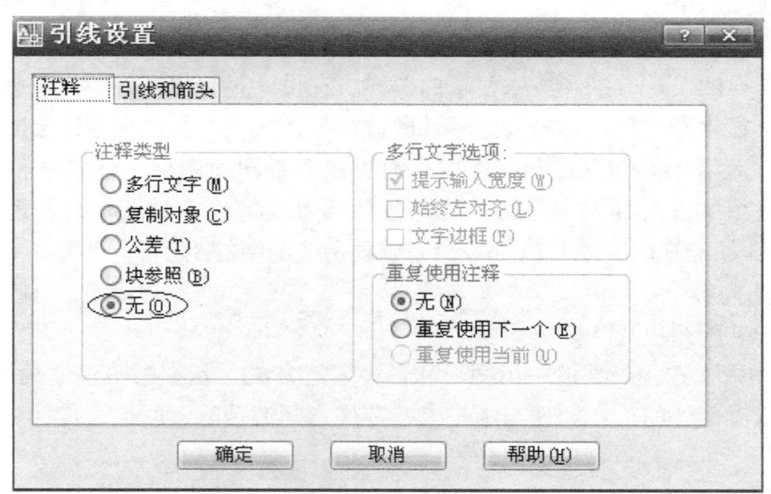


图 6-10　【注释】选项卡

如图 6-11 所示，在【引线和箭头】选项卡中“引线”一栏选择◉直线(S)单选按钮；“箭头”一栏单击右侧的下拉箭头，弹出下拉菜单，选择“点”选项；“角度约束”一栏

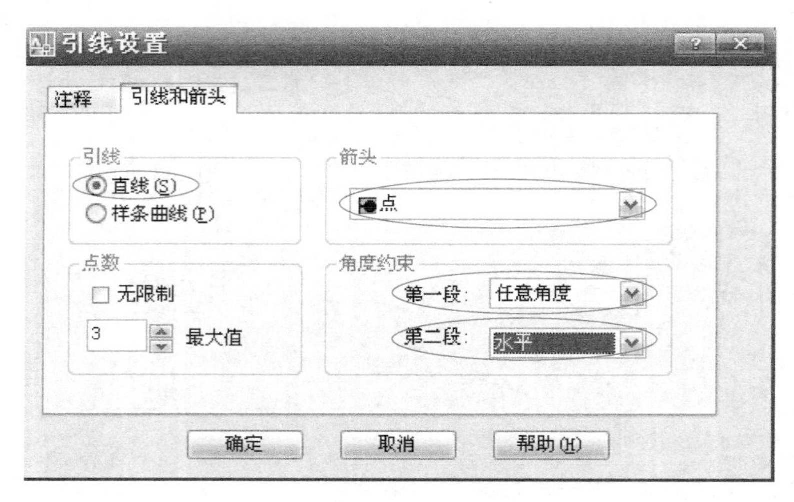


图 6-11 【引线和箭头】选项卡

“第一段”选择“任意角度”；“第二段”选择“水平”，设置完成后单击 确定 按钮回到绘图状态，在图中需要位置“指定第一个引线点”和“指定下一点”，再“指定下一点”，即完成引线的绘制。

12. 绘制标题栏和明细栏

参照图 6-12 绘制标题栏和明细栏。

13. 保存文件

选择主菜单【文件（F）】/【保存（S）】，输入“顶拔器”，按 确定 按钮即可。

## 相关知识

1. 装配图及其作用

装配图是表达机器或部件的工作原理、零件之间的装配关系和相互位置，以及装配、检验、安装时所需要的尺寸数据和技术要求的图样。在设计过程中，一般是先画出装配图，然后拆画零件图；在生产过程中，先根据零件图进行零件加工，然后再依照装配图将零件装配成部件或机器。运用 AutoCAD 绘制装配图，通过建立不同的图层，将各种零件放到相应的图层中，通过对图层进行开关、冻结、设置各种颜色，将零件做成块，合理运用 AutoCAD 设计中心和 CAD 标准功能，就可以轻松地完成复杂装配图的绘制。

2. 装配图的内容

一张完整的装配图应具备如下内容。

（1）一组图形　选择必要的一组图形和各种表达方法（基本视图、剖视图、断面图等）用来表达机器或者部件的工作原理与结构，各零件之间的装配、联接、传动关系和主要零件的结构形状。

（2）必要尺寸　表示机器或者部件的性能、规格以及在装配、检验、安装、包装和运输时所需要的一些尺寸。一般应标注性能（规格）尺寸、装配尺寸、安装尺寸、总体尺寸和其他重要尺寸。

（3）技术要求　用文字说明或标注标记，代号指明该装配体在装配、检验、调试、运

输、安装、使用等方面所需达到的要求。

（4）零件序号、明细表和标题栏　说明零件名称、数量、材料和机器、部件和组件的名称等有关项目。

3. 装配图表达方案的确定

装配图要以主视图的选择为中心来确定整个一组视图的表达方案。表达方案的确定依据装配体的工作原理和零件之间的装配关系，并且要方便读图和绘图。

（1）主视图的选择原则

1）反映装配体的工作位置和总体结构特征。

2）反映装配体的工作原理和主要装配线。

3）尽量地反映出该装配体内部零件间的相对位置关系。

（2）其他视图的选择　为补充表达主视图上没有而又必须表达的内容，对其他尚未表达清楚的部位，必须再选择相应的视图进一步说明。

4. 装配图画法的基本规定

（1）零件间接触面、配合面的画法　相邻两零件接触面和基本尺寸相同的配合面只画一条线；不接触的表面和非配合表面即使间隙很小也应画两条线。

（2）剖面线画法　相邻的金属零件剖面线的倾斜方向应相反或方向一致而间隔不等；各视图上同一零件的剖面线方向和间隔应相同；剖面厚度在 2mm 以下的图形允许以涂黑来代替剖面符号。

（3）对于紧固件和轴、连杆、球、键、销等实心零件，若按纵向剖切且剖切面通过其对称平面或轴线时，则这些零件均按不剖绘制；如需要表明这些零件上的某些结构如凹槽、键槽、销孔等，则可用局部剖视图表示。

（4）被弹簧挡住的结构一般不画出，可见部分应从弹簧簧丝剖面中心或弹簧外径轮廓线画出。弹簧簧丝直径在图形上小于或等于 2mm 的剖面可以涂黑，也可以用示意画法。

5. 装配图中的零件序号

（1）一般原则　为装配图中的零件编号应该遵循以下原则。

1）装配图中所有的零件，部件都必须编写序号。

2）装配图中的一个部件可只写一个序号，同一装配图中相同的零，部件应该编写相同的序号。

3）装配图中零、部件的序号，应该与明细栏中的序号保持一致。

4）标准件可直接在图纸上标注出规格、数量和国标号而不占编号。

（2）序号的编排　装配图中的序号应该尽量编在反映装配关系最清楚的视图上。序号应按水平或垂直方向排列整齐，编排时按顺时针或逆时针方向排列，在整个图上无法连续时，可只在每个水平或垂直方向顺次排列。装配图中编写零、部件序号的通用表示方法有如下三种：

1）在指引线的水平线（细实线）上或者圆内（细实线）注写序号，序号字高应该比装配图中所注尺寸数字高度大一号。

2）在指引线的水平线（细实线）上或者圆内（细实线）注写序号，序号字高应该比装配图中所注尺寸数字高度大两号。

3）在指引线的附近注写序号，序号字高应该比装配图中所注尺寸数字高度大一号。

6. 明细栏

1）明细栏一般配置在装配图中标题栏的上方，按照由下而上的顺序填写。它的格数应该根据需要而定。当从下而上延伸位置不够时，可以紧靠在标题栏的左边自下而上延续。

2）当装配图中不能在标题栏的上方配置明细栏时，可以作为装配图的续页而且按照 A4 幅面单独给出，其顺序是从上到下延伸。还可以连续加页，但应该在明细栏的下方配置标题栏，并且在标题栏中填写与装配图一致的名称和代号。

3）明细栏一般由序号、代号、名称、数量、材料、质量、分区、备注等组成，也可以按照实际要求增加或减少。一般配置的明细栏如图 6-12 所示。

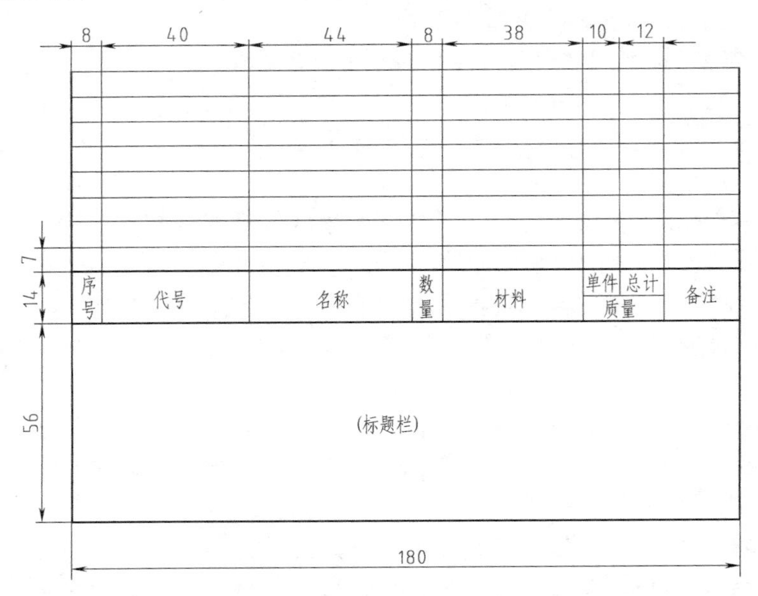


图 6-12　标题栏和明细栏格式

## 学习效果评价

1. 以学生完成任务情况作为评分标准，并以此考查学生的理论知识。

2. 要求学生独立或分小组完成工作任务，由教师对每位及每一组同学的完成情况进行评价，给出每个同学完成本工作任务的成绩。

3. 本项目评价内容、评分标准及分值分配见表 6-1。

**表 6-1　评价内容、评分标准及分值**

| 评价内容 | 评分标准 | 分　值 |
|---|---|---|
| 识读装配图情况 | 能正确识读装配图 | 20 |
| 任务一 | 绘图步骤正确 | 15 |
| | 绘图方法正确 | 20 |
| | 能运用相关理论知识理解绘图方法 | 15 |
| 图面质量 | 布局合理 | 10 |
| | 图线符合国家标准要求 | 10 |
| | 图面整洁 | 10 |

# 参考文献


[1] 王幼龙. 机械制图[M]. 北京:高等教育出版社,2006.
[2] 王幼龙. 机械制图习题集[M]. 北京:高等教育出版社,2006.
[3] 钱可强. 机械制图[M]. 4版. 北京:中国劳动社会保障出版社,2005.
[4] 钱可强. 机械制图习题集[M]. 4版. 北京:中国劳动社会保障出版社,2005.
[5] 钱可强. 机械制图[M]. 5版. 北京:中国劳动社会保障出版社,2007.
[6] 凌颂良. 教与学新方案 机电篇 机械制图[M]. 北京:光明日报出版社,2006.
[7] 何铭新,钱可强. 机械制图[M]. 北京:高等教育出版社,2004.
[8] 赵国增. 计算机绘图——AutoCAD 2004[M]. 北京:高等教育出版社,2004.
[9] 姜勇. AutoCAD 2006 中文版机械制图基础培训教程[M]. 北京:人民邮电出版社,2006.

# 信息反馈表

尊敬的老师：

您好！机工版大类专业基础课中等职业教育课程改革国家规划新教材与您见面了。为了进一步提高我社教材的出版质量，更好地为我国职业教育发展服务，欢迎您对我社的教材多提宝贵意见和建议。如贵校有相关教材的出版意向，请及时与我们联系。感谢您对我社教材出版工作的支持！

| 您的个人情况 | | | | | | | |
|---|---|---|---|---|---|---|---|
| 姓名 | | 性别 | | 年龄 | | 职务/职称 | |
| 工作单位及部门 | | | | 从事专业 | | | |
| E-mail | | 办公电话/手机 | | | QQ/MSN | | |
| 联系地址 | | | | | 邮编 | | |

| 您讲授的课程情况 | | | |
|---|---|---|---|
| 序号 | 课程名称 | 学生层次、人数/年 | 现使用教材 |
| 1 | | | |
| 2 | | | |
| 3 | | | |

| 贵校机械大类专业基础课程的相关情况 |
|---|
| 1. 在哪些方面有优势、特色？特色课程有哪些？ |
| 2. 您觉得贵校在专业基础课程中是否存在教材短缺或不适用的情况？都有哪些？ |
| 3. 贵校老师是否有创新教材希望出版？如何联系？ |

| 您对《机械制图与计算机绘图（通用）》教材的意见和建议 |
|---|
| 1. 本教材错漏之处： |
| 2. 本教材内容和体系不足之处： |

**请用以下任何一种方式返回此表**（此表复印有效）：

联系人：张云鹏　编辑

通信地址：100037　北京市西城区百万庄大街22号机械工业出版社中职教育分社

联系电话：010-88379934　E-mail：dadidoo@163.com　传真：010-88379181

# 教学资源网上获取途径

为便于教学，机工版大类专业基础课中等职业教育课程改革国家规划新教材配有电子教案、助教课件、视频等教学资源，选择这些教材教学的教师可登录**机械工业出版社教材服务网**（www. cmpedu. com）网站，注册、免费下载。会员注册流程如下：

## 教材服务网会员注册流程图

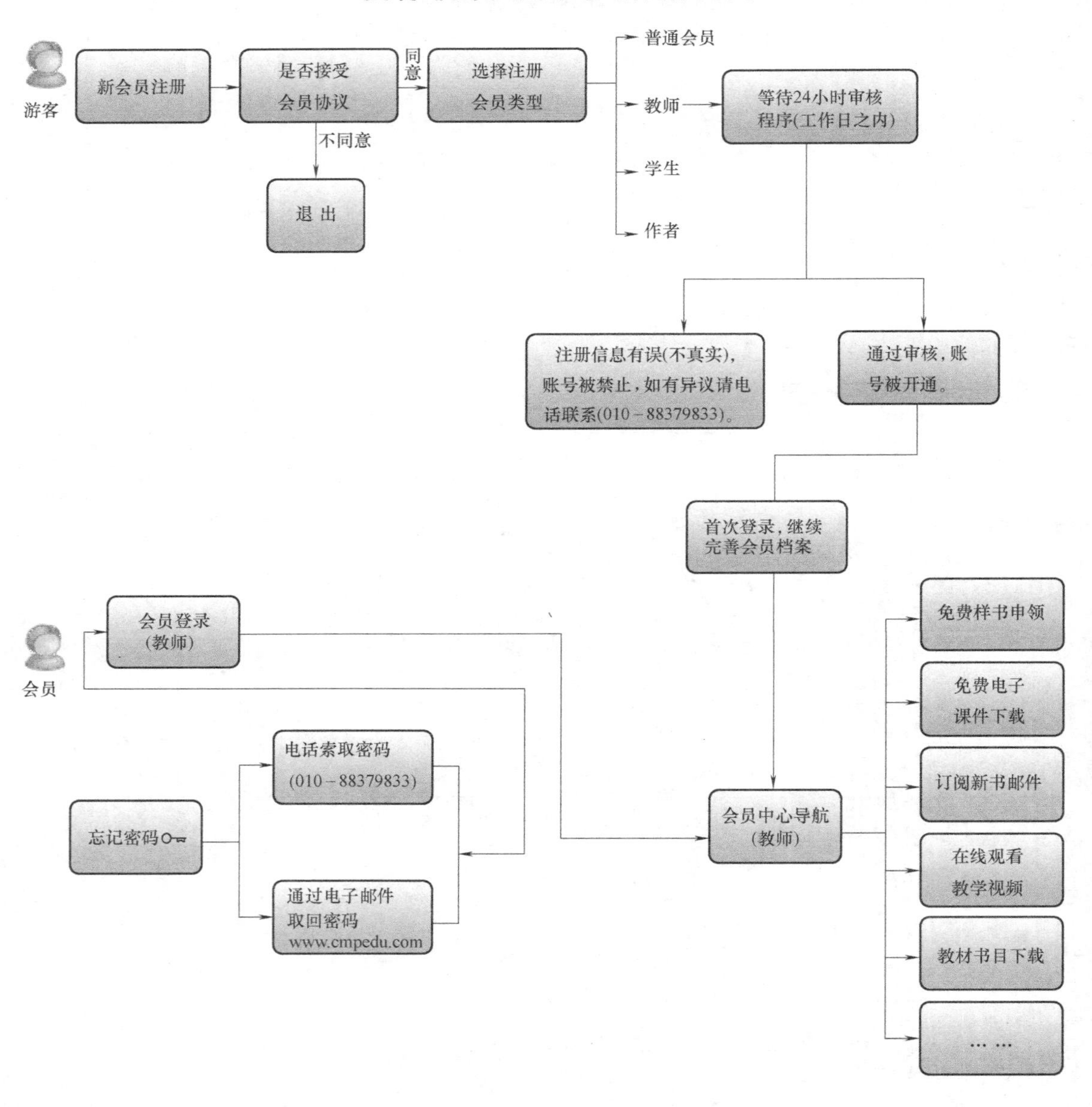